超深薄互层潮坪相白云岩气藏储层预测技术

叶泰然 赵 爽 唐建明 等著

科学出版社

北 京

内 容 简 介

四川盆地西部中三叠统雷口坡组四段气藏（雷四气藏）埋深 5500～7000m，发育受潮坪相高频旋回沉积控制的白云岩储层，与灰岩隔夹层频繁互层，纵向多层叠置，呈"五花肉"状分布，构型复杂，横向物性变化明显，受储层非均质性和裂缝影响，气井产能差异大。本书以川西气田雷四气藏为研究对象，针对"三复杂"（复杂地表、复杂构造、复杂储层）地质条件下的强非均质性潮坪相白云岩储层关键地球物理预测技术难题，紧密围绕"三高四保一精确"目标处理、非均质储层高精度表征、多尺度裂缝预测、超深层碳酸盐岩含气性检测等关键技术，持续攻关、不断创新，形成了四大技术系列 20 余项核心技术，建立了超深薄互层潮坪相白云岩气藏储层预测技术体系。本书研究成果支撑了川西气田的发现、评价及高效开发。

本书所总结的技术和经验，可为国内外类似油气藏的勘探开发提供指导和借鉴，可供油气规划、油气藏地质、地球物理和油气藏开发等专业领域的技术人员及高校师生参考使用。

图书在版编目(CIP)数据

超深薄互层潮坪相白云岩气藏储层预测技术 / 叶泰然等著. —北京：科学出版社，2024.6
ISBN 978-7-03-074738-9

Ⅰ. ①超⋯ Ⅱ. ①叶⋯ Ⅲ. ①碳酸盐岩油气藏-储集层-预测技术-研究 Ⅳ. ①P618.130.2

中国国家版本馆 CIP 数据核字(2023)第 020831 号

责任编辑：黄 桥 / 责任校对：彭 映
责任印制：罗 科 / 封面设计：墨创文化

科学出版社 出版
北京东黄城根北街 16 号
邮政编码：100717
http://www.sciencep.com

成都锦瑞印刷有限责任公司 印刷
科学出版社发行 各地新华书店经销

*

2024 年 6 月第 一 版 开本：787×1092 1/16
2024 年 6 月第一次印刷 印张：15 1/2
字数：370 000

定价：288.00 元
(如有印装质量问题，我社负责调换)

川西气田勘探开发系列
编辑委员会

主　任：郭彤楼
副主任：刘　言　林永茂
委　员：唐建明　黎　洪　何　龙　李书兵　顾战宇
　　　　王　东　张克银　曾　焱　熊　亮　雷　炜
　　　　江　健

序

川西雷口坡组气藏具有多源多期供烃、规模断裂疏导、白云石化控储、构造圈闭控藏、裂缝优储控产等特点。潮坪相沉积白云岩储层单层厚度薄，空间构型复杂，纵横向非均质性极强，加之山前带深层地震资料品质较差，优质储层预测难度极大，严重制约高效勘探开发，如何实现储层参数精细描述及空间展布刻画是川西雷口坡组勘探开发关键技术系统攻关的重点。自川科 1 井在川西雷口坡组四段上亚段取得勘探重大突破以来，中国石油化工股份有限公司西南油气分公司广大科技工作者经过坚持不懈的攻关，攻克了多项技术难题，取得了重大油气成果。2020 年，在四川盆地雷口坡组首次发现千亿立方米级大气田——川西气田，建成了 $20\times10^8m^3/a$ 的天然气产能基地。

该书以气藏地质特征为基础，以解决勘探开发难点为导向，从地震资料目标处理、多构型薄储层表征、裂缝预测、含气性检测四个方面，系统介绍了独具特色的超深薄互层潮坪相白云岩气藏储层预测技术。通过"三高四保一精确"目标处理全面提升地震资料成像精度和薄储层识别能力；通过拟原位储层岩石物理建模及辨识机理分析，明确多构型薄储层地震响应特征；通过高分辨、高精度系列反演技术的综合应用，实现复杂潮坪相白云岩储层的精细刻画；通过裂缝地质规律研究及多种裂缝预测技术的应用，实现多尺度裂缝精确表征；通过叠前/叠后含气性综合检测技术的应用，明确"甜点"分布。这些关键技术在川西气田的发现、评价及高效开发过程中发挥了重要作用，并且在新场、马井及永兴等同类型气藏的推广应用中取得显著成效，掀起了四川盆地雷口坡组气藏勘探开发热潮。

川西气田雷口坡组超深薄互层潮坪相白云岩气藏储层预测技术创新性、示范性、实用性突出，推广运用前景广阔。该书全面、系统地总结了与之相关的理论方法、关键技术和应用效果，丰富了碳酸盐岩油气藏储层地球物理预测技术体系，对关心和从事海相油气藏勘探开发的广大科技工作者大有裨益，可为国内外类似气藏储层预测及评价提供参考和借鉴。

中国工程院院士

前　言

四川盆地是我国最早开展碳酸盐岩油气勘探开发的地区之一，天然气产量一直位居全国前列。20 世纪 80 年代以来，经过多轮国家科技攻关，四川盆地三叠系、二叠系、石炭系、寒武系、震旦系等多个海相层系勘探开发取得了丰硕成果，储层主要发育于开阔台地及台地边缘颗粒滩、生物礁，先后建成了普光、元坝、安岳等多个大型气田，但在以三叠系雷口坡组为代表的局限台地潮坪相带中仅有零星发现。"十二五"至"十三五"期间，中国石油化工股份有限公司在川西雷口坡组部署的多口探井相继取得重大突破，发现了千亿立方米级大气田——川西气田，证实了雷口坡组潮坪相白云岩储层广泛发育、天然气成藏条件优越、资源潜力巨大，具有良好的勘探开发前景。

川西气田雷口坡组气藏位于龙门山前缘隐伏构造带，埋深 5500～7000m，储层以潮坪相白云岩为主，具有单层厚度薄、纵向多层叠置，呈"五花肉"状分布的特征，构型复杂，横向变化大，非均质性强，气井产能差异大。

川西气田地震地质条件具有"三复杂"（复杂地表、复杂构造、复杂储层）特征，地球物理预测主要面临四大难点：①地震资料品质较差，频带窄、主频低，目的层反射信号弱，成像面临巨大挑战；②储层单层厚度薄、横向变化大，构型复杂，储层与围岩的弹性参数差异小，地震响应特征不明显，储层高精度定量刻画面临巨大挑战；③受多期次构造运动的叠加改造，断裂、裂缝分布复杂，多尺度断裂系统表征面临巨大挑战；④气藏受构造、储层及裂缝多重因素控制，不同部位气井产能差异大，含气性检测面临巨大挑战。

针对上述四大难点，本书以气藏地质特征为基础，以勘探开发地质需求为导向，以多学科协同攻关为手段，从宏观到微观、定性到定量，按岩性、物性、裂缝、含气性逐步逼近的研究思路，重点开展了基础资料品质改善、储层岩石物理及地震响应特征分析、储层表征与描述、多尺度裂缝预测、含气性检测等多项关键技术攻关与实践。

本书对上述地球物理预测技术体系进行全面、系统的总结和阐述。全书共分 9 章。

第 1 章绪论，阐述川西气田勘探开发现状，系统介绍国内外深层碳酸盐岩储层预测技术现状、超深层潮坪相白云岩储层预测难点及技术路线。

第 2 章气藏基本地质特征，介绍区域地质背景及川西气田雷口坡组的地层特征、构造及断裂特征、沉积特征、储层特征、富集规律及高产主控因素等。

第 3 章地震资料目标处理技术，阐述"三高四保"叠前时间域处理技术、叠前深度域精确成像处理技术、面向叠前反演的叠前道集品质提升处理技术及叠后高分辨率处理技术等。

第 4 章岩石物理建模与敏感参数优选方法，介绍拟原位储层岩石物理测试方法、潮坪相白云岩储层岩石物理特征、储层岩石物理建模技术、储层敏感弹性参数分析等方法技术。

第 5 章多构型薄储层地震响应特征及识别技术，介绍多构型薄储层地震地质模型构建、不同构型储层地震辨识机理、多构型储层地震响应特征及分类预测等方法技术。

第 6 章非均质薄互储层高精度表征，介绍基于构型约束的高精度叠后反演、全入射角拟合高精度叠前弹性参数反演、基于机器学习的叠前高分辨率反演、基于贝叶斯理论的储层参数反演、基于岩石物理建模的双孔隙度反演等技术，递进式预测白云石含量、厚度、孔隙度、基质及裂缝孔隙度占比等储层参数。

第 7 章多尺度裂缝综合预测技术，介绍基于断裂及褶皱或形变等地质成因的裂缝分布预测方法，在倾角导向滤波和分频处理基础上，利用相干、曲率、最大似然等多属性融合及叠前方位各向异性技术预测多尺度裂缝。

第 8 章超深层碳酸盐岩含气性检测技术，介绍频率吸收衰减、AVO 属性分析、泊松比反演、泊松阻抗反演等检测方法技术。

第 9 章超深薄互层潮坪相白云岩储层预测技术体系及应用效果，介绍川西气田雷口坡组气藏超深薄互层潮坪相白云岩储层预测技术体系，展示川西气田高产富集带综合评价成果、钻井实施效果、增储建产成果及川西其他地区推广应用效果。

本书前言由叶泰然、唐建明撰写；第 1 章由叶泰然、丁蔚楠、张岩撰写；第 2 章由叶泰然、赵爽、高恒逸撰写；第 3 章由唐建明、马昭军、刘小民、郭恺撰写；第 4 章由赵爽、刘卫华、沈珲撰写；第 5 章由叶泰然、马灵伟、丁蔚楠撰写；第 6 章由叶泰然、丁蔚楠、杨建礼、陈天胜撰写；第 7 章由赵爽、陈天胜、胡笑非撰写；第 8 章由叶泰然、胡华锋、杨建礼、蒋旭东撰写；第 9 章由唐建明、叶泰然、丁蔚楠撰写。丁蔚楠、李珊、王铮等完成大量的图件编绘及文字整理工作。全书由叶泰然、赵爽统稿，唐建明审核。

参与本书研究工作的还有中国石油化工股份有限公司石油勘探开发研究院、石油物探技术研究院、西南油气分公司勘探开发研究院及成都理工大学等单位的许多领导和同志，在此一并表示感谢。

由于作者水平有限，书中难免有疏漏之处，敬请批评指正。

目 录

第1章 绪论 ··· 1
  1.1 川西气田勘探开发现状 ··· 1
    1.1.1 地理与构造位置 ··· 1
    1.1.2 勘探简况 ·· 2
    1.1.3 开发简况 ·· 3
  1.2 深层碳酸盐岩储层预测技术现状 ·· 3
    1.2.1 地震资料处理技术 ··· 3
    1.2.2 储层预测及表征技术 ·· 5
    1.2.3 裂缝预测技术 ·· 7
    1.2.4 储层含气性检测技术 ·· 8
  1.3 超深层潮坪相白云岩储层预测难点及挑战 ····························· 9
    1.3.1 地震资料处理难点 ··· 9
    1.3.2 储层预测难点 ·· 9
  1.4 超深层潮坪相白云岩储层预测技术路线 ······························· 10

第2章 气藏基本地质特征 ·· 12
  2.1 地层特征 ·· 12
    2.1.1 区域地层特征 ·· 12
    2.1.2 川西地区雷四段发育特征 ·· 12
  2.2 构造及断裂特征 ··· 14
    2.2.1 构造特征 ·· 14
    2.2.2 断裂特征 ·· 16
    2.2.3 构造演化特征 ·· 17
  2.3 沉积特征 ·· 19
    2.3.1 区域沉积背景 ·· 19
    2.3.2 沉积相类型及展布特征 ··· 22
  2.4 储层特征 ·· 28
    2.4.1 岩性特征 ·· 28
    2.4.2 物性特征 ·· 31
    2.4.3 储集空间类型 ·· 34
    2.4.4 裂缝发育特征 ·· 35
    2.4.5 储层分布特征 ·· 41
  2.5 富集高产特征 ··· 43

	2.5.1 富集规律	43
	2.5.2 高产主控因素	44

第 3 章 地震资料目标处理技术 48

3.1 "三高四保"叠前时间域处理技术 48
- 3.1.1 复杂地区融合静校正技术 48
- 3.1.2 蒙特卡罗剩余静校正技术 51
- 3.1.3 叠前多域多级分类去噪技术 52
- 3.1.4 稳健反褶积技术 55
- 3.1.5 地表一致性振幅补偿技术 57
- 3.1.6 五维数据规则化技术 59
- 3.1.7 OVT 域处理技术 62

3.2 叠前深度域精确成像处理技术 65
- 3.2.1 初始速度建模技术 66
- 3.2.2 高精度速度建模技术 71
- 3.2.3 TTI 各向异性逆时偏移技术 76
- 3.2.4 全方位角度域成像技术 79

3.3 叠前道集品质提升处理技术 82
- 3.3.1 叠前道集去噪技术 82
- 3.3.2 叠前道集剩余时差校正技术 83
- 3.3.3 AVO 特征校正技术 84
- 3.3.4 偏移距分布不均匀校正技术 85
- 3.3.5 道集提高分辨率处理技术 86

3.4 叠后高分辨率处理技术 87
- 3.4.1 基于谐波准则恢复弱势信号的高分辨率处理技术 87
- 3.4.2 基于压缩系数的高分辨率处理技术 92

第 4 章 岩石物理建模与敏感参数优选方法 98

4.1 拟原位储层岩石物理测试方法 98
- 4.1.1 测试原理 98
- 4.1.2 拟原位实验测试装备 100

4.2 潮坪相白云岩储层岩石物理特征 102
- 4.2.1 物性参数特征 102
- 4.2.2 弹性参数特征 105
- 4.2.3 数字岩心模拟分析 107

4.3 储层岩石物理建模方法 113
- 4.3.1 岩石物理建模原理 113
- 4.3.2 岩石物理建模方法与流程 116
- 4.3.3 岩性、物性与弹性参数的关系分析 119

4.4 储层敏感弹性参数分析 121

	4.4.1	岩性敏感参数分析	121
	4.4.2	物性敏感参数分析	122
	4.4.3	流体敏感参数分析	127
	4.4.4	储层岩石物理解释量板	131

第5章 多构型薄储层地震响应特征及识别技术 …………………………………… 132

5.1 多构型薄储层地震地质模型构建 …………………………………… 133
5.1.1 薄储层的划分与合并 ………………………………… 133
5.1.2 薄储层典型构型分类 ………………………………… 135

5.2 不同构型储层地震辨识机理 …………………………………… 137
5.2.1 上储层段辨识机理分析 ………………………………… 138
5.2.2 下储层段辨识机理分析 ………………………………… 140

5.3 多构型储层地震响应特征及分类预测 …………………………………… 146
5.3.1 储层地震识别模式 ………………………………… 146
5.3.2 基于波形分类的储层构型预测技术 ………………………………… 147

第6章 非均质薄互储层高精度表征 …………………………………… 151

6.1 基于构型约束的高精度叠后反演技术 …………………………………… 151
6.1.1 方法原理 ………………………………… 151
6.1.2 技术流程 ………………………………… 152
6.1.3 应用效果 ………………………………… 153

6.2 全入射角拟合高精度叠前弹性参数反演技术 …………………………………… 155
6.2.1 方法原理 ………………………………… 155
6.2.2 技术流程 ………………………………… 157
6.2.3 应用效果 ………………………………… 158

6.3 基于机器学习的叠前高分辨率反演技术 …………………………………… 161
6.3.1 方法原理 ………………………………… 161
6.3.2 技术流程 ………………………………… 163
6.3.3 应用效果 ………………………………… 163

6.4 基于贝叶斯理论的储层参数反演技术 …………………………………… 166
6.4.1 方法原理 ………………………………… 166
6.4.2 技术流程 ………………………………… 168
6.4.3 应用效果 ………………………………… 169

6.5 基于岩石物理建模的双孔隙度反演技术 …………………………………… 171
6.5.1 方法原理 ………………………………… 171
6.5.2 技术流程 ………………………………… 174
6.5.3 应用效果 ………………………………… 174

第7章 多尺度裂缝综合预测技术 …………………………………… 179

7.1 基于地质成因的裂缝分布预测 …………………………………… 179
7.1.1 风化裂缝分布预测 ………………………………… 179

7.1.2 区域构造裂缝分布预测··· 181
7.1.3 断层共派生裂缝分布预测··· 183
7.2 叠后地震属性多尺度裂缝预测技术··· 186
7.2.1 方法原理··· 186
7.2.2 技术流程··· 189
7.2.3 应用效果··· 190
7.3 叠前方位各向异性裂缝预测技术··· 196
7.3.1 方法原理··· 196
7.3.2 技术流程··· 198
7.3.3 应用效果··· 199

第 8 章 超深层碳酸盐岩薄互储层含气性检测技术·· 201
8.1 基于匹配追踪时频分析的吸收衰减技术··· 201
8.1.1 方法原理··· 201
8.1.2 技术流程··· 204
8.1.3 应用效果··· 204
8.2 叠前含气性检测技术··· 207
8.2.1 AVO 属性含气性检测技术·· 207
8.2.2 基于机器学习的泊松比直接反演技术··· 210
8.2.3 基于稀疏层的泊松阻抗直接反演技术··· 213

第 9 章 超深薄互层潮坪相白云岩储层预测技术体系及应用效果································ 219
9.1 超深薄互层潮坪相白云岩储层预测技术体系··· 219
9.2 勘探增储及开发建产应用效果··· 220

参考文献·· 223

第1章 绪 论

1.1 川西气田勘探开发现状

1.1.1 地理与构造位置

川西气田坐落在四川省彭州市、都江堰市境内，位于成都平原西缘，距成都市区约45km，东部平坦，西部高陡，交通方便，经济发达。从地形角度上看，川西气田属于成都平原与龙门山前带过渡区，海拔600~1700m。从地理角度上看，川西气田位于内陆中纬度地带，属于亚热带湿润季风气候，年均温度18℃左右，年均降水量在1000mm以上，水量充沛，土地肥沃，物产丰富。

川西气田构造位于四川盆地西部龙门山中段由关口断层与彭县断层夹持的石羊镇—金马—鸭子河构造带上，属于龙门山前隐伏构造带，西侧为龙门山冲断构造带，东侧为川西前陆拗陷带，整体为断背斜构造，南缓北陡，总体上呈北东走向(图1.1)。

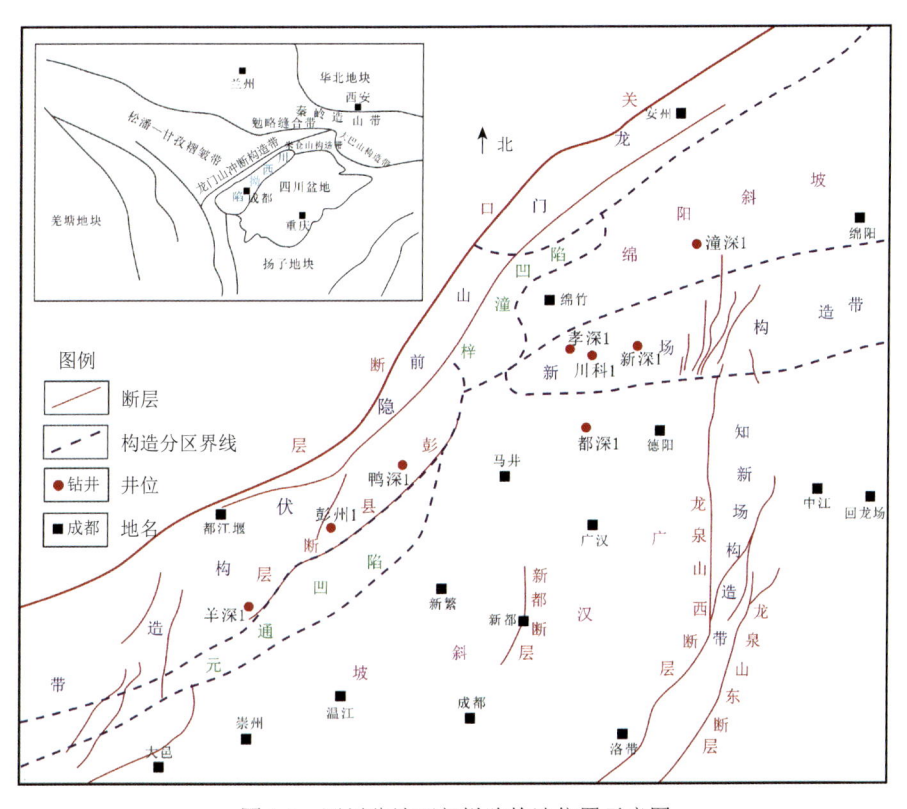

图1.1 四川盆地西部拗陷构造位置示意图

1.1.2　勘探简况

自 2006 年以来，中国石油化工股份有限公司(简称中国石化)西南油气分公司加大了对川西探区海相的勘探研究力度，以及地震和钻井工作量的投入。2007 年 3 月，针对海相领域，中国石化西南油气分公司在川西拗陷新场构造带部署实施了第一口科学探索井川科 1 井，2010 年在三叠系溶蚀孔隙型碳酸盐岩储层中钻遇较好含气显示，酸压测试获工业气流，揭开了三叠系碳酸盐岩气藏勘探序幕。通过深化研究和甩开勘探，2012 年起，勘探重点区带逐步聚焦到龙门山前隐伏构造带，经过多年持续勘探，发现了川西气田，勘探经历可划分为以下三个阶段。

(1) 勘探突破阶段。2012 年，在龙门山前隐伏构造带实施了风险探井——彭州 1 井，2014 年 1 月对雷四上亚段进行测试，获天然气产量 121.05×10^{4}m^3/d，折算无阻流量 331.48×10^{4}m^3/d，发现了川西气田雷四上亚段气藏。随后，对2002~2008 年采集的龙门山前带三维地震数据开展了大连片、高保真目标处理(一次覆盖面积 1523km^2)及构造解释，重点开展了构造特征、储层特征及储层预测研究，初步落实了构造断层特征、储层特征及分布。

(2) 甩开勘探阶段。继彭州 1 井取得突破后，向北相距 15km，部署了鸭深 1 井；向南西相距 19km，部署了羊深 1 井。实钻揭示，鸭深 1 井和羊深 1 井雷四上亚段储层厚度大，累计厚度近 100m，溶蚀孔洞较发育，钻井过程中，两口井均见良好气显示，测试分别获 49.49×10^{4}m^3/d 和 60.20×10^{4}m^3/d 的工业气流，从而实现了龙门山前隐伏构造带海相勘探的重大突破，揭示了山前带中段雷口坡组四段上亚段气藏较好的勘探潜力。

(3) 商业发现阶段。在鸭深 1 井、羊深 1 井相继取得突破后，实施勘探开发一体化滚动评价方案，加快推进开发评价部署进程。本阶段对老三维地震资料进行叠前深度偏移处理及解释，一次覆盖面积1982.9km^2，满覆盖面积1428.7km^2。为进一步评价气藏规模，本阶段在构造翼部较低部位分别部署了彭州 115 井、彭州 113 井、彭州 103 井三口评价井。在金马—鸭子河构造北翼部署的彭州 103 井测试获天然气产量 12.66×10^{4}m^3/d，产水 276m^3/d；在金马—鸭子河构造南翼低部位部署的彭州 113 井显示较差，综合解释为含气水层，储层物性差，未获产；在石羊镇构造圈闭线附近部署实施的彭州 115 井由于气显级别差，综合解释为含气水层，测试无气，产水 2.18m^3/d。这三口井的实施证实了川西气田雷四气藏为构造型气藏。

2018 年在鸭深 1 井区提交探明地质储量 309.96×10^{8}m^3，含气面积 28.97km^2，2020 年在鸭深 1 井区、彭州 1 井区和羊深 1 井区新增探明地质储量830.15×10^{8}m^3，叠合含气面积136.77km^2。截至目前，川西气田累计提交探明地质储量1140.11×10^{8}m^3，是继普光、元坝气田之后，中国石化在四川盆地发现的第三大海相气田，也是在川西龙门山前隐伏构造带发现的第一个千亿立方米级大型整装气田。

此外，在整个川西探区部署实施了新深 1 井、孝深 1 井、邑深 1 井、马井 1 井、安阜 1 井、丰谷 1 井等多口探井，其中川科 1 井、新深 1 井、马井 1 井等多口探井在川西海相雷口坡组新场构造、马井构造相继取得了重大油气发现。

1.1.3 开发简况

川西气田整体探明后，2018 年进入开发阶段，在前期新处理地震资料的基础上，开展了新一轮的构造精细解释及储层预测研究，结合勘探与评价成果，深化了气藏特征认识。按照开发经历可划分为两个阶段。

(1) 开发评价阶段。截至 2021 年初，部署的第一批评价井和大斜度开发井彭州 3-4D、彭州 3-5D、彭州 4-2D、彭州 6-2D、彭州 6-4D、彭州 7-1D、彭州 8-5D 等 11 口井已经完钻。加深了气藏认识，明确了圈闭特征，总体为长轴状断背斜，分为金马和鸭子河两个局部构造，潮坪相白云岩储层平均孔隙度为 5.31%，平均渗透率为 4.24mD[①]，分为上、下两套储层，平均厚度分别为 18.5m、52.4m，横向展布稳定，属于低孔低渗、高含硫(3.88%～5.45%)、中含二氧化碳(4.3%～5.5%)、超深层、构造边水气藏。鸭深 1 井投入试采，累计生产 619d，实现井口压力、产气、产液"三稳定"生产，证实潮坪相储层具有较强稳产能力。

(2) 开发建产阶段。基于对气藏新的地质认识，编制了气田开发方案，以 5#、6#平台为主体，同步建设 3#、4#平台，稳产期 6 年，第 7 年采用 7#、8#平台进行接替，稳产期延长至 10 年。采用一套开发层系，以下储层为主，兼顾上储层，局部细分层系，利用长水平段水平井开发，利用 6 个平台部署钻井 20 口，长水平段水平井单井配产 $55×10^4 m^3/d$，动用储量 $665.8×10^8 m^3$，新建混合气产能 $19.8×10^8 m^3/a$，预计可采储量 $368×10^8 m^3$。

截至 2022 年 12 月，6 口长水平段水平井已完钻并进行测试，测试平均无阻流量 $208×10^4 m^3/d$，较前期大斜度开发井提高 40%，达到开发方案设计指标。2022 年 3 月全面建设地面分布式净化厂，2024 年 1 月全面投产输气。

此外，新场构造雷四气藏已实施开发井 2 口，其中长水平段开发井新深 102D 井测试无阻流量 $273×10^4 m^3/d$，是前期同井场大斜度开发井的 2.5 倍以上，新建产能 $1.65×10^8 m^3/a$，超过方案设计指标。马井构造雷四气藏利用马井 1 井的井场，实施 1 口水平井马井 1-1H 井，结合老井，新建产能 $1.0×10^8 m^3/a$。

1.2 深层碳酸盐岩储层预测技术现状

碳酸盐岩油气藏在全球油气产出中占据着重要的地位，在这一领域，储层类型多样，国内外学者做了大量的研究。国内碳酸盐岩油气藏主要分布在中西部地区古生界和中生界地层，埋深普遍较大，目前针对深层碳酸盐岩储层预测研究的方法主要有地震资料处理、储层预测及表征、裂缝预测及储层含气性检测等技术。

1.2.1 地震资料处理技术

长期以来，随着地震成像技术的快速进步，新技术、新流程和计算能力提升，释放

---

① $1mD=0.986923×10^{-15}m^2$。

了地震资料处理的潜力。地震资料处理目标油气藏由构造油气藏转向岩性油气藏、隐蔽油气藏及非常规油气藏，地震资料处理要满足新的勘探开发目标油气藏刻画与描述的需求。前期针对深层碳酸盐岩油气藏地震资料处理的技术主要有：高程静校正技术、折射静校正技术、层析静校正技术、地表一致性静校正技术、区域滤波面波压制技术、视速度线性噪声压制技术、地表一致性预测反褶积技术、三维数据规则化处理技术、叠后/叠前时间偏移技术、叠前/叠后深度偏移技术、反 Q 滤波高分辨率处理技术。

1. 静校正技术

针对勘探开发目标，通常采用层析静校正和反射波剩余静校正方法解决中长波长静校正问题，落实构造形态。在此基础上，通过全局寻优静校正技术、互相关剩余静校正技术等，逐步提高成像质量。

2. 叠前噪声压制技术

根据噪声特点，通常采用分频噪声衰减技术压制异常振幅，采用自适应面波衰减技术、非均匀空间采样相干噪声压制技术消除或减少面波及相干噪声。通过叠前噪声压制，改善资料信噪比，为地表一致性振幅补偿及反褶积处理等打下了良好的资料基础。

3. 提高分辨率处理技术

根据地质需求及资料特点，通常采用地表一致性零相位脉冲反褶积、地表一致性零相位带限反褶积、地表一致性预测反褶积等技术，结合反 Q 滤波高分辨率处理等技术，压缩地震子波，改善剖面波组特征，提高分辨率和子波的一致性。

4. 三维数据规则化处理技术

为了解决野外采集变观、跨越障碍引起的数据空间分布不均问题，减少因数据分布不均引起的偏移噪声和提高资料的信噪比，需要进行叠前数据规则化处理。常用三维数据规则化处理技术，较好地保持构造一致性、AVO（amplitude versus offset，振幅随炮检距变化）和频率特征一致性。

5. 叠前时间偏移技术

为了使绕射波收敛、倾斜反射归位到真实的地下界面位置，通常采用基尔霍夫（Kirchhoff）叠前时间偏移。叠前时间偏移成像效果的主要影响因素有：偏移参数选择和速度模型。偏移参数主要有孔径、倾角等。通常采用循环速度分析法、偏移扫描法等获得高精度叠前时间偏移速度模型。

6. 叠前深度偏移技术

针对构造复杂、速度横向变化大的资料，通常采用浮动面和小平滑面的深度域成像技术思路。深度域速度建模技术有：层析反演近地表速度建模技术、多信息约束初始建模技术、浅中深速度融合技术、各向异性初始速度建模技术、非线性层析反演技术、宽方位自动高密度高阶剩余曲率拾取技术等。常用的叠前深度偏移技术有：基尔霍夫叠前深度偏移技术、高斯束叠前深度偏移技术等。

1.2.2 储层预测及表征技术

深层海相碳酸盐岩油气藏具有储量大、埋藏深、储集类型多样、成岩作用复杂和非均质性强等特点，储层预测难度大。目前国内外针对碳酸盐岩储层的预测仍处于研究探索阶段(Russell et al.，2002；程建远等，2009；刘俊州等，2015；雷振东等，2015)，主要围绕以下几个方面开展。

1. 地质模型的正演数值模拟

地震正演模拟是给定一个已知的地下地质模型，使用数值计算或者物理模拟的方法来获取该模型的地震响应，以了解地震波在地下传播过程中的特点，更好地进行地震资料解释工作。

早期的模拟技术以射线追踪法为主，但对于相对复杂的地质模型，尤其是存在局部构造(断裂破碎带、高陡构造带)的地区，射线追踪法会出现一定的识别盲区及识别陷阱(贺振华等，1999；马中高等，2003；熊晓军，2007)。目前以波动方程为指导理论的地震波正演模拟方法逐渐成为主导的波场模拟方法，且波动方程已经发展出了多种准确且先进的高阶有限差分运算法(裴正林和牟永光，2004)。对于碳酸盐岩储层的研究，姚姚和奚先(2004)着力于碳酸盐岩随机介质模型的正演模拟，通过对不同情况下的随机介质模型运用不同的正演模拟方式进行研究，对于更为复杂的碳酸盐岩缝洞型油气藏有了更为深入的理解。闵小刚等(2006)充分考虑孔洞的形态、尺度、组合形式及填充物，对比分析各组模型反射特征后，总结出了"串珠"反射成因，也讨论了各项因素对地震反射特征的影响。经过数十年大量研究人员孜孜不倦地研究，总结分析出了缝洞型储层的地震规律，为研究储层预测技术打下了坚实的理论基础。

2. 地震相分析

地震相分析是指用地震相参数(如反射结构、连续性、外部几何形态、振幅、频率、层速度等)所代表的地质意义来解释地层沉积相的地震解释技术，即利用地震反射资料解释沉积相。其主要是根据一系列地震反射参数，按一定程序对地震相单元进行识别和划分，并解释这些地震相所代表的沉积相及沉积体系。地震相分析技术经历了单属性定性分析和多属性融合分析两个阶段。

单属性分析主要根据地震相的一些常用标志，如振幅、视频率、连续性等，结合地震反射结构、地震相单元外形和几何属性去定性划分地震相。随着技术的进步，利用波形分类，再辅以振幅、相位等多地震属性的综合分析，日渐成为主要手段。目前较为成熟的波形分类技术是基于神经网络的地震波形分析技术。该技术通过选取目的层顶底层位，首先对目的层内的波形分类数进行定义，再采用神经网络特有的算法得到不同波形分类数对应的地震相平面图,最终根据沉积模式与单井测井相进行比对分析,确定适合研究区的最佳波形分类数。与最初的地震剖面"相面法"相比,波形分类技术具有预测速度快、结果更加客观的特点,一定程度上实现了半定量化的相带预测(施泽进等,2011)。

3. 地震属性分析

地震属性是一种描述和量化地震资料的特性,是原始地震资料中所包含的全部信息的子集。对于地震属性的定义众说纷纭,从纯数学的角度来说,可将地震属性定义为地震资料的几何学、运动学、动力学及统计学特征的一种量度,利用一定的数学公式及算法可以获取较好反映岩性、物性及流体信息的地震属性。地震属性发展至今大致经历了三个阶段。

第一阶段是起步阶段。20世纪60~70年代,人们通过各种观察提出了"亮点"、"暗点"和"平点"技术,利用这个技术可以直接进行油气检测。随着数学方法的引入,又提出了瞬时属性和复数道分析技术。

第二阶段是迅速发展阶段。20世纪80年代初期,一方面利用振幅随炮检距变化的规律进行岩性和流体识别,另一方面出现了大量的地震属性定量提取方法,提取出来的地震属性多达几十种,但是这样提取出来的地震属性没有明确的地质意义,在应用过程中多解性强,针对性不够。

第三阶段是基本成熟阶段。20世纪90年代以来,石油科技工作者发现单一地震属性在使用过程中受多种地质因素影响,而多属性分析能够降低单个属性预测多解性的风险,可提高岩性、物性、流体的预测准确度(李婧等,2013;王新新等,2018;庄岩,2019)。多属性分析技术的出现,使得地震属性有了更明确的地质意义,能揭示出地震数据体中沉积、岩性和储层的信息,地震属性研究开始向科学化方向发展。

目前地震属性分析广泛应用于储层预测、储层描述、储层表征、储层含气性检测等多个领域,地震属性在油气勘探与开发中所发挥的作用也越来越大。

4. 储层反演分析

地震反演作为储层预测环节中较为成熟的方法,一直被普遍应用。它是利用地表观测地震资料,以地质规律和钻井、测井资料为约束,对地下岩层空间结构和物理性质进行成像(求解)的过程。地震反演从所用的地震资料来分,可分为叠前反演和叠后反演;从反演所利用的地震信息来分,可分为地震波旅行时反演和地震波振幅反演;从反演的地质结果来分,可分为构造反演、波阻抗反演(声阻抗/弹性阻抗)、储层参数反演等;从反演所用的数学方法来分,可分为确定性反演、随机反演和地质统计学反演等。

地震反演方法的研究开始于20世纪60年代,巴克斯(Backus)和吉尔伯特(Gilbert)提出BG反演,同时抽象出了完整的地球模型概念和理论适用范围。1979年,林塞思(Lindseth)在通过井资料计算地震波纵波阻抗进行地震正演研究时,提出地震测井理论。该理论把波阻抗信息转换为反射系数的积分形式,再与提取的地震子波进行褶积,得到了合成地震剖面。1983年,库克(Cooke)和施奈德(Schneider)提出基于模型的反演方法,该方法通过迭代不断修改波阻抗初始模型使合成地震剖面趋近于真实地震剖面,在满足了误差范围后,波阻抗模型就与地下真实波阻抗相近。1990年,德贝(Debeye)和范里埃尔(Van Riel)提出稀疏脉冲反演方法,该方法假设地下反射系数稀疏分布,通过不断修改反射系数使得合成地震记录与真实地震记录差别最小,最后得到的反射系数就与真实反射系数接近。1992年,博尔托利(Bortoli)等提出随机反演方法,该方法结合了地震反演方法和随机建模方法。1994年,哈斯(Haas)和迪布吕勒(Dubrule)提出地震统计学反演方法,并由罗特曼(Rothman)和Dubrule在1998年加以改进。该方法是基于地质统计信息来表征空间先验概率分布,通过随机模拟建立初始模型和地震反演优化模拟结果,从而对储层进行精确表征。该方法包容了地震资料的噪声,利用贝叶斯判别整合了多种数据源和地质认识,考虑了数据在空间上的相关性,使得预测结果能够突破地震资料频带限制,提高储层预测的分辨率和准确率。我国学者黄捍东等(2007)采用相模型控制的非线性反演算法,提高了反演结果的精确性,并且与地质认识更加符合。韩长城等(2017)指出在建立层序地层格架的基础上,利用沉积学原理,基于贝叶斯理论将地震、测井和地质统计学信息融合为地层模型参数的后验概率分布,采用梅特罗波利斯-黑斯廷斯(Metropolis-Hastings)抽样算法对后验概率分布随机抽样,获得反演解,从而预测有利滩坝相带,是一种新的井震结合的反演方法。

对于碳酸盐岩地震反演技术的研究,国外起步比较早,从最开始的基于测井约束的叠后反演技术(Mallick,1993)逐渐演变到基于叠前共反射点(common reflection point,CRP)道集数据的弹性阻抗(elastic impedance,EI)反演(Connolly,1999),到扩展弹性阻抗(extended elastic impedance,EEI)反演技术(Whitcombe et al.,2002),储层反演技术对储层的纵向精细刻画程度逐渐提高。目前,国内在海相碳酸盐岩储层预测技术方面取得了长足进展(陈遵德和朱广生,1997;刘喜武等,2005),相关研究思路也进一步细化和拓展,针对不同沉积环境的碳酸盐岩储层采用了具体的相控研究思路。

综上所述,碳酸盐岩储层预测是多种物探技术的综合运用,需要充分挖潜及融合多种技术优势,通过钻井资料进行属性优选与筛选,结合地质特征分析,尽可能地降低预测的多解性。目前碳酸盐岩储层预测已经演化成一门较为新兴且独立的研究学科,国内外地质学家纷纷提出各自的见解,以寻找到适用性更广、准确度更高的预测方法。

1.2.3 裂缝预测技术

裂缝预测技术主要包括单井测井曲线解释技术、成像测井识别及地震预测技术等(杨晓等,2010)。成像测井等固然对裂缝的识别精度较高,但无井控制区内就无法完成,从而无法完成点到面的扩展,因此基于地震的裂缝预测技术成为目前较为流行的技术。目前,地震裂缝预测技术以叠后预测为主,主要采用的方法有相干、曲率、蚂蚁体等裂缝预测算法(Pedersen et al.,2011),结合裂缝体融合进行裂缝预测和表征,能够实现中小尺度裂缝的精细刻画。但为了准确地预测裂缝的发育方向,就需要采用基于叠前的方位各向异性裂缝检测技术(陈怀震等,2014;Tsvankin et al.,2009)。该技术在国内的塔里木盆地等地已经取得了较为理想的研究成果,有可能成为碳酸盐岩裂缝预测的主流技术;此外还有以应力分析为基础,通过构造形变分析方法,采用构造应力场反演预测裂缝的技术,可以和利用地震属性进行裂缝预测的方法形成优势互补。

1.2.4 储层含气性检测技术

目前海相碳酸盐岩储层的含气性检测技术,大体上可以分为两类,一类是基于地震属性的叠后含气性检测技术,另一类是基于策普里兹(Zoeppritz)方程的AVO特性的叠前含气性检测技术。

地震波在地下介质中传播时,地层介质的吸收滤波,会使地震波能量发生衰减及产生速度频散现象,导致地震波高频部分的速度变快,使得其波形不断变化,地震波振幅减小、相位发生畸变等,具有低频共振、高频吸收衰减等特点。王童奎等(2012)通过地震频率的改变来指示流体的发育情况,但该技术受岩性因素的影响较大,需要结合录井岩性,采取针对性的时窗选择;刘喜武等(2006)基于广义S变换的高分辨率,提取了分时的频率能量谱,根据高频能量损失进行了含气性检测;薛雅娟和曹俊兴(2016)将小波变换结合经验模态分解(empirical mode decomposition,EMD)方法,利用最小二乘法进行频率衰减属性的提取,提高了频率衰减属性估计的精度及对弱含气层识别的灵敏度;田晓红(2018)通过能量衰减分析和实例研究,认为利用能量衰减属性可以定性分析含油气性,同时高质量的地震资料和高分辨率的时频分析算法有助于提高地震衰减属性对含油气性识别的准确性和可靠性;张艳等(2018)基于遗传算法优化反向传播(back propagation,BP)神经网络方法提出了一套多属性含气性检测方法。

叠前流体分析方面以叠前AVO分析及叠前弹性参数为主,国内外众多学者也发表了大量的相关论文。Ostrander(1984)发现了遵循Zoeppritz方程的AVO现象;Smith和Gidlow(1987)提出了流体因子的概念;畅永刚和黄丹(2012)将奇异值分解(singular value decomposition,SVD)应用到地震数据降维,并在此基础上对可以用于储层含气性检测的有用地震属性进行了取舍优化;程冰洁等(2012)基于Zoeppritz方程,推导出了一系列地震波AVO属性与频率之间的关系,并指出频变AVO属性是含气性的敏感参数,可以用于富气圈闭的描述;于敏捷等(2015)将叠前地震资料进行角度部分叠加,形成小、中、大角度叠加剖面,并提取目的层层间振幅属性进行含气性检测;刘道理等(2020)针对海相碳酸盐岩通过频变AVO属性的反演对叠前含气性检测技术进行了完善。

通过深层碳酸盐岩气藏地震资料处理、储层、裂缝及含气性预测技术调研发现,近十年,国内外学者针对高能沉积背景下形成的"礁滩型"及与风化壳相关的"岩溶型"碳酸盐岩储层开展了大量的研究,取得了积极进展。对于"礁滩型"碳酸盐岩储层的研究主要侧重于古地貌和预测储层、裂缝孔洞的发育区域;对于"岩溶型"碳酸盐岩储层的研究主要侧重于地震相带预测和古地貌恢复。对于相对低能沉积背景下形成的潮坪相白云岩储层,纵向上储层与围岩交互叠置,呈"五花肉"状分布特征,纵横向非均质性强，地震振幅及反射结构异常特征不典型，上述两类碳酸盐岩储层的预测方法不适用，薄互储层定量表征技术尚需攻关。

1.3 超深层潮坪相白云岩储层预测难点及挑战

1.3.1 地震资料处理难点

川西气田位于龙门山中段推覆带前缘，其雷口坡组储层埋藏深（5000～6000m）、构造断裂特征复杂、裂缝发育、储层厚度薄（10～30m）、非均质性强以及地表和地下地质条件复杂，原始地震资料品质差，储层及断裂成像不清，构造落实程度低，地震数据高精度和高分辨率处理难度较大，需要在静校正、去噪、深度域建模成像、高分辨率处理等方面进行针对性技术攻关。

1. 高精度静校正问题

川西气田地形起伏剧烈，近地表岩性变化大，低降速带厚度和近地表速度变化快，采用传统的静校正方法后期处理成果存在串层、同相轴不连续、构造及断裂难以准确落实等突出问题。

2. 保真噪声压制难题

原始单炮资料中面波、非规则干扰、浅层折射、工业干扰等噪声能量强，数据信噪比低，地震有效信号和噪声在视速度及频带方面均存在严重的叠置现象，充分保护有效信号，消除噪声干扰，难度较大。

3. 深度域精细速度建模和偏移成像难题

地下构造断裂复杂、速度横纵向变化快、各向异性特征明显，常规深度域速度建模精度较低，难以准确建立浅层及中深层速度模型，影响构造、断裂等地质体成像效果，制约储层预测精度。

4. 超深薄互层高分辨率处理难题

雷口坡组储层埋藏深，近地表低降速带厚度大，地震波吸收衰减严重，导致原始单炮数据主频低（小于20Hz），常规处理成果频带窄（5～50Hz）、主频低（25Hz左右），仅依靠反褶积等提高分辨率的技术手段无法满足薄储层识别和表征需求。

1.3.2 储层预测难点

1. 多构型储层地震识别模式建立难度大

川西气田潮坪相白云岩储层横向变化快，非均质性强，构型复杂，气藏构造复杂，地震资料信噪比低，反射外形特征不典型，储层地震响应特征多解性强，并且目的层上覆地层为海陆过渡地层，海陆巨大的波阻抗差异形成了强反射界面，加剧了下伏储层地震识别模式的建立难度。

2. 薄互储层表征难度大

川西气田潮坪相白云岩储层单层厚度薄（0.5～6.9m），纵向上呈互层状（15～24层），储层品质差，以Ⅲ类储层为主，储层与围岩的弹性参数差异小，叠置问题严重。此外，目的层埋藏深（>5000m），地震资料主频低（25Hz），频带窄（15～40Hz），分辨能力低，进一步提升了薄互储层表征难度。

3. 多期次多尺度裂缝预测难度大

川西气田潮坪相白云岩储层裂缝发育，断裂诱导缝、褶皱变形缝等多种类型的裂缝同时发育，相互交织，裂缝系统极其复杂。如何明确裂缝发育成因机理，准确刻画不同类型裂缝及定量描述不同尺度的裂缝，对川西气田高效开发至关重要。

4. 超深层碳酸盐岩含气性检测难度大

已钻井揭示，川西气田雷口坡组碳酸盐岩气藏受构造、储层及裂缝多重控制，气水关系复杂，"甜点"展布规律不清，当前含气性识别技术手段有限，预测精度低，难以实现含气性有效预测，制约了川西气田的高效建产。

1.4 超深层潮坪相白云岩储层预测技术路线

川西气田潮坪相白云岩储层经历了多期构造运动的改造，导致其构造特征复杂，断裂、裂缝多期次发育，薄互储层具有"五花肉"分布特征，纵横向非均质性强，两因素决定了潮坪相白云岩储层地震响应的复杂性，已有方法技术手段不能适应储层精细预测和表征需要。本书针对储层埋藏深度大、优质储层厚度薄和非均质性强等地质特点，以及地震资料储层预测、裂缝检测和含气性识别难度大等研究难点，提出了如图1.2所示的技术路线。首先，开展时深双域地震资料目标处理，提升地震资料品质。其次，开展系统的地震岩石物理测试分析和地震响应特征研究，明确龙门山前雷口坡组优质储层地震岩石物理特征，构建本区适用的碳酸盐岩岩石物理模型，总结弹性参数变化规律及其对地震波振幅、衰减特征和AVO响应特征的影响规律，优选该区储层预测和流体识别的敏感参数，建立岩石物理定量解释模板。再次，构建多构型薄储层地震地质模型，分析不同构型储层地震辨识机理，明确多构型储层地震响应特征及识别模式。最后，在岩石物理研究和储层响应特征分析基础上，开展非均质储层高精度表征，多尺度裂缝综合预测及含气性检测技术攻关和实践。最终系统集成一套川西气田超深层潮坪相白云岩储层预测技术体系，并在储层地质特征研究基础上，进行储层地震综合预测和评价，为川西气田区带评价、钻井部署、开发方案制定提供科学依据和技术支撑。

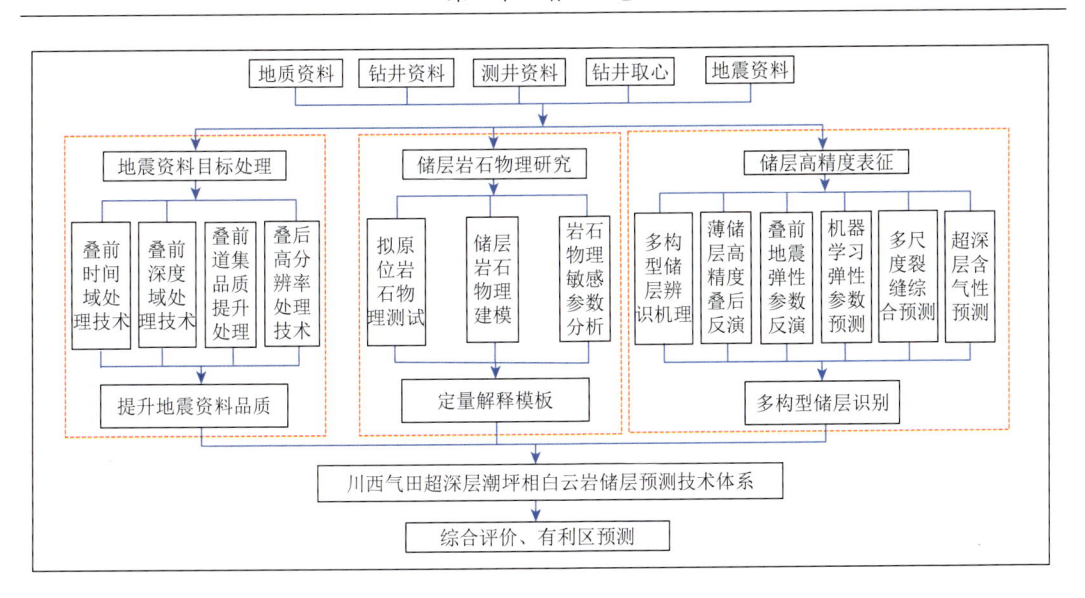

图 1.2　超深层潮坪相白云岩储层预测技术路线

第 2 章　气藏基本地质特征

2.1　地　层　特　征

2.1.1　区域地层特征

　　川西地区雷口坡组发育一套浅海相碳酸盐岩沉积，主要由灰岩、白云岩夹盐溶角砾岩组成，含石膏、盐岩。雷口坡组按岩性特征自下而上一般分为四段：雷一段（T_2l^1）、雷二段（T_2l^2）、雷三段（T_2l^3）和雷四段（T_2l^4）。雷一段（T_2l^1）：下部为灰色白云岩与灰白色硬石膏岩不等厚互层，向上逐渐转变为灰色泥微晶灰岩、白云质灰岩、泥微晶白云岩间夹膏岩薄层。与下伏嘉陵江组呈假整合接触。雷二段（T_2l^2）：下部为灰色泥晶白云岩与灰白色石膏岩不等厚互层，向上以发育大套灰色、深灰色泥微晶灰岩、泥灰岩为主要特征，夹灰色砂屑灰岩、生物屑泥晶灰岩、多层灰色泥微晶白云岩及灰白色石膏岩等。雷三段（T_2l^3）：主要由灰色微晶灰岩、砂屑灰岩（白云岩）、深灰色白云质灰岩、灰质白云岩、灰色泥微晶白云岩组成，夹膏质白云岩、灰白色硬石膏岩等。雷四段（T_2l^4）：地层厚度280～380m，下部为大套灰色或白色石膏岩夹泥微晶白云岩，向上逐渐转变为浅灰色膏质白云岩、泥微晶白云岩、泥微晶灰岩等，含海百合茎、藻纹层等。

　　中三叠世末，受印支早幕运动的影响，四川盆地整体抬升，雷口坡组上部普遍遭受不同程度的剥蚀，总体上剥蚀厚度由东向西减薄。大部分地区雷口坡组保存不完整，厚度0～1200m。在盆地内的绝大部分地区，雷口坡组顶为印支期侵蚀面。晚三叠世早期，随着古特提斯洋逐渐关闭，川西至川中地区受挤压发生挠曲变形，在前陆挠曲稳定翼发育了马鞍塘组海相缓坡沉积体系。在盆地西部，雷口坡组顶界面以白云岩或灰质白云岩与上覆马鞍塘组或小塘子组呈假整合接触，其他地区则以海相碳酸盐岩与上覆陆相须家河组碎屑岩呈假整合接触。雷口坡组底发育区域标准层"绿豆岩"，在四川盆地广泛分布，与下伏地层嘉陵江组呈平行不整合接触（图2.1、图2.2）。

2.1.2　川西地区雷四段发育特征

　　川西地区雷四段可进一步划分为3个亚段（图2.1）：下亚段保留完整，厚为120～170m，以厚大膏岩为主，夹部分深色微晶白云岩；中亚段厚为80～120m，在川西拗陷东坡地区部分剥蚀，由膏岩与微晶白云岩不等厚互层组成；上亚段厚为0～150m，在川西拗陷西北及龙门山中、南段地区地层保留相对完整，岩性主要为微-细晶白云岩、灰质白云岩、白云质灰岩及（藻屑）砂屑灰岩等。

第 2 章 气藏基本地质特征

地层系统					厚度/m	岩性剖面	岩性分层描述	资料来源
系	统	组	段	亚段				
三叠系	上三叠统	须家河组	须三段		578~898		深灰、灰黑色页岩,碳质页岩与灰、浅灰色细、中砂岩、粉砂岩不等厚互层,夹煤层线	彭州1井
			须二段		320~654		灰白、浅灰色细、粗砂岩与黑色碳质页岩不等厚互层,夹煤层线	
		小塘子组			322~447		深灰色页岩、粉砂质页岩与灰色细砂岩互层	鸭深1井
		马鞍塘组	马二段		114~137		深灰色、黑色页岩夹粉砂岩、细砂岩	
			马一段		57~76		灰色泥晶灰岩、砂屑灰岩、白云质灰岩	
	中三叠统	雷口坡组	雷四段	上亚段	0~150		微-粉晶白云质灰岩/灰质白云岩、白云质藻砂屑灰岩、藻砂屑微晶灰岩、泥微晶(藻)灰岩和微-粉晶白云岩	
				中亚段	80~120		灰色微晶灰岩、藻砂屑灰岩,夹灰色硬石膏、膏质白云岩	
				下亚段	120~170		灰白色白云质盐岩、石膏岩、灰白云岩	
			雷三段		212~280		灰色白云岩/灰质白云岩、灰白云岩、藻屑白云岩,灰色砂屑灰岩,灰白色石膏岩	
			雷二段		272~469		深灰色泥-微晶灰岩、灰色泥质白云质灰岩、深灰色白云质灰岩、灰色生屑灰岩、砂屑灰岩等深灰色泥晶白云岩夹灰白色石膏岩,见薄层灰色砂屑灰岩	川科1井
			雷一段		61~234		灰色灰岩、灰质灰岩、深灰色泥灰岩,灰白云岩	
	下三叠统	嘉陵江组	嘉五-四段		209~325		灰色白云岩、灰白色石膏岩	

图 2.1 川西地区海陆相地层综合柱状图

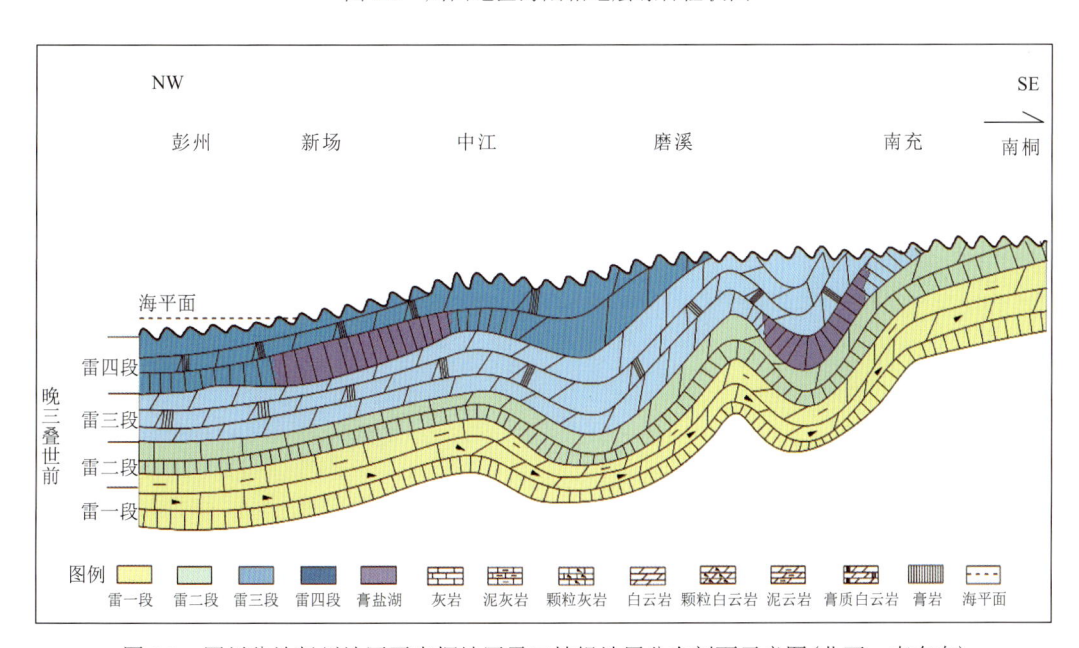

图 2.2 四川盆地彭州地区至南桐地区雷口坡组地层分布剖面示意图(北西—南东向)
[据王文楷等(2017)修改]

雷四上亚段储层发育最好，是川西地区海相地层主要勘探开发目的层之一(图 2.3)。川西气田雷四上亚段厚度为 130~150m(图 2.3)，平均为 135m，纵向上分为上储层段、隔层段及下储层段，其中上储层段厚度为 32~35m，隔层段厚度为 25m，下储层段厚度为 70~80m。

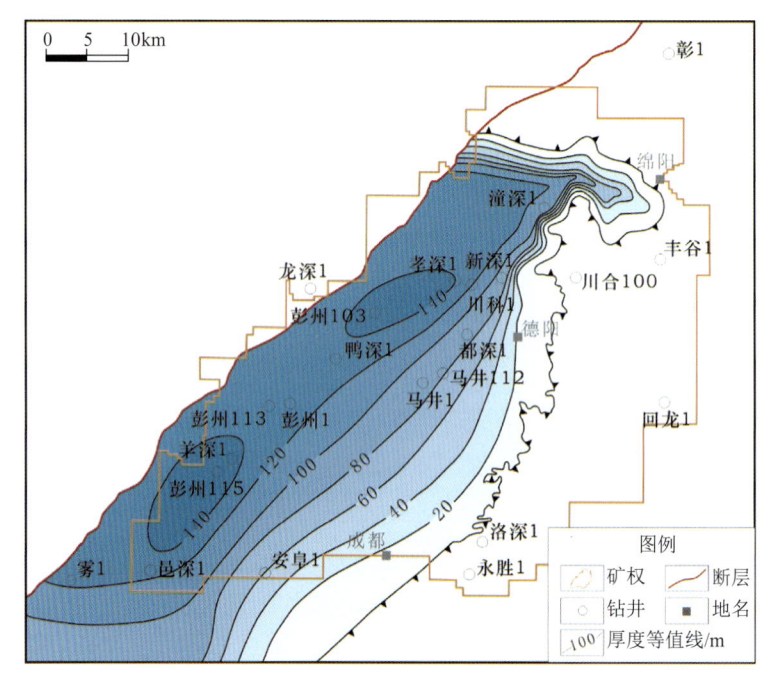

图 2.3　川西地区雷四上亚段残余厚度图

2.2　构造及断裂特征

2.2.1　构造特征

川西气田发育龙门山前金马—鸭子河长轴状断背斜构造，该背斜位于关口断层和彭县断层之间，呈北东—南西向展布，南抵都江堰以东，北达绵竹以南，背斜两翼不对称，表现为北西缓南东陡；构造内部存在两个局部构造(即金马、鸭子河)，被构造较低的鞍部所分割。金马—鸭子河构造高点位于鸭子河局部构造，高点海拔为-4940m，圈闭面积为 171.7km²，圈闭线海拔-5375m，闭合幅度 435m，构造长轴长度为 32.1km，短轴长度为 3.8~9.6km(表 2.1，图 2.4)。

表 2.1　金马—鸭子河构造雷四上亚段构造圈闭要素表

构造名称	圈闭面积/km²	闭合幅度/m	高点海拔/m	圈闭线海拔/m	长轴轴向	长轴长度/km	短轴轴向	短轴长度/km	构造类型
金马—鸭子河构造	171.7	435	-4940	-5375	北东	32.1	北西	3.8~9.6	断背斜

续表

构造名称	圈闭面积/km²	闭合幅度/m	高点海拔/m	圈闭线海拔/m	长轴轴向	长轴长度/km	短轴轴向	短轴长度/km	构造类型
鸭子河局部构造	92.9	285	−4940	−5225	北东	19.7	北西	4.3~8.4	断背斜
金马局部构造	14.2	115	−5110	−5225	北东	6.1	北西	2.3	断背斜

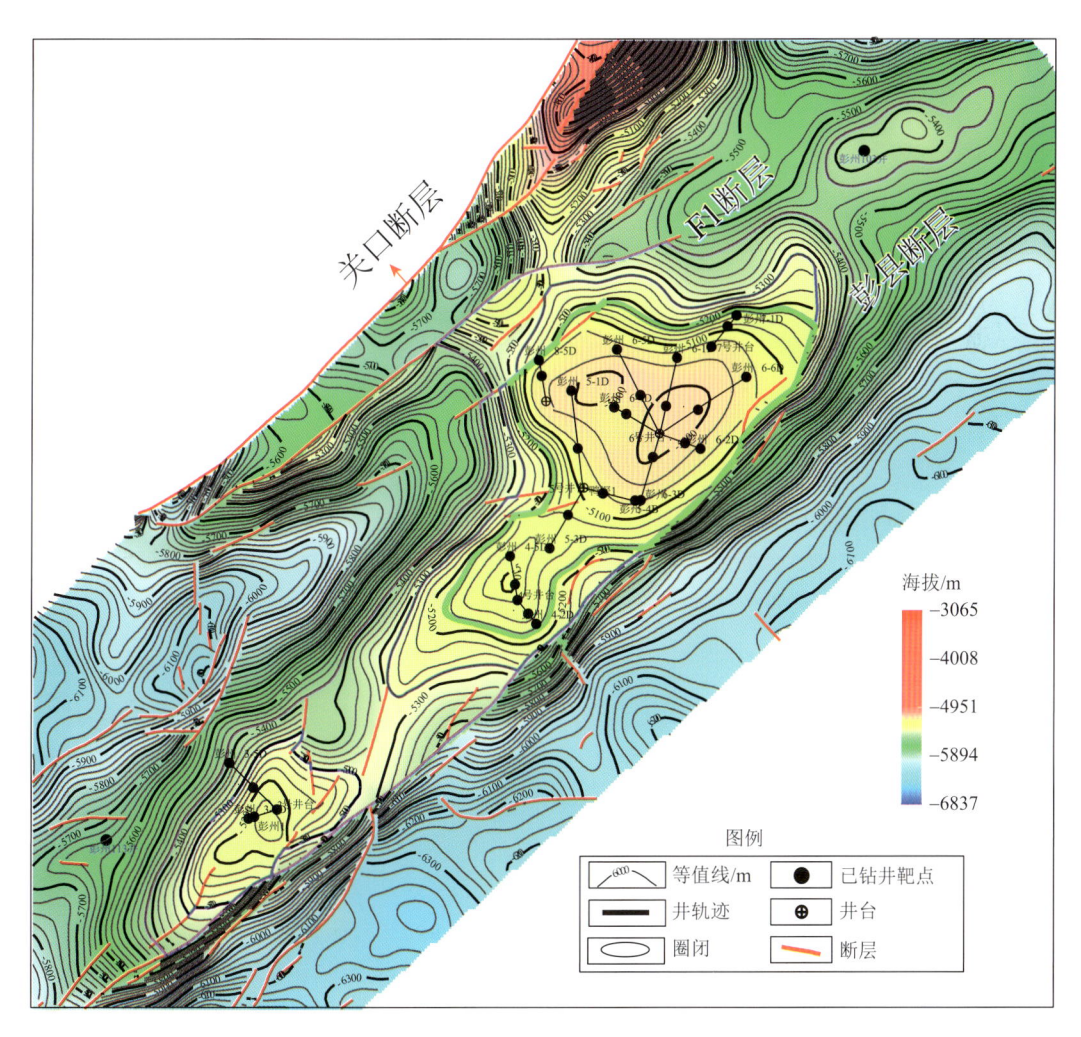

图2.4 金马—鸭子河构造雷口坡组顶面构造图

金马局部构造：位于金马—鸭子河构造的西南部，圈闭面积为14.2km²，高点海拔−5110m，走向为北东，长轴长度6.1km，圈闭线海拔为−5225m，闭合幅度115m。鸭子河局部构造：位于金马—鸭子河构造的北东部，圈闭面积为92.9km²，高点海拔−4940m，走向为北东，长轴长度为19.7km，圈闭线海拔为−5225m，闭合幅度285m，圈闭内发育3个局部高点。

2.2.2 断裂特征

川西气田控制金马—鸭子河构造的边界断层均为北东走向，构造北西边界断层为关口断层，南东边界断层为彭县断层。图2.5所示剖面为过金马局部构造彭州1井北西—南东向地震剖面，剖面北西端延伸至彭灌杂岩体东侧。该剖面从北西到南东主要被4条断层所切割，依次为映秀—北川断层、通济场断层、关口断层、彭县断层(图2.5)。

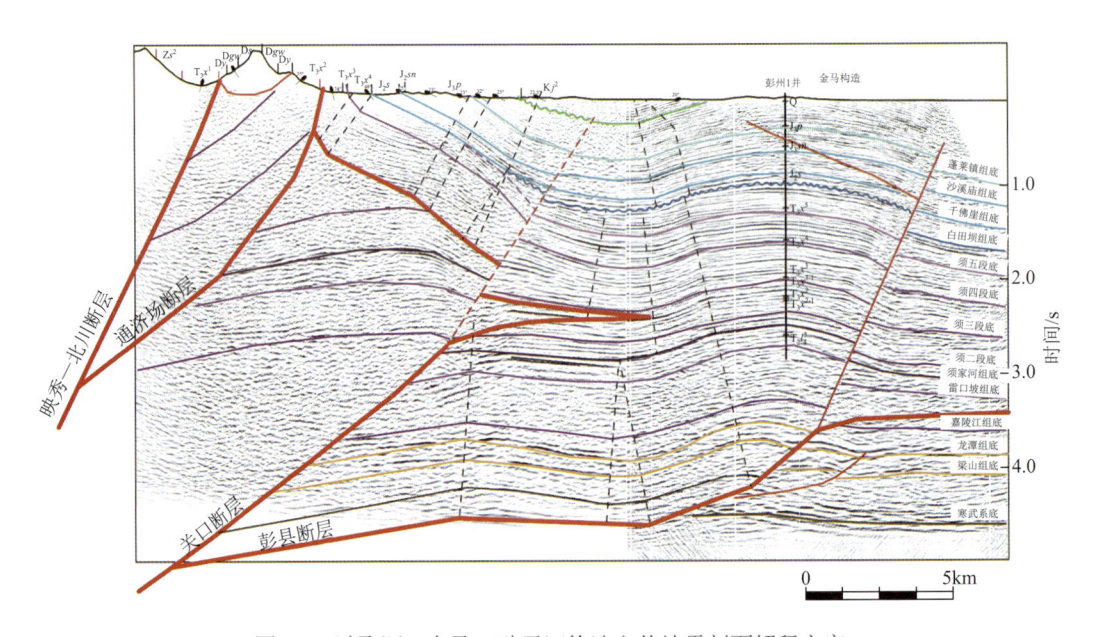

图2.5 过聚源—金马—鸭子河构造主体地震剖面解释方案

关口断层是龙门山冲断带与川西平原之间的地形分界，断层以西地表高程起伏变化大，以山地为主，断层以东地表高程变化小，以平原为主，延伸长度大于33.7km，垂直断距为30～1600m。彭县断层是控制金马—鸭子河构造的主断层，由多条雁形排列逆断层组合而成，主断裂带上断裂多呈北东走向，延伸长度57.1km，消失在圈闭的东北翼，最大垂直断距可达500m，是很好的油气运移通道。此外还有控制构造北西部形态的F1断层，该断层呈北东走向，延伸长度大于20.3km，垂直断距0～380m，该断层上断至须家河组二段，下断至嘉陵江组，是金马—鸭子河构造北西边界断层。构造的轴部及两翼还发育次一级的小断层(图2.6)，均为逆断层，走向较为多样，表现为北东东、北北东、北北西、北西西走向等，断开雷四上亚段及马鞍塘组，断距一般为10～50m。在金马局部构造、鸭子河局部构造高点附近小断层相对较发育，这些断层及其伴生的裂缝对气井产能具有重要影响。

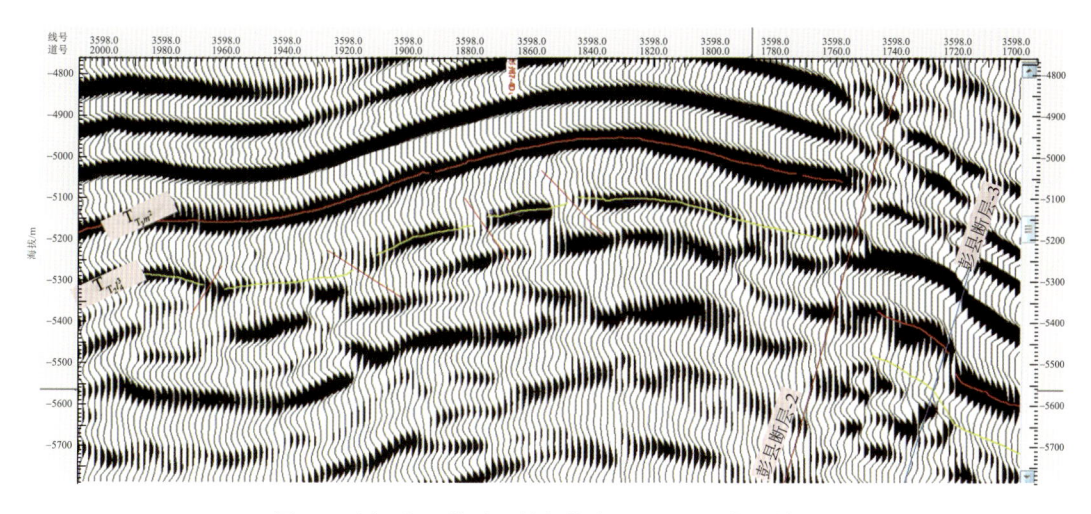

图 2.6 川西气田构造主体部位次一级小断层剖面特征

2.2.3 构造演化特征

金马—鸭子河构造主要经历了三个构造变形阶段：印支末期构造变形、燕山期构造变形、喜马拉雅期构造变形。

印支晚幕构造运动在龙门山前记录最为完整，被认为是印支期变形强度最大、波及范围最广的一次构造运动(邓康龄，2007)。在关口断层以南，须家河组五段地层部分被剥蚀，上覆侏罗系底部白田坝组不整合覆盖于须家河组五段之上；在关口断层以西，须家河组五段逐渐完全缺失，地震剖面可见明显的角度不整合特征；向东南方向，该套地层顶部剥蚀厚度逐渐减小，由轻微的角度不整合逐渐转变为平行不整合特征。该时期金马—鸭子河地区发育上下两套断裂系统，一套是雷口坡组至基底的断裂系统，可以为雷四气藏提供重要的下伏烃源通道，另一套是须家河组内部断裂系统，向下往往消失于雷口坡组中下部膏岩滑脱层内部[图 2.7(c)]，受断裂及褶皱影响，金马—鸭子河构造雏形开始显现。

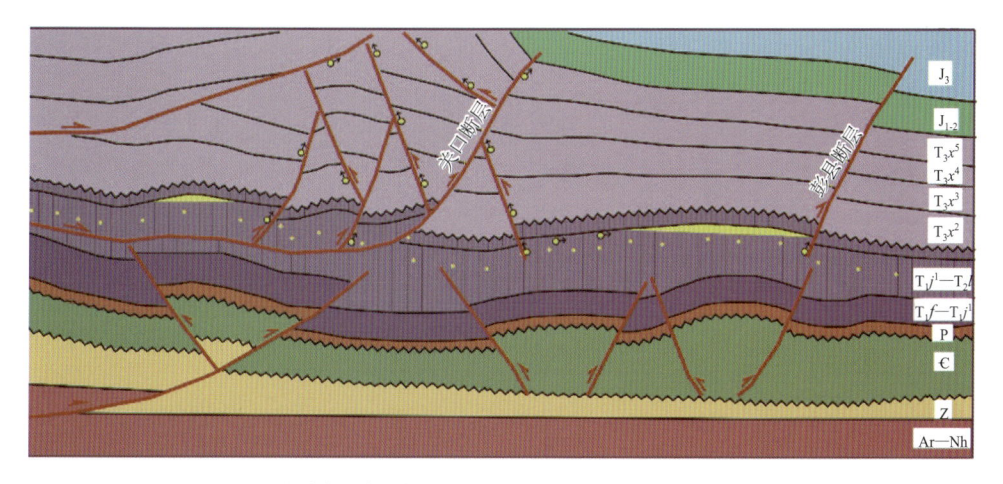

(a)新生代以来：龙门山强烈冲断变形，关口断层变形强烈

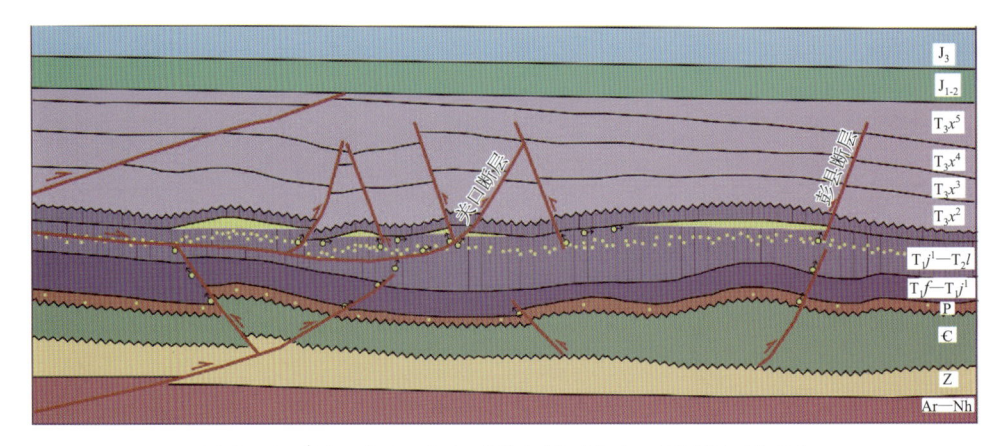

(b)燕山中、晚期：金马—鸭子河背斜隆升幅度加大，彭县断层开始形成

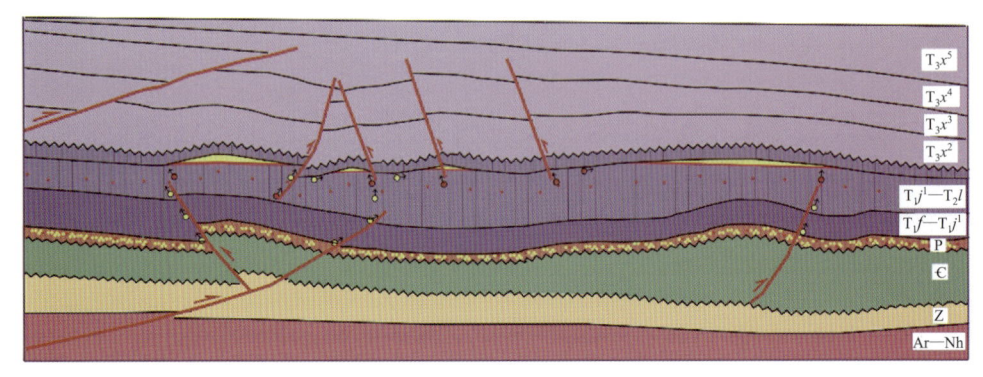

(c)印支晚期：龙门山冲断变形向前陆传递，须家河组五段顶部遭到削蚀，金马—鸭子河构造背斜雏形开始显现

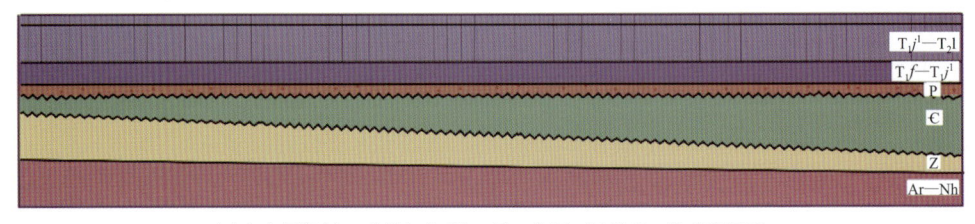

(d)印支早期（上三叠统沉积前）：雷口坡组开始抬升，接受弱暴露

图2.7 金马—鸭子河构造演化剖面图

燕山期构造运动以构造隆升为主，断裂及褶皱持续形成。结合钻井资料和地震剖面，发现古近系地层不整合于白垩系灌口组之上，为白垩纪末期"四川运动"的结果。该时期关口断层及彭县断层开始形成，金马—鸭子河背斜隆升幅度加大[图2.7(b)]。

喜马拉雅期构造变形最为强烈，龙门山南段强烈的推覆挤压作用导致关口断层变形强烈，龙门山前推覆构造成排成带分布，关口断层以西地层强烈抬升，使得金马—鸭子河构造得以形成，同时彭县断层继续活动并向上消失于中下侏罗统[图2.7(a)]。

2.3 沉积特征

2.3.1 区域沉积背景

上扬子陆块(四川盆地)早-中三叠世处于古特提斯洋域，纬度在北纬 0°~20°，全球古气候研究显示，中三叠世处于温室气候期(Scotese，2004；许效松等，2004；万天丰和朱鸿，2007)。因此，四川盆地当时地处中低纬度地区，属于热带气候，气候总体表现为干旱炎热。同时，全球三叠纪为低海平面背景，中上扬子地区早-中三叠世相对海平面呈缓慢下降趋势。古构造背景上，中三叠世受印支运动影响，四川盆地东面雪峰山再次隆起，西面为康滇古陆，加上周边海底隆起的障壁作用，整个上扬子地区形成半围限的格局。沉积物特征上，雷口坡组发育白云岩、蒸发岩、灰岩的频繁交互沉积，膏盐岩在各个地层段均有发育，即使在灰岩中都常见与膏质团块共生的现象。综上所述，雷口坡组沉积时，四川盆地总体为一个蒸发型的陆表海碳酸盐台地，沉积期地势平缓、水体极浅、盐度较高，台内沉积环境对海平面升降变化极其敏感，主要受潮汐和波浪作用的共同控制，发育局限碳酸盐台地沉积体系。

川西地区在中三叠统海相沉积时，西侧康滇古陆和龙门山—九顶山古岛链或水下古隆起的存在，阻滞了川西湖盆与松潘外海的沟通，同时局部区域构造升降运动频繁，干旱、潮湿气候交替出现，导致海盆水体进退及含盐浓度、温度等沉积条件随之发生周期性变化。因此，在雷口坡组内形成多套以白云岩-硬石膏岩为主的蒸发岩沉积组合旋回。雷四中晚期，蒸发作用逐渐减弱，迎来了雷口坡期最后一次海侵，海水逐渐淡化，以潟湖、潮坪、藻砂屑滩等亚相沉积为主。由膏盐岩-微晶白云岩互层组合向上转变为以微晶白云岩为主，偶夹膏岩，再向上为微晶白云岩、灰质白云岩、白云质灰岩、(藻屑)砂屑灰岩组合(图 2.8)。根据其沉积充填特征和沉积相类型，结合碳酸盐台地理想相模式及前人研究成果，建立了川西地区雷四上亚段以潮坪-潟湖为主的沉积模式(图 2.9)。

鉴于雷四^{3}亚段(雷四上亚段)为川西雷口坡组潮坪相碳酸盐岩气藏的产气层段，将川西地区雷四晚期(雷四^{3}时)的沉积相进一步细分为雷四^{3}时早期[图 2.10(a)]和雷四^{3}时中晚期[图 2.10(b)]进行刻画。具体特征如下。

雷四^{3}时早期，平面上，川西地区由西向东依次为潮下带—潮间下带—潮间带—潮上带，其中，都江堰一带主要为潮下带-潮间下带(藻)灰坪、泥灰坪微相沉积区，彭州—什邡一带主要为潮间带(藻)云坪微相，为白云岩储层发育的有利微相，向东过渡为潮上带。

雷四^{3}时中晚期，在海平面达到最高位之后开始下降，整体沉积环境又逐渐变成潮间上带，发育横向分布稳定的云坪-藻云坪微相，沉积厚度十余米，与其下部具有相似的沉积特征；最后经历一次短暂的潮间下带藻砂屑滩-潮间上带藻云坪沉积过程。

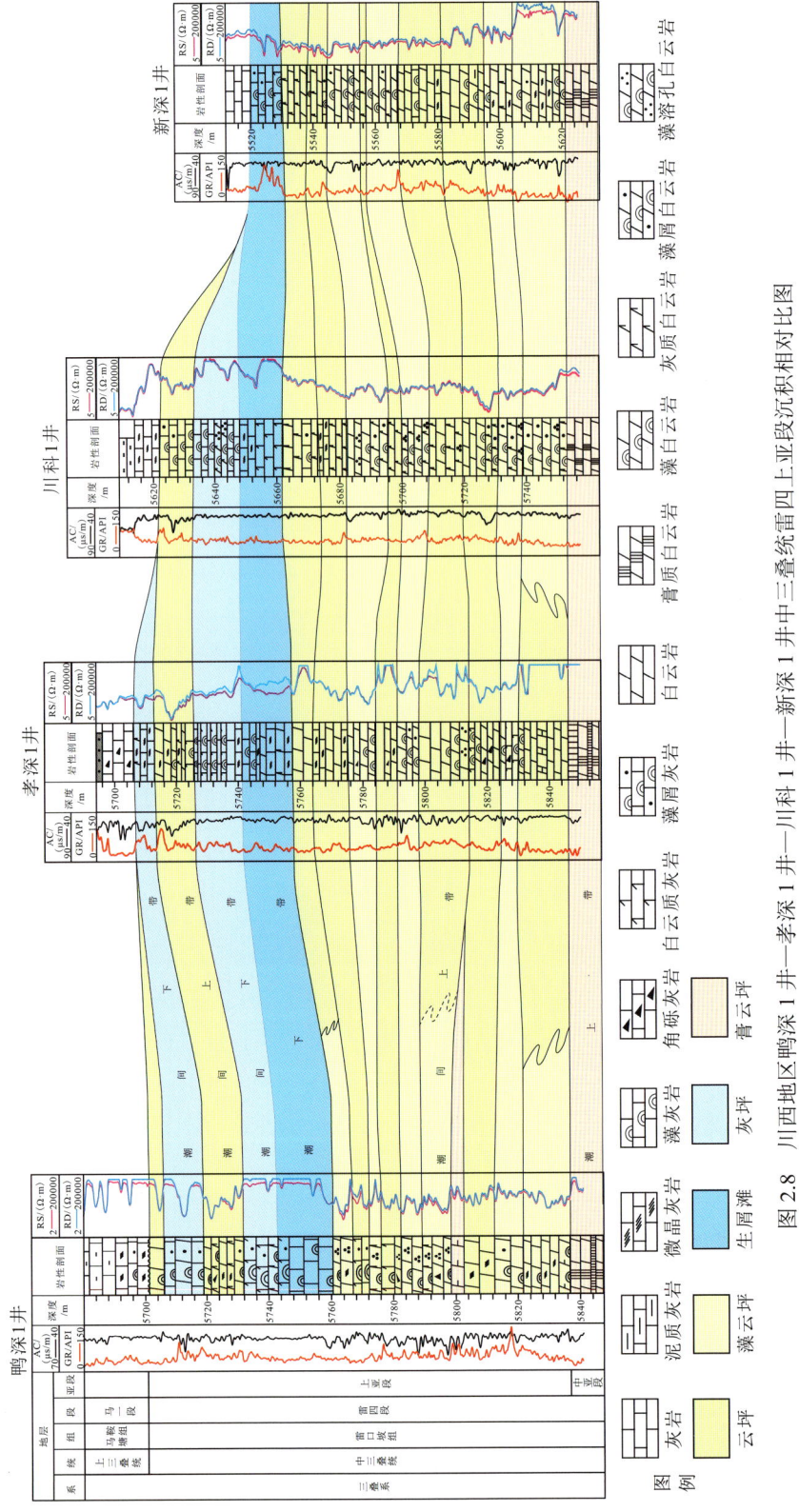

图 2.8 川西地区鸭深 1 井—孝深 1 井—川科 1 井—新深 1 井中三叠统雷四上亚段沉积相对比图

AC：声波时差；GR：自然伽马；RS：浅双侧向电阻率；RD：深双侧向电阻率

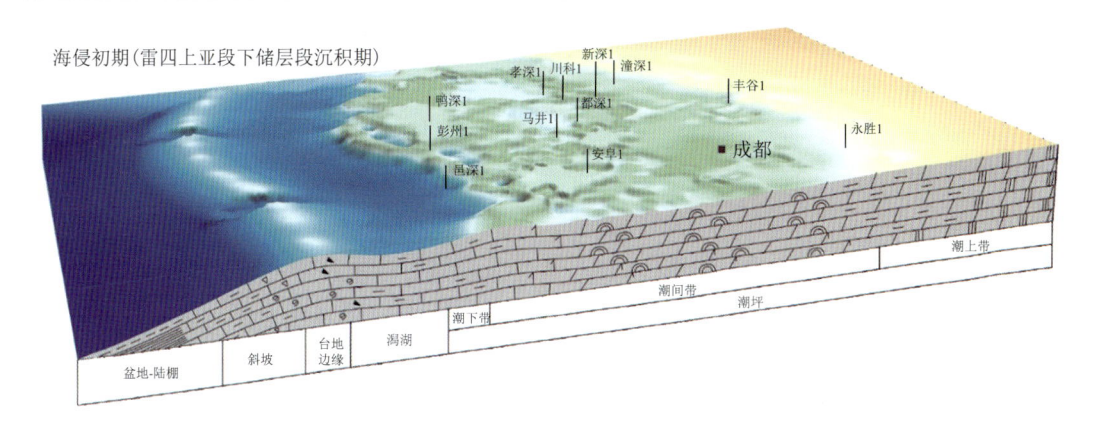

图 2.9 川西地区中三叠统雷四上亚段沉积相模式

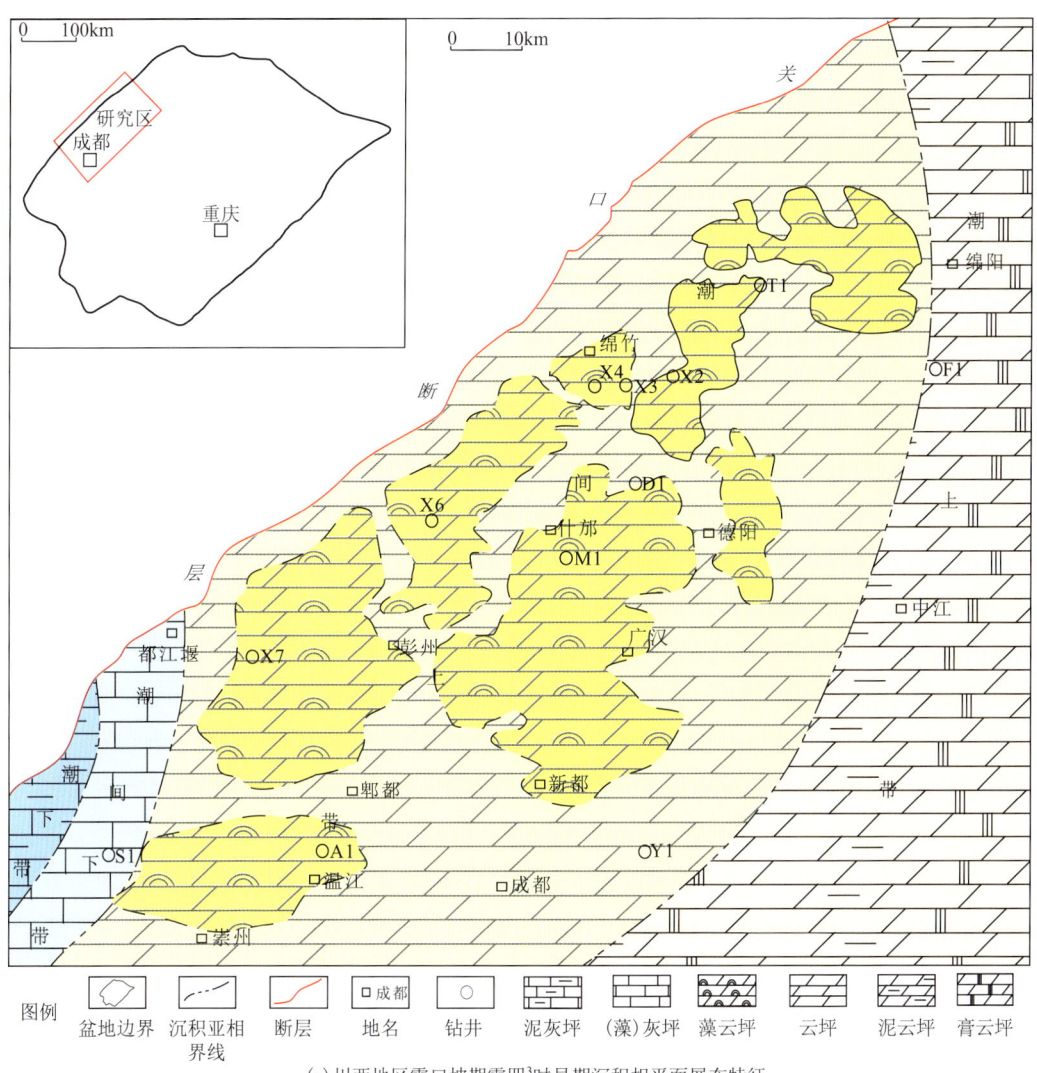

(a)川西地区雷口坡期雷四³时早期沉积相平面展布特征

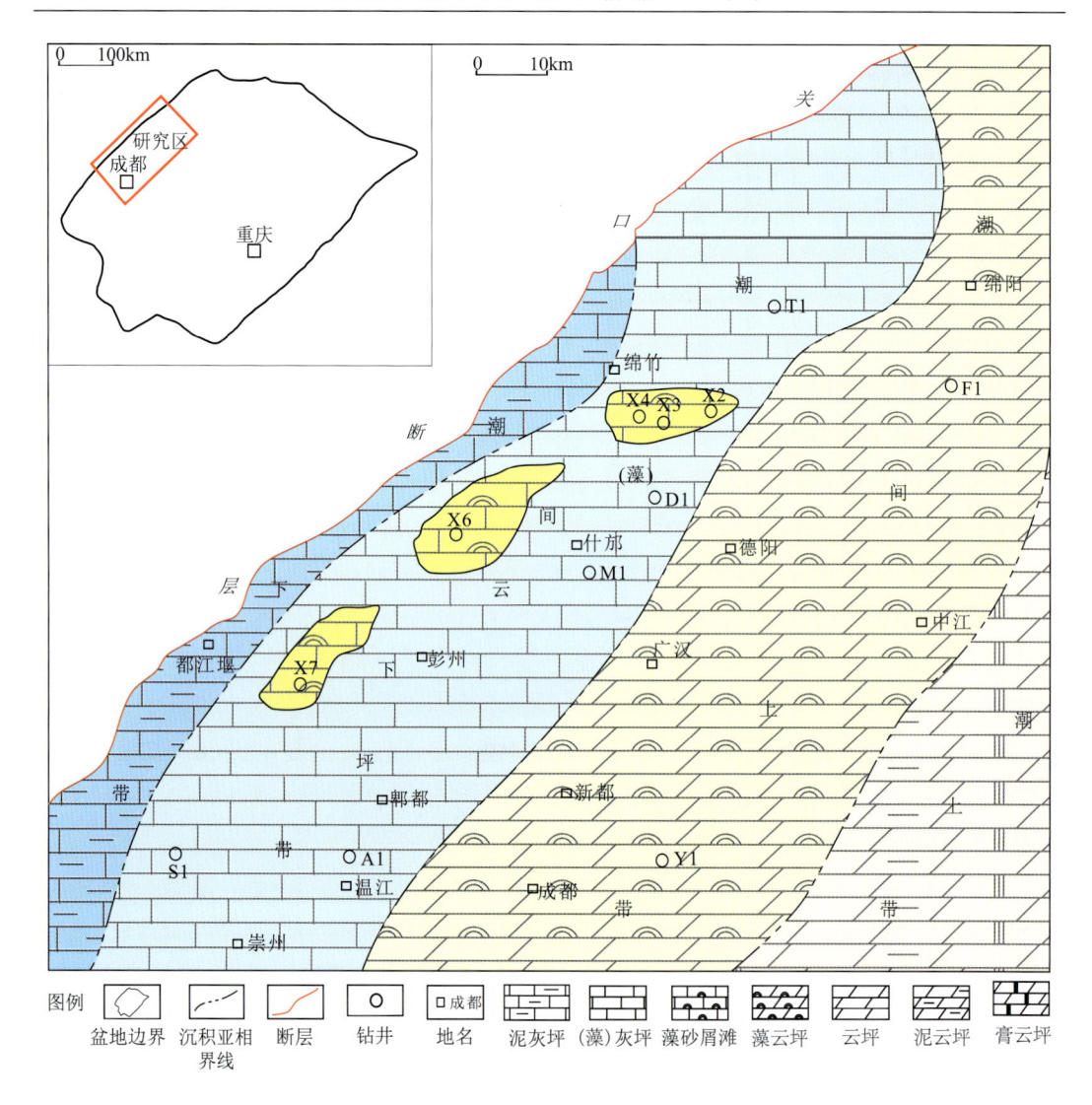

(b) 川西地区雷口坡期雷四³时中晚期沉积相平面展布特征

图 2.10　川西地区雷口坡期雷四³时沉积相平面展布特征

2.3.2　沉积相类型及展布特征

1. 沉积相类型

岩心及镜下观察结果表明，该区域白云岩以微晶白云岩、粉晶白云岩、砂屑白云岩、藻屑白云岩为主，灰岩以砂屑灰岩、微晶灰岩为主，显示出中-低能量的水体环境，生物以藻类及藻屑为主，其他生物不发育，可见明显的藻叠层构造、藻黏结构造、纹层构造、鸟眼构造、石膏结核等构造。考虑到沉积水体深浅、水动力条件等因素对岩性和沉积构造的控制作用，结合在龙门山地区雷口坡组沉积时期，存在古岛链或水下古隆起的区域沉积背景，以及地层对比结果、岩性岩相标志等证据，综合分析认为，研究区总体以局限台地潮坪相沉积为主(图 2.11)，亚相包括潮下带、潮间带和潮上带，具体的岩相标志如下。

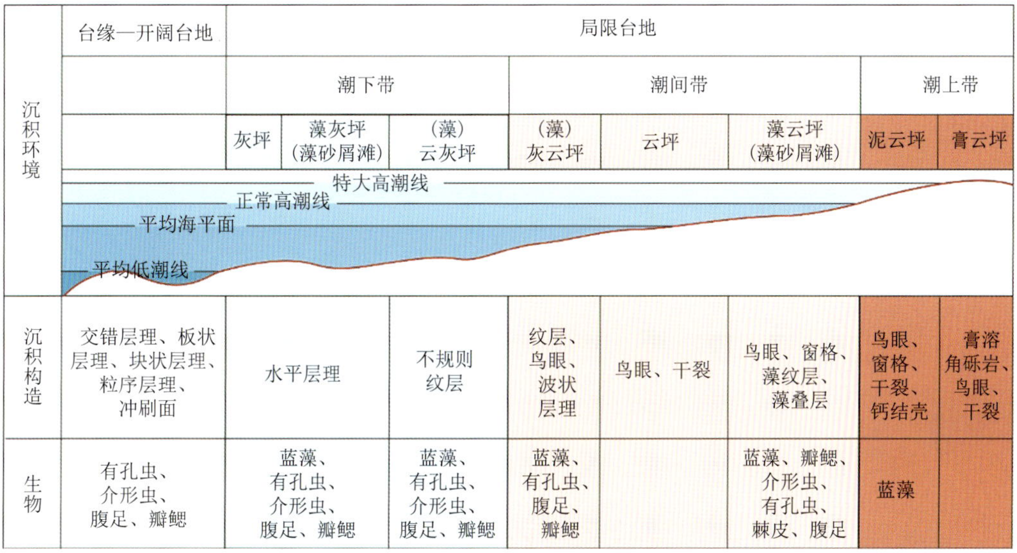
沉积环境
台缘—开阔台地
局限台地
潮下带
潮间带
潮上带
灰坪
藻灰坪(藻砂屑滩)
(藻)云灰坪
(藻)灰云坪
云坪
藻云坪(藻砂屑滩)
泥云坪
膏云坪
特大高潮线
正常高潮线
平均海平面
平均低潮线
沉积构造
交错层理、板状层理、块状层理、粒序层理、冲刷面
水平层理
不规则纹层
纹层、鸟眼、波状层理
鸟眼、干裂
鸟眼、窗格、藻纹层、藻叠层
鸟眼、窗格、干裂、钙结壳
膏溶角砾岩、鸟眼、干裂
生物
有孔虫、介形虫、腹足、瓣鳃
蓝藻、有孔虫、介形虫、腹足、瓣鳃
蓝藻、有孔虫、介形虫、腹足、瓣鳃
蓝藻、有孔虫、腹足、瓣鳃
蓝藻、瓣鳃、介形虫、有孔虫、棘皮、腹足
蓝藻

图 2.11　川西雷四上亚段沉积体系及相带

潮下带亚相：以微晶灰岩、藻砂屑灰岩等颗粒灰岩[图 2.12(a)、(b)]为主，颜色相对较深，以灰色、深灰色为主，沉积构造以块状层理为主，主要发育于雷四上亚段下部。

潮间带亚相：岩性以白云岩为主，总体这一相带沉积构造相对发育，典型的岩相有微晶白云岩、(微)粉晶白云岩、(细)粉晶白云岩、叠层石白云岩、藻黏结泥晶白云岩、(藻)砂屑白云岩以及纹层状构造白云岩[图 2.12(c)～(g)]，也可见(藻砂屑)白云质灰岩等，主要分布于雷四上亚段下储层的中上部及上储层段的中下部，是储层发育的有利亚相。

潮上带亚相：岩性主要有泥云岩、微晶白云岩，部分含膏质结核，泥质蠕动形变及暴露标志及含膏白云岩、膏质白云岩[图 2.12(h)]，主要发育于雷四上亚段下储层段底部。

从岩相的垂向相序组合来看，高频层序基本上反映了沉积水体由深至浅的潮下带至潮上带、潮下带至潮间带、潮间带至潮上带等向上变浅的垂向沉积组合。自下而上发育潮下带生屑滩或微晶灰岩沉积，向上逐渐转变为(窗格构造)灰质白云岩、藻屑白云岩、藻叠层白云岩，再向上转变为粉晶白云岩、微晶白云岩(局部含鸟眼或膏质)，总体反映完整的潮坪相垂向沉积序列，符合潮坪相沉积因受海平面快速上升和缓慢下降所导致的岩性变化规律。

(a) 亮晶藻砂屑灰岩，局部见藻丝相连，羊深1井，6122.97m，$T_2l_4^1$，染色薄片

(b) 深灰色微晶灰岩，水平纹层，鸭深1井，5731.30m，$T_2l_4^1$，岩心样品

(c) (微)粉晶白云岩，彭州1井，6122.97m，$T_2l_4^2$，岩心样品

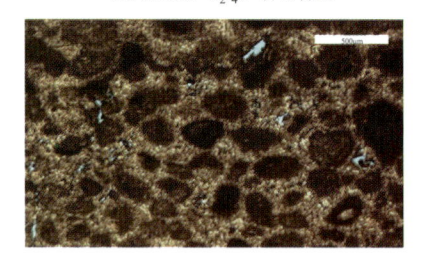

(d) 砂屑白云岩，见溶蚀孔隙发育，鸭深1井，5791.87m，$T_2l_4^2$，铸体薄片

(e) 叠层石白云岩，藻层叠构造，鸭深1井，5780.46m，$T_2l_4^2$，岩心样品

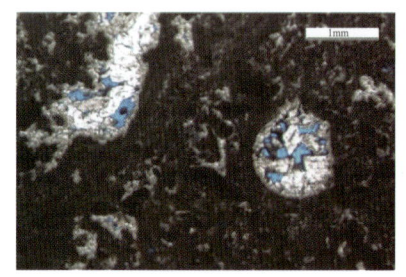

(f) 藻黏结泥晶白云岩，鸟眼孔隙由自生白云石充填，鸭深1井，5786.60m，$T_2l_4^2$，蓝色铸体

(g) 纹层状构造白云岩，羊深1井，6222.15m，$T_2l_4^2$，岩心样品

(h) 具鸟眼构造，孔隙由膏质充填，羊深1井，6243.77m，$T_2l_4^2$，岩心样品

图 2.12 川西气田雷四上亚段典型沉积亚相的岩相标志

2. 钻井沉积微相特征

通过岩石学特征、沉积构造所反映的岩相及其组合、接触关系，详细标定测井曲线，进而分析不同岩石相或组合所反映的沉积亚相的测井响应特征，并总结不同亚相的测井相模式。潮上带测井曲线表现为高密度、相对低中子和相对高电阻率的特征；潮间带表现为中等密度、相对高中子和相对低电阻率的特征；潮下带则表现为低密度、相对低中子和相对高电阻率的特征(图 2.13)。

沉积相			测井曲线模式	曲线特征描述	相标志
相	亚相	微相			
蒸发台地—局限台地（潮坪）	潮上带	云膏坪、膏云坪、泥云坪/云坪等	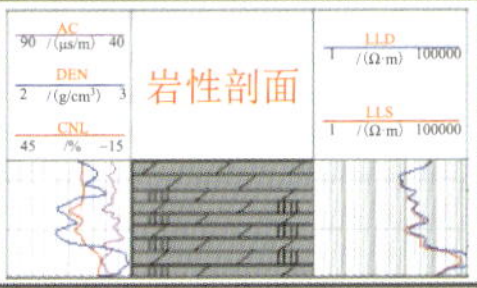	相对低中子、高密度和相对高电阻率	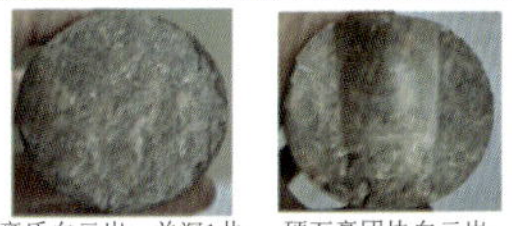 膏质白云岩，羊深1井，14-22/47　硬石膏团块白云岩，羊深1井，14-22/47
	潮间带	含膏云坪、（藻）云坪、灰云坪、云灰坪等	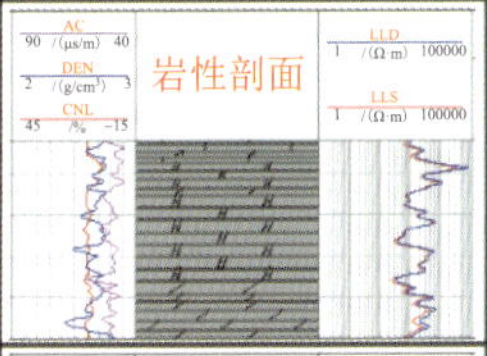	相对高中子、中等密度和相对低电阻率	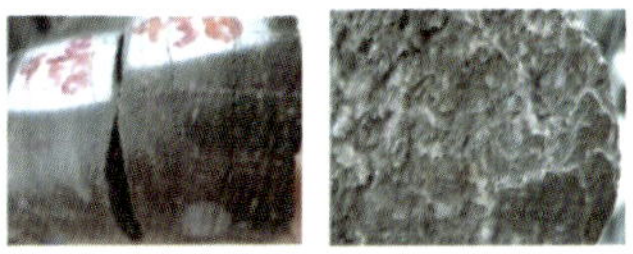 鸭深1井，4-8/58，鸟眼构造　羊深1井，7-14/29，窗格构造
	潮下带	灰云坪、云灰坪、灰坪、藻（砂）屑滩等	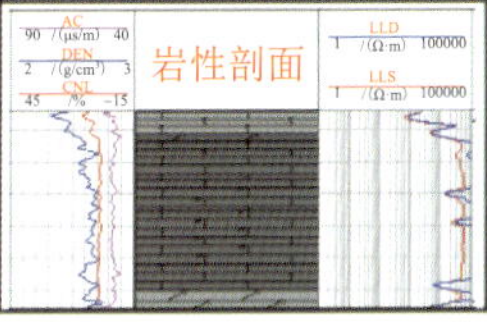	相对低中子、低密度和相对高电阻率	 鸭深1井，2-31/73，深灰色微晶灰岩，水平纹层，潮下带

图 2.13　雷四段上亚段测井相响应特征

DEN：密度；CNL：补偿中子；LLD：深侧向电阻率；LLS：浅侧向电阻率

在详细分析测井相、单井相的基础上，开展雷四上亚段连井相对比分析。雷四上亚段下储层段沉积早期由潮间—潮上逐渐演变为潮间下—潮间，随后经历了一次大规模的海泛，形成了上、下储层段潮下带和潮间带的灰岩与白云岩的岩相分界面，上储层由潮下逐渐演变为潮间沉积。井间沉积亚相变化一致性好，反映了整体沉积地形比较平缓，潮坪沉积在横向上分布稳定的特点。

3. 川西气田雷四上亚段沉积相展布特征

川西气田钻井沉积微相对比显示各井具有岩性或岩相上的差异，主要表现在沉积微相上纵横向变化比较明显，反映出局部地区存在地形差异（图 2.14）。其中，藻云坪、云坪、灰云坪、云灰坪等为有利相带，灰坪与藻灰坪为不利相带。

在单井相和连井相分析的基础上，利用多种能反映沉积环境、沉积能量的单因素基础地质图件，同时以地震相属性作为沉积微相边界的约束，井震结合，在沉积体系及相序规律的指导下，编制五级层序平面相图。

上储层以灰云坪和云灰坪为主：灰坪主要分布在彭州 113 井区；灰质云坪主要分布在彭州 6-4D（直、侧）、鸭深 1、彭州 3-5D 井区；含灰云坪主要分布在彭州 7-1D、彭州 8-5D 井区；云灰坪主要分布在彭州 4-2D 井区（图 2.15）。

下储层以云坪、藻云坪为主：在彭州 7-1D、彭州 4-2D、彭州 3-5D 及彭州 8-5D 井区为藻云坪发育区，云坪发育区主要分布在彭州 1、鸭深 1 及彭州 6-4D（直、侧）井区。彭州 113 井区为灰云坪发育区（图 2.16）。

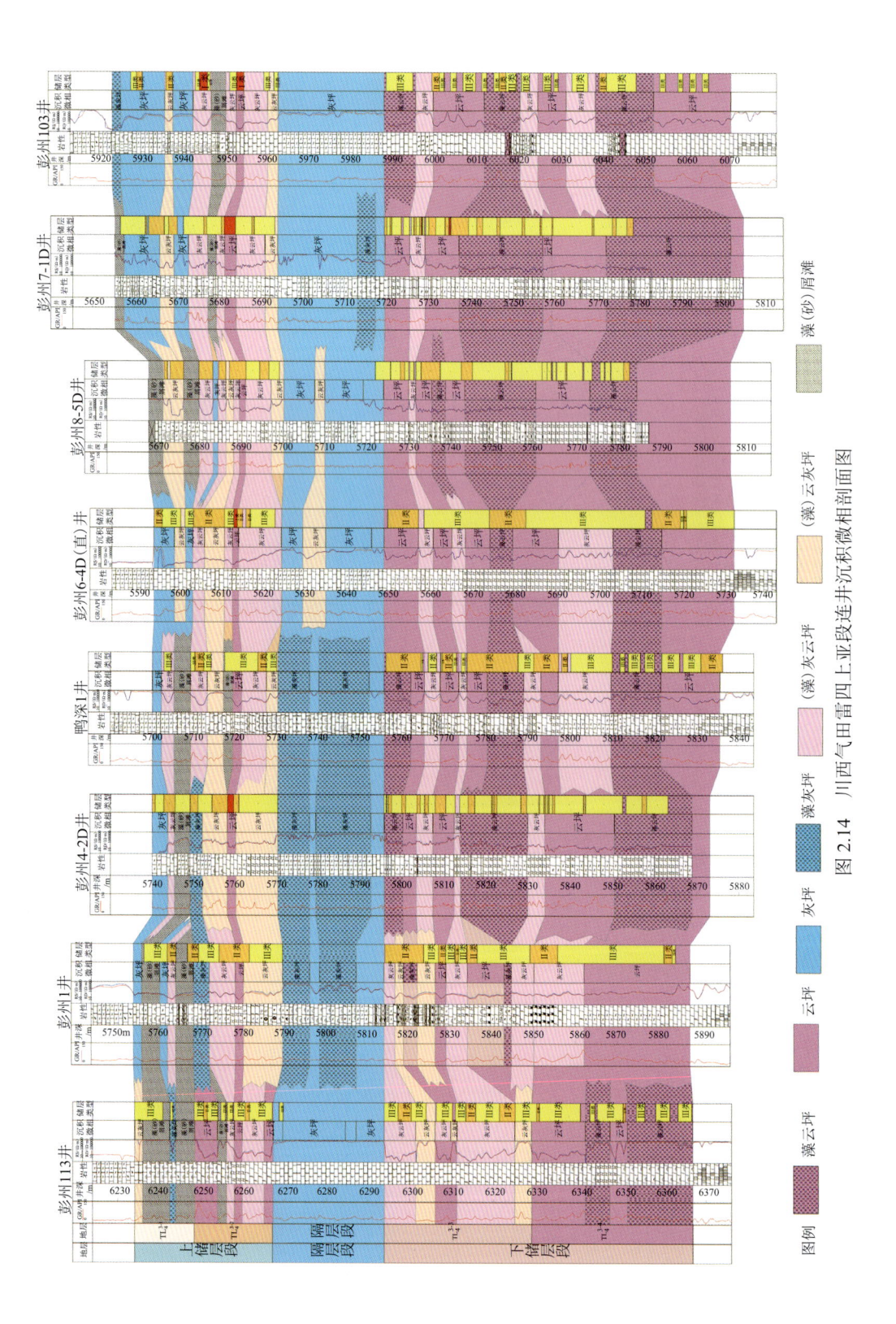

图 2.14 川西气田雷四上亚段连井沉积微相剖面图

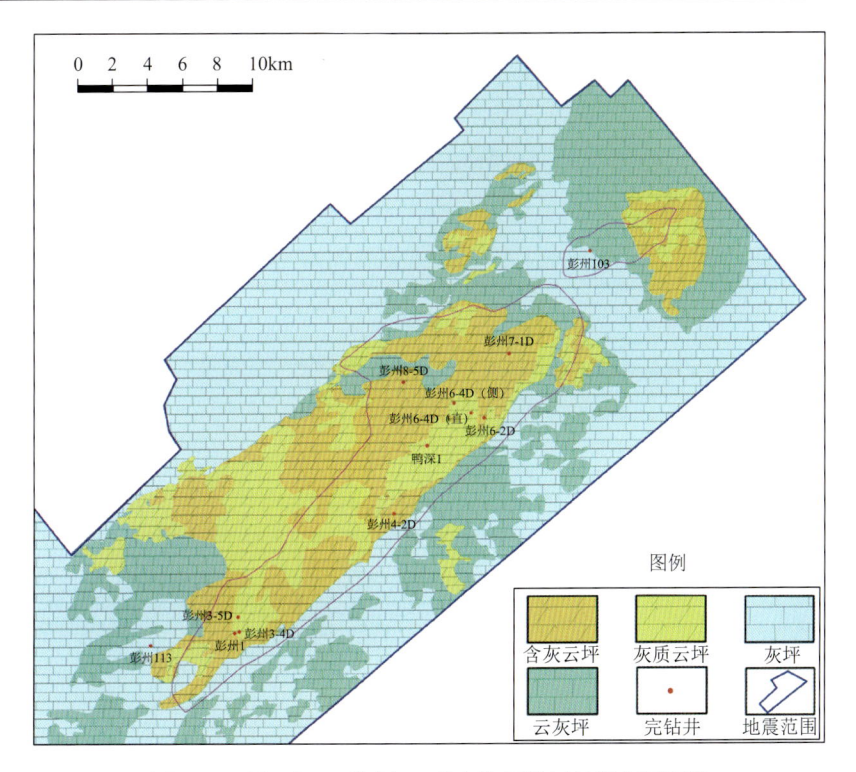

图 2.15　川西气田雷四上亚段上储层段沉积微相平面图

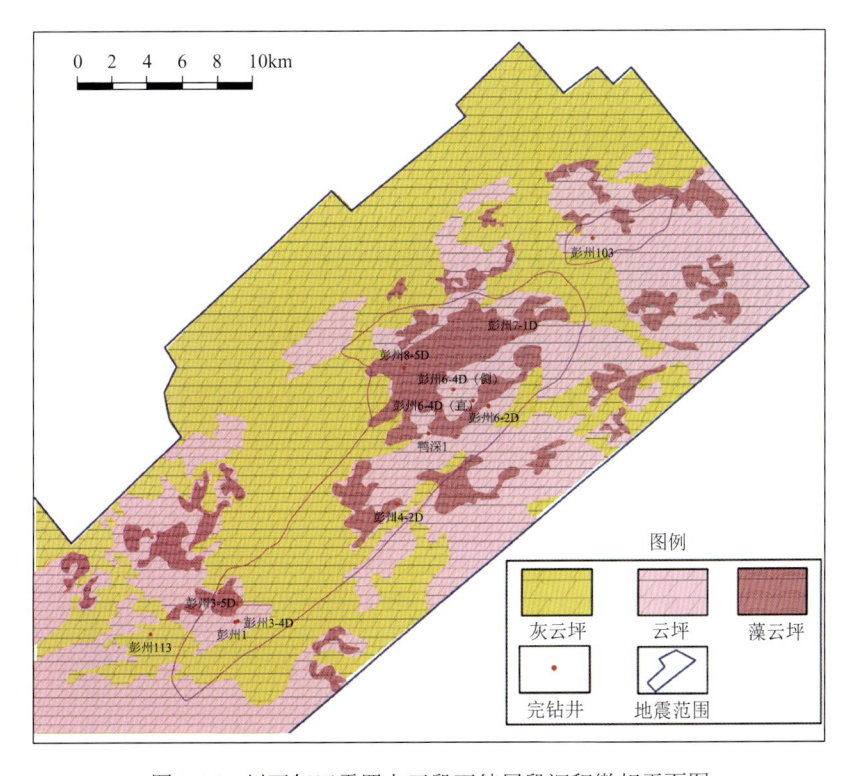

图 2.16　川西气田雷四上亚段下储层段沉积微相平面图

2.4 储层特征

2.4.1 岩性特征

1. 岩石学特征

川西气田 7 口海相井岩心及薄片观察统计表明，雷四上亚段发育的岩石类型多样，其中以微-粉晶白云岩、藻黏结白云岩、(含)灰质白云岩、白云质灰岩、泥微晶灰岩及藻砂屑灰岩等为主，砂屑白云岩、含云灰岩、生屑灰岩等次之。

纵向上，上储层段以泥微晶灰岩、藻砂屑灰岩、泥微晶白云岩及白云质灰岩为主，这 4 类岩石样品占总样品比例近 70%，藻黏结白云岩和(含)灰质白云岩等次之，局部见少量砂屑白云岩等。钻井揭示，上储层段的中上部以泥微晶灰岩和藻砂屑灰岩为主，中下部以灰质白云岩和泥晶、微晶白云岩为主(图 2.17、图 2.18)，其中微晶白云岩[图 2.18(a)]储集性能较好。横向上，白云岩类单层较薄，呈夹层状分布，厚度一般为 1~5m。中间隔层段主要为灰岩，横向上厚度分布稳定，为 20~25m。下储层段以微-粉晶白云岩、藻黏结白云岩和(含)灰质白云岩为主，见少量砂屑白云岩、白云质灰岩和灰岩等，其中微-粉晶白云岩[图 2.18(b)]和藻黏结白云岩[图 2.18(c)、(d)]储集性能最好。横向上分布稳定，下储层段白云岩类厚度为 64.65~75.75m，灰岩类厚度为 0~4.25m。

2. 岩电特征

受沉积环境差异影响，川西气田雷四上亚段宏观测井响应特征与四川盆地已开发的碳酸盐岩气藏，如元坝长兴组、普光飞仙关组、磨溪龙王庙组等存在本质差异，预示川西气田雷四上亚段储层测井评价技术研究具有不可"复制"性。纵向复杂岩石组合类型和薄互储层特征，使得自然伽马、电阻率、声波曲线呈现出典型的齿化特征(图 2.17)。根据常规、电成像测井资料的岩心、薄片鉴定标定和岩石类型的测井响应特征研究，常规、电成像测井资料可识别的岩石类型主要为灰岩、白云岩、白云质灰岩、灰质白云岩四类。

1) 灰岩

灰岩具有高阻($RD>20000\Omega\cdot m$)、低中子($CNL<1.5\%$)、低声波(AC 为 47~48μs/ft[①])、高密度、扩径特征；薄层灰岩受上、下白云岩测井响应影响特征不"稳定"，仅电阻率、中子曲线相对明显，具有高阻、低中子特征。

2) 白云岩

有利储层岩石类型主要为藻黏结白云岩、砂屑白云岩、晶粒白云岩。通过测井响应标定、响应特征分析，不同结构的白云岩测井响应特征无明显差异，白云岩具有低阻($RD<2000\Omega\cdot m$)、高中子($CNL>8.0\%$)、高声波($AC>50\mu s/ft$)、井眼稳定特征；厚度较薄的白云岩层受上、下围岩的影响具有低声波特征。

---

① 1ft = 0.3048m。

3) 白云质灰岩

白云质灰岩测井响应特征与灰岩测井响应特征相近,具有高阻(RD 为 5000~20000Ω·m)、低中子(CNL 为 1.5%~5.0%)特征。白云质灰岩属于过渡岩性,厚度薄,测井响应特征受层厚影响较大,多数测井曲线特征不明显,高阻是其识别的主要标志。

4) 灰质白云岩

灰质白云岩以薄互层为主,测井响应特征受上、下围岩影响较大,总体而言,具有高阻(RD 为 2000~5000Ω·m)、低中子(CNL 为 5.0%~8.0%)特征,井眼一般较规则。

电成像测井纵向分辨率高对薄互储层岩石类型响应明显:灰岩呈高阻亮色块状,白云质灰岩呈高阻浅亮色块状,灰质白云岩呈相对低阻暗色斑点状,溶孔白云岩呈低阻暗色斑状,针孔白云岩呈低阻暗色层状(图 2.19)。

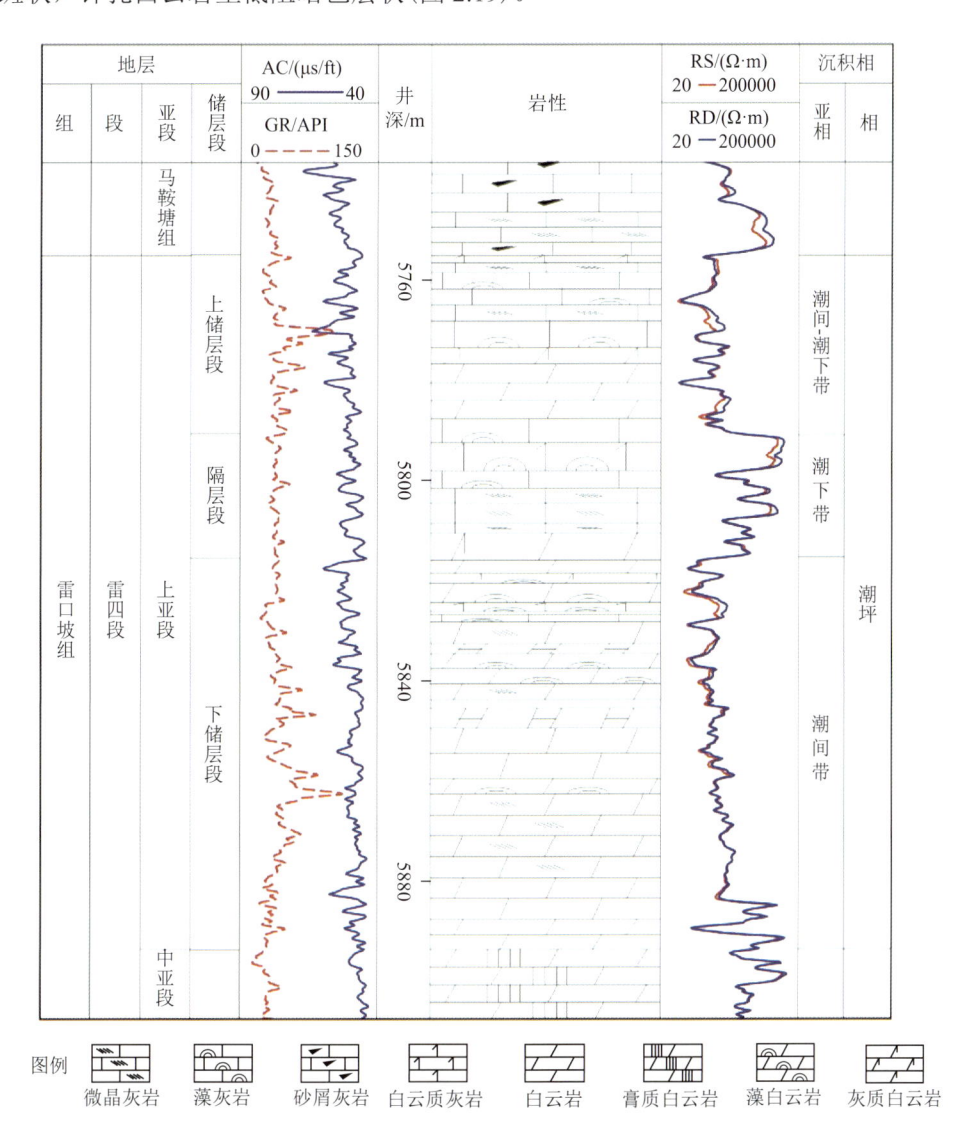

图 2.17 川西气田彭州 1 井储层综合柱状图

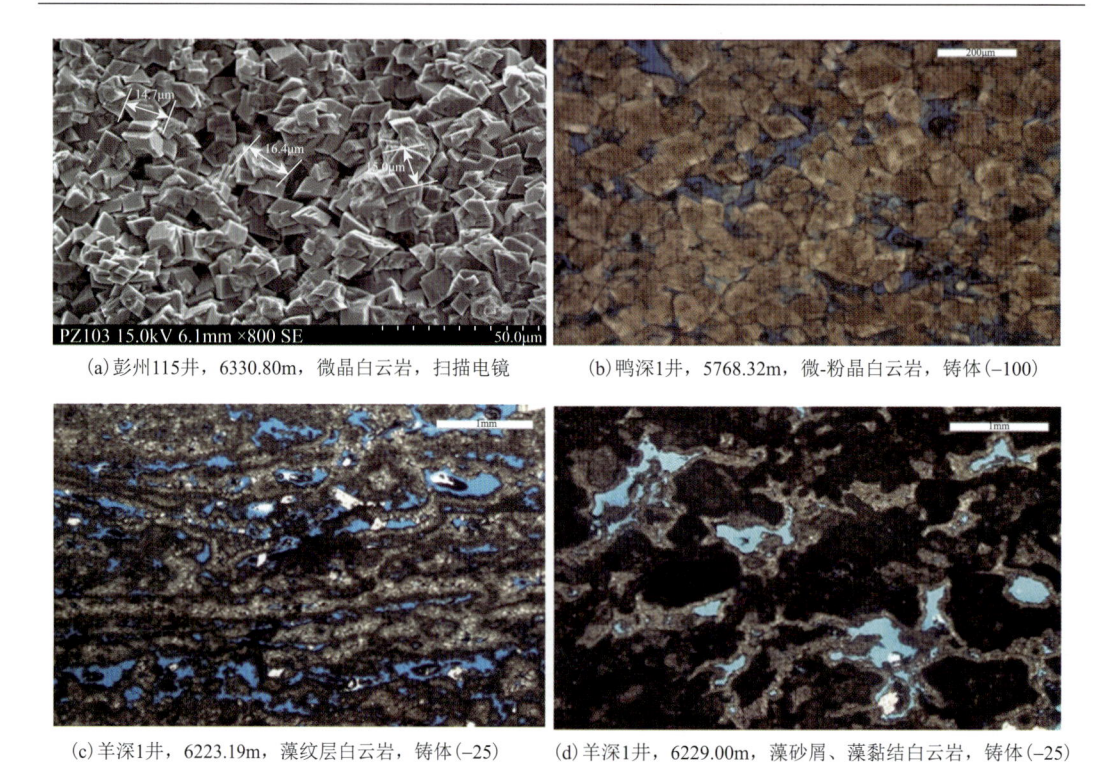

(a)彭州115井，6330.80m，微晶白云岩，扫描电镜　　(b)鸭深1井，5768.32m，微-粉晶白云岩，铸体(−100)

(c)羊深1井，6223.19m，藻纹层白云岩，铸体(−25)　　(d)羊深1井，6229.00m，藻砂屑、藻黏结白云岩，铸体(−25)

图 2.18　川西气田雷四上亚段岩石类型

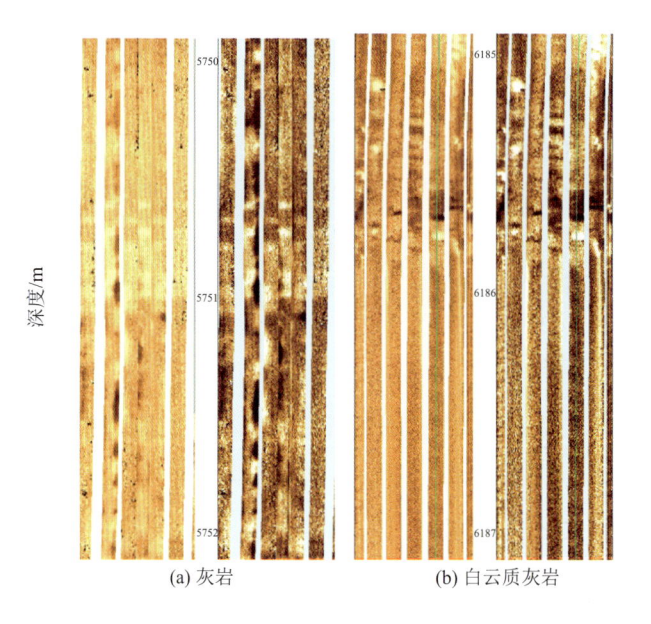

(a) 灰岩　　(b) 白云质灰岩

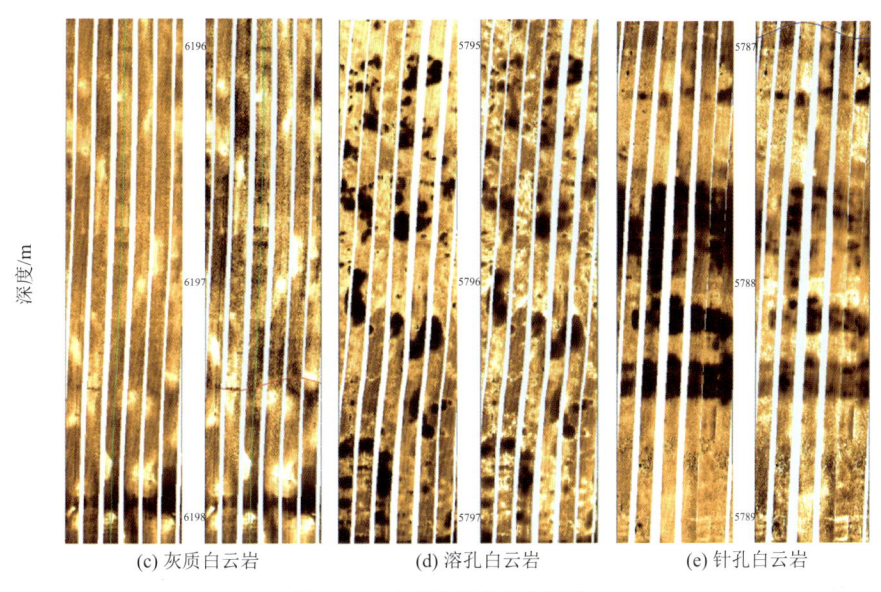

(c) 灰质白云岩　　　　　(d) 溶孔白云岩　　　　　(e) 针孔白云岩

图 2.19　电成像岩性识别图版

2.4.2　物性特征

1. 岩心物性特征

通过对 7 口取心井 812 块样品实验分析统计，雷四上亚段储层孔隙度为 0.07%~23.7%，平均孔隙度为 3.35%，其中孔隙度<2%的样品最多，占 44.09%；孔隙度为 2%~<5%的样品次之，占 34.73%；孔隙度为 5%~<10%的样品占 15.76%；孔隙度≥10%的样品最少，只占 5.42%。渗透率变化范围较大，介于 0.00073~710mD，平均渗透率为 5.33mD，去除低孔高渗裂缝影响的样品后，平均渗透率为 3.2mD。统计表明，渗透率<0.01mD 的样品最多，占 27%；渗透率为 0.01~<0.1mD 的样品较多，占 25%；渗透率为 1~<10mD 的样品次之，占 22%；渗透率为 0.1~<1mD 的样品较少，只占 18%；渗透率≥10mD 的样品最少，仅占 8%。

储层具有低孔、低渗特征。去除孔隙度小于 2%的非储层样品，有效储层样品 454件，孔隙度为 2%~23.7%，平均孔隙度为 5.31%，有效储层渗透率 0.000886~710mD，平均为 7.52mD，去除低孔高渗样品后平均为 4.24mD。

1）上储层段

有效储层样品 32 件，孔隙度为 2.01%~23.70%，平均值为 8.28%，孔隙度主要分布在 2%~<5%，占 62%[图 2.20(a)]；渗透率为 0.0009~8.95mD，平均值为 1.71mD，渗透率多小于 0.1mD[图 2.20(b)]。上储层段有效储层样品孔隙度-渗透率相关性较好[图 2.20(c)]，孔隙度越大，渗透率越好，储层类型以孔隙型为主。

2）下储层段

有效储层物性样品 280 件，孔隙度为 2%~20.21%，平均值为 5.03%，孔隙度主要分布在 2%~<5%，占 62%[图 2.20(a)]；渗透率为 0.0012~85mD，平均值为

4.57mD（去除低孔高渗样品），渗透率主峰为 0.01～10mD[图 2.20(b)]。下储层段样品孔隙度与渗透率具有一定的相关性[图 2.20(d)]，大部分有效储层样品渗透率随孔隙度增大而增大，仅有小部分样品表现为低孔、高渗的特征，结合岩心柱裂缝发育情况，表明裂缝对有效储层渗透率具有显著改善作用。总体来看，下储层段主要发育孔隙型储层，裂缝-孔隙型储层次之。

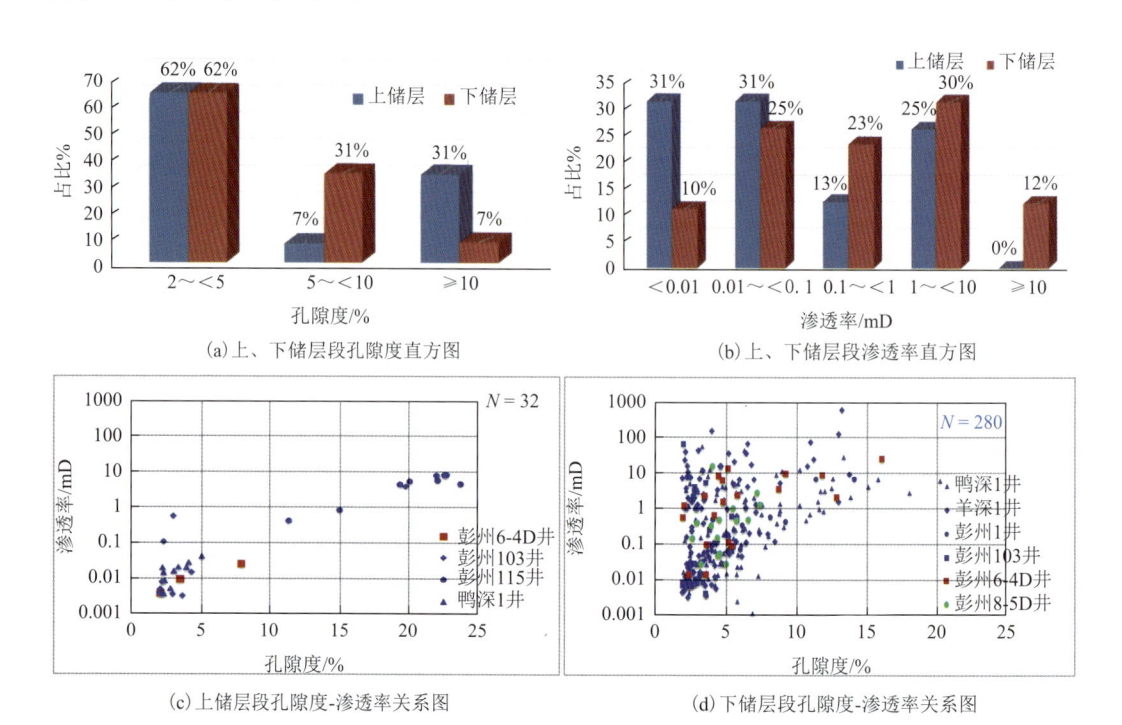

图 2.20　川西气田雷四上亚段物性特征

2. 不同类型储层岩电特征

1）Ⅰ类储层（$\phi \geqslant 10\%$）

岩石类型主要为厚度较薄（$h<1m$）的藻黏结白云岩、微粉晶白云岩，测井响应表现为低阻（$RD<500\Omega \cdot m$）、高中子（$CNL>10\%$）、高声波（$AC>55\mu s/ft$）特征，电阻率、声波、中子同向增大；电成像呈暗色层状或暗色块状特征[图 2.21(b)]。

2）Ⅱ类储层（$5\% \leqslant \phi < 10\%$）

岩石类型主要为藻黏结亮晶白云岩、微粉晶白云岩、含灰白云岩，测井响应表现为低阻（$RD<2000\Omega \cdot m$）、高中子（$CNL>8\%$）、高声波（$AC>50\mu s/ft$）特征，电阻率、中子同向增大；电成像呈暗色斑状或淡暗色块状特征[图 2.21(b)]。

3）Ⅲ类储层（$2\% \leqslant \phi < 5\%$）

岩石类型主要为藻黏结白云岩、微晶白云岩、含灰白云岩、灰质白云岩，测井响应表现为高阻（$2000\Omega \cdot m < RD < 5000\Omega \cdot m$）、低中子（$6\% < CNL < 8.0\%$）、低声波（$48\mu s/ft < AC < 50\mu s/ft$）特征，电阻率呈"漏斗"形态特征；电成像呈相对中低电阻率亮色弥漫状[图 2.21(b)]。

4) 非储层（$\phi<2\%$）

岩石类型主要为灰岩、白云质灰岩、泥微晶灰质白云岩，测井响应表现为"两低一高"特征，即高阻（RD＞5000Ω·m）、低中子（CNL＜6%）、低声波（AC＜48μs/ft）特征[图2.21(a)]。

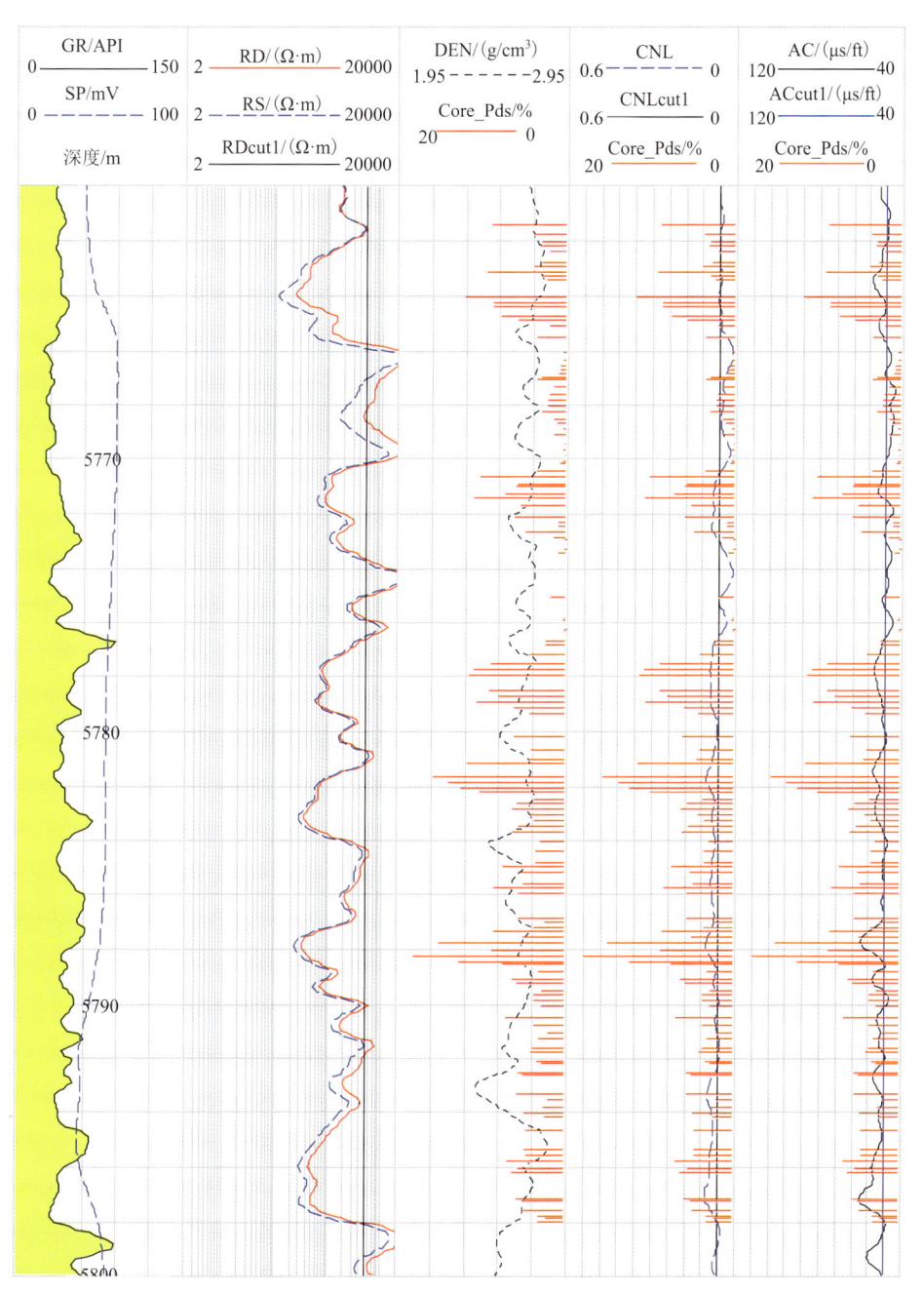

(a) 常规测井响应

(b) 电成像测井响应

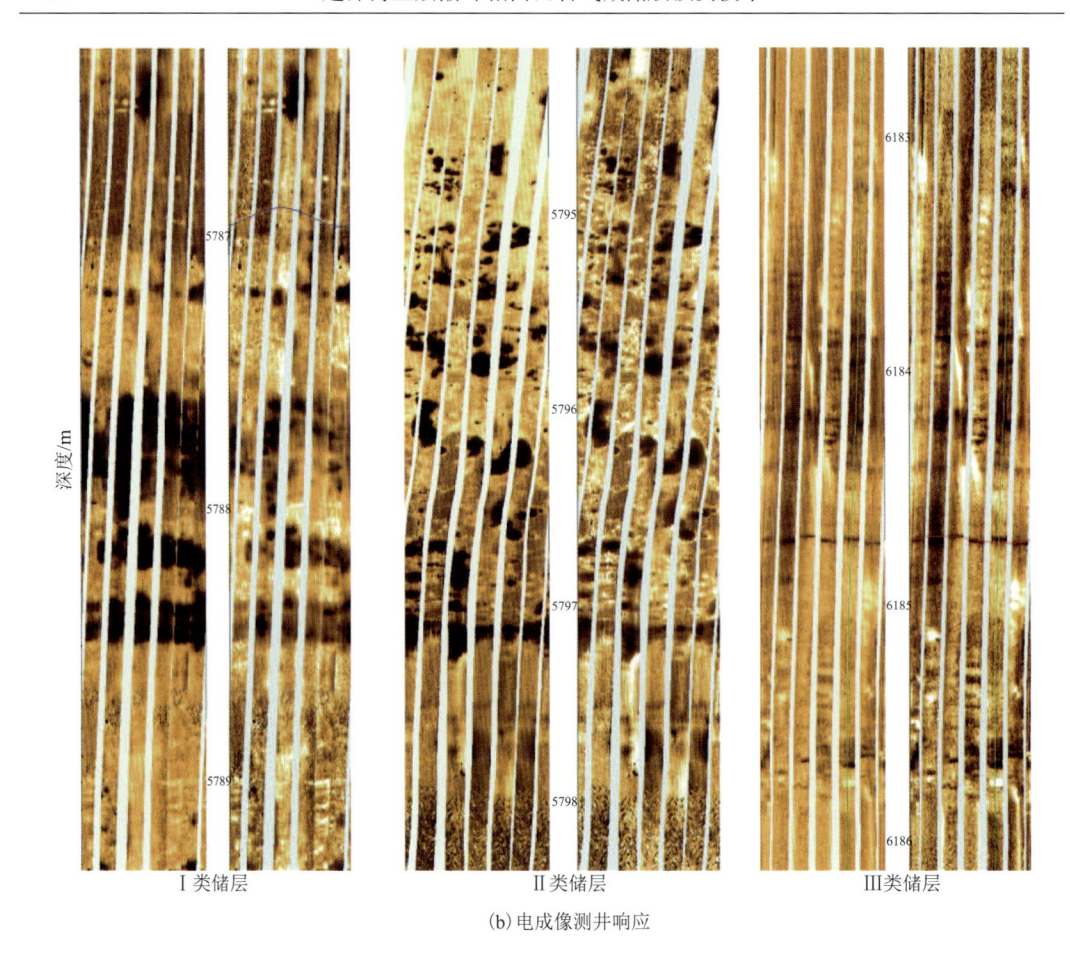

图 2.21 储层测井响应特征

SP：自然电位；RDcut1：深双侧向电阻率截止值；Core-Pds：归位岩心孔隙度；CNLcut1：补偿中子截止值；ACcut1：声波截止值

2.4.3 储集空间类型

川西气田雷口坡组储层非均质性较强，孔隙类型多样，孔隙结构复杂。根据铸体薄片、扫描电镜等观察，雷四上亚段储层以成岩早期形成的选择性溶蚀孔隙为主，纵向上，上、下储层段储集空间类型及特征存在明显差异。

上储层段的储集空间类型相对单一，以晶间孔和晶间溶孔为主，晶间孔的孔隙直径通常小于 10μm；晶间溶孔直径通常小于 50μm[图 2.18(a)]，有少量粒内溶孔和藻间溶孔。

下储层段的储集空间类型复杂多样，以晶间孔、晶间溶孔、窗格孔和藻粒间（溶）孔为主，微裂缝、溶缝次之，溶洞较少。其中，晶间孔、晶间溶孔多分布在微-粉晶白云岩[图 2.18(b)]、残余藻结构白云岩及含灰白云岩中，孔隙直径一般为 0.01~0.4mm，孔隙形态不规则，大小悬殊且分布不均，但孔隙整体连通性较好。窗格孔和藻黏结粒间（溶）

孔多出现在藻纹层白云岩[图 2.18(c)]、藻黏结白云岩[图 2.18(d)]中。孔隙形状一般不规则，孔隙直径变化范围较大，为 0.01~2mm，其中窗格孔常见顺层分布，连通性好，而藻黏结粒间(溶)孔相对孤立分布，连通性相对较差。微裂缝、溶缝局部较发育，改善了储层储集性能。研究区发育多期裂缝，早期裂缝被全充填或半充填，后期裂缝大部分被保留，部分被扩溶，形成有效渗透空间。溶洞局部发育，在藻黏结白云岩中较常见[图 2.18(d)]，孔洞直径为 2~15mm，分布不均匀，部分空间被白云石、石英等矿物充填，溶洞整体来看连通性相对较差。

2.4.4 裂缝发育特征

川西气田雷口坡组储层发育多类型、多期次、多尺度天然裂缝，裂缝的存在对储层性质、油气富集及气井产能等具有重要影响。通过野外剖面裂缝调查、钻井岩心裂缝识别，明确了裂缝发育类型、期次及有效性等特征。

1. 裂缝成因类型

1) 风化成因相关裂缝

雷四上亚段白云岩储层非构造裂缝主要发育风化裂缝。印支早期构造运动使得研究区地层整体抬升，海平面下降，雷口坡组暴露地表，主要在雷四上亚段形成古风化壳，岩心可见多处风化网状裂缝(图 2.22)。裂缝在岩心上表现为延伸长度较短、组系散乱、呈网格状、暗色物质充填的特征。

(a) 彭州1井-3(19/31)，网状裂缝　　(b) 孝深1井-4(5/45)，网状裂缝

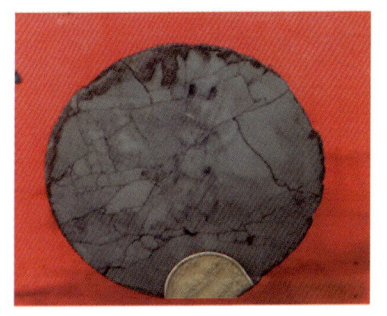

图 2.22　研究区网状风化裂缝岩心照片

2) 构造成因裂缝

在川西龙门山野外剖面可见典型构造张裂缝及共轭剪裂缝发育(图 2.23)。基于钻井岩心观察，构造剪裂缝缝面光滑，见擦痕，呈阶梯状或锯齿状，并派生小的水平裂缝，常与溶蚀孔洞连通(图 2.24)。基于岩心薄片镜下观察，可见单一型微裂缝、共轭型微裂缝、平行组系微裂缝和网状微裂缝等裂缝特征(图 2.25)，各类型裂缝所占比例如图 2.26 所示。

(a) 野外露头构造张裂缝 　　　　　(b) 野外露头共轭剪裂缝

图 2.23　汉旺剖面

(a) 孝深1井-2(20/22)，剪裂缝 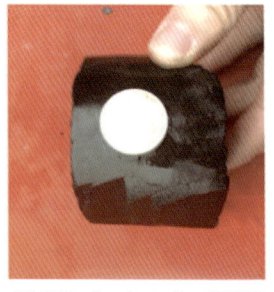　　(b) 孝深1井-2(21/22)，剪裂缝 　　(c) 彭州1井-2(7/66)，剪裂缝

图 2.24　研究区构造剪裂缝岩心照片

(a) 羊-6(20/54)，单一型充填微裂缝 　(b) 羊-5(29/33)，共轭型充填微裂缝 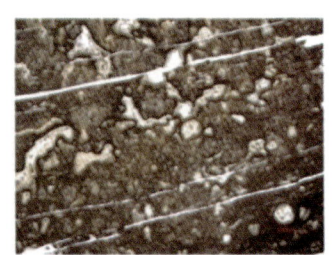　(c) 羊-6(11/54)，平行组系半充填微裂缝

(d) 羊-13(4/20)，缝合线 　　(e) 孝-5(9/25)，网状半充填微裂缝 　　(f) 鸭-2(60/73)，网状充填微裂缝

图 2.25　川西气田雷口坡组地层镜下构造裂缝类型薄片照片

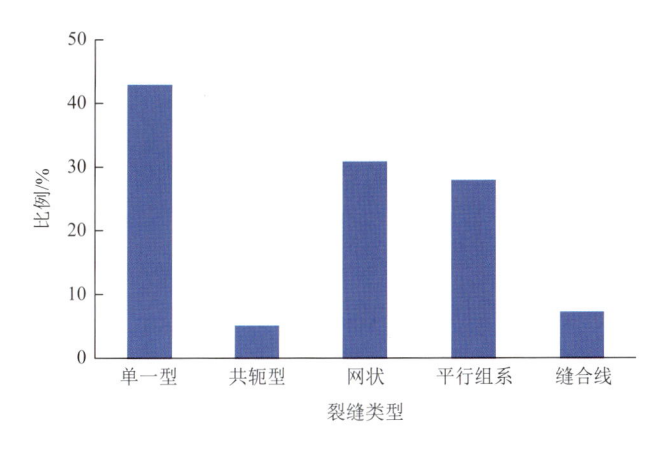

图 2.26 基于岩心薄片观察统计的微裂缝类型比例图

2. 裂缝发育期次

依据裂缝之间的切割与组合关系、充填物包裹体均一温度及 C-O 同位素等特征，结合构造演化史识别裂缝期次。研究认为川西气田雷四上亚段储层至少存在四期天然裂缝，各期次裂缝在岩心上的特征如图 2.27 所示。

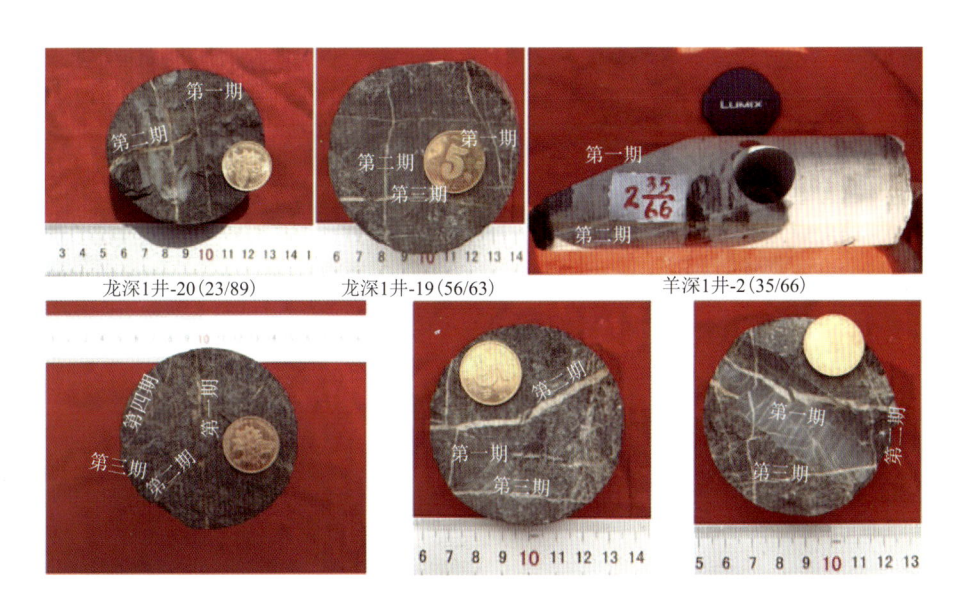

图 2.27 岩心天然裂缝分期配套期次关系

由 C-O 同位素测定结果（图 2.28）表明，裂缝充填物主要发育于印支早期、印支中-晚期和燕山早-中期。采用爱泼斯坦（Epstein）在 1953 年提出的氧同位素测温方程，裂缝充填物包裹体均一温度主要分布在 100～190℃（图 2.29），基于该均一温度可以推算出裂缝充填物埋藏深度，从而分析裂缝形成时期。

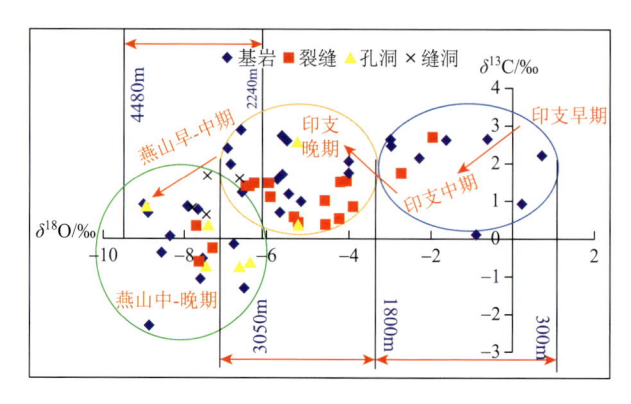

图 2.28　裂缝充填物 C-O 同位素分析图

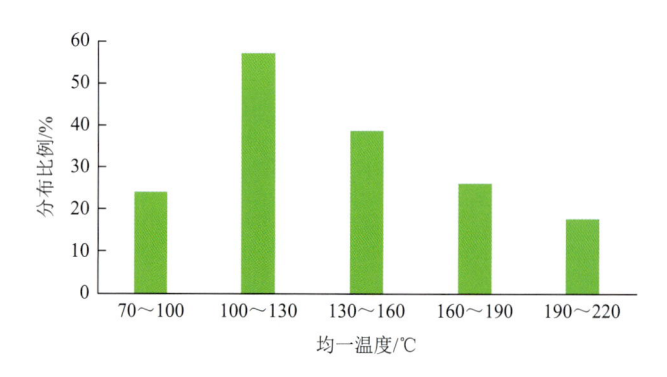

图 2.29　裂缝充填物包裹体均一温度统计图

基于 C-O 同位素及包裹体均一温度分析结果，匹配川西气田埋藏史(图 2.30)综合分析认为，裂缝充填物主要形成于三个时期：第一期埋深为 300～1800m，形成时期为印支早期；第二期埋深为 1800～3050m，形成时期为印支中-晚期；第三期埋深为 2240～4480m，形成时期为燕山早-中期。由于燕山晚期以来形成的天然裂缝未取到充填物，而研究区构造变形最大时期为喜马拉雅期，因此可判定研究区至少发育四期裂缝。

3. 裂缝有效性

川西气田雷口坡组钻井岩心识别 419 条裂缝，结果表明垂直裂缝、高角度斜交缝和网状裂缝的有效缝和无效缝比例相当，低角度斜交裂缝和水平裂缝有效程度较低(图 2.31)。裂缝充填物主要为方解石(40%)、石膏(49%)、泥质、白云石等。同时，对不同类型裂缝充填程度进行分析对比，结果显示单一型裂缝和平行组系裂缝主要为全充填缝，有效性较差；而网状微裂缝主要为半充填，未充填比例较高，有效性相对较好(图 2.32)。

4. 裂缝发育模式

综合研究区天然裂缝特征、裂缝成因与期次和研究区构造演化之间的关系，建立川西气田雷四气藏裂缝发育模式(图 2.33)。模式中总结了印支早期风化成因裂缝、印支中晚期—燕山早期区域构造裂缝、燕山期—喜马拉雅期断层共派生裂缝、燕山晚期—喜马

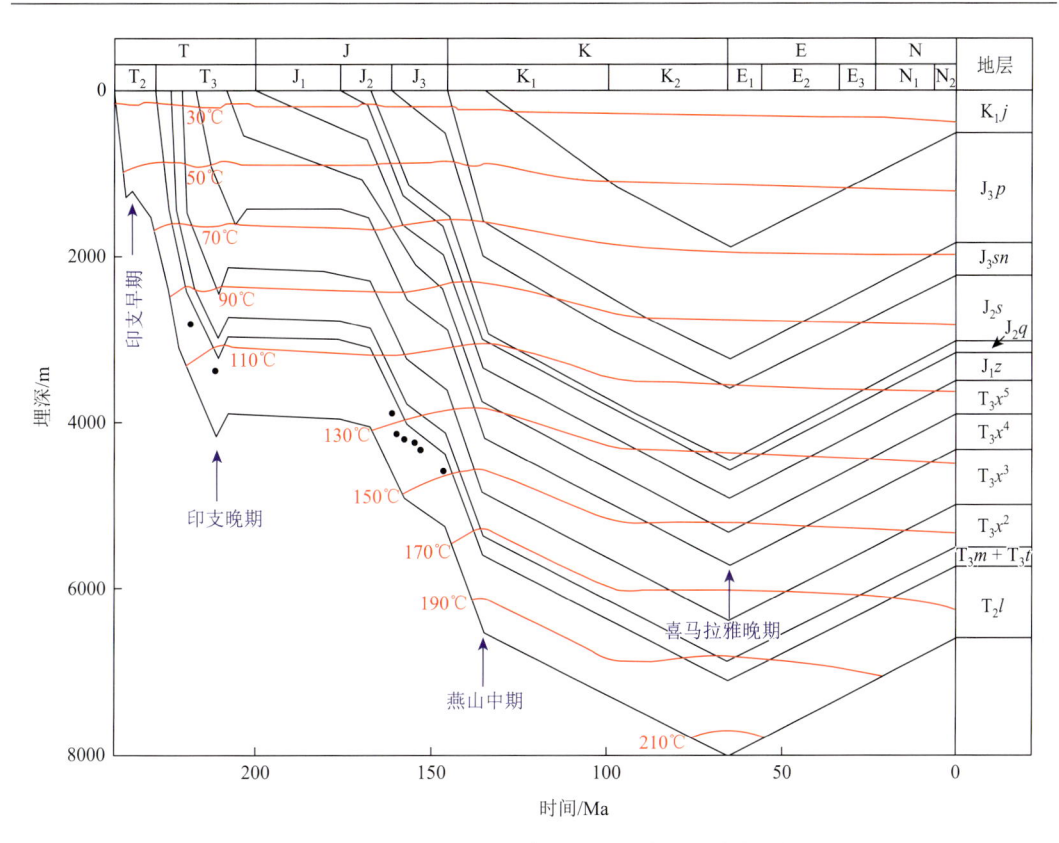

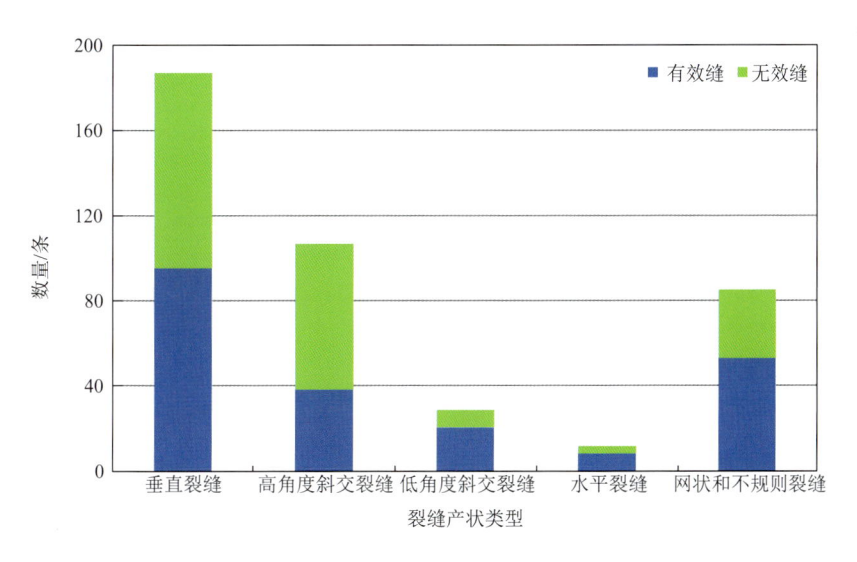

图 2.30 潼深 1 井雷四段包裹体均一温度与埋藏史分析图

注：图中黑点表示包裹体测定温度。

图 2.31 不同产状裂缝有效性直方图

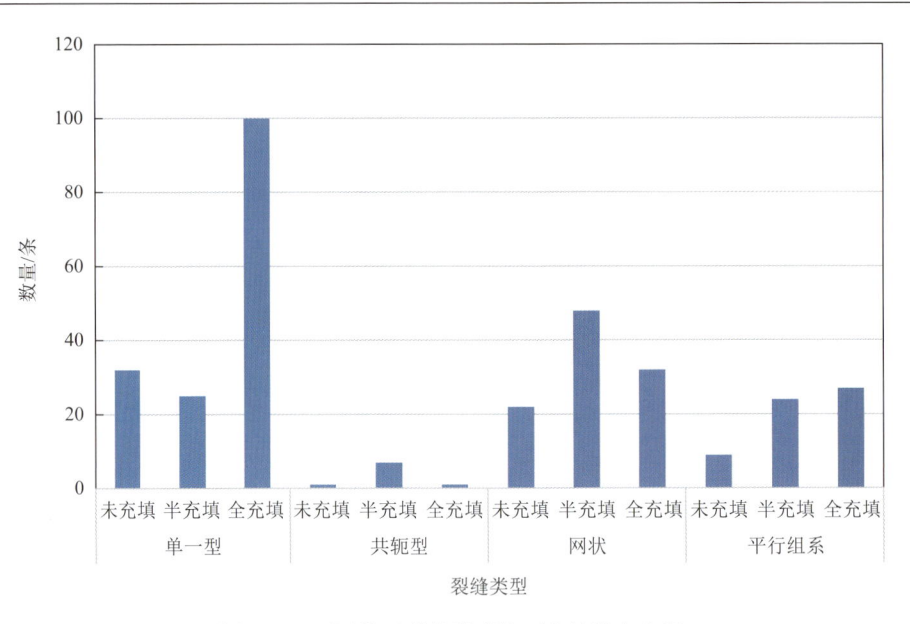

图 2.32 不同微观裂缝类型缝面充填性直方图

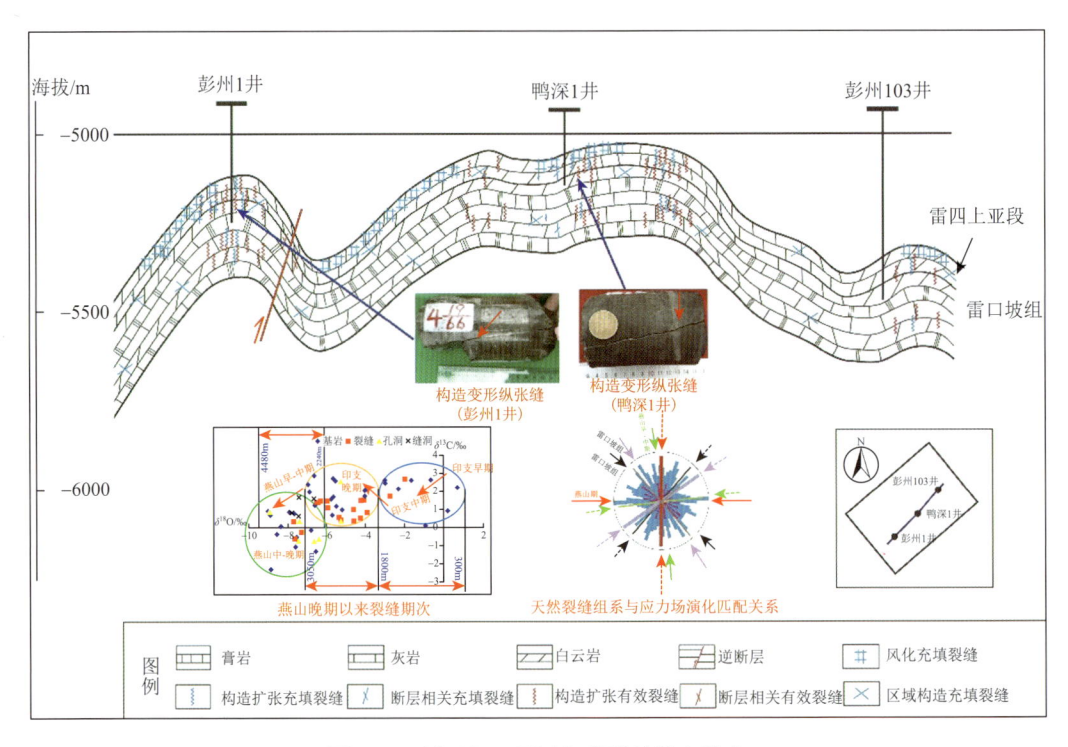

图 2.33 川西气田雷四气藏裂缝发育模式

拉雅期构造变形成因裂缝四种裂缝类型，其中印支早期风化成因裂缝、印支中晚期—燕山早期区域构造裂缝多数已被充填，有效性较差；而燕山期—喜马拉雅期断层共派生裂缝、燕山晚期—喜马拉雅期构造变形成因裂缝有效性高，对气井高产稳产具有重要意义。

2.4.5 储层分布特征

根据地质及测井相关研究成果，按照碳酸盐岩储层评价标准，将川西气田雷口坡组潮坪相储层划分为三类，即Ⅰ类、Ⅱ类、Ⅲ类。由于各类储层中流体性质不同，其电性特征存在一定的差异。根据单井实测结果和储层"四性"关系，结合沉积微相、储层岩性、孔隙结构特征和裂缝发育情况，建立了川西气田雷四上亚段储层综合评价标准(表2.2)。

表2.2 川西气田雷四上亚段储层综合评价标准

储层分类	沉积微相	储层岩性	流体	电性 AC /(μs/ft)	CNL /%	RT /(Ω·m)	物性 孔隙度/%	孔隙结构特征 中值半径/μm	孔隙结构	裂缝发育情况
Ⅰ类储层	藻云坪、云坪、含灰云坪	藻黏结白云岩、微粉晶白云岩、含灰白云岩	气层	>52	>10	100~450	≥10	≥1	大孔粗喉、大孔中喉	发育
			气水同层	>52	>12	30~100				
			水层	>52	>14	0~30				
Ⅱ类储层	藻云坪、云坪、灰云坪、云灰坪	藻黏结白云岩、微晶白云岩、含灰白云岩、灰质白云岩	气层	49~52	8~10	450~2000	5~<10	0.2~<1	中孔中喉、中孔细喉	较发育
			气水同层	49~52	>10	100~450				
			水层	49~52	>10	30~50				
Ⅲ类储层	藻云坪、云坪、灰云坪、云灰坪	藻黏结白云岩、微晶白云岩、含灰白云岩、灰质白云岩	气层	47~49	5~8	2000~5000	2~<5	0.024~<0.2	中孔细喉、小孔细喉	较发育
			气水同层	47~49	>8	450~2000				
			水层	47~49	>8	50~100				

根据上述储层综合评价标准，雷四上亚段储层累计厚度较大，单井厚度66.2~70.5m，平均厚68.8m，优质储层(Ⅰ+Ⅱ类储层)厚度13.5~33m，平均厚23.3m。平面上雷四上亚段储层在整个川西气田均有分布，且厚度相对稳定，但纵向和横向上，储层品质变化较快，非均质性较强，主要评价出3套储层（TL_4^{3-2}、TL_4^{3-3}、TL_4^{3-4}），储层类型以Ⅱ类、Ⅲ类为主(图2.34、图2.35)。

图2.34 雷四上亚段 TL_4^{3-2}、TL_4^{3-3}、TL_4^{3-4} 储层厚度直方图

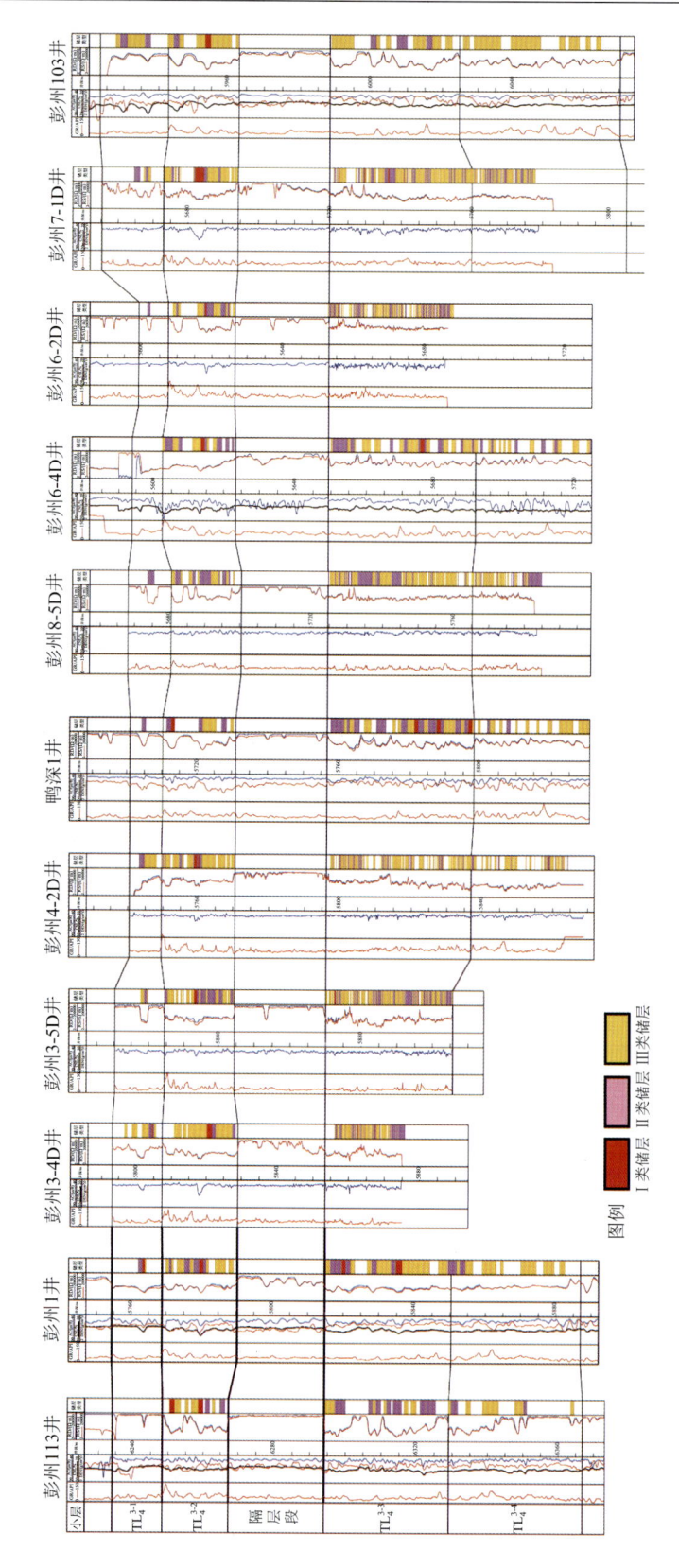

图 2.35　金马—鸭子河地区雷四上亚段连井储层对比图

上储层段，储层厚度11.5~27.4m，平均厚度18.5m，Ⅰ+Ⅱ类优质储层平均厚度8.1m。纵向上，储层主要分布在TL_4^{3-2}号小层中，储层厚度9.7~26m，平均厚度15.6m，Ⅰ+Ⅱ类优质储层厚度5.5~8.3m，孔隙度4.5%~7.1%，平均孔隙度5.68%，主要集中发育在TL_4^{3-2}号小层中下部。

下储层段，储层厚度50.2~58.2m，平均厚度52.4m，其中Ⅰ+Ⅱ类优质储层平均厚度18.3m。优质储层在鸭子河主体构造高部位厚度最大，鸭子河主体构造相对低部位及金马构造，优质储层呈变薄的趋势。纵向上，储层在TL_4^{3-3}号小层中相对富集，该小层储层厚度15~35.6m，平均厚度25.3m，Ⅰ+Ⅱ类优质储层厚度6.6~22m，孔隙度3.55%~7.13%，平均孔隙度5.22%，集中分布在TL_4^{3-3}号小层顶部和中下部，横向分布相对稳定。TL_4^{3-4}号小层储层厚度12~34.4m，平均厚度21.8m，以Ⅲ类储层为主，孔隙度3%~4.63%，平均值3.98%，Ⅰ+Ⅱ类优质储层厚度0~11.6m，横向分布不稳定，厚度变化较大。

上、下储层段内，储层非均质性较强，单层厚度薄，一般为0.5~4.8m，层数多，单井发育18~51个薄层。纵向上薄层交互叠置，横向上单层储层或多个单层叠置形成的相对富集的储层段，横向不稳定，对比性不强，以下储层段下部最为典型。综上所述，川西气田雷四段潮坪相储层具有形似"五花肉"状分布的特征(图2.36)。

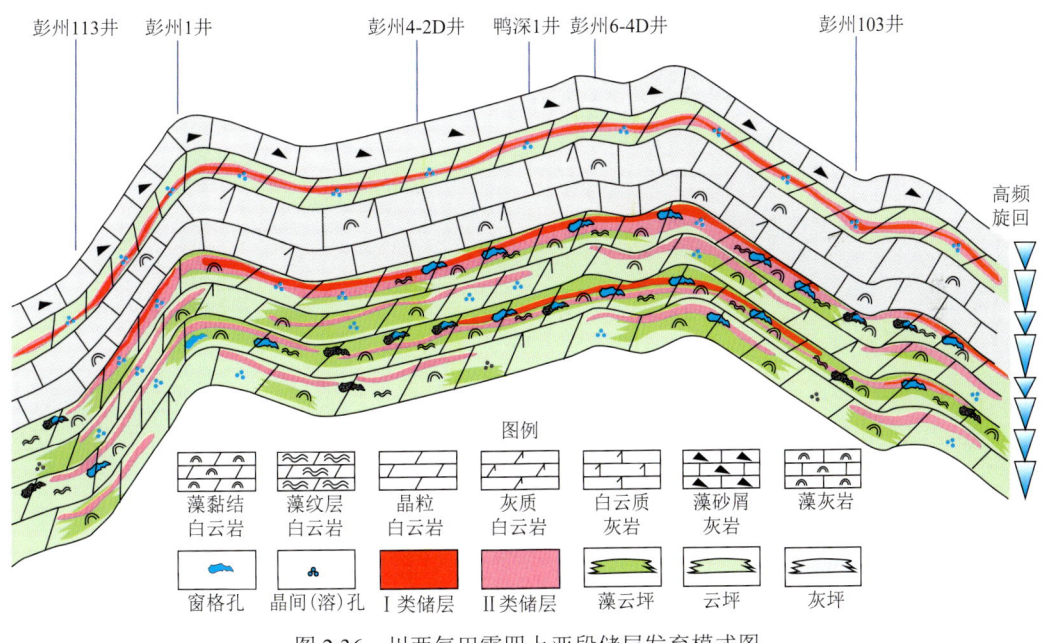

图2.36 川西气田雷四上亚段储层发育模式图

2.5 富集高产特征

2.5.1 富集规律

针对川西雷口坡组油气成藏基础地质特征开展系统研究，明确了川西气田成藏富集规律，即多源供烃提供了丰富物质基础，大规模白云岩孔隙型储层提供了充足储集空间，断裂、裂缝共同组成了高效输导体系，大型正向隆起带和斜坡带提供了规模聚集场所。

1）多源供烃提供了丰富物质基础

天然气组成、碳氢同位素及天然气成熟度等特征分析表明，川西地区雷四上亚段天然气为混源气，气藏气源主要来自二叠系和雷口坡组自身烃源岩。雷口坡组发育一套厚250～300m的富藻碳酸盐岩高效烃源岩，这套烃源岩生烃强度达$20×10^8$～$60×10^8 m^3/km^2$，因此，川西雷口坡组自身烃源岩就具有良好的生烃潜力，为雷口坡组气藏的近源烃源岩。二叠系发育泥质烃源岩和碳酸盐岩烃源岩，厚度大(仅中二叠统烃源岩厚度就达150～250m)，生烃强度达$60×10^8$～$110×10^8 m^3/km^2$，生烃潜力大，可作为雷口坡组气藏烃源的有力补充。因此，二叠系、三叠系多套优质烃源岩为气藏的形成提供了重要的物质基础和资源保障。

2）大规模白云岩孔隙型储层提供了充足储集空间

川西地区雷四上亚段为潮坪相沉积，发育区域大面积分布的潮坪相白云岩孔隙型储层。川西气田实钻揭示，雷四上亚段发育两套储层段，其中，上储层段有效储层厚11.5～27.4m，平均厚18.5m，下储层段有效储层厚50.2～58.2m，平均厚52.4m。能形成如此大规模的储层主要有三个地质因素：一是潮坪相沉积成岩环境形成了大规模分布的白云岩，为区域规模储层的形成奠定了岩相基础；二是高频旋回控制的多期准同生溶蚀形成的大量早期孔隙，是储层规模储集空间形成的关键因素；三是晚期埋藏溶蚀作用保持早期孔隙的同时，进一步提高了储层的品质。因此，大规模分布的白云岩孔隙型储层，为川西雷口坡组大型气田的形成提供了充足的储集空间。

3）断裂、裂缝共同组成了高效输导体系

川西气田在圈闭附近发育了能够沟通下伏二叠系烃源岩和雷口坡组自身烃源岩的深大断裂。川西其他地区远离烃源断裂的钻井（如安阜1井雷四上亚段、丰谷1井雷四中亚段）储层虽然发育，但含气性变差，一定程度上表明了烃源断裂对油气运移和供烃强度的控制。另外，该区受多期构造活动影响，形成了网状分布的微断裂和裂缝，它们共同构成了雷四上亚段天然气规模成藏必需的网状和面状高效输导体系。

4）大型正向隆起带和斜坡带提供了规模聚集场所

龙门山前构造带自印支晚期开始形成了一个大型正向隆起带的雏形，长期处于构造高部位，是油气聚集的指向区。海相烃源岩在印支晚期即达到生烃门限，且经历了多个生烃高峰，羊深1井和鸭深1井取心段局部可见沥青残留于储层裂隙中，两口钻井雷四上亚段天然气成因类型均为油型气，说明早期以油为主，晚期裂解为气。总体上，龙门山前构造带海相烃源岩生烃过程与构造形成匹配关系好，有利于油气聚集成藏。后期虽受多次冲断推覆，但该区始终保持为一大型正向构造面貌，且局部构造圈闭未被破坏。因此，后期油气转化后仍然保留了一个规模聚集的场所，它为雷口坡组大型气藏形成并最终定型起到了关键作用，这充分表明现今大型正向隆起带和斜坡带是川西雷四上亚段潮坪相碳酸盐岩天然气富集成藏的重要控制因素，为天然气规模聚集提供了有利场所。

2.5.2 高产主控因素

以气藏基本地质特征为基础，结合单井产能评价结果，综合分析川西地区雷四上亚段气藏富集高产控制因素,认为川西气田富集高产区主要受构造、优质储层发育程度及裂缝三种因素控制。

1) 构造高部位是气藏富集高产的前提

已完钻井测井及测试结果表明,位于金马、鸭子河构造高部位的鸭深 1 井、羊深 1 井和彭州 8-5D 井等在下储层段测试均获中-高产天然气流,未见水产出;位于构造相对低部位的彭州 4-2D 井、彭州 7-1D 井、彭州 3-5D 井和彭州 103 井下储层段测试为气水同层(天然气无阻流量 $19.2\times10^4 \sim 107.5\times10^4 m^3/d$,产水 $75.6 \sim 276 m^3/d$),因此,构造高部位是气藏富集高产的前提。

2) 优质储层发育是气藏富集高产的基础

川西气田 I+II 类优质储层主要发育在上储层段中下部的 TL_4^{3-2} 号小层和下储层段中上部的 TL_4^{3-3} 号小层中,这两套储层在整个川西气田稳定分布,为气藏富集提供了良好的储集介质。

各井区储层发育情况与测试产能关系相关性对比表明,在裂缝不发育的情况下,气井无阻流量与钻遇 I+II 类储层的长度(L)和孔隙度(ϕ)/渗透率(K)的乘积,存在良好的线性关系(图 2.37、图 2.38),说明在川西气田裂缝不发育的情况下,钻遇优质储层段越长,产能越高,优质储层发育是气藏富集高产的基础。

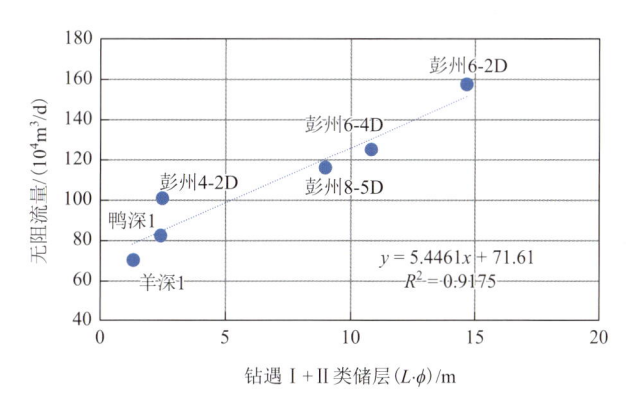

图 2.37 川西气田裂缝不发育区无阻流量与 I+II 类储层 $L\cdot\phi$ 的关系

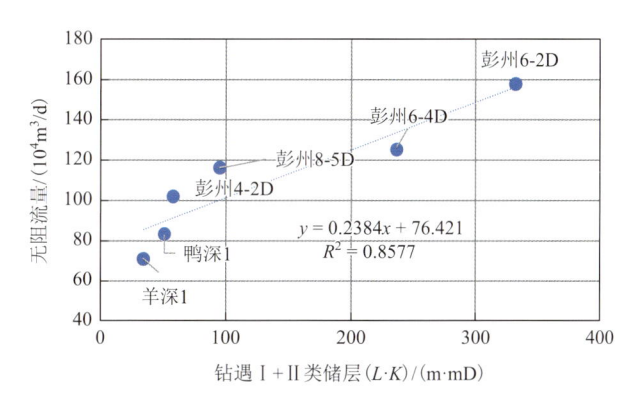

图 2.38 川西气田裂缝不发育区无阻流量与 I+II 类储层 $L\cdot K$ 的关系

3) 裂缝发育是气井高产的关键

裂缝测井评价成果表明,在相同储层条件下,高角度(网状)缝越发育,产能越高(表2.3),彭州1井有效储层厚度和物性均差于鸭深1井,但因其高角度缝、低角度缝较发育,气井产能更高,而鸭深1井有效储层厚度和物性均好于彭州1井,因高角度缝、低角度缝欠发育,气井产能明显低于彭州1井。因此,在储层厚度及品质接近的情况下,裂缝发育是气井高产的关键。

表2.3 完钻井测试井段储层及裂缝统计表

井名	有效储层厚度/m	孔隙度/%	有效渗透率/mD	高角度缝/条	低角度缝/条	裂缝密度/(条/m)	无阻流量/($10^4 m^3/d$)
彭州1井	40.7	5.02	1.18	20	66	1.65	258
鸭深1井	58.2	6.16	1.21	2	32	0.42	82

通过以上典型井解剖,结合构造、断层、储层及裂缝等多因素配置关系研究,建立了川西气田雷口坡组气藏高产、中高产气井两种地质模式。

高产井模式:构造+网状裂缝+优质储层主控模式(彭州1井),如图2.39所示,处于高陡构造高部位,优质储层厚度较大,储层物性好,网状裂缝发育。

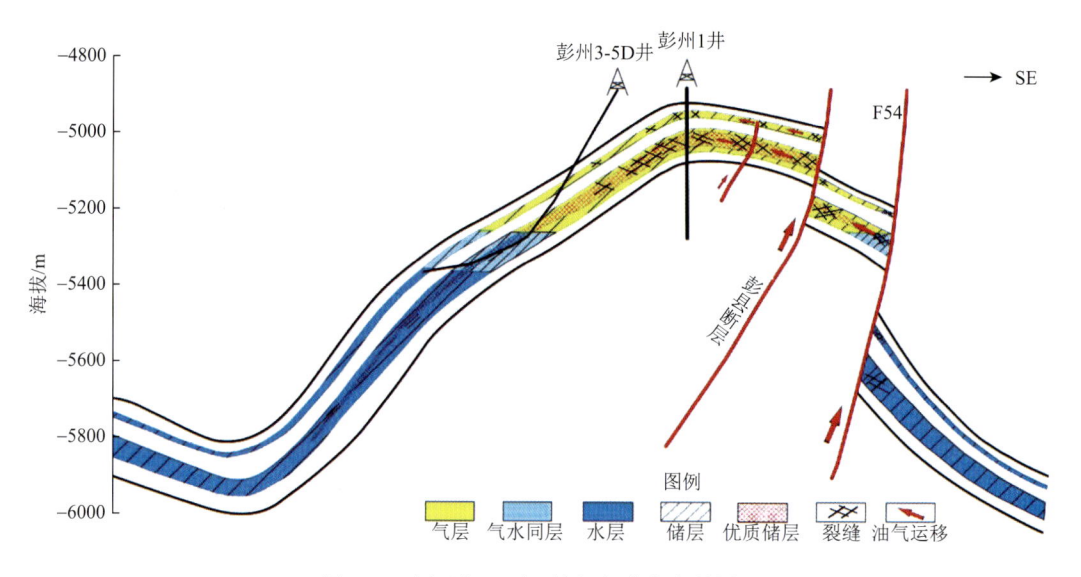

图2.39 川西气田雷口坡组气藏高产井模式

中高产井模式:构造+优质储层主控模式(鸭深1井),如图2.40所示,处于构造相对高部位,优质储层厚度较大,储层物性较好,裂缝相对不发育。

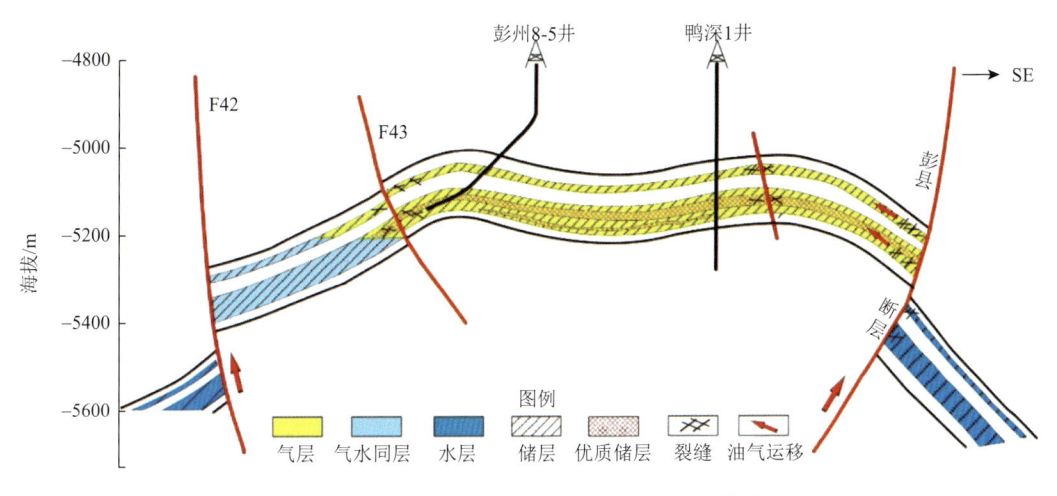

图 2.40　川西气田雷口坡组气藏中高产井模式

第 3 章　地震资料目标处理技术

川西地区地表及构造复杂，地层速度横纵向变化快，各向异性特征明显，地震采集观测系统横纵比和部分资料偏移距较小，覆盖次数不高，变观严重，原始地震资料品质较低。基于地质与地球物理结合、处理与解释结合的理念，将测井、岩性、构造、沉积等方面的先验信息融入地震资料处理过程，采用"三高四保一精确"目标处理技术，在时间域实现高信噪比、高分辨率、高保真度、保幅、保频率、保 AVO 和保各向异性特征的目标；在深度域解决复杂地区精细速度建模和高精度偏移成像难题，提升断裂清晰度、构造可靠性和深度准确性，实现精确成像；在成像道集上，开展优化处理，校准 AVO 特征，进一步提高信噪比和分辨率，为高精度叠前反演和储层表征夯实资料基础。

3.1　"三高四保"叠前时间域处理技术

受采集因素和表层地下地质条件影响，地震资料信噪比低、一致性和规则性较差、静校正问题突出，在充分分析数据的基础上，采用融合静校正、多域多级分类去噪、地表一致性处理、五维规则化、OVT（offset vector tile，偏移距矢量片）域处理等关键技术实现"三高四保"处理目标，获得高品质时间域数据成果。

3.1.1　复杂地区融合静校正技术

目前，业界常用的静校正技术主要有高程静校正、折射静校正、层析静校正等，用于消除地表起伏和近地表低降速带引起的长波长效应，每项技术都有自身特点和适用条件，有的在平坝区应用效果好，有的在山区应用效果好。川西气田复杂的地表和近地表条件，单一静校正方法难以满足静校正要求，因此融合多种静校正方法，充分发挥每项技术的特点，解决复杂地表静校正难题。

1. 方法原理

每一个静校正量都包括了炮点和检波点静校正量两部分，将该静校正量分解为长波长和短波长静校正量，分别计算不同波长的融合校正时间，将融合后的所有校正量应用到数据上，可以把原始数据从真地表面校正到基准面，消除地表起伏和低降速带的影响。

1) 静校正量分解和计算

静校正量包含长波长和短波长两部分静校正量，需要分开计算再合并。视具体情况，可以将静校正量分解成长波长和短波长 2 个频段，也可以分解成长波长、中波长和短波长 3 个频段。如果仅分解成长、短波长 2 个频段，静校正量为

第3章 地震资料目标处理技术

$$t_1(x, y) = t_{1L}(x, y) + t_{1S}(x, y) \tag{3.1}$$

$$t_2(x, y) = t_{2L}(x, y) + t_{2S}(x, y) \tag{3.2}$$

如果分解成长、中、短波长3个频段成分，静校正量为

$$t_1(x, y) = t_{1L}(x, y) + t_{1M}(x, y) + t_{1S}(x, y) \tag{3.3}$$

$$t_2(x, y) = t_{2L}(x, y) + t_{2M}(x, y) + t_{2S}(x, y) \tag{3.4}$$

式中，下标L、M、S分别表示长、中、短波长成分。

2) 静校正量融合

假设有2个静校正量，第1个静校正量为$t_1(x, y)$，第2个静校正量为$t_2(x, y)$，这两个静校正量各有优势，第1个静校正量在长波长校正方面有优势，第2个静校正量在短波长校正方面有优势。把静校正量分解成长、短波长两个成分，组合后的长波长成分取第1个静校正量的值，按照第2个静校正量的权重系数组合两个静校正量的短波长成分：

$$t_c(x, y) = t_{1L}(x, y) + t_{1S}(x, y)[1 - w_2(x, y)] + t_{2S}(x, y)w_2(x, y) \tag{3.5}$$

式中，w_2是第2个静校正量的权重系数，第2个静校正量的优势区域权重系数为1，非优势区域权重系数为0，优势区和非优势区的过渡区权重系数由1逐渐减小到0(图3.1)。

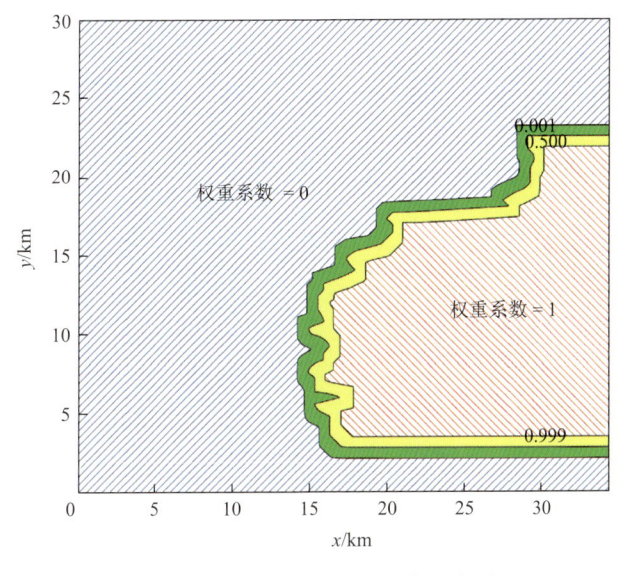

图3.1 优势区域及权重系数示意图

2. 实现流程

采用两种方法对整个工区进行静校正处理，分析各自的优势区域，将提取的静校正量进行融合，形成融合后的一个静校正量，将该静校正量作用到原始数据，完成复杂地区融合静校正处理。具体实现流程如图3.2所示。

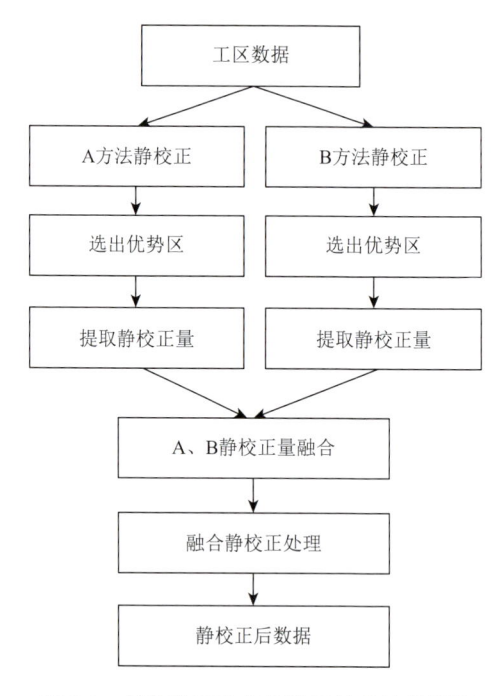

图 3.2　复杂地区融合静校正技术处理流程

3. 应用效果

根据地表条件和单一静校正效果可大致把工区分成两个区域，一个是地表高程差异较小的平坝区，另一个是老地层出露地表、地表高程差异较大的山地区。多种静校正方法测试表明，有两个静校正量分别在平坝区和山地区具有明显优势，将这两个静校正量进行融合，并应用于地震资料。对比图 3.3(a)、图 3.3(b) 与图 3.3(c) 可以看出，应用融合静校正量后[图 3.3(c)]的剖面构造形态合理，叠加效果优于两个静校正量各自的叠加效果，体现了两个静校正量各自的优势，达到了复杂地区高精度静校正的目的。

(a) 应用第1个静校正量的叠加剖面　　(b) 应用第2个静校正量的叠加剖面　　(c) 应用融合静校正量后的叠加剖面

图 3.3　应用不同静校正量的叠加剖面

3.1.2 蒙特卡罗剩余静校正技术

在融合静校正消除长波长影响后,存在的中短波长影响需要利用剩余静校正方法加以消除。传统的基于叠前道集反射同相轴相干的地表一致性剩余静校正技术,对低信噪比数据的适用性较差,无法解决大时移的中短波长静校正问题。蒙特卡罗剩余静校正技术对低信噪比数据有更强的适用能力,可有效解决大时移量中短波长及周期跳跃静校正量求解问题。

1. 方法原理

蒙特卡罗方法是一种基于随机抽样的数值模拟技术,在剩余静校正中,它可以用来模拟不同地下速度模型对地震记录的影响,从而估计出剩余静校正量。由概率定义可知,某事件的概率可以用大量试验中该事件发生的频率来估算,当样本容量足够大时,可以认为该事件的发生频率即为其概率。因此,可以先对影响其可靠度的随机变量进行大量的随机抽样,然后把这些抽样值一组一组地代入功能函数式,确定结构是否失效,最后从中求得结构的失效概率。设有统计独立的随机变量 $x_i(i=1,\cdots,k)$,其对应的概率密度函数分别为 $f(x_1),\cdots,f(x_k)$,功能函数式为 $Z=g(x_1,\cdots,x_k)$。先根据各随机变量的相应分布,产生 N 组随机数 $x_1,\cdots,x_k$,计算功能函数值 $Z_i=g(x_1,\cdots,x_k)(i=1,\cdots,N)$,若其中有 L 组随机数对应的功能函数值 $Z_i \leqslant 0$,则当 $N \to \infty$ 时,根据伯努利大数定律及正态随机变量的特性,有结构失效概率和可靠指标。当所求问题的解是某个事件的概率,或者是某个随机变量的数学期望,或者是与概率、数学期望有关的量时,通过某种试验的方法得出该事件发生的频率,或者该随机变量若干个具体观察值的算术平均值,从而得到问题的解,此为蒙特卡罗方法的基本思想。蒙特卡罗方法使用随机抽样统计来估计数学函数。它需要一个良好的随机数源,这种方法往往包含一些误差,但是随着随机抽取样本数量的增加,结果越来越精确,而大量的样本数计算可以由计算机完成。蒙特卡罗方法的优点是能够比较逼真地描述具有随机性质的事物的特点及物理实验过程,受几何条件限制小,具有同时计算多个方案与多个未知量的能力,程序结构简单,易于实现。

在反射波剩余静校正方法中,由于每次迭代计算得到的静校正量都被应用,当迭代到一定次数后,由于每一道与模型道达到最大互相关,该道不再被时移,因此剩余静校正后仍然可能存在剩余值,即第二次反射波剩余静校正后,得到的资料品质与第一次基本相近,存在剩余量不收敛问题。蒙特卡罗剩余静校正在实现中应用统计学原理,能解决这种不收敛的问题。此外,蒙特卡罗剩余静校正方法避免了反射波叠加能量最大化剩余静校正应用于每一个时移静校正量后可能产生的串相位或时移不动的现象,它通过统计模拟随机选取静校正时移量,从而在一定程度上有利于剩余静校正量的精确求取。

2. 实现流程

蒙特卡罗方法应用于反射波叠加能量最大化剩余静校正中,是在动校正的共中心点(common midpoint,CMP)道集中用每一道与各道的叠加做互相关,求得的互相关量分别统计到炮点和检波点上,并用多次迭代的方法来求取最佳静校正量(图 3.4)。

在做下一轮迭代时,前一轮的静校正量已被应用,新校正的应用与否取决于新校正量对应的相关能量是否大于前一轮静校正量的相关能量,如果大于则采用此校正量,如果小于则采用蒙特卡罗算法随机抽样采用一些静校正量,以防止收敛于局部极小值。这样 N 组随机的应用与不应用的校正量中,若有 L 组随机量对应的目标函数值最小,即反射波叠加能量最大化,那么当 N 一定大的时候,所得出的目标函数最小值满足要求,最终得到炮点校正量 s_j 和检波点校正量 r_i。

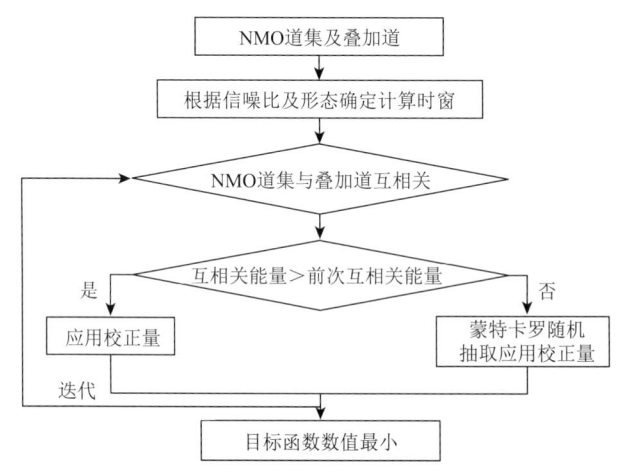

图 3.4　三维蒙特卡罗模拟退火剩余静校正技术流程图

NMO：normal moveout，正常时差

3. 应用效果

从速度谱(图 3.5)上可以看出,经蒙特卡罗剩余静校正处理后,低信噪比区速度能量更聚焦,空间展布更连续,更有利于速度拾取。从叠加剖面(图 3.6)上可以看出,经蒙特卡罗剩余静校正处理后,整体信噪比提升,同相轴更连续,特别是在山区低信噪比区,多种特征波清晰可见,波组特征更合理。

3.1.3　叠前多域多级分类去噪技术

川西地区地表和近地表条件复杂,多种类型噪声发育,噪声特征差异大,常规炮检距域去噪流程难以有效消除所有干扰。基于不同噪声类型和噪声在不同域的表现特征,建立了叠前多域多级分类去噪处理技术流程,采用分类、分时、分频、分域、分区、分步的"六分法"进行噪声压制。

1. 方法原理

"六分法"去噪是根据噪声的特点分别进行压制的一种提高信噪比的处理技术。分类即针对不同类型噪声采用不同技术分别消除;分时是根据噪声的纵向特征采用不同时窗进行压制;分频指的是在不同频段对不同噪声进行压制;分域是利用不同噪声在某个数据域展现出来的不同特征进行压制;分区是指根据噪声发育区域不同的特性,在不同区域对特定发育的噪声进行压制;分步指的是上述五种方法采用最优排列逐步进行,以达到保幅保真去噪效果。

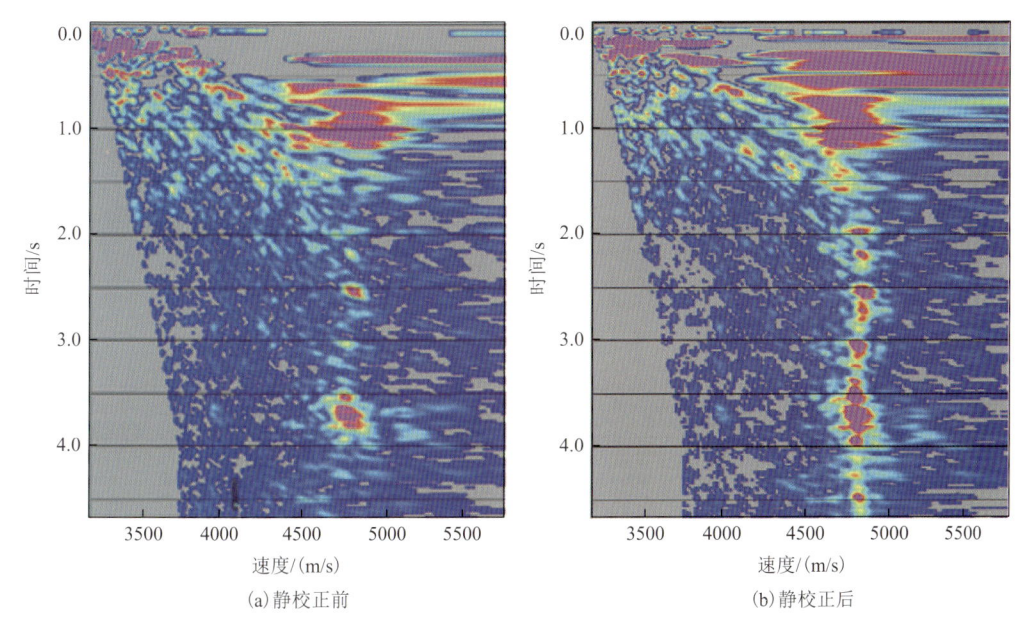

(a)静校正前　　　　　　　　　　　　(b)静校正后

图 3.5　蒙特卡罗剩余静校正前后速度谱对比图

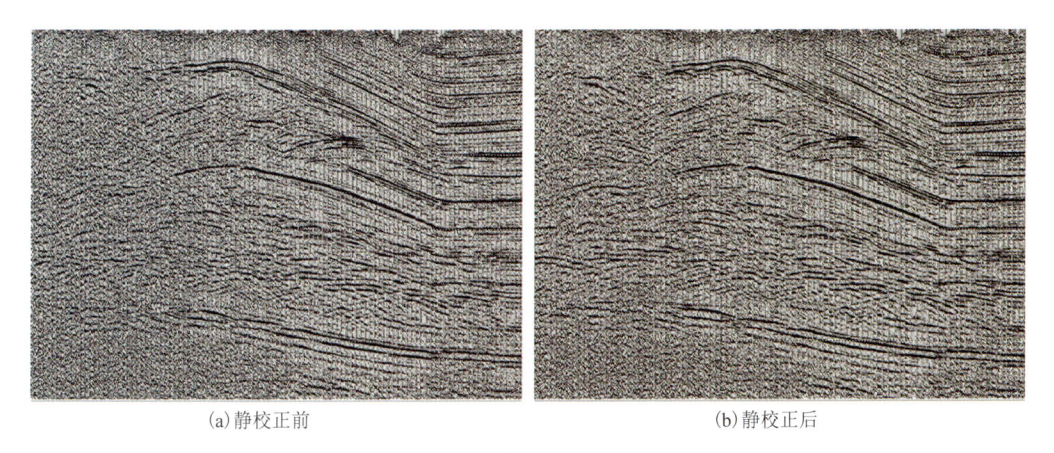

(a)静校正前　　　　　　　　　　　　(b)静校正后

图 3.6　蒙特卡罗剩余静校正前后叠加剖面对比图

2. 实现流程

第一步,在炮域及十字排列域采用相干噪声压制方法对"三角区"强能量、低频的规则干扰进行压制;第二步,采用非规则空间采样及曲波变换等组合技术压制地滚波;第三步,将数据分选到 CMP 域、检波点域、共炮检距域,在不同频段压制异常噪声;第四步,对单炮、叠加、切片等去噪效果进行对比,优化去噪方法组合及参数,多次迭代以达到针对性逐级去除噪声的目的。

3. 应用效果

强能量的面波干扰对雷口坡组目的层保真性和信噪比有严重影响，从压制相干噪声前后单炮(图 3.7)和叠加剖面(图 3.8)对比图可以看出，去除的主要是低频面波干扰，有效信号未受到影响，较好地保持了振幅特征。采用分频、分时、分域的异常噪声压制方法对异常振幅值进行了很好消除(图 3.9、图 3.10)，目的层信噪比明显提高。

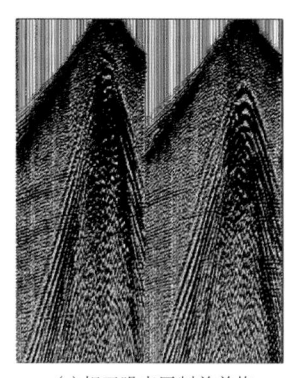

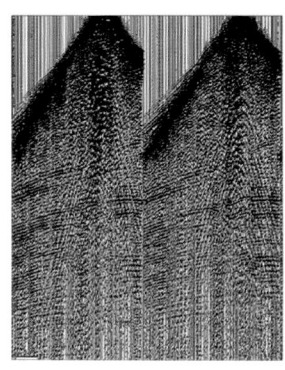

(a) 相干噪声压制前单炮　　(b) 相干噪声压制后单炮　　(c) 噪声单炮

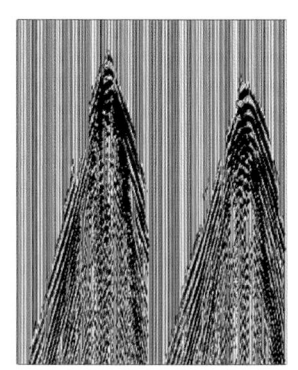

图 3.7　在炮域及十字排列域采用相干噪声压制方法处理的单炮效果图

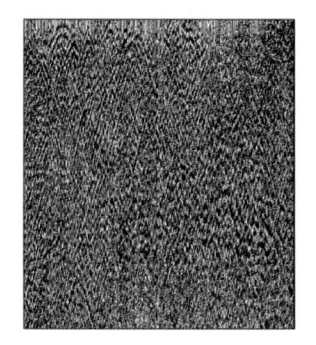

(a) 相干噪声压制前叠加剖面　　(b) 相干噪声压制后叠加剖面　　(c) 噪声叠加剖面

图 3.8　在炮域及十字排列域采用相干噪声压制方法处理的叠加剖面效果图

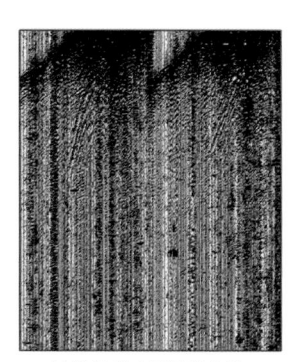

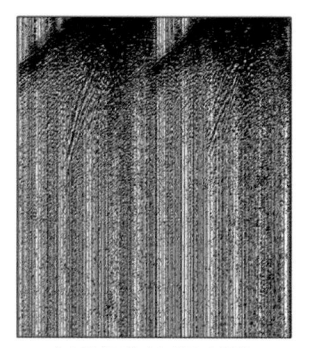

(a) 随机噪声压制前单炮　　(b) 随机噪声压制后单炮　　(c) 噪声单炮

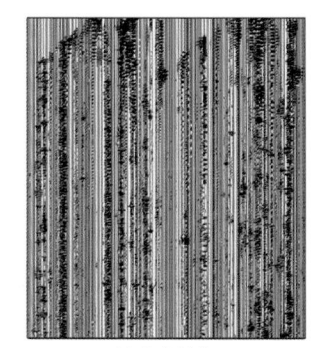

图 3.9　在 CMP 域、检波点、共炮检距域采用随机噪声压制方法处理的单炮效果图

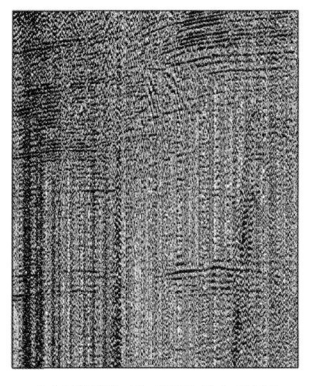

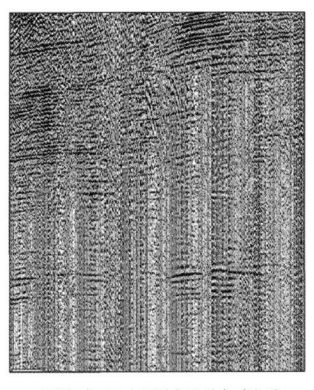

(a) 随机噪声压制前叠加剖面　　(b) 随机噪声压制后叠加剖面　　(c) 噪声叠加剖面

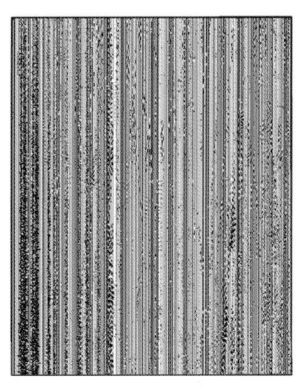

图 3.10　在 CMP 域、检波点、共炮检距域采用随机噪声压制方法处理的叠加剖面效果图

3.1.4　稳健反褶积技术

反褶积的主要作用是压缩地震子波、提高地震资料的分辨率，传统的地表一致性反褶积在低信噪比区存在子波提取精度低、处理效果不佳等问题。稳健反褶积技术克服了常规反褶积对地震子波最小相位的限制，更适用于复杂地震地质条件下采集资料的处理。在反褶积的同时考虑了炮点、检波点、偏移距、共中心点能量一致性校正，可以实现在限定频带范围内反褶积处理，有利于低信噪比资料子波压缩，效果更稳定，可有效提升数据分辨率。

1. 方法原理

当地震数据中存在很强的非地表一致性异常噪声值时，稳健反褶积技术通过对比实际数据和模型数据的谱求得附加的临时有限算子，采用 L_1/L_2 范数解的地表一致性分解可以给出无偏差的结果，从而实现有效压制噪声。该算法主要是在方程的稳健求解过程中对模型谱的适应性进行了改善。其基本思想就是在应用步骤中估算非一致性的噪声，反褶积过程中应用求取的各项的谱和输入模型道的谱来计算地震道的谱误差，如式(3.6)所示，并把它和全局误差分布进行对比，从而判断这些道是否具有超出范围的非地表一致性噪声。

$$E_{\mathrm{TR}} = \|L_{\mathrm{TR}} - L_{\mathrm{mTR}}\| \tag{3.6}$$

式中，$\|\cdot\|$ 表示不同矢量的欧几里得距离范数；E_{TR} 为实际数据道与模型道之间的谱误差；L_{TR} 为每道的实际对数功率谱；L_{mTR} 为每道的模型对数功率谱。

由于稳健算法形成了正常道的精确模型，好道和坏道之间的差别就非常明显，可以比较容易地通过设定门槛值来识别好道和坏道，对于任何异常道都是在道头里进行标注，可以控制后续的切除及道编辑。同时设计了一个附加的算子并同各正常项的算子一起应用，这一算子通过对谱误差以一定比例进行放大而设计得到。其表示如下：

$$\alpha(L_{\mathrm{TR}} - L_{\mathrm{mTR}})$$

比例因子为

$$\alpha = 1 - E/\|L_{TR} - L_{mTR}\|$$

式中，E 为每道的实际对数功率谱与模型对数功率谱之差的能量。

这一附加的算子对坏道进行转换，以使它们的谱分布于其他地震道的谱中心附近，也就是使得坏道的谱与正常道的谱变得非常接近，从而可以起到压制噪声的作用，甚至可以对受到强噪声干扰的地震道进行拯救性的压噪处理。

2. 实现流程

首先从地震记录中提取数据信息（振幅、子波），然后采用多道统计法计算反褶积因子，进行地表一致性分解，最后应用在共偏移距、共炮点、共检波点和共中心点四个域，保证反褶积后地震子波波形统一，波组特征一致，消除地表因素横向变化引起的地震子波波形畸变，达到压缩子波、提高资料分辨率的目的。

3. 应用效果

从地表一致性稳健反褶积处理前后单炮及自相关对比图（图 3.11）来看，稳健反褶积子波的一致性更好，子波旁瓣得到很好压制，有效提高了资料的分辨率。从地表一致性稳健反褶积处理前后叠加剖面及频谱对比图（图 3.12）来看，提高了中、深层资料主频，拓展了频带，波组特征更加清晰，雷口坡组目的层更易识别。

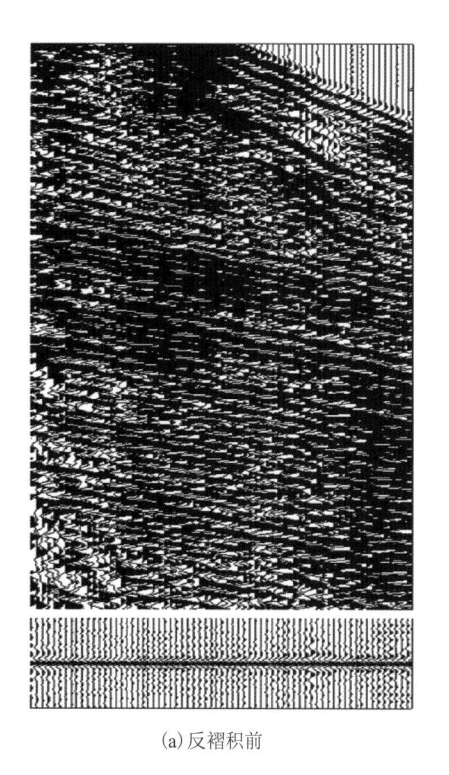

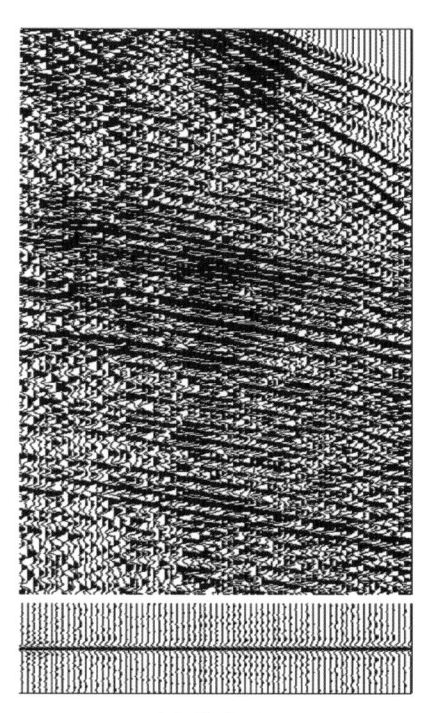

(a) 反褶积前　　　　　　　　　　(b) 反褶积后

图 3.11　地表一致性稳健反褶积处理前后单炮及自相关对比图

(a) 反褶积前　　　　　　　　　　　　　　　(b) 反褶积后

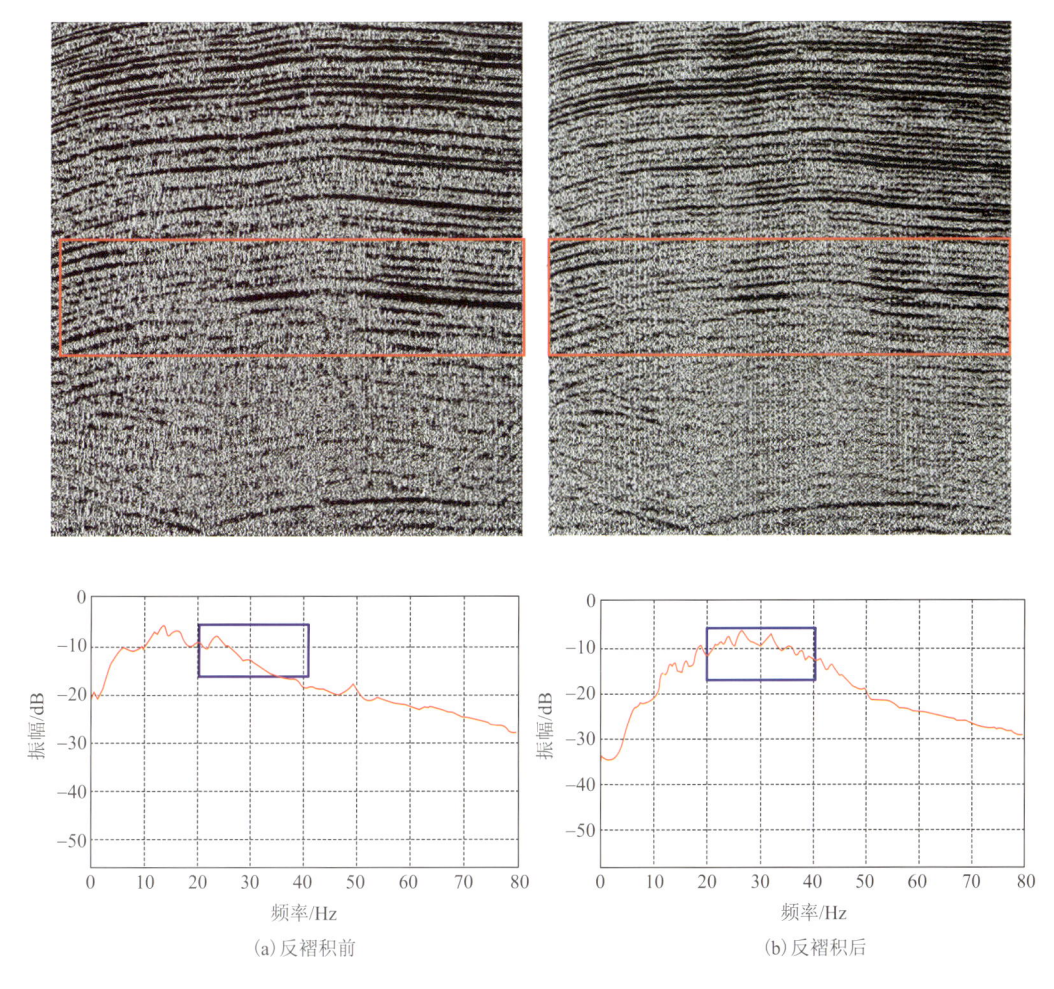

图 3.12　地表一致性稳健反褶积处理前后叠加剖面及频谱对比图

3.1.5　地表一致性振幅补偿技术

川西地区地表复杂，炮点和检波点激发接收条件差异大，数据振幅空间不一致性强。地表一致性振幅补偿的目的是通过炮域、接收点域和共偏移距域消除由于地表不一致性导致的空间振幅变化和能量差异，保持数据一致性，为提升后续处理效果奠定基础。

1. 方法原理

地表一致性振幅补偿主要补偿炮域、接收点域和共偏移距域的振幅变化。经过多域地表一致性处理后的地震道振幅与相邻炮的振幅是一致的，并且不改变资料原有的信噪比。严格意义上讲，振幅一致性处理包括地表一致性（surface-consistent）处理、地下一致性（subsurface-consistent）处理、道集一致性（gather-consistent）处理和模型一致性

(model-consistent)处理。假设第 i 炮的接收点 j 处某一时窗的均方根振幅为 A_{ij}，A_{ij} 可分解成与地表一致性相关的项，即炮点项、接收点项和偏移距项；与地下一致性相关的项，即 CMP 项；与道集一致性相关的项，即与道集内道号相关的项；模型相关项，即用户自己定义的与模型相关的振幅分量。于是 A_{ij} 可表示为

$$A_{ij} = S_i \cdot R_j \cdot G_k \cdot M_l \cdot T_m \cdot U_n \tag{3.7}$$

式中，S_i 为与第 i 炮相关的振幅分量；R_j 为与第 j 个检波器相关的振幅分量；G_k 为与第 k 个 CMP 相关的振幅分量，$k=(i+j)/2$；M_l 为与偏移距 l 相关的振幅分量；T_m 为与道号 m 相关的振幅分量；U_n 为用户自己定义的与模型相关的振幅分量。对上式取对数后利用高斯-赛德尔(Gauss-Seidel)迭代求取各个分量的值，然后应用到相应时窗的地震记录中。

2. 实现流程

首先从地震记录中提取数据振幅信息，然后进行地表一致性分解，最后应用在共偏移距、共炮点、共检波点和共中心点四个域，保证振幅补偿后地震能量的统一，以使多域的振幅特征一致，消除多种因素引起的地震能量异常。

3. 应用效果

从地表一致性振幅补偿处理的单炮(图 3.13)和叠加剖面(图 3.14)效果来看，提高了资料的振幅一致性和信噪比。

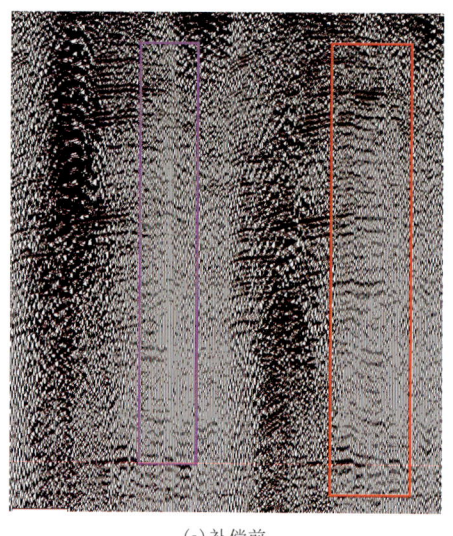

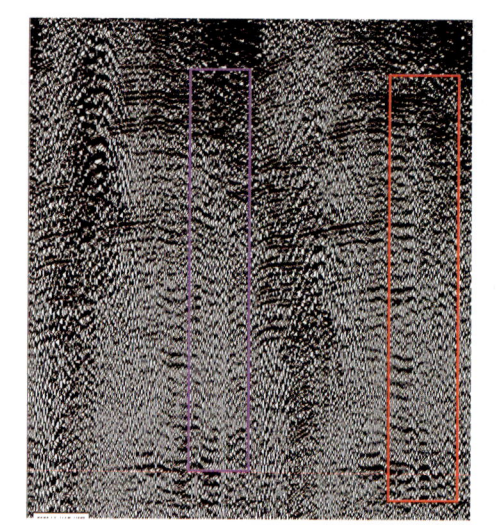

(a) 补偿前　　　　　　　　　　　　(b) 补偿后

图 3.13　地表一致性振幅补偿前后的单炮对比图

(a) 补偿前　　　　　　　　　　　　　　(b) 补偿后

图 3.14　地表一致性振幅补偿前后的叠加剖面对比图

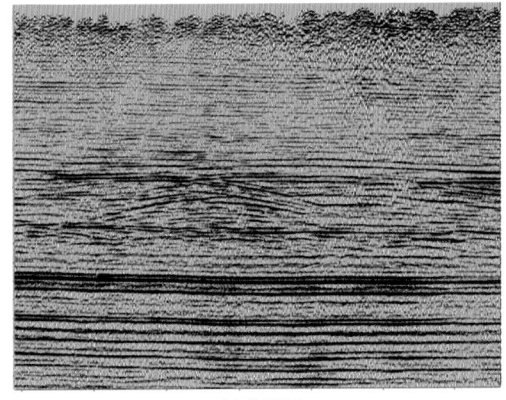

3.1.6　五维数据规则化技术

川西气田地震采集受地形、地表等因素影响，炮点和检波点变观严重，数据在空间上不规则，容易产生空间假频、采集脚印等现象。对数据进行五维规则化处理后，不规则观测系统的炮检点归位到理论设计点位，能够有效防止空间假频现象，同时提升数据信噪比。

1. 方法原理

五维数据规则化技术通过主测线(inline)、联络测线(crossline)、时间、炮检距、方位角五个维度空间插值，达到数据规则化及提高资料信噪比的目的。对于规则采样的数据，傅里叶重建非常有效，但是对于非规则采样的数据，可能会被噪声污染。污染的原因来自傅里叶重建时不同频率之间的谱泄漏，即能量从一个傅里叶系数泄漏到其他傅里叶系数，能量最强的傅里叶系数引起的泄漏最大。采用匹配追踪防假频傅里叶变换算法，实现五维空间规则化，该方法适用于覆盖次数低、观测系统变观严重、数据不均匀问题突出等情况。

地震数据在时间方向采样通常是规则的，具有一致的采样间隔，因此通过快速傅里叶变换(fast Fourier transform，FFT)能很稳定地从 t-x 域变换到 f-x 域(图 3.15)。但实际地震数据的空间采样通常是不规则的，需要对 t-x 域的输入样点做离散傅里叶变换到 f-k 域后再通过迭代估算稀疏谱。具体地说，对于 f-k 域的每个频率的数据，离散傅里叶变换后选取最大的傅里叶系数并置入稀疏谱中，然后从输入数据中减掉。后续迭代中连续的最大成分不断置入稀疏谱中，再被减掉直至剩余值忽略不计。这一迭代过程中数据迭代式地投射到傅里叶系数字典中用于估算稀疏谱，最终的稀疏谱经傅里叶逆变换后可得到任意位置的插值结果。

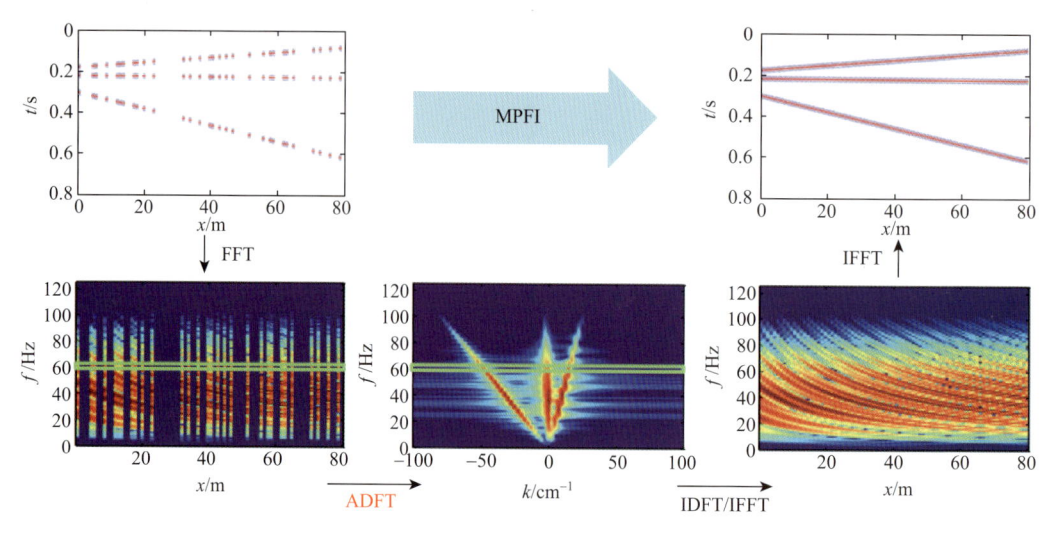

图 3.15　五维数据规则化技术原理图

MPFI：matching pursuit Fourier interpolation，匹配追踪傅里叶变换插值；ADFT：antileakage discrete Fourier transform，抗泄漏离散傅里叶变换；IDFT：inverse discrete Fourier transform，离散傅里叶逆变换；IFFT：inverse fast Fourier transform，快速傅里叶逆变换

2. 实现流程

首先开展数据预处理，主要包括所有静校正量运用，确保数据校正到最终基准面，并进行动校正、切除、能量一致性和频率一致性处理；其次进行 FFT 和离散傅里叶变换（discrete Fourier transform，DFT），选取最大的傅里叶系数并置入稀疏谱中，估算稀疏谱；然后对最终估算的稀疏谱反傅里叶变换输出到期望位置；最后反复迭代直到从稀疏谱中恢复出的数据值近似等于原始规则采样的数据。

3. 应用效果

从五维数据规则化处理前后的地下反射点位置图(图 3.16)可以看出，使用防假频傅里叶变换五维数据规则化技术，能使方位不同、面元大小不同的地震数据在地下空间内

(a) 规则化前　　　　　　　　　　(b) 规则化后

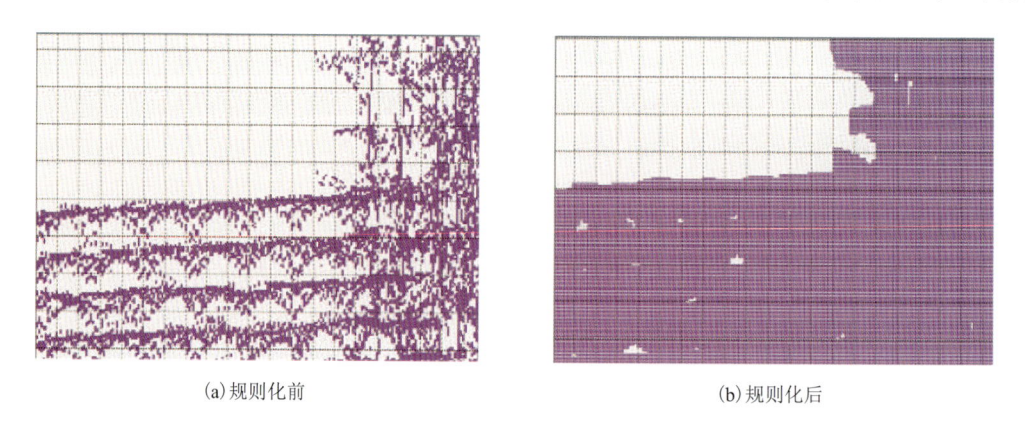

图 3.16　五维数据规则化处理前后的地下反射点位置图(偏移距范围 2700~2800m)

均匀分布。从五维数据规则化处理前后的共偏移距道集对比图(图 3.17)可以看出,数据规则化前共偏移距道集的面元有部分缺失[图 3.17(a)],数据规则化后的空道记录得以恢复,波组特征自然[图 3.17(b)]。从五维数据规则化处理前后的叠加剖面对比图(图 3.18)可以看出,规则化后的叠加剖面连续性变好,地质信息更加完善丰富。

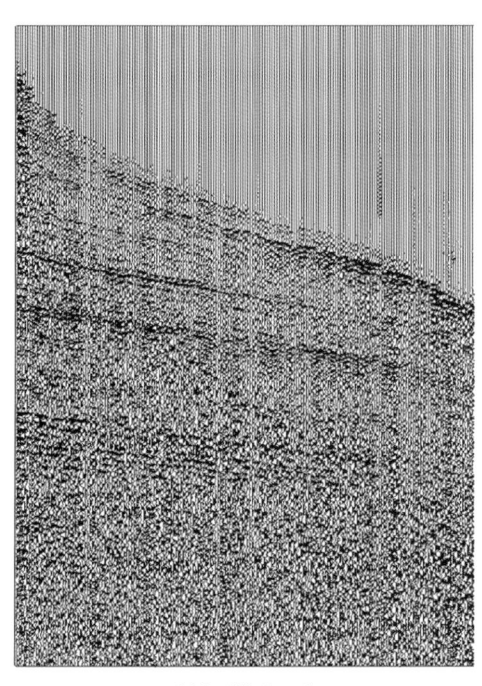

(a) 规则化处理前　　　　　　　　　(b) 规则化处理后

图 3.17　五维数据规则化处理前后的共偏移距道集对比图

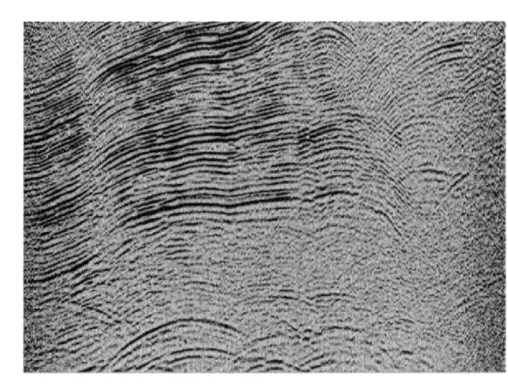

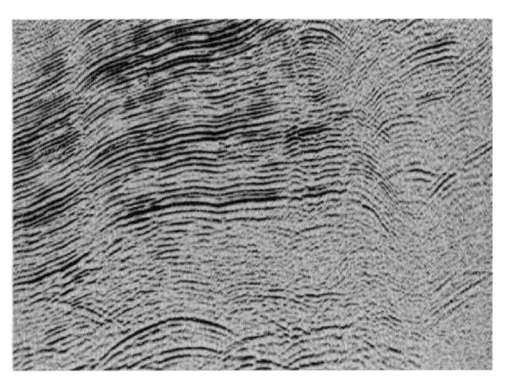

(a) 规则化前　　　　　　　　　(b) 规则化后

图 3.18　五维数据规则化处理前后的叠加剖面对比图

3.1.7 OVT 域处理技术

雷口坡组储层非均质性强，方位各向异性特征明显，窄方位处理忽略了方位信息，影响成像质量，且无法体现地质体的方位地震特征差异。宽方位处理则能较好地解决各向异性成像问题，OVT（偏移距矢量片）域处理技术是宽方位处理的核心技术。将数据按照向量片方式重组到 OVT 域，数据划分更加合理，能有效保护覆盖次数、方位角和偏移距信息，在生成的螺旋道集上可以消除方位各向异性，道集能更真实地反映 AVO 响应，为 AVA（amplitude variation with angle，振幅随入射角变化）分析提供高品质的基础数据。也可以实现方位角灵活划分，获得多方位的数据成果，有利于后期的裂缝检测，体现宽方位数据的特点和优势。OVT 域处理技术主要包括 OVT 域数据分选、OVT 域道内插、OVT 域全局去噪、OVT 域叠前偏移和 OVG（offset vector gather，偏移距矢量道集）数据处理等，充分保留和利用各种地震信息，提高复杂构造偏移成像精度，为高精度储层预测和裂缝检测提供基础资料。

1. 方法原理

OVT 技术是一种叠前数据的编排方式，由于在偏移距数据上加入了方位角信息，成为矢量偏移距面元。OVT 是十字排列道集的自然延伸，是十字排列道集内的一个数据子集。十字排列可由正交观测系统抽取出来，即把来自同一炮线和同一检波线的所有地震道合起来，因此十字排列的个数与炮线和检波线交点的数目相等。在一个十字排列中按炮线距和检波线距等距离划分得到许多小矩形，每个矩形就是一个 OVT，如图 3.19 所示。每个炮检距矢量片有限定范围的偏移距和方位角，OVT 面元（OVBin）的大小由炮线距和检波线距决定。每个十字排列都有相应的纵横测线号，且对应于特定的地理位置。在十字排列中构建坐标系，以接收线和炮线交点为坐标原点 O，接收线为 X 轴，炮线为 Y 轴，则可对每个 OVT 进行编号，比如[1, 1]、[2, 2]等。将全工区十字排列按照上述方法处理后，提取相同编号的 OVT 按照相应的 inline 和 crossline 线号排列，合并组成 OVT 道集，即组成了一个覆盖整个工区的具有大致相同炮检距和方位角的单次覆盖数据体。对于覆盖次数为 N 次的观测系统，可以细分为 N 个 OVT，即 OVBin 的个数等于覆盖次数。由于每个 OVT 有限定的方位角和炮检距范围，OVT 道集比较适合于分方位处理。

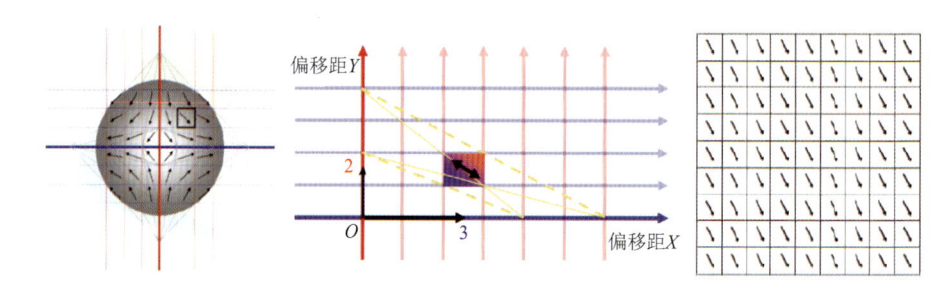

图 3.19 十字排列及共炮检距矢量单元示意图

消除方位各向异性的方法主要有两种：一是宽方位资料椭球体拟合方位各向异性校正，包括方位时差拾取、椭圆速度模型反演、方位各向异性校正等；二是 HTI（horizontal transverse isotropy，水平横向各向同性）各向异性偏移处理。方位各向异性校正后的道集可用于方位叠前 AVO 反演等，提高储层预测精度。

2. 实现流程

第一步 OVT 域预处理：包括 OVT 道集抽取、五维数据规则化和 OVT 域去噪等。OVT 道集抽取包括抽成十字排列道集、划分 OVT 单元、抽成 OVT 道集。

第二步 OVT 域偏移：对 OVT 道集数据进行叠前时间偏移，并保存方位角信息。OVT 域叠前时间偏移计算每个 OVT 道集的平均炮检距和方位角，作为该道集代表性的炮检距和方位角。

第三步 OVG 处理：OVT 道集偏移后可按炮检距方位角分选成 OVG（又称"蜗牛"道集），由于 OVT 道集偏移后的 OVG 中保留了方位角信息，当数据存在方位各向异性问题时，同相轴会出现抖动现象，经方位角道集时差拾取，得到方位各向异性速度，再进行方位各向异性动校正处理，可消除不同方位速度引起的时差，拉平道集，改善宽方位地震成像效果。

第四步分方位叠加成果：根据地质需求，结合裂缝发育情况，灵活划分方位，进行分方位叠加，为裂缝预测提供基础资料。OVT 域处理技术流程如图 3.20 所示。

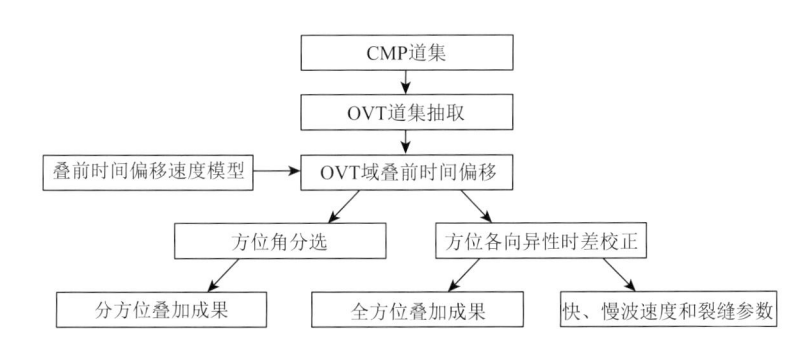

图 3.20 OVT 域处理技术流程

3. 应用效果

图 3.21(a) 和 (b) 所示为常规叠前时间偏移共反射点(common reflection point，CRP)道集与 OVT 叠前时间偏移 OVG，CRP 道集近、远道能量弱、中间能量强，OVG 整体能量更均衡，近、中、远道能量趋于一致。OVT 域道集较好地解决了常规 CRP 道集的近中远偏移距能量异常问题，AVO 特征保持得更好。图中蓝色线表示方位角信息，红色线表示偏移距信息，OVG 中保留了方位角和偏移距信息，可得到全方位偏移剖面和分方位偏移剖面。

图 3.21(b) 所示为方位各向异性校正前的 OVG，同相轴抖动明显，表明该层段存在

明显的方位各向异性。图3.21(c)所示为方位各向异性校正后的OVG,同相轴抖动消除,更有利于后期叠加成像和AVO分析。

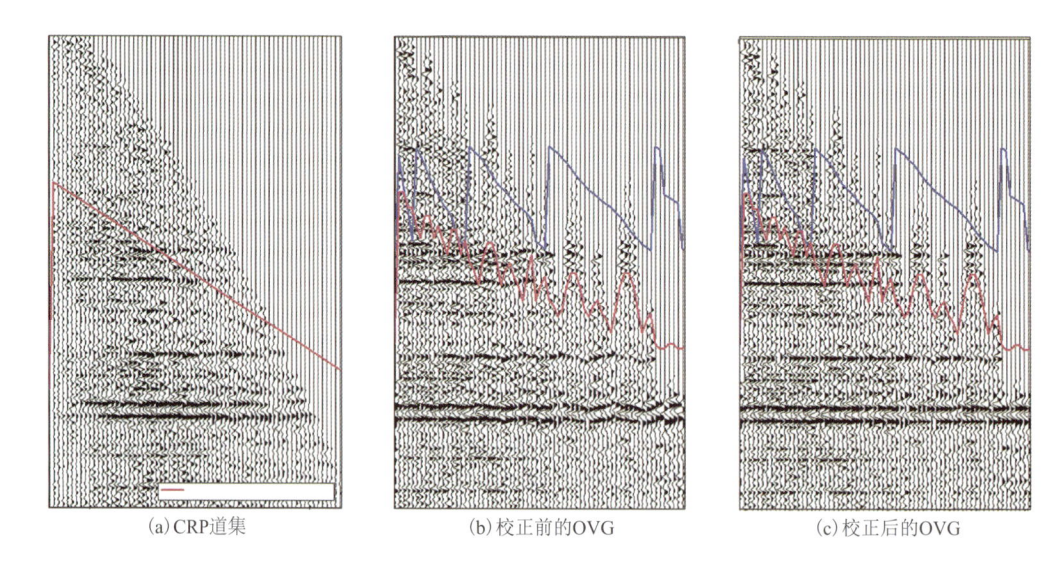

(a)CRP道集　　　　　　　　(b)校正前的OVG　　　　　　　　(c)校正后的OVG

图3.21　CRP道集与方位各向异性校正前后的OVG对比图

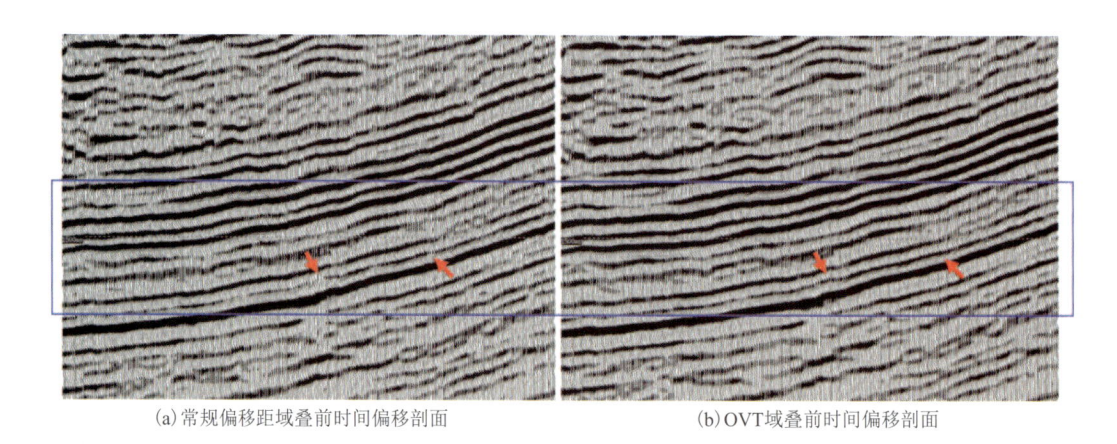

从常规偏移距域叠前时间偏移剖面与OVT域叠前时间偏移剖面对比图(图3.22)可以看出,在目的层段,OVT域叠前时间偏移剖面的信噪比高,同相轴一致性更好,易追踪。

(a)常规偏移距域叠前时间偏移剖面　　　　　　(b)OVT域叠前时间偏移剖面

图3.22　常规偏移距域叠前时间偏移剖面与OVT域叠前时间偏移剖面对比图

OVT域数据共炮检距矢量体的特性使得方位角划分更加细致,在方位角灵活划分上,较传统的分方位处理更为便捷、高效及可靠,偏移后数据可自由叠加组成不同分扇区数据体用于断裂刻画、储层预测及裂缝预测(图3.23)。

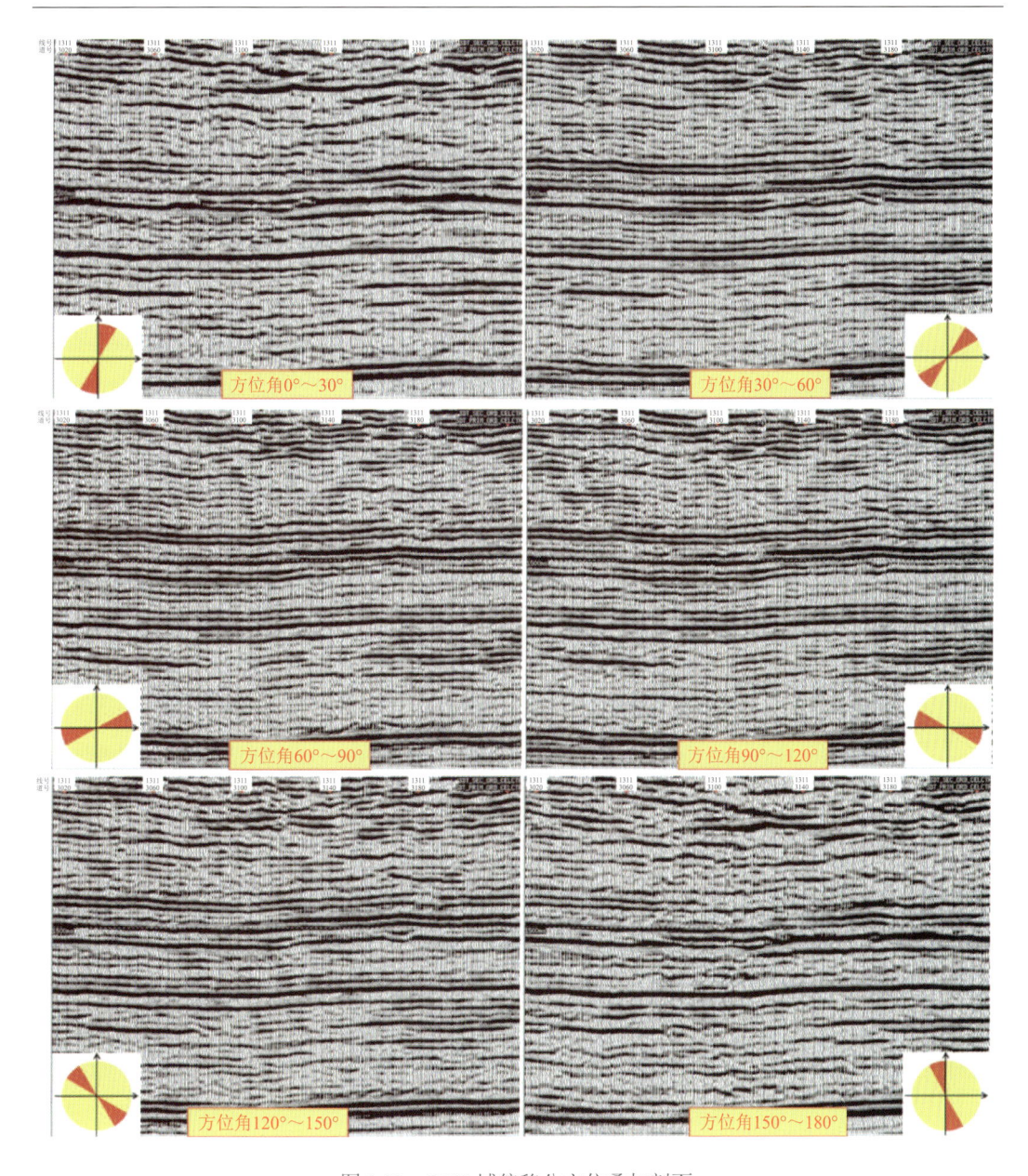

图 3.23　OVT 域偏移分方位叠加剖面

3.2　叠前深度域精确成像处理技术

川西气田位于龙门山前隐伏构造带，具有地下和地表双复杂特征。通过不断攻关研发，逐渐完善了一套基于小平滑面的深度域高精度处理技术流程，可用于提升深度成像准确性。该区浅层十分复杂，高速地层出露，速度变化快。通过初至波层析速度建模技术能够较好地反演浅层速度，建立相对准确的浅层速度模型。对于深层复杂构造，引入构造约束提升深层反射波层析各向异性速度建模精度，通过各向异性逆时偏移及全方位成像提高构造合理性和断裂清晰度，同时为储层预测和裂缝预测等研究提供高质量深度域数据成果。

3.2.1 初始速度建模技术

初始速度建模主要包含三部分内容：基于小平滑面的数据时差校正、初至波层析速度反演和浅中深速度融合。根据工区地形特点，确定深度域处理的小平滑面，将时间域数据校正到深度域小平滑面，在此基础上进行初至波层析速度反演得到浅层速度，再与中深层速度融合，建立浅层准确、中深层合理的深度域初始速度模型。

1. 基于小平滑面的时差校正技术

地震资料处理中常用的处理面有：真实地表面、平滑地表面、浮动基准面、固定基准面。固定基准面是水平地表假设，完全不适合实际地表情况；浮动基准面是对时间域静校正量进行大尺度平滑得到，根据替换速度将其转换到深度域后，可能在地表高程之上，也可能在地表高程之下，或者来回穿插高程线，实际上是一个没有任何物理意义的面；而真实的地表面和对其采用适度半径进行平滑处理之后的基准面是具有物理意义的，对于精细刻画浅表层速度模型更为有利。平滑处理后的地表面实质是消除了高频的道间时差，这些时差可能对应小尺度速度异常，而旅行时层析无法反演这些小尺度异常，所以有必要对地表面做适度的平滑处理，计算对应的时差。

1) 方法原理

基于小平滑面的深度域处理是适用于山前带起伏地表成像的有效方法，如果沿用时间域浮动面，时间域静校正的误差会直接影响成像深度的准确性，如果采用大尺度平滑面，过多的低频校正会影响构造的真实性。

理论上，从总静校正量里分离出与地表高程相关的静校正量和与地下低降速带相关的静校正量，剩余的部分可以认为是真实地表面移动到小平滑地表面的静校正量。浅深层速度融合时，在融合过渡区需要速度相对稳定，增强速度模型的稳定性。

2) 实现步骤

基于小平滑面的时差校正技术包括如下步骤。

(1) 总静校正量的优选：炮点静校正量由于考虑了井深影响，不适合作为总静校正量，应将检波点静校正量作为总静校正量。

(2) 地表高程相关的静校正量计算：最终基准面与平滑高程的差值是深度域数据，需要使用替换速度作为桥梁将该差值换算到时间域，得到地表高程相关的静校正量。

(3) 地下低降速带相关的静校正量：总静校正量减去地表高程相关的静校正量，并进行平滑处理得到其低频成分作为地下低降速带相关的静校正量。

(4) 小平滑面的时差计算：总静校正量减去地表高程相关的静校正量，再减去地下低降速带相关的静校正量,剩下的高频量应用到地震数据上,实现地震数据的小平滑面时差校正。

3) 应用效果

图 3.24 展示了不同基准面单炮记录对比,可见,与浮动面单炮记录相比,小平滑面单炮记录仅应用了高频静校正量。

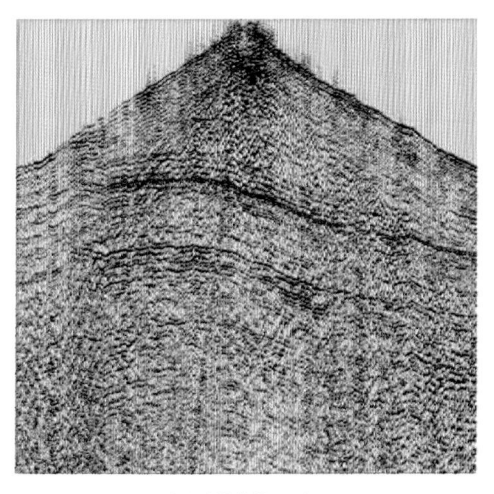

(a) 原始单炮记录

(b) 浮动面单炮记录 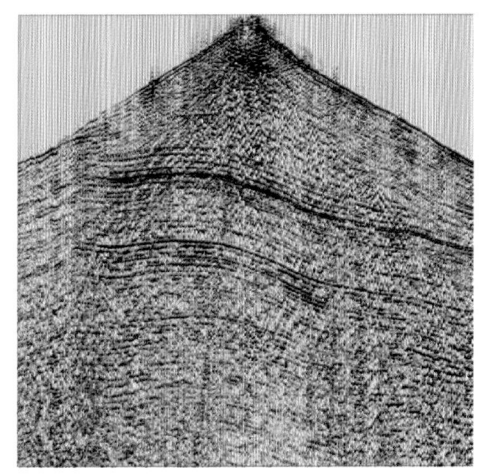　　　　　　　　　(c) 小平滑面单炮记录

图 3.24　不同基准面单炮记录对比图

基准面平滑尺度的大小与反演的速度模型密切相关。图 3.25 展示了不同平滑尺度地表面反演的速度模型。图 3.25(a) 为适度小尺度平滑地表面反演的速度场,深层速度模型较为平滑、过渡自然;图 3.25(b) 为过小尺度平滑地表面反演的速度模型,在深层出现与地表相关的高频抖动。通过分析,最终确定 500m 小平滑地表偏移面(拟真地表)作为偏移成像起始面(图 3.26)。

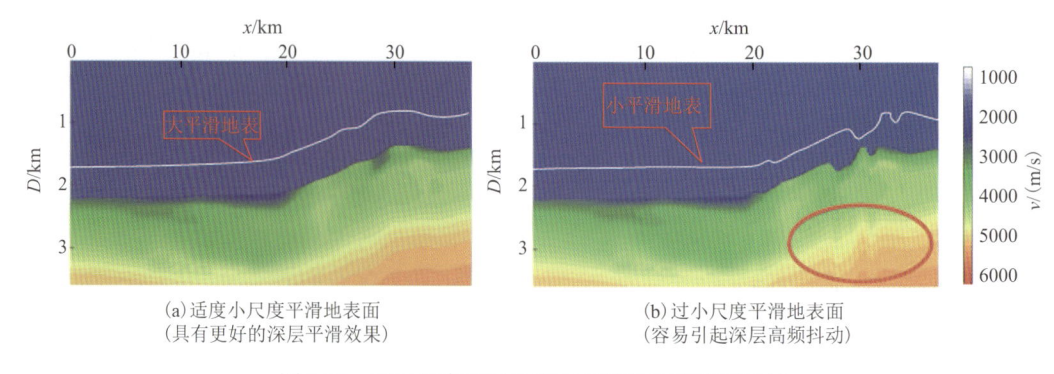

(a) 适度小尺度平滑地表面
(具有更好的深层平滑效果)

(b) 过小尺度平滑地表面
(容易引起深层高频抖动)

图 3.25 不同尺度平滑地表面反演的速度模型对比

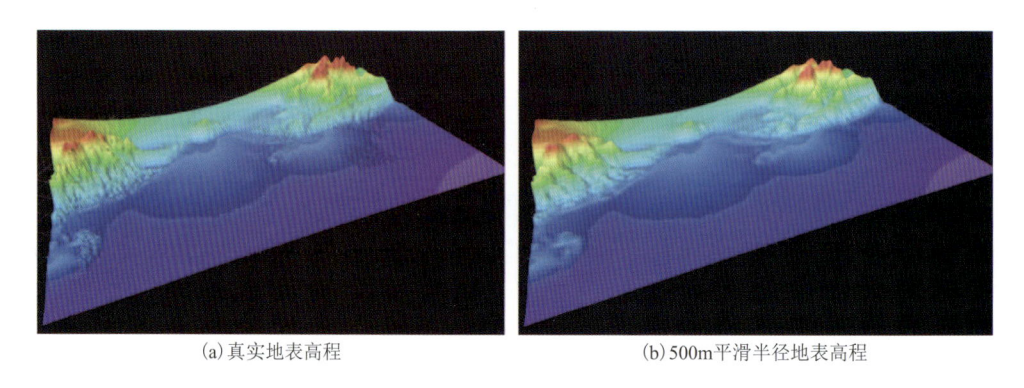

(a) 真实地表高程

(b) 500m平滑半径地表高程

图 3.26 地表高程平滑前后对比图

2. 初至波层析速度反演技术

初至波层析速度反演是利用初至波模拟走时与初至波真实到达时间拟合计算浅层速度的方法，是业界最为常用的浅层速度反演方法，能够较为准确地反演出浅层速度的横向变化，对于川西复杂地表和近地表有较强的适用性。这种方法反演能力较强，但必须要有准确的初至拾取数据作为支撑，初至拾取精度直接决定速度反演精度，因此需要做好复杂山地低信噪比数据初至拾取工作。

1) 方法原理

首先建立一个连续变化的正向梯度模型，即速度从浅到深逐渐增加，在这种模型下进行射线追踪产生的初至波为潜水波；然后利用该模型进行射线追踪和旅行时计算，建立实际初至时间与计算旅行时的残差矩阵，求解该矩阵得到沿潜水波射线路径的速度更新量，将其回加到初始模型上完成速度模型更新。

初至波层析速度反演利用走时误差沿射线路径反投影的方式估计慢度扰动，从而实现图像函数的重构。在给定初始慢度模型之后，利用有限差分方法求解程函方程，实现射线追踪和旅行时间计算，正演得到的旅行时间与实际初至时间的差可以表示为

$$\Delta t(s,d) = \int_{L(s,d)} \Delta S(x,y,z) \mathrm{d}l \tag{3.8}$$

式中，s 为炮点；d 为接收点；$\Delta t(s,d)$ 为从炮点到检波点的旅行时残差量；$\Delta S(x,y,z)$

为三维空间坐标为 (x,y,z) 点处的剩余慢度；$L(s,d)$ 为从炮点到检波点的射线路径。将式(3.8)离散化，则有

$$\Delta t(s,d) = \sum_i^N \Delta S_i \Delta l_i \qquad (3.9)$$

式中，Δl_i 为第 i 个网格空间内的射线距离。所有炮检点射线的残差形成一个庞大的稀疏线性方程组：

$$\Delta T = L \Delta S \qquad (3.10)$$

上述大型稀疏方程 L 的求解，工业界常用的方法有很多，本书采用稳定、高效的最小二乘正交三角分解(least squares QR-decompostion，LSQR)法求解，得到慢度场。

在实际处理中，常常采用胖射线层析方法反演近地表地层中不同介质的速度模型。传统的走时层析基础是射线理论，其假设地震波频率足够大，其不足是：高频近似，未反映真实的物理过程；射线分布极不均匀；反演方程不适定问题突出，多解性强。为了更好地解决这一问题，静校正专家查克·迪金斯(Chuck Diggins)和马特·杜伊克(Matt Duiker)在原有层析反演的基础上，考虑更符合地震波传播胖射线代替简化的直射线，依据胖射线理论求解更合理的反演结果。其假设：地震频率有限；地震能量主要在包括理想射线在内的第一菲涅耳(Fresnel)带内传播；走时与 Fresnel 带内的所有介质有关。该方法的优点是：考虑了频率影响；更合乎地震波实际传播规律；提高了反演稳定性和分辨率。

2) 实现步骤

胖射线初至波走时层析速度反演流程从利用所有偏移距初至波走时信息和一个梯度为正的初始速度模型开始，如图 3.27 所示，主要由下述 7 个步骤组成。

(1)在加载了正确空间属性数据的基础上进行初至拾取，数据的预处理还可以包括提高资料信噪比的处理，但不能有静校正等改变地震信号走时的处理。

(2)建立一个连续变化的正梯度初始速度模型。

(3)三维空间网格化。把立体空间切割成指定大小的体元，对于初始速度模型需要设置一个较大的体元来解决大尺度范围内的速度反演问题。

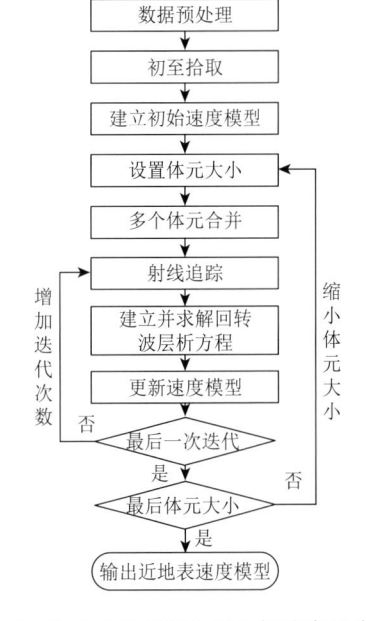

图 3.27 潜水波胖射线走时层析速度反演流程

(4)体元合并。在接近真实地表的低降速带，地震波接近垂直向下传播，射线在低降速带的单一体元内分布较为稀疏，此时需通过多个体元合并的方式增加射线密度，即牺牲分辨率换取稳定性；针对低降速带，尤其是高速层顶附近，大部分初至波发生回

转，射线密度较大，照明充足，在这些区域可以减少体元合并的数量，甚至不合并。

(5) 层析反演。先通过射线追踪计算旅行时，然后建立走时残差矩阵，求出慢度更新量并将其回加到用于射线追踪的速度场，完成一次速度模型更新。

(6) 在速度模型合理的基础上缩小网格空间的体元大小，重复步骤(3)～(5)，使速度模型对于小尺度地质体的刻画能力逐渐得到提高。

(7) 当反演的速度模型较为合理、指定的体元大小接近观测系统的极限分辨能力时，终止迭代，输出近地表速度模型。

3) 应用效果

从图 3.28 可以看出，反演的近地表速度模型[图 3.28(a)]比常规方法建立的速度模型[图 3.28(b)]更为精细可靠，为浅中深层速度融合提供了较为可靠的近地表反演速度模型。

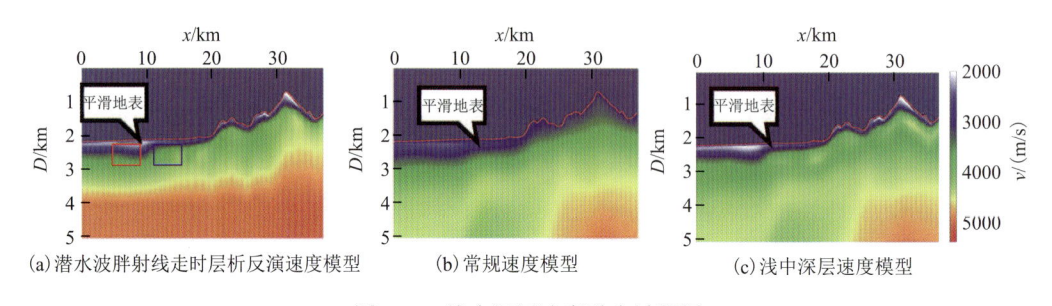

图 3.28 浅中深层速度融合过程图

3. 浅中深层速度融合技术

浅中深层速度融合是速度建模的重点和难点环节。通过叠前时间偏移速度分析或者叠加速度分析获取均方根速度，利用迪克斯(Dix)公式换算或者利用约束速度反演得到深层速度模型，将初至波层析反演的速度模型与深层速度模型进行融合，得到高品质初始速度模型。

1) 方法原理

采用叠前时间偏移速度转换成层速度的方法构建中深层初始速度模型，将初至波层析速度反演获得的浅层速度模型与中深层速度模型进行融合拼接处理，利用射线照明底界面作为拼接面，底界面上推一定距离作为融合过渡区，进行一定程度的平滑消除速度突变现象，解决硬边界问题，软拼接后即可得到浅中深层融合的叠前深度偏移初始速度模型。

2) 应用效果

图 3.28(c)所示的浅中深层速度融合初始速度模型，保留了近地表速度模型的细节信息以及可靠的深层速度。图 3.29(a)和(b)所示为不同速度模型的叠前深度偏移剖面。其中，图 3.29(a)是采用图 3.28(b)所示常规速度模型得到的偏移剖面，由于其浅层速度精度达不到偏移成像的要求，深度偏移的精度受到了严重影响，叠前深度偏移剖面浅层信噪比低；图 3.29(b)是采用图 3.28(c)所示速度模型得到的叠前深度偏移剖面，浅层信噪比较高，断点更加清晰。

(a) 由图 3.28(b) 所示速度模型得到的偏移剖面　　(b) 由图 3.28(c) 所示速度模型得到的偏移剖面

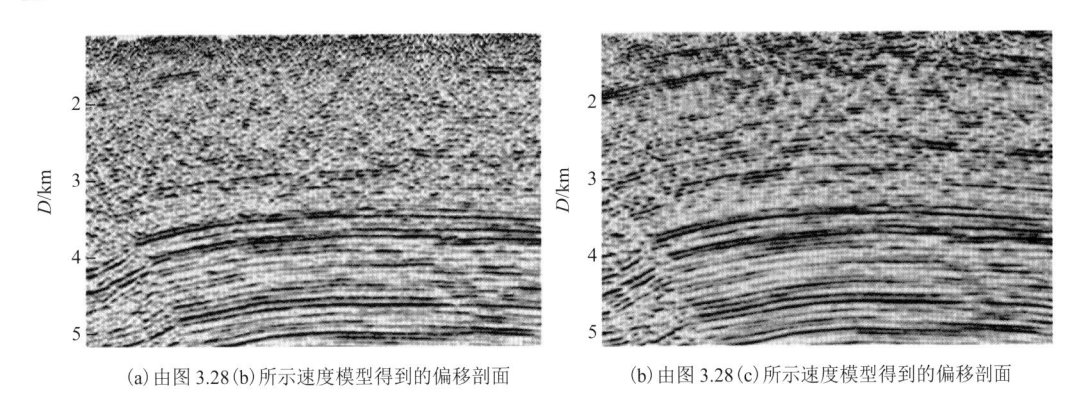

图 3.29　不同速度模型叠前深度偏移剖面对比(一)

图 3.30(a)为利用常规速度模型获得的叠前深度偏移剖面,由于浅层速度模型不精确,深层剖面存在明显的断层假象。图 3.30(b)为利用浅中深层速度融合初始速度模型后获得的叠前深度偏移剖面,成像质量明显提高,同相轴连续性增强,假断层得到消除。

(a) 常规速度模型　　(b) 浅中深层速度融合初始速度模型

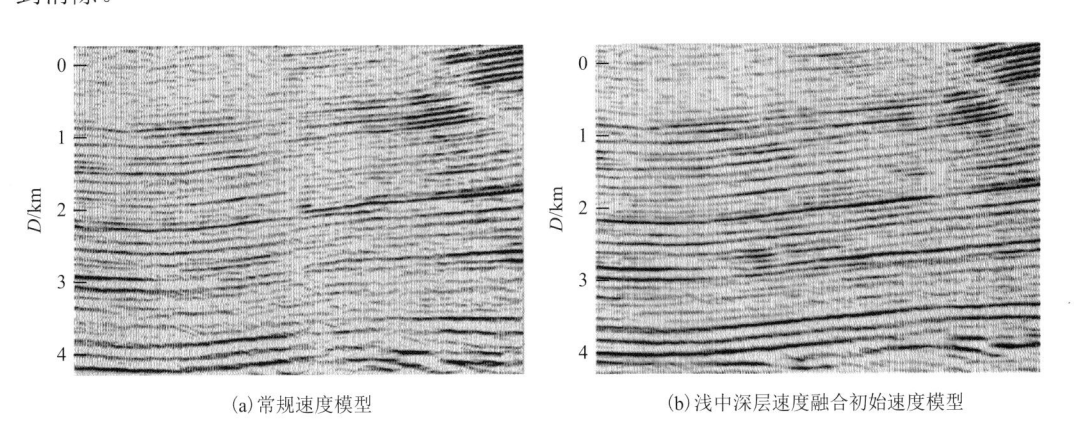

图 3.30　不同速度模型叠前深度偏移剖面对比(二)

3.2.2　高精度速度建模技术

速度模型对于复杂构造深度域处理尤为重要,偏移成像效果需要建立在精确的速度基础上,速度的不准确将直接反映在偏移结果里,严重影响成像效果。在初始速度模型基础上进行高精度速度建模,保证模型的地质合理性和数值准确性,提升偏移成像构造真实性、深度准确性和断裂清晰度。

1. 构造约束的反射波层析速度建模技术

纯数据驱动反射波层析反演技术能够对水平层状简单构造取得较好的建模效果,但是对于川西低信噪比复杂构造,方法适应性较低,需要引入构造约束,提升层析反演精度和模型地质合理性,增强偏移成像结果可靠度。

1) 方法原理

构建地质构造约束的光滑矩阵是模型正则化的关键。光滑矩阵的每一行都是地下介质空间中的一个光滑函数，令此光滑函数为高斯光滑函数，在不考虑地质构造时，光滑矩阵中第 i 行第 j 列的元素为

$$S_i^j = \frac{1}{(2\pi)^{3/2}\sigma_x\sigma_y\sigma_z}\exp\left\{-\frac{1}{2}\left[\frac{(x_j-x_i)^2}{\sigma_x^2} + \frac{(y_j-y_i)^2}{\sigma_y^2} + \frac{(z_j-z_i)^2}{\sigma_z^2}\right]\right\} \quad (3.11)$$

式中，x_i、y_i、z_i 为第 i 行高斯函数中心点空间坐标的 3 个分量；x_j、y_j、z_j 为第 j 列对应的空间位置的 3 个坐标分量；σ_x、σ_y、σ_z 是高斯函数在 3 个坐标方向的标准差。将地质构造特征加入光滑矩阵中，式(3.11)表达的高斯函数在三维空间平移加旋转至一个局部笛卡儿坐标系中，该局部坐标系的坐标方向标记为 u、v、w，其中 u 与地质界面的走向一致，v 与地质界面的倾向一致，w 坐标轴与地质界面垂直，u、v、w 组成一个右手系，称此坐标系为"局部地质坐标系"。在此局部坐标系中，定义光滑矩阵中的高斯函数为

$$S_i^j = \frac{1}{(2\pi)^{3/2}\sigma_{ui}\sigma_{vi}\sigma_{wi}}\exp\left[-\frac{1}{2}\left(\frac{u_j^2}{\sigma_{ui}^2} + \frac{v_j^2}{\sigma_{vi}^2} + \frac{w_j^2}{\sigma_{wi}^2}\right)\right] \quad (3.12)$$

式中，σ_{ui}、σ_{vi}、σ_{wi} 为高斯函数在局部坐标系中的标准差。在实际应用中，σ_{ui} 和 σ_{vi} 比 σ_{wi} 大，即在平行于地质界面方向的光滑范围较大，垂直于地质界面方向的光滑范围小。这样，层析反演模型参数的空间分布特征被已知的地质特征约束。

2) 实现过程

首先从时间偏移比例到深度域的成像剖面上(或者直接深度偏移剖面)提取构造特征，包含地层倾角、方位角、断裂、特殊地质体的地震相特征信息，构建地下介质的光滑函数及相应层析矩阵，通过 LSQR 法进行求解获得慢度扰动量，进而将反演出的速度更新量回加到初始速度模型中，完成一次速度优化处理，通过反复迭代及多轮次优化最终获得较为合理的构造约束后的速度模型。

3) 应用效果

初始深度域速度模型建立后，依据反射波网格层析，对速度模型进行更新迭代，迭代过程中用地层倾角场、方位角场作为地质特征进行约束，从脉冲响应的速度扰动图上可以看出，速度更新量很好地按照地质规律和地层产状发生变化(图 3.31)。

2. TTI 各向异性参数建模技术

各向异性在地下介质中广泛存在，川西气田各向异性特征明显，如果在处理中不考虑各向异性因素，最终成果的成像深度误差较大，影响井轨迹设计精度。通过已钻井数据提取较为准确的各向异性参数，建立各向异性参数场，采用各向异性层析反演技术对各向异性参数进行更新，考虑各向异性后，成像深度误差大幅度缩小，有效消除了井震误差。

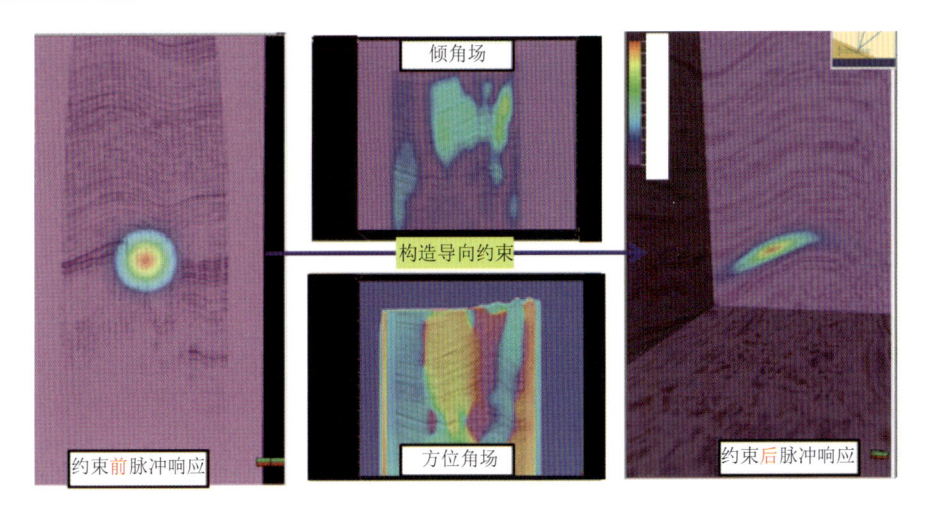

图3.31 地质导向约束前后层析反演速度更新量变化图

1) 方法原理

TTI介质即倾斜横向各向同性(tilted transverse isotropy)介质(图3.32)，主要由5个参数表征：V_{P0}、ε、δ、θ、ϕ。其中，V_{P0}是qP波沿对称轴的相速度；ε是表征各向异性强弱的参数；δ是平行对称轴方向相速度和垂直对称轴方向相速度之间的过渡性参数；θ和ϕ分别是对称轴的倾角和方位角。通过这5个参数的建模，即可实现TTI介质各向异性速度表征。

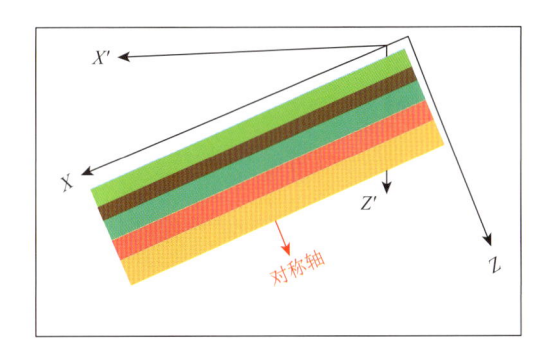

图3.32 TTI介质示意图

2) 实现步骤

如图3.33所示，第一步，利用实验室数据、岩心数据、测井数据和前期地震成果资料确定工区各向异性类型和程度；第二步，采用测井速度或垂直地震剖面(vertical seismic profile，VSP)速度平滑法求取井旁V_{P0}；第三步，基于井旁道集对各向异性参数ε、δ进行分层段的双参数扫描，并结合实验室对岩心测定结果优选参数；第四步，对求取的井旁各向异性参数V_{P0}、ε、δ进行外推和插值，构建三维模型；第五步，利用V_{P0}、ε、δ做各向异性偏移，在偏移剖面上扫描提取θ、ϕ；第六步，应用反射波层析反演方法对各向异性参数进行迭代更新，直到满足成像精度。

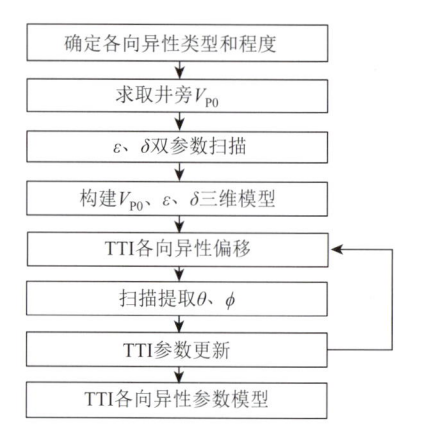

图 3.33　TTI 介质参数模型建立示意图

3) 应用效果

通过上述流程建立了准确的深度域 TTI 各向异性参数模型(图 3.34、图 3.35)。V_{P0} 与井速度吻合度高，整体分布符合地质规律，ε、δ 数值符合对工区各向异性程度的分析结果，θ、ϕ 符合地层倾角和方位角分布规律。

(a) ϕ　　(b) δ

(c) θ　　(d) ε

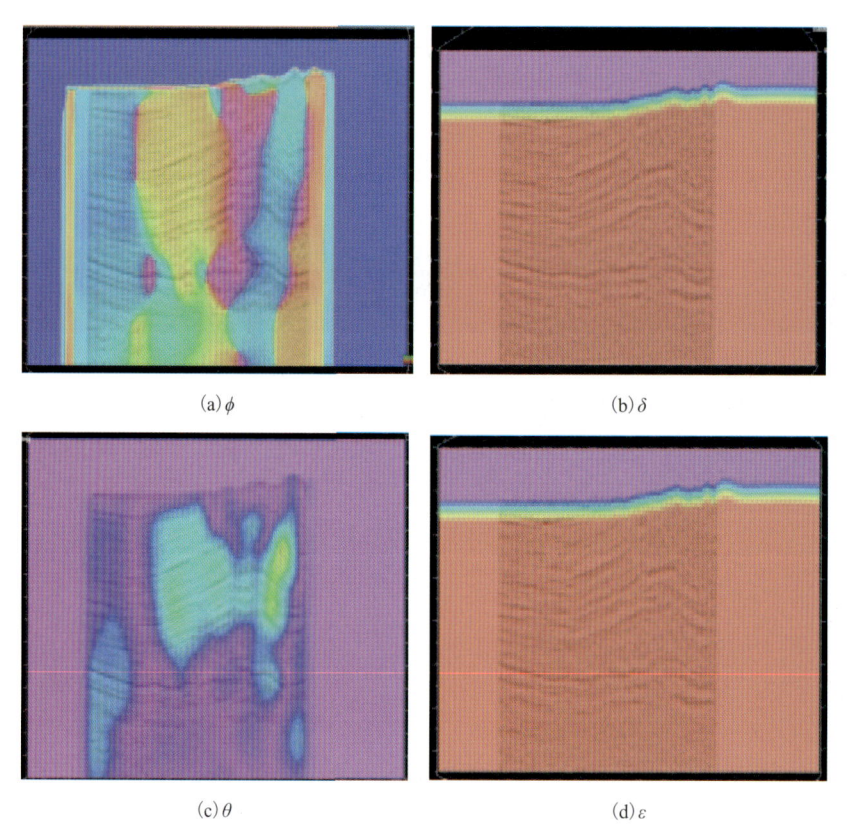

图 3.34　各向异性参数图

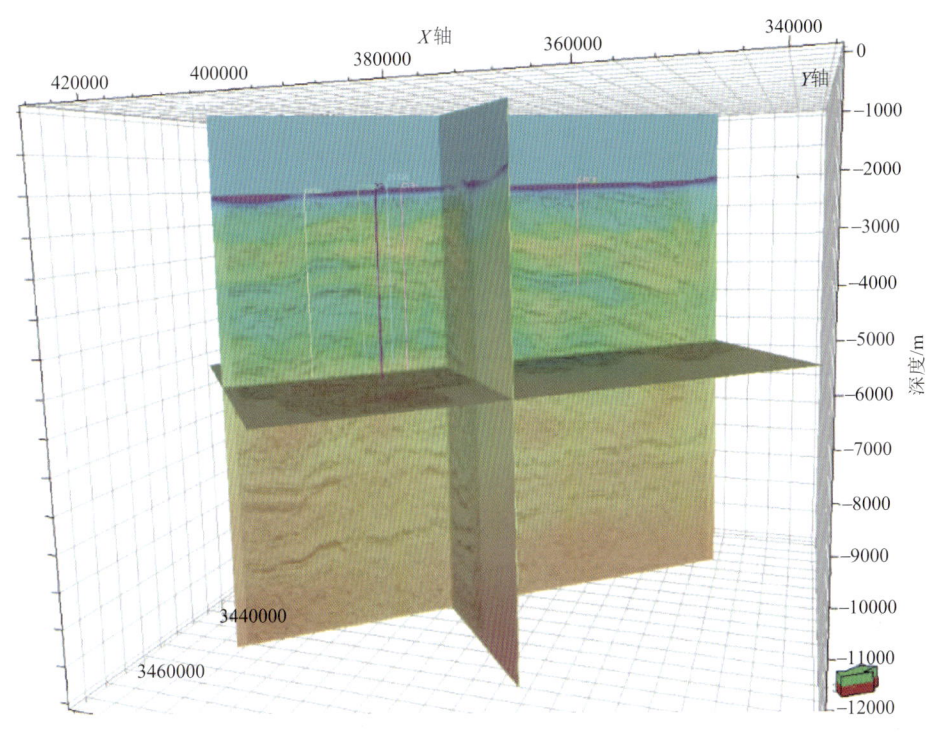

图 3.35 各向异性速度模型图

注：X、Y 轴表示大地坐标。

由图 3.36 可见，应用 TTI 各向异性偏移后，井震误差大幅度减小，成像质量得到进一步改善。

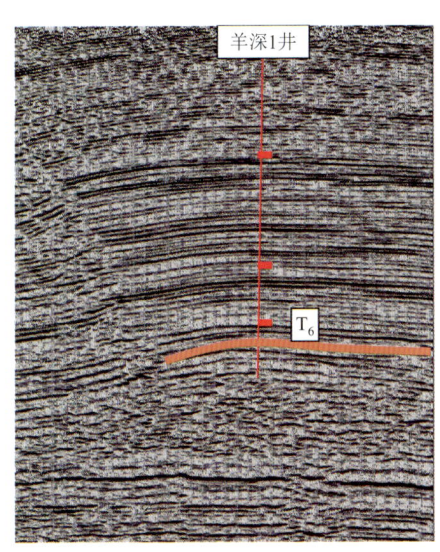

(a) 各向同性PSDM深层误差400m　　　　(b) 各向异性PSDM深层误差100m以内

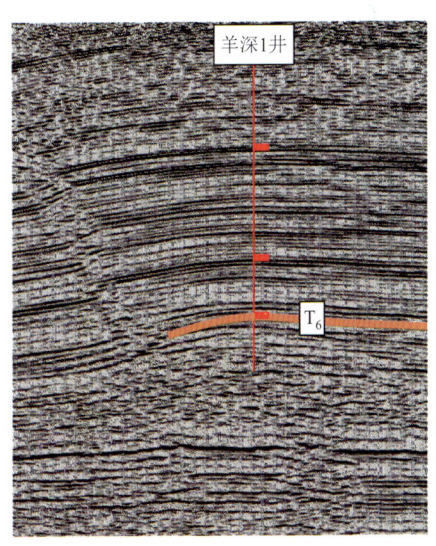

图 3.36 各向同性与各向异性方法偏移效果对比图

PSDM：prestack depth migration，叠前深度偏移

3.2.3 TTI 各向异性逆时偏移技术

叠前深度偏移在地震勘探中发挥着非常重要的作用，TTI 各向异性逆时偏移技术是现阶段较为先进的叠前深度偏移技术，能够准确模拟各向异性复杂构造区的波场传播，对于复杂构造和超深储层有较强成像能力，能够为储层预测提供高品质成像数据。

1. 方法原理

逆时偏移(reverse time migration，RTM)方法是通过双程波波动方程对人工给予的震源子波正向传播和接收到的地震资料进行反向传播，结合成像条件实现深度域偏移成像。RTM 技术相对于传统的常规的深度偏移方法具有更好的分辨率和成像能力，尤其适用于复杂区域。但传统的以各向同性介质为假设的 RTM 技术往往存在成像精度差、地震分辨率低，以及成像深度域实际位置存在偏差等问题。因此，对于地表地下双复杂工区，TTI 各向异性逆时偏移技术能够确保同相轴的准确归位，提高成像精度和地震分辨率，恢复真实的成像深度和消除成像误差。

2. 实现过程

第一步，根据各向异性速度模型震源采用三维各向异性波动方程人工震源向下延拓求解某深度正传波场。

第二步，根据各向异性速度模型震源采用三维各向异性波动方程地表接收数据向下延拓求出相同深度反传波场。

第三步，对第一和第二步结果按成像条件进行成像，通常采用互相关成像条件，即两个波场时间对齐后相乘然后相加，完成此运算即完成一炮的逆时偏移成像。

第四步，对所有炮按照上述步骤计算，即可完成全工区的逆时偏移成像，叠加可获得最终逆时偏移成果。

实现流程如图 3.37 所示。

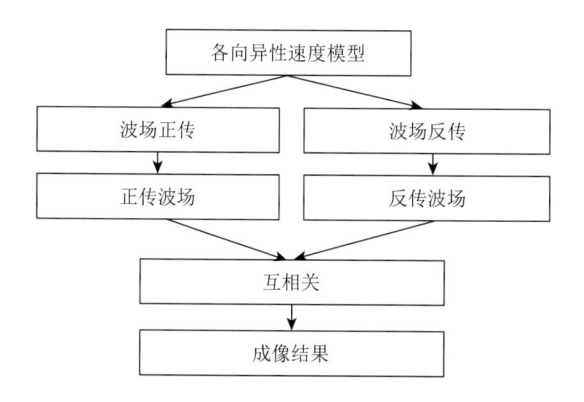

图 3.37 TTI 各向异性逆时偏移实现流程图

3. 应用效果

最终，TTI 各向异性叠前深度偏移在山前带、大断裂带及深层（目的层及以下）成像方面较叠前时间偏移有明显优势，成像连续性较好，波组特征更加稳定，断点干脆，利于构造解释（图 3.38、图 3.39）。

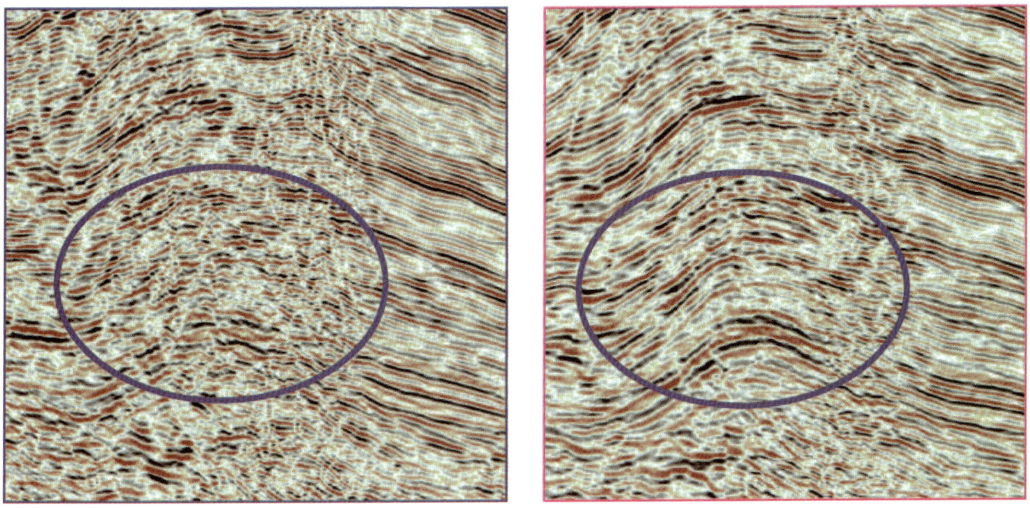

(a) 叠前时间偏移　　　　　　　　　　(b) TTI 各向异性逆时偏移

图 3.38　不同偏移方法成像效果对比图

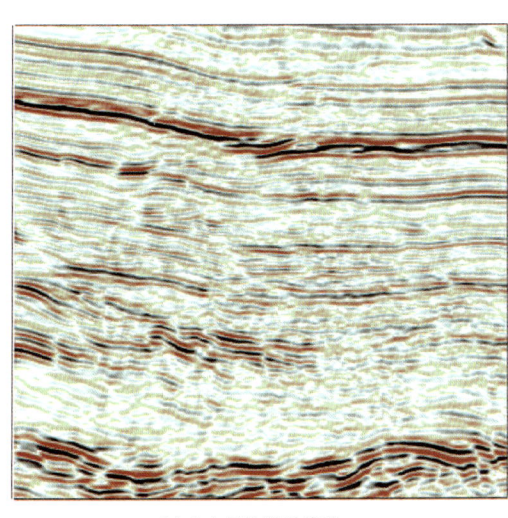

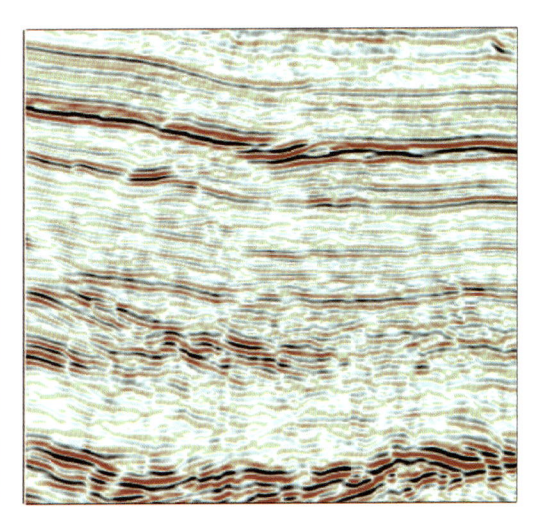

(a) 各向同性逆时偏移　　　　　　　　(b) 各向异性逆时偏移

图 3.39　各向同性和各向异性逆时偏移成像效果对比图

TTI 各向异性叠前深度偏移井震误差较小，产状与钻井更加吻合。以彭州 6-2D 井大斜度段为例，实钻下储层地层下倾 1.3°，时间域地震剖面，地层产状 4°～5°，深度域地震剖面，地层平缓，产状 1°～1.5°，与实钻吻合（图 3.40）。

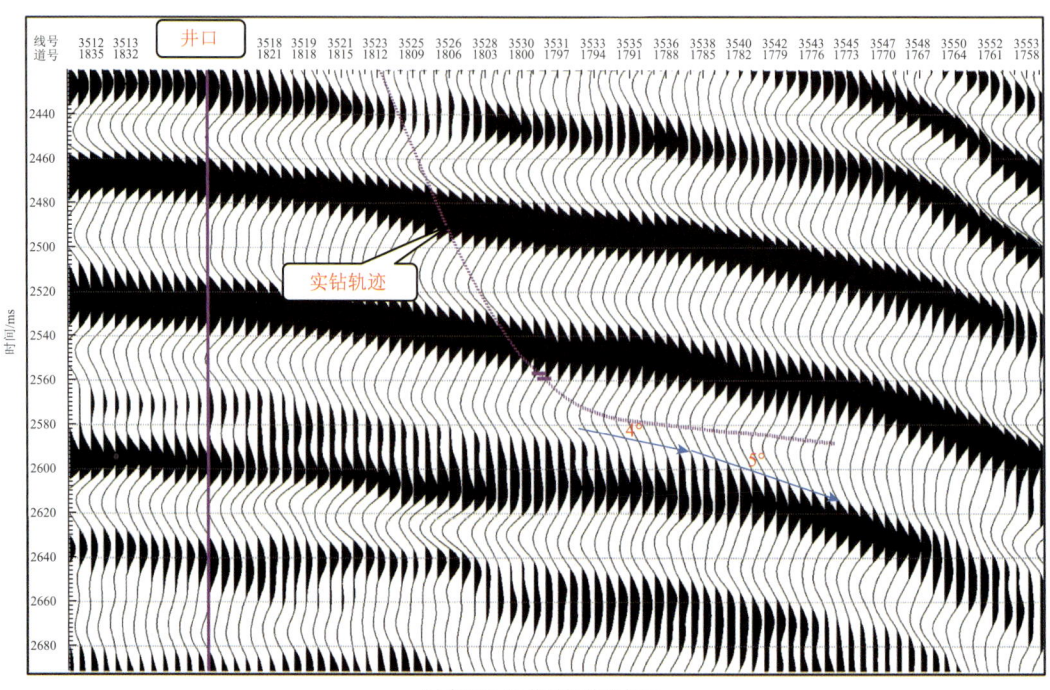

(a) 彭州6-2D井时间偏移剖面

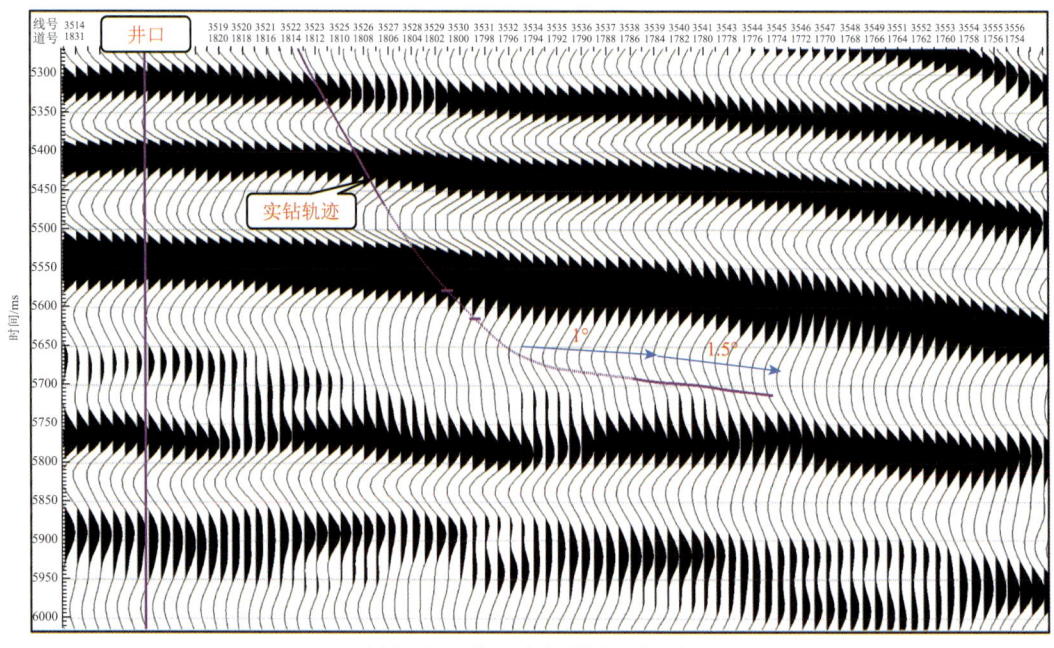

(b) 彭州6-2D井TTI各向异性逆时偏移剖面

图 3.40　过彭州 6-2D 井不同偏移方法钻井吻合度对比图

3.2.4 全方位角度域成像技术

1. 方法原理

全方位地下角度域波场分解与成像技术采用一种新的地下角度域地震成像机制，生成并提取地下角度依赖的反射系数，直接在地下局部角度域，以一种连续的方式利用全部记录到的地震数据，产生两类互补的全方位共成像点角度道集：方位与反射成像道集。

全方位角度域分解过程涉及构造入射和反射(绕射)射线对的组合。每个射线对将采集地表记录的特定地震同相轴映射到地下四维局部角度域空间，即射线对法线的倾角和方位角(与 X 轴)，射线对所在开面的开角和开面的方位角(与正北方向)。这里所谓的射线对方向是指基于各向同性或各向异性速度模型，即入射和散射的慢度方向已知，采用斯涅尔(Snell)定律计算的视法线方向(也称偏移倾向矢量)。注意当射线对方向与物理反射界面的法向方向一致时，射线对的法线方向才是所谓的镜像方向。

图 3.41 中，炮点和检波点地面的 4 个坐标(炮点 2 个、检波点 2 个)可以用移位矢量(地下成像点的地面投影点 M' 和炮检中点 H 之间的水平距离，也称为偏移孔径距离)和偏移距矢量(炮点和检波点之间的距离)来定义，而移位矢量和偏移距矢量均采用水平距离大小和方位来定义。理论上 4 个地表参数完全取决于地下 4 个局部角度域的角度，反之亦然。但是，方位角道集和移位矢量之间的依赖关系更强，开角角度和偏移距矢量之间的依赖关系更弱，尤其是对于一些适度复杂的速度模型来说，更为明显。

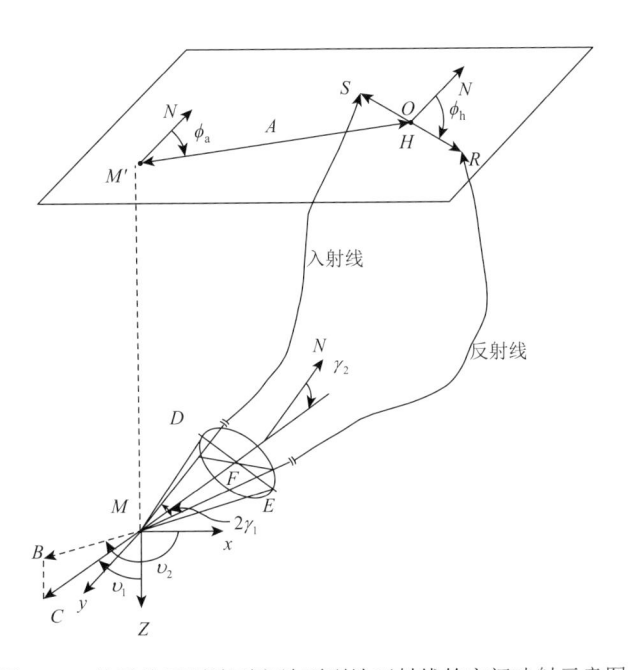

图 3.41 基于地下到地面和地面到地下射线的空间映射示意图

地表地震数据到地下角度域映射可以表示为

$$U(S,R,t) \to I(M,\upsilon_1,\upsilon_2,\gamma_1,\gamma_2) \tag{3.13}$$

式中，M 为地下成像点；$S=\{S_x,S_y\}$ 和 $R=\{R_x,R_y\}$ 分别为地表炮点和检波点的坐标，从地面五维地震数据向地下映射，将会生成七维角度域数据（每个地下界面反射点包括4个角度，这就意味着整个映射过程需要大容量的计算机内存和海量磁盘空间存储计算结果）。

在方位角度地震道集中，地下成像点的反射/绕射率 I_υ 是射线对法向的倾角 υ_1 和方位角 υ_2 的函数：

$$I_\upsilon(M,\upsilon_1,\upsilon_2) = \int K_\upsilon(M,\upsilon_1,\upsilon_2,\gamma_1,\gamma_2)H^2\sin\gamma_1 \mathrm{d}\gamma_1 \mathrm{d}\gamma_2 \tag{3.14}$$

式中，K_υ 为方向积分的核函数。

在反射角度道集中，地下成像点的反射率是开面开角 γ_1 和开面方位角 γ_2 的函数：

$$I_\gamma(M,\gamma_1,\gamma_2) = \int K_\gamma(M,\upsilon_1,\upsilon_2,\gamma_1,\gamma_2)H^2\sin\upsilon_1 \mathrm{d}\upsilon_1 \mathrm{d}\upsilon_2 \tag{3.15}$$

式中，K_γ 为反射积分的核函数。

在方位角道集的基础上，可以计算镜向能量道集：

$$f_{\mathrm{spec}}(M,\upsilon_1,\upsilon_2) = \frac{1}{N(M,\upsilon_1,\upsilon_2)} \cdot \frac{I_\upsilon^2(M,\upsilon_1,\upsilon_2)}{E_\upsilon(M,\upsilon_1,\upsilon_2)} \tag{3.16}$$

式中，$E_\upsilon(M,\upsilon_1,\upsilon_2)$ 为能量道集；$N(M,\upsilon_1,\upsilon_2)$ 为射线对数目。

依据镜向能量道集，可以明显区分散射能量与反射能量，再进行加权叠加成像，当赋予镜面能量比较高的加权值时可以有效突出复杂构造成像，当给予散射能量较高的加权值时可以突出绕射体的成像。

2. 技术流程

全方位角度域成像具体实现步骤如下。

(1)输入静校正后的 CMP 道集。
(2)深度域初始速度建模得到初始速度场。
(3)沿着目标线做角度域偏移。
(4)在以目标线偏移的方位反射角道集上，拾取方位剩余时差。通过网格层析，进行全方位速度优化迭代，得到更加精细准确的深度域速度模型。
(5)进行全方位全孔径的最优化参数角度域偏移，生成全方位反射角道集和全方位倾角道集。
(6)对全方位反射角和倾角道集进行分角度叠加，生成保幅成像数据体。
(7)对全方位反射角和倾角道集进行分角度叠加测试，优选目标成像优势角度范围，在优势角度范围内进行叠加，得到目标成像数据体。

(8) 利用倾角道集进行散射和镜像成像参数测试和优选，进行散射叠加突出散射体，镜像叠加成像突出强反射目标构造。

(9) 最后对方位反射角道集，进行方位和入射角优先叠加，得到全方位叠加数据和分方位叠加数据体。

3. 应用效果

图 3.42 所示为过鸭深 1 井全方位角度域处理前后道集。全方位角度域处理前道集存在明显的旅行时随方位角的正弦变化特征，全方位角度域处理后道集消除了旅行时随方位角时差。在目的层（TL_4^3）全方位角度域成像品质比常规深度域成像品质高（图 3.43），反射同相轴更连续。

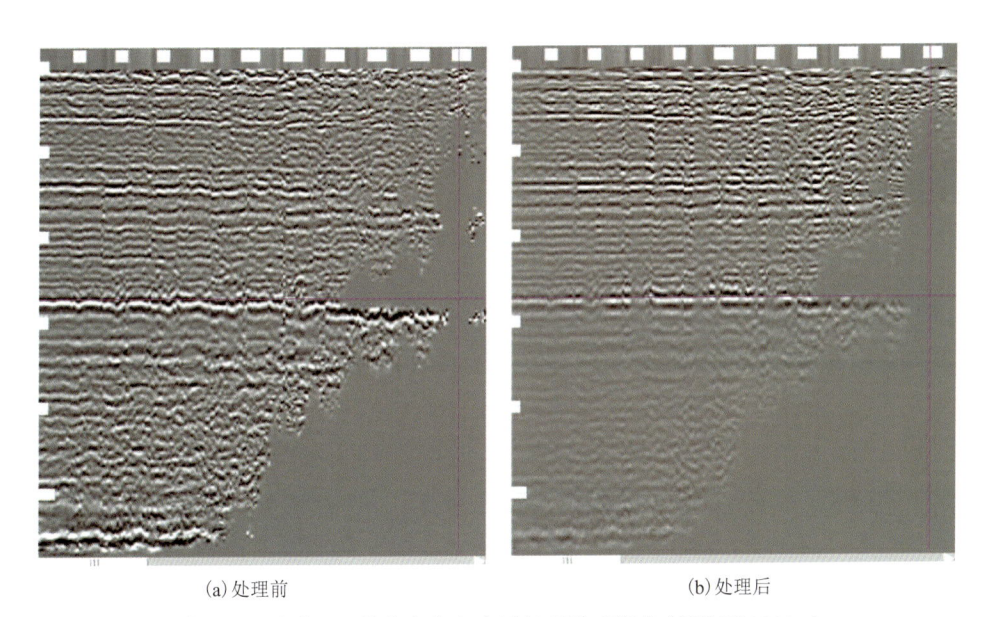

(a) 处理前　　　　　　　　　　(b) 处理后

图 3.42　过鸭深 1 井全方位角度域处理前后道集（基准面 2200m）

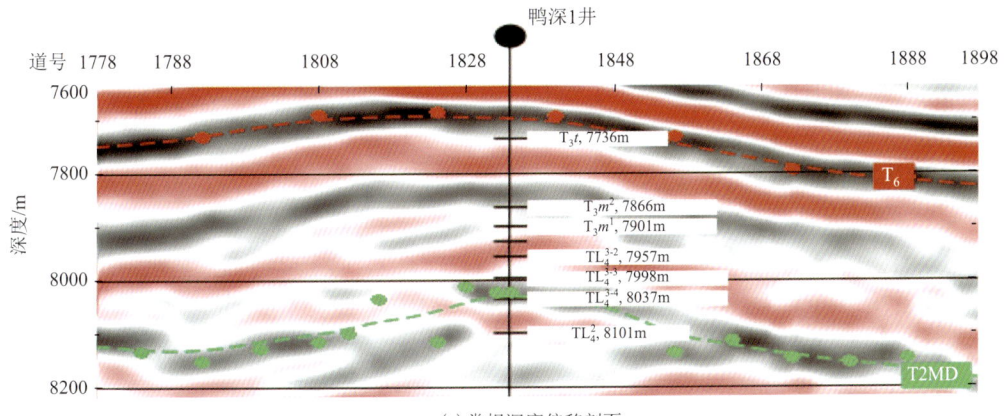

(a) 常规深度偏移剖面

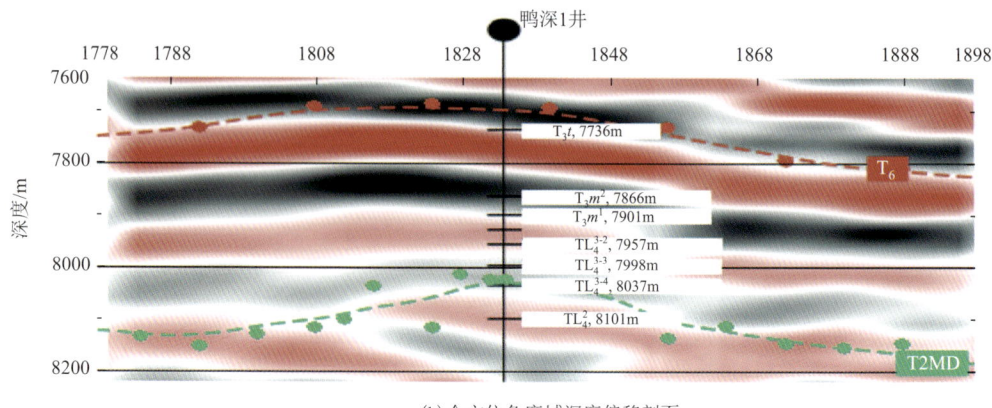

(b) 全方位角度域深度偏移剖面

图 3.43　过鸭深 1 井常规深度偏移和全方位角度域深度偏移成像对比（基准面 2200m）

3.3　叠前道集品质提升处理技术

高品质叠前道集是 AVO 属性分析和叠前反演的基础，叠前道集品质提升处理主要包括叠前道集去噪、剩余时差校正，以及 AVO 特征校正、偏移距分布不均匀校正和提高分辨率处理等。

3.3.1　叠前道集去噪技术

叠前道集去噪主要去除叠前道集中的随机噪声、线性干扰波和多次波。先把 (t,x) 域叠前道集进行拉东变换，然后在 (τ,p) 域对随机噪声、线性干扰波和多次波进行滤波，最后再反变换到 (t,x) 域，得到滤波后的叠前道集。图 3.44 是叠前道集去噪处理前后的效

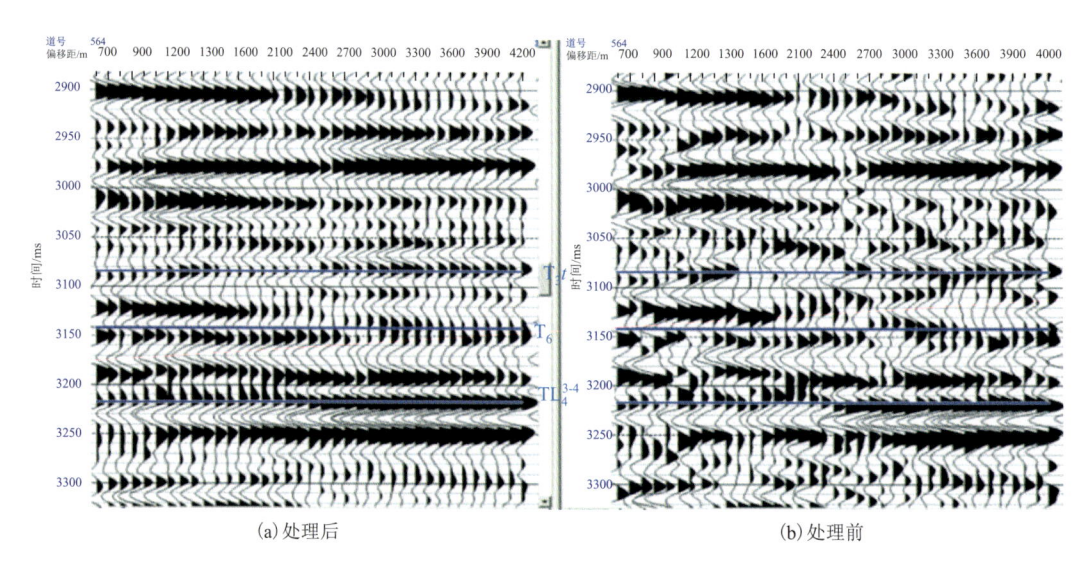

(a) 处理后　　　　　　　　　　　　　　　　(b) 处理前

图 3.44　叠前道集去噪处理前后的效果对比

果对比，从图中可以看出，去噪后的道集同相轴连续性更好，信噪比更高，振幅随偏移距变化更稳定，能更真实反演储层弹性参数特征。

3.3.2 叠前道集剩余时差校正技术

叠前道集远道同相轴不平主要是由于地震波旅行时不是严格的双曲线导致的。远偏移距不平的剩余时差校正是对反射记录利用波形匹配法在偏移距方向进行追踪，求取各个反射记录随偏移距方向变化的时移量，并利用求得的时移量进行道集拉平。对相位反转的地震记录，采用绝对值最大相关算法计算每个反射记录的时移量，使其在消除剩余时差后相位反转特征不变。剩余时差校正的基本原理是：按时窗将每道记录与参考道进行互相关(参考道一般选用高信噪比、中近偏移距的叠加道)，从而确定各道各时窗相应的最佳时移量，并予以校正。

剩余时差校正的步骤如下。
(1) 根据地震资料品质确定参考道集。
(2) 根据数据情况选取合适的计算时窗与滑动时窗长度。
(3) 逐道与参考道集互相关，求取每个反射记录的时移量，剔除时移量异常值，并对时移量进行平滑。
(4) 用时移量对反射同相轴进行校正。
(5) 重复步骤(1)~(4)，直至各反射同相轴校平。

图 3.45 是叠前道集剩余时差校正处理前后的效果对比。在红色椭圆内，拉平处理前，远道动校正过量，同相轴上翘。经过拉平处理后，远近道同相轴反射时间一致，这样沿时间同相轴振幅随偏移距变化的特征才能够反映真实的地层信息。

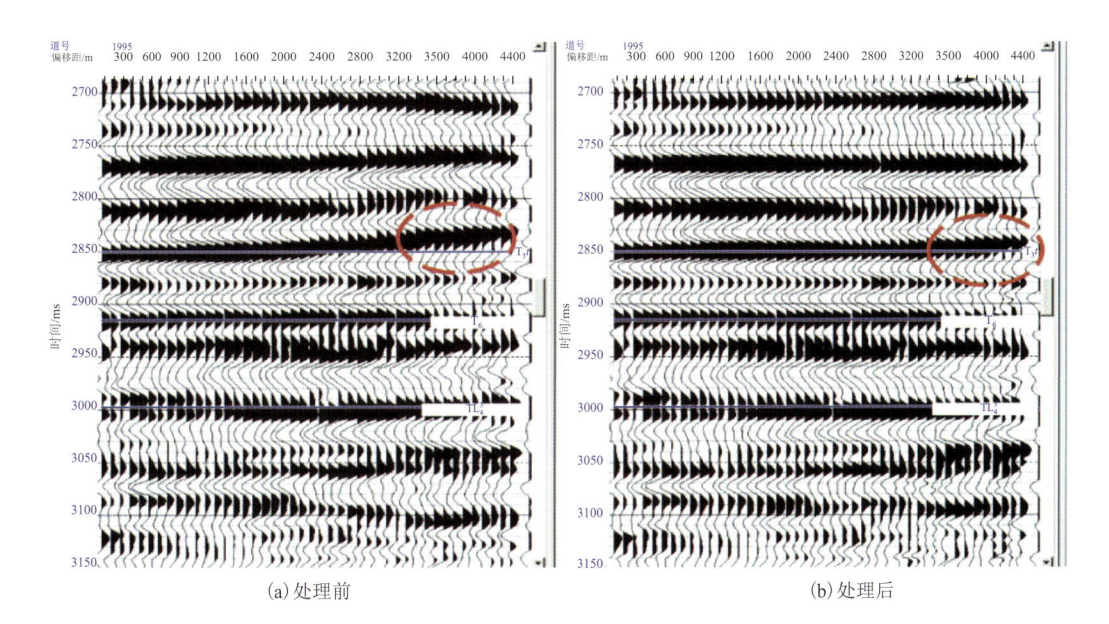

(a) 处理前　　　　　　　　　　(b) 处理后

图 3.45　叠前道集剩余时差校正处理前后的效果对比

3.3.3 AVO 特征校正技术

实际井旁地震道集 AVO 特征与测井模型正演 AVO 特征不一致时，说明实际地震道集可能存在 AVO 背景趋势问题，需要进行 AVO 背景趋势校正，得到相对保幅的叠前道集。

首先应用 Zoeppritz 方程建立井旁 AVO 正演模型，选取目的层附近的大套稳定层作为背景校正参考层，在分析时窗内统计模型正演数据与实际数据的 AVO 属性的截距和梯度特征的偏差程度，建立 AVO 截距和梯度的校正系数。然后把校正系数应用于目的层，得到与井模型正演 AVO 特征趋势一致的叠前道集(图 3.46)。

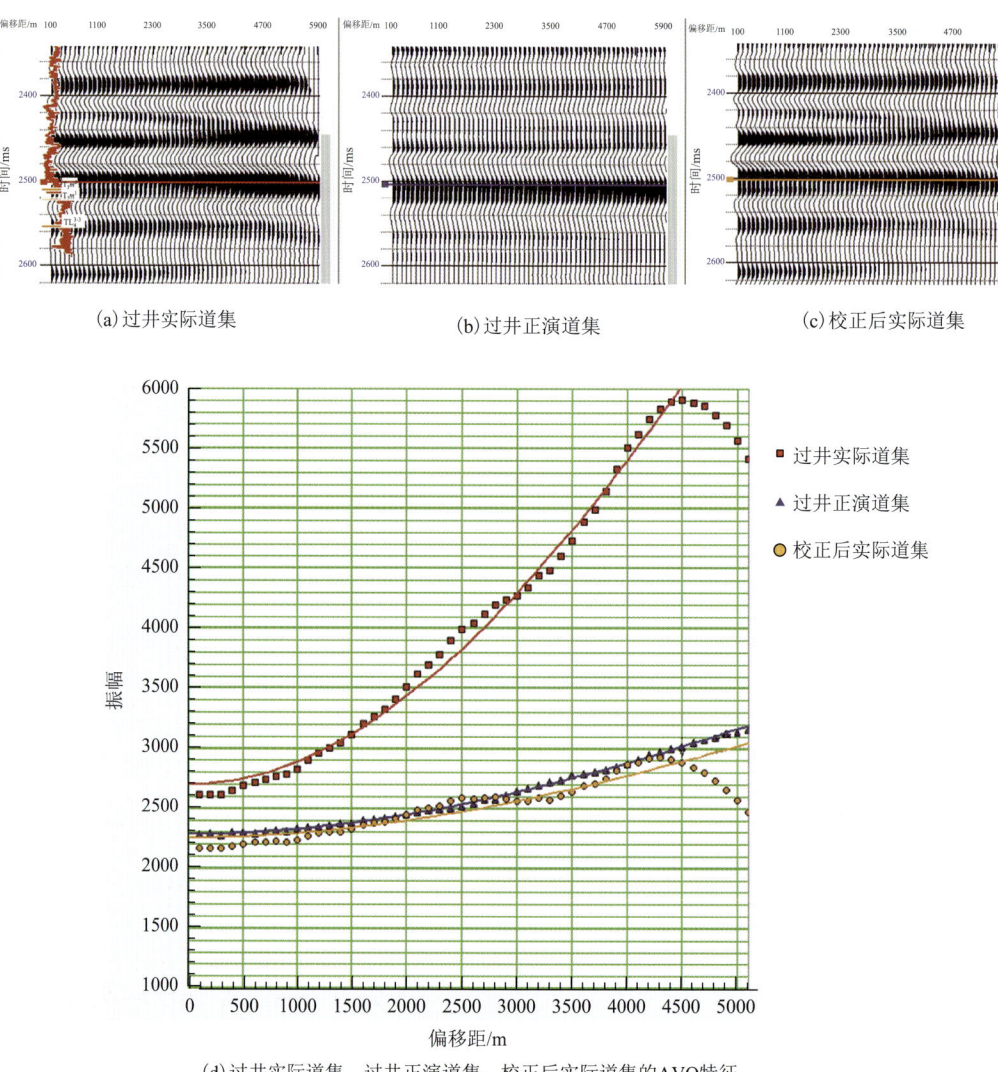

(a) 过井实际道集　　(b) 过井正演道集　　(c) 校正后实际道集

(d) 过井实际道集、过井正演道集、校正后实际道集的AVO特征

图 3.46　AVO 特征校正示意图

3.3.4 偏移距分布不均匀校正技术

三维地震采集时，偏移距的分布是难以实现完全均匀的。在地震偏移成像时，成像道集的偏移距都做规则化处理，不同偏移距内覆盖次数不同导致反射能量存在差异。高覆盖次数偏移距的振幅强，低覆盖次数偏移距的振幅弱，形成假的AVO响应。如果在叠前时间偏移时，对于来自 N_{offset} 个炮检对的某一偏移距成像，定义CRP道集的不同偏移距覆盖次数为 N_{offset}，那么不同偏移距振幅除以 N_{offset} 可得到校正后的振幅，消除偏移距分布不均匀的影响。

图 3.47 展示了彭州1井附近地震采集观测系统的不同偏移距覆盖次数。在1000～2000m的偏移距范围内，覆盖次数高。偏移距范围内覆盖次数不均匀导致CRP道集的AVO特征偏离真实的地层响应。图 3.48 是偏移距分布不均匀校正前后振幅变化特征对比图。校正前道集[图 3.48(a)] t = 2655ms、偏移距1000～2000m同相轴的振幅随偏移距变化出现异常强振幅特征[图 3.48(d)中蓝色点和蓝色线]，该振幅异常范围与高覆盖次数的范围一致。经过偏移距均匀性校正后，道集消除了1000～2000m偏移距范围内的振幅异常[图 3.48(d)中红色点和红色线]，AVO特征与彭州1井的合成记录一致[图 3.48(d)中黄色点和黄色线]。

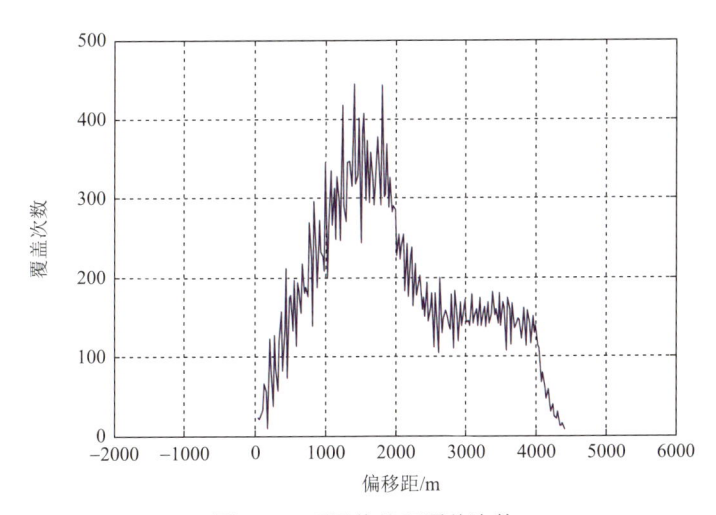

图 3.47 不同偏移距覆盖次数

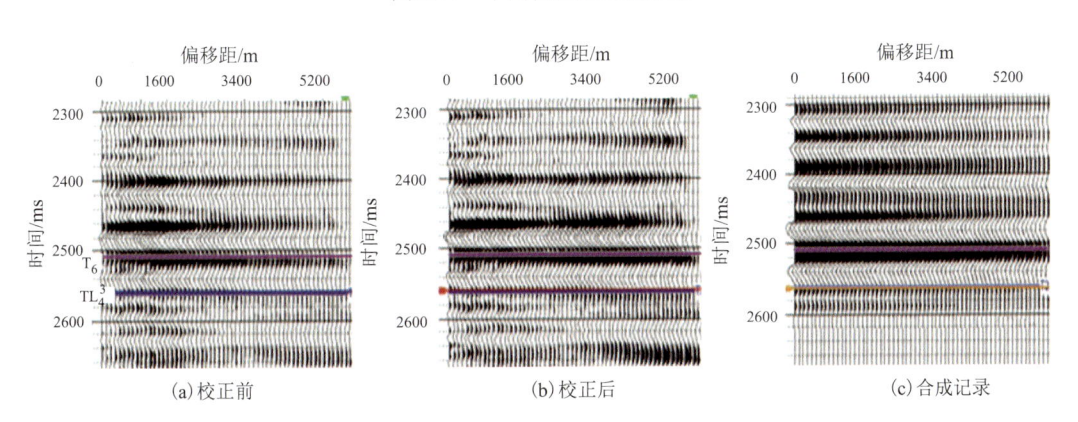

(a) 校正前　　　　　　　　(b) 校正后　　　　　　　　(c) 合成记录

(d) 振幅随偏移距变化

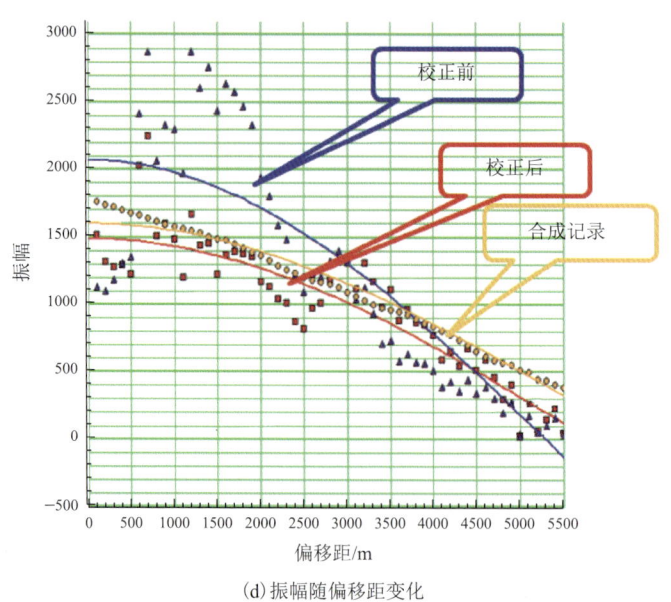

图 3.48 偏移距分布不均匀校正前后振幅变化特征对比图

3.3.5 道集提高分辨率处理技术

反 Q 滤波是一种补偿大地吸收衰减效应的技术，它可以补偿地震波振幅、频率损失和改善地震记录的相位特性，提高地震同相轴的连续性、弱反射能量、信噪比和分辨率。以合成地震记录和带通滤波作为质量控制手段，通过补偿高频端频率成分，地震频谱更宽更平、主频更高，有利于高精度储层预测。图 3.49 为过鸭深 1 井叠前道集提高分

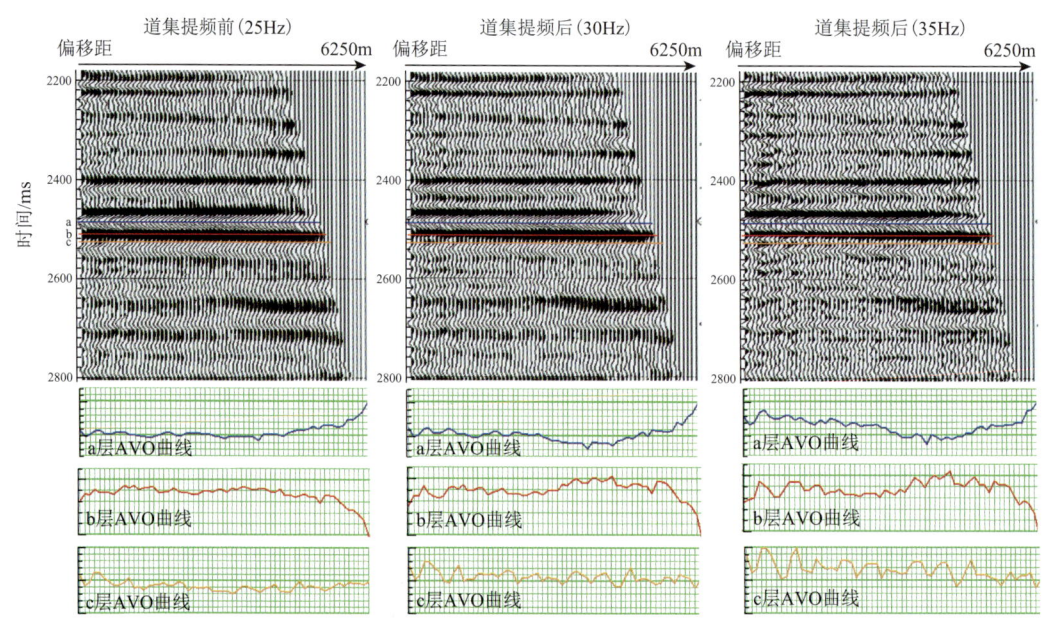

图 3.49 叠前道集提高分辨率处理前后剖面对比(鸭深 1 井)

辨率处理前后剖面对比，目的层的主频提高到 30Hz，纵向分辨率提高，且道集信噪比、AVO 趋势大体保持不变；主频提高到 35Hz 时，纵向分辨率提高，但道集信噪比已明显降低，且 AVO 趋势有一定变化，振幅保真度差。进一步对比其叠加结果，同样是提高到 30Hz 时，纵向分辨率提高，且信噪比基本能保持住，提高到 35Hz 时，信噪比已明显降低，结果失真(图 3.50)。

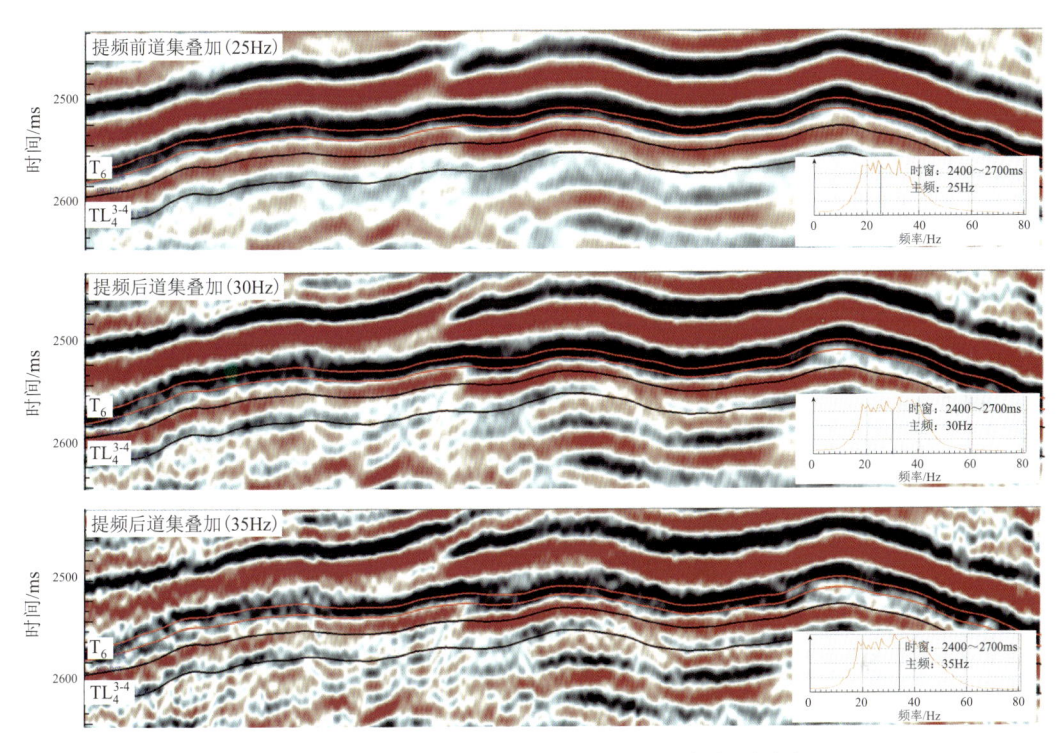

图 3.50 叠前道集提高分辨率处理前后叠加剖面对比

3.4 叠后高分辨率处理技术

川西气田潮坪相白云岩储层埋藏深、厚度薄(10～20m)、纵横向变化快，加之川西地区近地表低降速带较厚导致地震波吸收衰减严重，常规处理成果目的层主频低、频带窄，为了满足薄储层识别及预测要求，需要进一步提升地震资料分辨能力，基于此开展了叠后提高地震资料分辨率处理方法技术攻关。根据不同资料品质特点，研发了基于谐波准则恢复弱势信号的高分辨率处理技术及基于压缩系数的高分辨率处理技术。

3.4.1 基于谐波准则恢复弱势信号的高分辨率处理技术

1. **方法原理**

1) 地震信号谐波模型

对于一个信号 $x(t)$，其傅里叶变换可以表示成：

$$X(\omega) = \int x(t)\mathrm{e}^{-\mathrm{i}\omega t}\mathrm{d}t \tag{3.17}$$

式中，ω 为角频率，其反变换为 $x(t) = \int X(\omega)\mathrm{e}^{\mathrm{i}\omega t}\mathrm{d}\omega$。

由傅里叶变换理论可知，对于信号 $x(t)$ 来说，其可以表示成一系列不同频率的谐波之和，自然界中的大部分信号都满足这一假设。

对于地震信号 $s(t)$，则有以下谐波模型：

$$s(t) = \sum_{k=1}^{K} m_k(t) + e(t) \tag{3.18}$$

式中，$m_k(t) = A_k(t)\cos(\varphi_k(t))$，为单个时变谐波成分；$A_k(t)$ 为瞬时振幅；$\varphi_k(t)$ 为第 k 个谐波成分的瞬时相位；$e(t)$ 表示噪声或者干扰。

2）地震信号谐波模型的时频分解

伽博 (Gabor) 变换、小波变换、S 变换都是成熟的时频分解方法，其各有利弊。具有高时频分辨能力的压缩小波变换 (synchrosqueezing wavelet transform, SWT) 技术，与传统的小波变换相比，具有更高的时频分辨能力，用其细分出的各基频信号，混叠效应小，分解精度更高。

对于地震信号 $s(t)$，其小波变换在频率域的形式为

$$W_s(a,b) = \frac{1}{2\pi}\int a^{-1/2}\hat{s}(\xi)\hat{\phi}^*(a\xi)\mathrm{e}^{\mathrm{j}b\xi}\mathrm{d}\xi \tag{3.19}$$

式中，a 为尺度因子；b 为时间平移因子；ξ 为角频率；$\hat{s}(\xi)$ 为 $s(t)$ 的傅里叶变换；$\hat{\phi}(\xi)$ 为母小波函数的傅里叶变换；$*$ 表示共轭。

那么对于单一谐波信号 $h(t) = A(t)\cos(\omega t)$，其小波变换为

$$\begin{aligned}W_h(a,b) &= \frac{A}{2}\int a^{-1/2}[\delta(\xi-\omega) + \delta(\xi+\omega)]\hat{\phi}^*(a\xi)\mathrm{e}^{\mathrm{j}b\xi}\mathrm{d}\xi \\ &= \frac{A}{2\sqrt{a}}\hat{\phi}^*(a\omega)\mathrm{e}^{\mathrm{j}b\omega}\end{aligned} \tag{3.20}$$

根据以上结果，如果母小波的主频 $\xi = \omega_0$，则理论上各谐波分量的小波系数谱应该集中在尺度 $a = \omega_0/\omega$ 位置。然而实际得到的小波系数谱往往在尺度方向发生扩散，不能很好地聚焦，从而使得时频图变得模糊。虽然小波系数在尺度方向存在扩散，但其相位保持不变 (Daubechies et al., 2011)。因此针对小波系数 $W_s(a,b)$，计算其瞬时频率：

$$\omega_s(a,b) = -\mathrm{j}[W_s(a,b)]^{-1}\frac{\partial}{\partial b}W_s(a,b) \tag{3.21}$$

通过计算瞬时频率，就可以把小波系数从 (b,a) 投影到 $[b,\omega_s(a,b)]$，从而实现了信号的压缩小波变换分解。对于离散情况，尺度坐标和频率坐标都是离散值，且有 $(\Delta a)_k = a_k - a_{k-1}$，$\Delta\omega = \Delta\omega_l - \Delta\omega_{l-1}$。因此压缩小波变换的公式可以表述为

$$T_s(\omega_l,b) = (\Delta\omega)^{-1}\sum_{a_k:|\omega(a_k,b)-\omega_l|\leqslant\Delta\omega/2} W_s(a_k,b)a_k^{-3/2}(\Delta a)_k \tag{3.22}$$

因为压缩小波变换是在频率方向对小波系数进行重排,因此是可逆的,其逆变换为

$$\begin{aligned}s(t)&=\mathrm{Re}\left[C_\phi^{-1}\sum_k W_s(a_k,b)a_k^{-3/2}(\Delta a)_k\right]\\&=\mathrm{Re}\left[C_\phi^{-1}\sum_l T_s(\omega_l,b)(\Delta\omega)\right]\end{aligned}, \quad C_\phi=\int_0^\infty \hat{\psi}^*(\xi)\frac{\mathrm{d}\xi}{\xi} \qquad (3.23)$$

压缩小波变换使得时频谱在频率上有更好的聚焦能力,相比传统小波变换具有更高的时频分辨率,用其对地震信号进行谐波信号分解具有更高的分解精度,且逆变换可以无损恢复原信号,因而该方法通常用于信号分解与重构。

3) 基于谐波拓展的信号缺失频率恢复

(1) 小波系数与地层反射系数的关系。

实际上,Mallat(1989)直接用褶积的方式定义了褶积型小波变换,对于信号 $f(t)$,其时间域的定义为

$$W_f(a,b)=\frac{1}{a}\int_{-\infty}^{+\infty}f(t)\cdot\psi\left(\frac{b-t}{a}\right)\mathrm{d}x=f(t)*\psi_a(t) \qquad (3.24)$$

由式(3.24)可以看出,信号 $f(t)$ 在某个尺度 a 下的小波系数谱实际就是其与尺度为 a 的子小波的褶积。

对于基于褶积模型的地震记录 $s(t)=E(t)*R(t)$,地层反射系数用 $E(t)$ 描述,$R(t)$ 为里克(Ricker)子波(注:里克子波是高斯函数的二次导数,其满足小波变换中小波的定义条件,因而其本质上是一个小波函数),地震记录 $s(t)$ 的褶积型小波变换为

$$\begin{aligned}W_s(a,t)&=E(t)*R(t)*\psi_a(t)\\&=E(t)*[R(t)*\psi_a(t)]\end{aligned} \qquad (3.25)$$

式中,$R(t)*\psi_a(t)$ 为用尺度 a 下的子小波对里克子波做褶积带通滤波,因为里克子波也是小波函数,因而滤波的结果仍然是一个小波函数,因此用另一小波函数 $R'_a(t)$ 替换 $R(t)*\psi_a(t)$,有

$$W_s(a,t)=E(t)*R'_a(t) \qquad (3.26)$$

式(3.26)表明,地震记录在某个尺度 a 下的小波变换系数实际是地层反射系数 E 在子小波函数 $R'_a(t)$ 下的小波变换系数。因此,地震记录的小波变换系数可以看作地层反射系数在另一小波下的小波变换系数。那么,用小波变换对地震信号分解出的各个尺度下的信号实际就与地层反射系数的小波变换系数存在对应关系,即地震信号的小波变换系数与地层的反射系数存在着明显的对应关系。

由于褶积实质上就是一个滤波的过程,因此上述对应关系实际为:地震信号 $s(t)$ 的母小波 $\psi(t)$ 的小波变换系数实际是用小波 $R'(t)$ 对地层反射系数 $E(t)$ 做带通滤波的结果。

(2)谐波与缺失频率恢复。

如前所述,地震信号可以表示为一系列的时变谐波分量之和,而压缩小波变换可以将地震信号进行谐波分解,对于其分解出的每个小波系数谱,被认为是地层反射系数的带通滤波结果。

对于分解出的每一个时变谐波分量 $A(t)\cos(\omega t)$(后面称为基频信号),实际也可以视为地层反射系数在某种频率下的谐波分量。那么在已知基频信号 $A(t)\cos(\omega t)$ 的情况下,实际可以通过 $A(t)\cos(K\omega t)$ 计算出基频信号的 K 次谐波分量,K 为大于 1 的整数时相当于计算恢复了基频信号的高次谐波分量,即恢复了高频信息;K 为小于 1 且大于 0 的真分数时,相当于计算恢复了基频信号的次谐波分量,即恢复了低频信息,如图 3.51 所示。

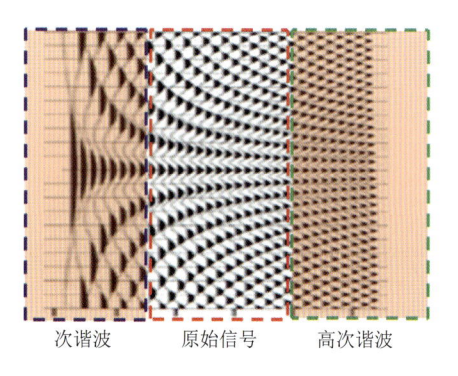

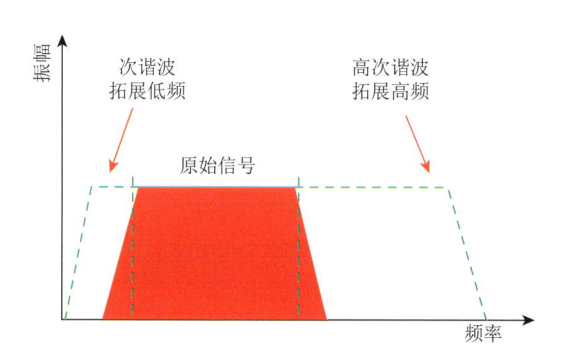

图 3.51 缺失频率恢复高分辨率处理技术原理示意图

因而通过计算各基频信号的高次谐波分量和次谐波分量可以恢复原信号中缺失的高低频率分量,将回加了高低频分量的小波谱进行逆变换即得到宽频带的地震数据。

2. 技术流程

该技术是基于信号的谐波模型发展出的一种利用谐波恢复地震信号缺失频率的拓频技术,从而实现提高地震信号分辨率的处理,实现过程如下。

(1)利用时频分解技术对地震道信号进行时频分解。

(2)根据指定的有效信号频带,分离出有效频带内的时频域信号作为基频信号。

(3)对于每一个基频信号基于谐波准则计算其相应的高次谐波和次谐波,高次谐波信号是原基频信号频率整数次倍数的谐波信号,次谐波信号是原基频信号频率真分数次倍数的谐波信号。

(4)将计算出的谐波与原基频信号叠加得到频宽拓展后的信号。

(5)将上述信号进行逆变换得到时间域宽频带新信号。

3. 应用效果

图 3.52 展示了过井剖面高分辨率处理效果,从图中可以看出,经过高分辨率处理后,频宽从 5~52Hz 拓宽到 5~79Hz,显著提升了资料对薄储层的分辨能力,同时较好地保持了资料的信噪比。

(a) 处理前剖面

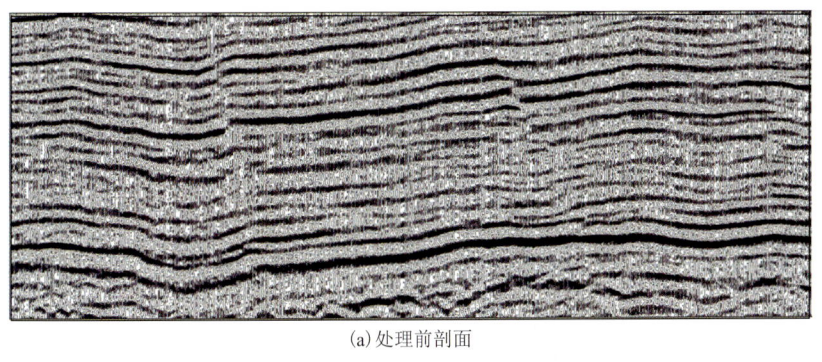

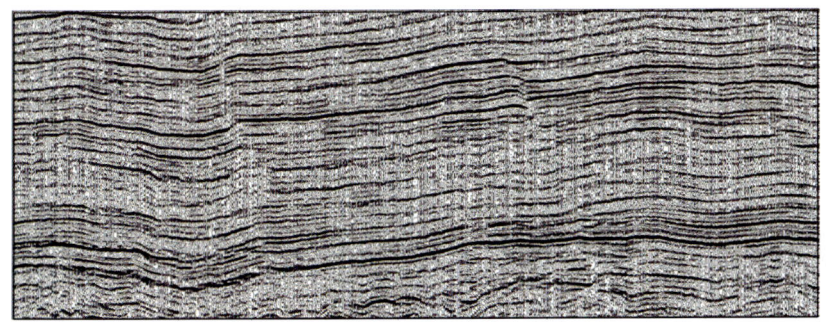

(b) 处理后剖面

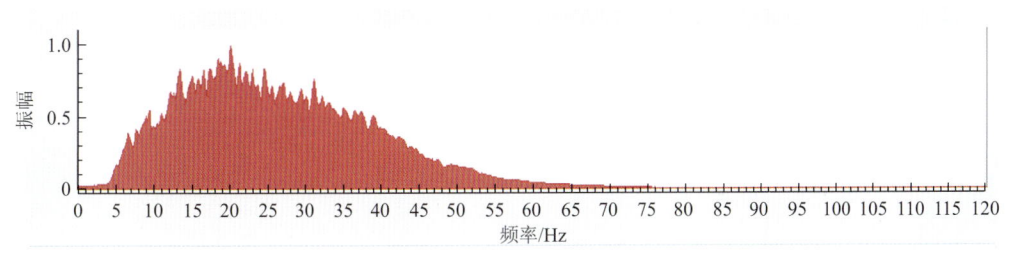

(c) 处理前频谱

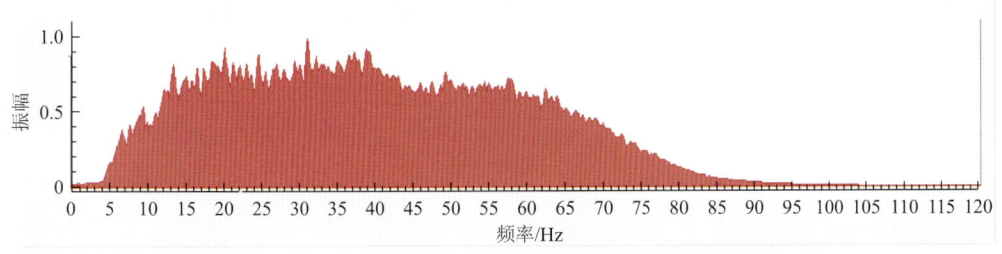

(d) 处理后频谱

图 3.52 高分辨率处理前后剖面和频谱对比

图 3.53 为过彭州 1 井高分辨率处理前后剖面对比，从图中可以看出，通过高分辨率处理后，地震剖面上复合波谷内可清楚识别上下储层，与测井资料吻合较好，为后期上下储层的精细预测提供了基础资料。

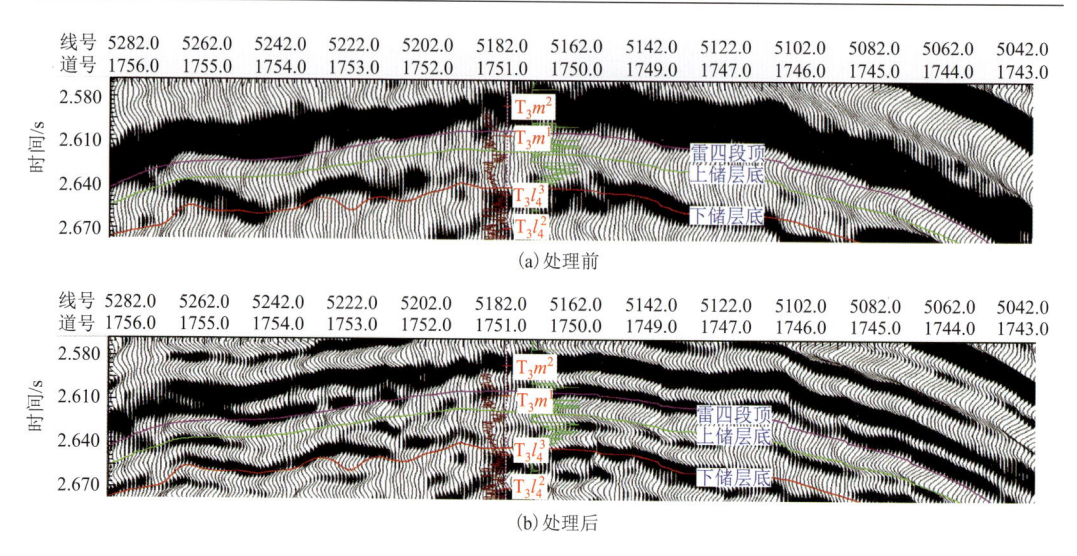

图 3.53 过彭州 1 井高分辨率处理前后剖面对比

3.4.2 基于压缩系数的高分辨率处理技术

1. 方法原理

地震数据高辨率处理的方法多种多样，目前最常用的方法是通过将地震数据中的子波消除或者脉冲化，使地震道近似于反射系数序列，从而达到提高分辨率的作用。这些方法大多是通过估计子波，使其尽量与实际子波匹配，而在实际情况中，估计子波无法与实际子波完全匹配，因此必定会产生误差，导致最终求取的反射系数序列与真实地层反射序列存在偏差，造成提高频率的程度有限，并且在频率提高到一定程度之后，地震的反射信号会出现严重失真现象，无法准确反映地下的地层情况。

地震记录是反射系数序列在频率空间低频端的投影，将频率空间低频端的地震记录通过高分辨率处理可以反投影到更宽更高的频带，如图 3.54 所示。

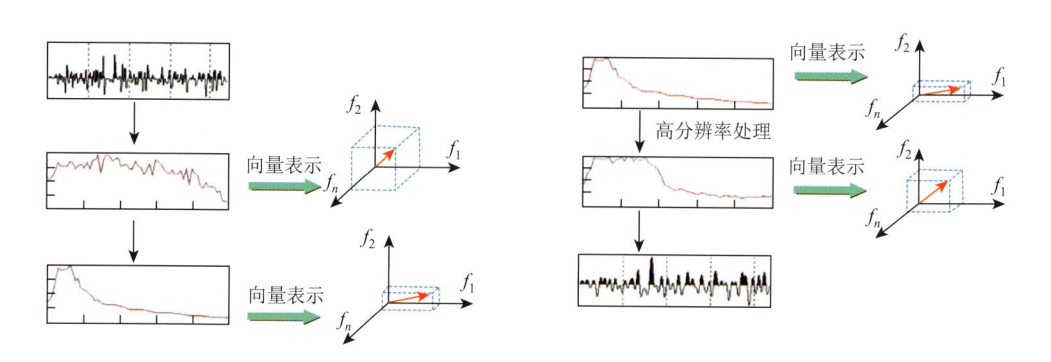

(a) 反射系数序列在频率空间低频端投影　(b) 低频端地震记录向更高更宽频带的反投影

图 3.54 反射系数和地震记录在不同频带的投影

低频子波形成的低分辨率地震记录和高频子波形成的高分辨率地震记录可以分别表示为

低频子波：
$$y(t)=r(t)*w(t)$$

高频子波：
$$h(t)=r(t)*w(at), \quad a>1$$

其中，a 表示子波压缩系数，反映了高频率子波与低频率子波的压缩比例，通过估算 a 值，可以把低频率子波压缩成高频率子波，使原始地震记录转换成高分辨率的地震记录，如图 3.55 所示。

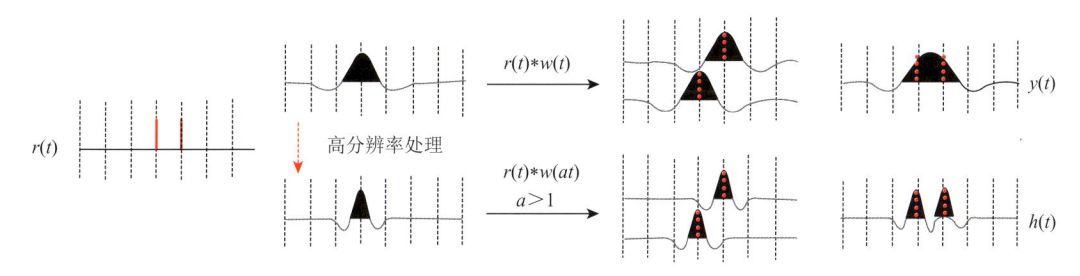

图 3.55 低频子波和高频子波地震记录简单模型

基于子波压缩的高分辨率处理方法转为求解如下问题：

已知：
$$y(t)=r(t)*w(t)，且 r(t)、w(t) 未知$$

求解：
$$h(t)=r(t)*w(at)，已知 a>1$$

根据上述方程就可以看出该高分辨率处理方法的优势在于只要子波压缩系数 a 已知即可，而子波 $w(t)$ 则不需要被计算出来，这样就不会出现因为子波 $w(t)$ 求取的不准确而导致地震数据失真的问题。该高分辨率处理方法一方面能够保持地震数据的时频特征和波组相对关系，另一方面可以保持地震子波原有的时变、空变特性等。该方法通过利用压缩子波的途径，达到提高地震数据分辨率的目的，主要有 4 个特点：①能够大幅度提高地震记录的分辨率；②基本保持地震数据原有的信噪比；③可以保持地震数据相对振幅关系和时频特性；④可以保持且能一定程度补偿地震数据的低频成分。

图 3.56 为常规反褶积和压缩子波高分辨率处理效果对比，从图中可以看出，常规反褶积拓频技术受到噪声的严重制约，难以维持资料信噪比和有效拓宽信号的频宽，提频效果欠佳。相反，压缩子波高分辨率处理技术抗噪能力强，在保持数据原有信噪比的同时，恢复信号缺失的高频成分，实现了地震资料的高频拓展。

(a) 常规反褶积处理结果

①噪声数据　②常规反褶积结果　③反褶积后分离出的信号　④反褶积后分离出的噪声

(b) 压缩子波高分辨率处理结果

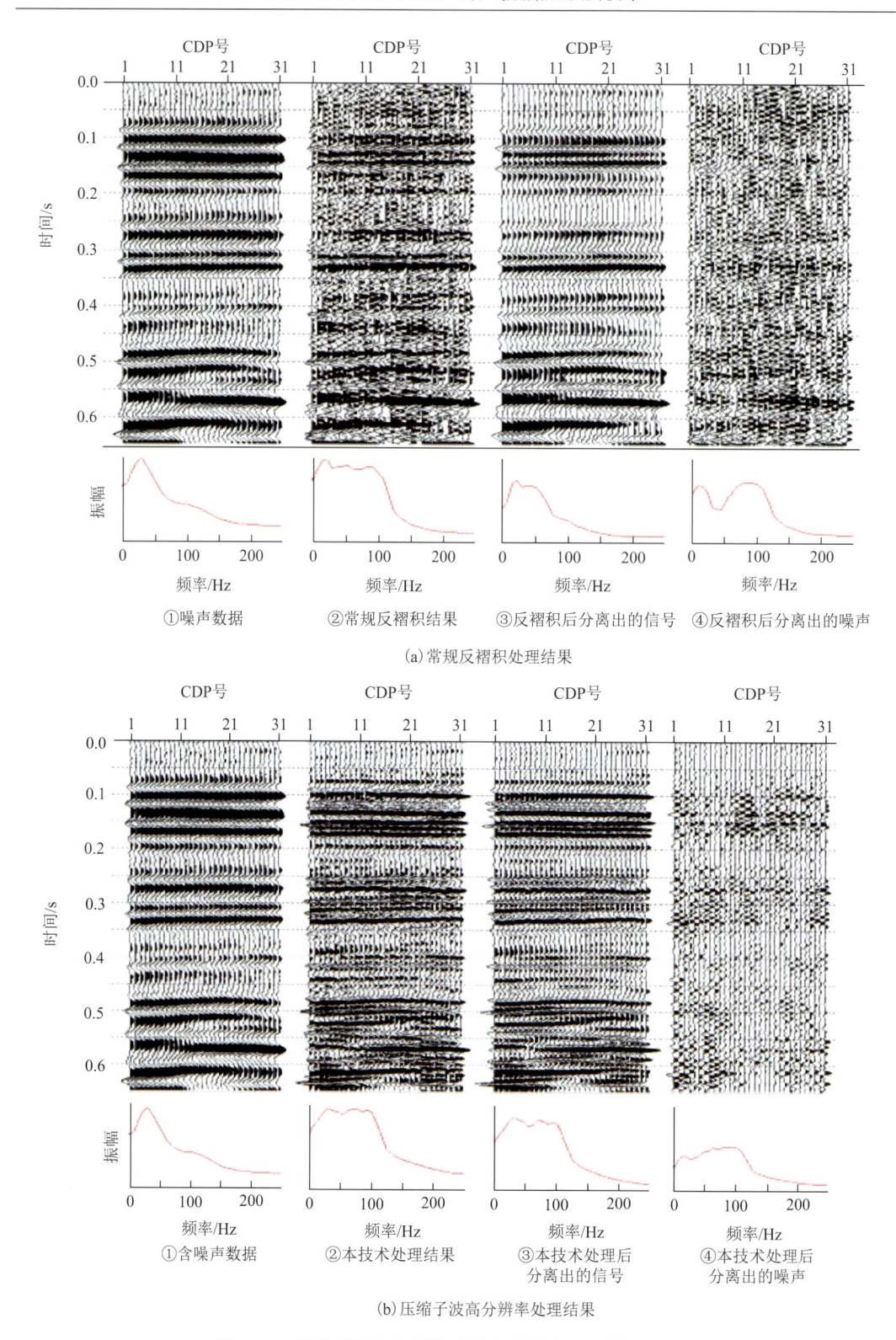

①含噪声数据　②本技术处理结果　③本技术处理后分离出的信号　④本技术处理后分离出的噪声

图 3.56　常规反褶积和压缩子波高分辨率处理效果对比

2. 技术流程

子波压缩系数 a 是影响高分辨率处理效果的最关键因素,直接决定了地震数据处理后所能达到的最高频率。最高频率受原始地震资料品质的直接限制,并且小于截止频率。地震资料品质可以理解为原始数据有效反射信息的频带范围。选取过高的拓频参数,会导致高分辨率处理后得到的高频成分的可信度降低,直接影响高分辨率的处理质量。合适的 a 值是高分辨率处理的质量保证。为了提高处理效率,在处理实际地震资料的过程中,首先对地震资料进行试验分析,根据地震资料的特征选取最为合适的子波压缩系数 a。压缩系数高分辨率处理技术流程如图 3.57 所示。

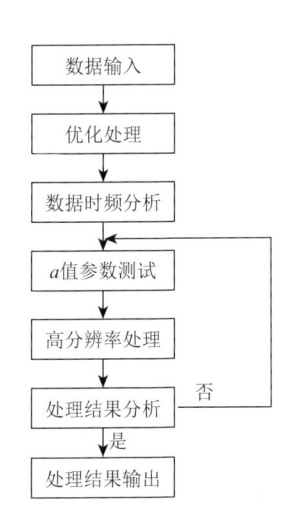

图 3.57 压缩系数高分辨率处理技术流程

(1)数据输入可以是叠前或者叠后数据。
(2)对输入数据进行分析,如果信噪比较低,可以做去噪等优化处理,提高资料的信噪比。
(3)对数据进行频率扫描等分析,确定有效频带范围。
(4)确定测试数据范围,测试不同 a 值对子波压缩的效果,如果有测井资料,结合测井标定确定处理方案。
(5)对整个工区数据进行处理,对比分析处理效果,输出高分辨率处理结果。

3.应用效果

在川西气田高分辨率处理应用中,根据测试,子波压缩系数 $a = 2.0$ 时,相对于原始数据,拓频资料能够更好地反映地层信息和储层细节,并且与井吻合较好。图 3.58 为过羊深 1 井的高分辨率处理前后剖面及频谱对比,从图可知,目的层段频宽从 10~40Hz 拓宽到 10~70Hz,频带拓宽了 30Hz。在原始地震剖面上,马鞍塘组马一段和雷四上亚段上、下储层均响应在 T_3m^2 下宽缓的复波谷中,雷四上亚段上、下储层的顶、底均无法识别,但是经过高分辨率处理后,雷四上亚段上储层的顶界和下储层的底界十分清晰,相对振幅关系保持很好,细节信息更丰富,横向上可连续追踪。从合成记录标定上看(图 3.59),拓频资料丰富了层间反射信息,且多出的反射轴与井有很好的对应关系,原始数据中,上、下储层均响应在宽缓的复波谷中,储层的顶、底无法识别,高分辨率处理后羊深 1 井下储层的顶为波谷响应,底为波峰响应,顶、底界面在拓频处理后的地震数据上更清晰,原始数据上储层与马一段地层、上下储层间的隔层均响应在 T_3m^2 下的波谷之间,高分辨率处理后,上储层与马一段地层可区分,上储层与隔层为从波峰到波谷的响应。

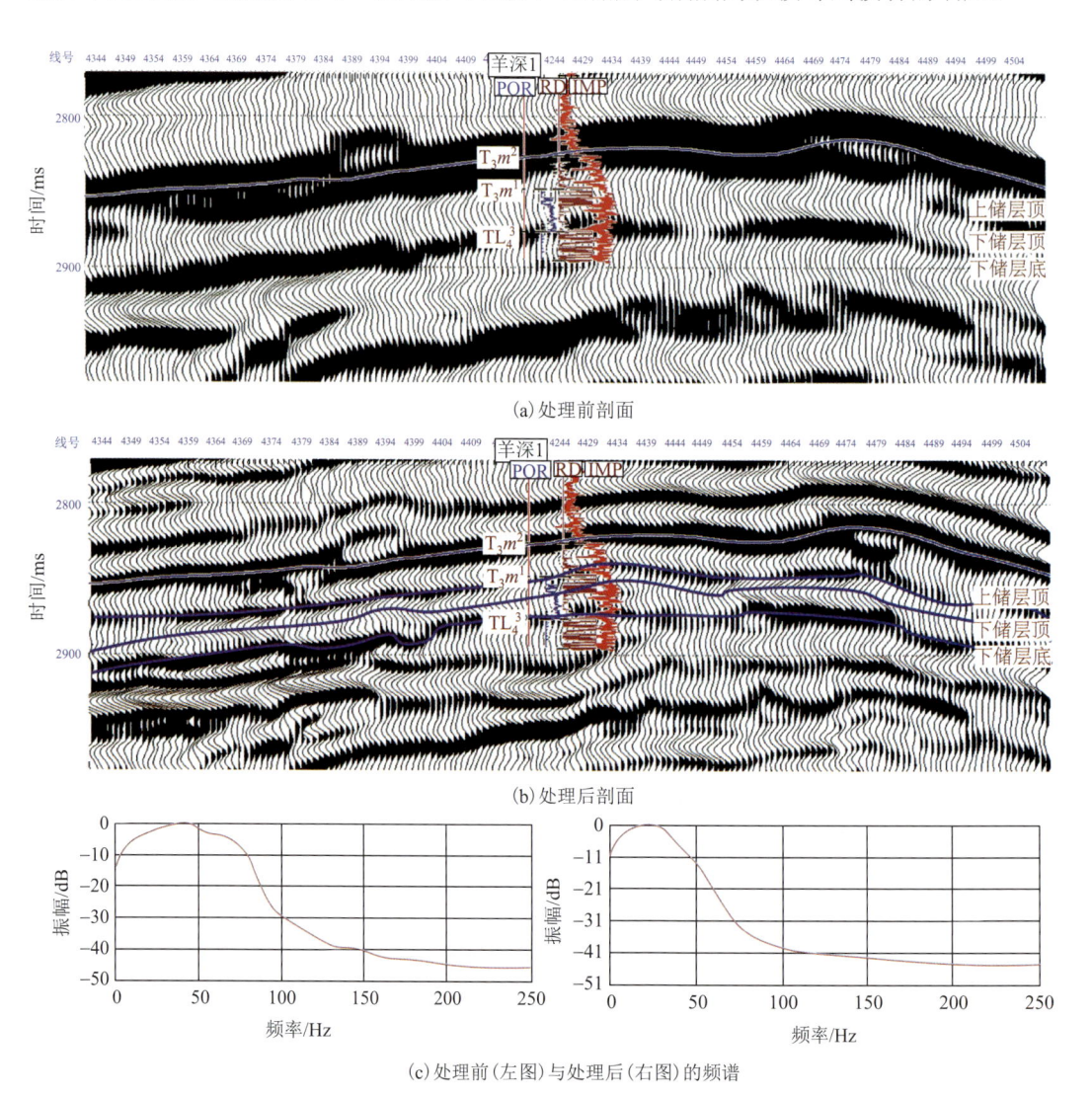

图 3.58 过羊深 1 井高分辨率处理前后剖面及频谱对比

POR:孔隙度,%;IMP:纵波阻抗,(m/s)·(g/cm³)

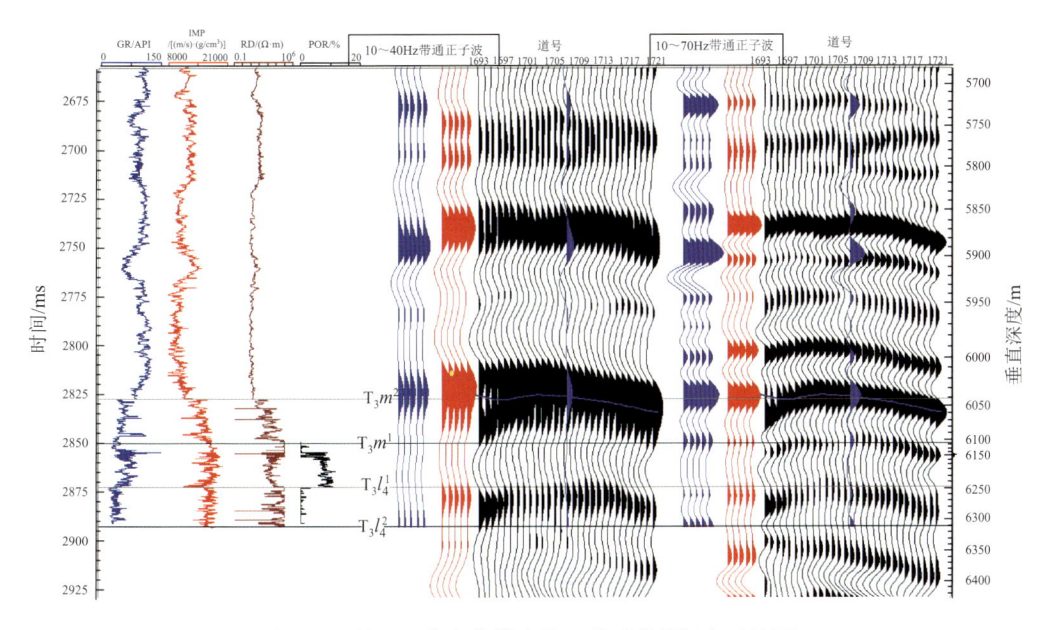

图 3.59 羊深 1 井高分辨率处理前后井震标定对比图

第4章 岩石物理建模与敏感参数优选方法

4.1 拟原位储层岩石物理测试方法

储层的岩石物理特征是储层与流体预测的基础和重要依据。岩石物理特征可以通过测井和实验室岩石物理测试两种方法获得，但测井由于其测试条件受复杂井下环境和井眼尺寸的影响，获得的岩石物理参数精度受限；而实验室岩石物理测试数据在准确性与一致性方面有着明显优势，是测井岩石物理数据的标定数据和重要补充。岩石物理测试数据有助于厘清区域岩石物理基础特征，可准确建立岩石物理特征与储层孔隙度、孔隙结构和流体等储集参数的关系，基于实验认识建立的岩石物理基础模型具有高准确性和高解释性的突出优点。

储层岩石是由多种造岩矿物按照一定的方式结合而成的天然混合物，是一种多孔介质。在不同地区和环境下岩石的物理性质变化复杂，其特性既与其组成矿物的性质和各种矿物所占的比例有关，也与这些矿物在岩石中的几何表现、分布状况、胶结情况、颗粒之间的孔隙大小、孔隙形状、孔隙内的流体有关，还与岩石所处地层压力有关。如何较好地模拟实际地层的环境条件和流体状况是岩石物理研究的一项基本内容。

本书采用拟原位储层岩石物理测试技术模拟储层岩石的地层条件和不同流体状态，测试岩石纵波速度、横波速度、密度以及岩石矿物成分、孔隙度、孔隙结构等数据，统计分析岩石弹性参数变化规律，对比实验结果与理论计算结果，综合研究分析构建岩石物理模型，从而指导储层预测和油气检测。

川西气田雷口坡组储层埋深普遍在 5000m 以深，相对于已取至地表的岩心，深埋地下的岩心受巨大的上覆压力影响，导致二者的岩石物理参数存在显著差异。针对雷口坡组储层岩心开展了模拟原位有效压力状态下的岩石物理参数测试，岩石物理参数主要包括孔隙度、渗透率、密度等物性参数，以及不同流体饱和状态下的纵横波速度、动态弹性参数等弹性相关参数，并基于测试结果分析储层敏感参数和流体敏感参数，建立岩石物理模型，将实验得到的规律进行外推，建立工区适用的岩石物理定量解释量板。

4.1.1 测试原理

模拟原位有效应力条件下的物性参数测试实验原理是将充注一定孔隙压力的样品在不同围压下与标准室联通后，根据玻意耳定律计算出压力下降值，即可求得孔隙度。渗透率则是通过计算压力下降与时间和样品面积关系获得，相关原理方法较为成熟且被广泛使用，这里不再过多论述。

岩石纵横波速度的测试原理是：由方波脉冲发生器发出一个高压方波脉冲电信号，该信号经由压电陶瓷转化为一个机械振动，该机械振动的频率由压电陶瓷本身的性质和方波脉冲宽度决定，通常为 100kHz～1MHz。在样品另一端放置另一个压电陶瓷换能器，该压电陶瓷换能器能够再把机械振动转化为电信号传入高精度采集装置。

高精度采集装置通过接收脉冲发生器的同步信号能够精确记录从电脉冲发出后的电信号变化，该方波脉冲是按照一定的周期发出的，因此机械信号也以同样周期在样品中传播，从而可以多次对样品的速度进行重复测试和多次采样，以充分保证接收信号的稳定性和准确性。通过对记录的电信号进行分析，能够对方波脉冲发出到初至波到达的时间进行准确计算，该时间中包含了两部分时间，分别为电流和振动在系统内部传播的时间和机械振动在试样中传播的时间。电流和振动在系统内部传播的对接时间为一定值，可以通过探头直接对接或不同长度标准样品的最小二乘拟合精确获得。因此在样品长度已知的情况下，可以通过下式求出样品声波速度：

$$V_{ij} = \frac{L}{t_M - t_T} \tag{4.1}$$

式中，L 为实验样品的长度；t_M 为样品初至波到时；t_T 为探头对接时间。

在实验中，样品的长度可以精确地测量。在模拟储层条件下，可以通过实验装置所配套的线性可变差分(linear variable displacement，LVD)传感器来准确测量实验过程中样品长度和直径的变化，进而可以计算得到样品在不同压力下的密度。因此，岩石声波速度的测量关键在于如何准确地确定传播时间。传播时间受许多因素影响，包括电脉冲的长度与形状、接收器与传感器的性能。这些影响因素可以利用声学性质已知的参考样品对实验进行校正而消除。实验中速度的精确测量依赖于对纵、横波初至的准确读取。噪声的干扰使得对实验所记录波列的初始起跳读取较为困难，尤其是在高衰减的岩石中噪声的干扰更强烈。基于上述原因，在实验中统一选取纵、横波波列与时间轴(示波器参考横坐标)的第一个交点作为初至波到时(图 4.1)，从而避免波形畸变带来的误差，保证同一设备所有测试样品速度的相对一致性。

通过上述超声波穿透法测试获得的纵横波速度及样品的密度信息，可以计算得到样品的动态弹性参数，其中主要包括了杨氏模量、剪切模量、体积模量、拉梅常数。

普通的 X 射线照相基于辐射衰减原理，当 X 射线穿过物体时，由于产生光电效应、康普顿效应、电子对效应及瑞利散射等复杂的物理过程，射线部分被反射、散射以及被物质吸收，使得射线强度发生衰减。物质组分不同其对 X 射线的吸收系数不同，一般来说样品吸收 X 射线的多少，取决于样品中各种成分的密度，所以可以通过测定物质对 X 射线的吸收系数来判定物质的组分。X 射线透过单组分材料后，其衰减可以由比尔(Beer)定律给出：

$$I = I_0 e^{-\mu x} \tag{4.2}$$

式中，I_0 和 I 分别表示初始的和衰减后的 X 射线强度；μ 是材料的线性衰减系数；x 是 X 射线透过材料经过路径上的长度。如果材料是由多种物质成分组成的，方程(4.2)可以写为

$$I = I_0 \mathrm{e}^{\sum_i -\mu_i x_i} \tag{4.3}$$

式中，μ_i 是第 i 种组分的线性衰减系数；x_i 是第 i 种组分在 X 射线经过路径上的长度。

X 射线计算机断层扫描（computed tomography，CT）也是基于辐射衰减原理，但与普通的 X 射线照相又有很大的差别。如图 4.2 所示，X 射线 CT 机以 X 射线源产生的 X 射线从多个方向沿物体某一选定的断层层面进行照射，测定并记录透过的 X 射线能量，将其数字化并经过计算得到该层面组织内各单位体积的吸收系数。由这些吸收系数可组成不同的数字矩阵。通过数/模转换后，在显示装置上显示出该层面的图像。

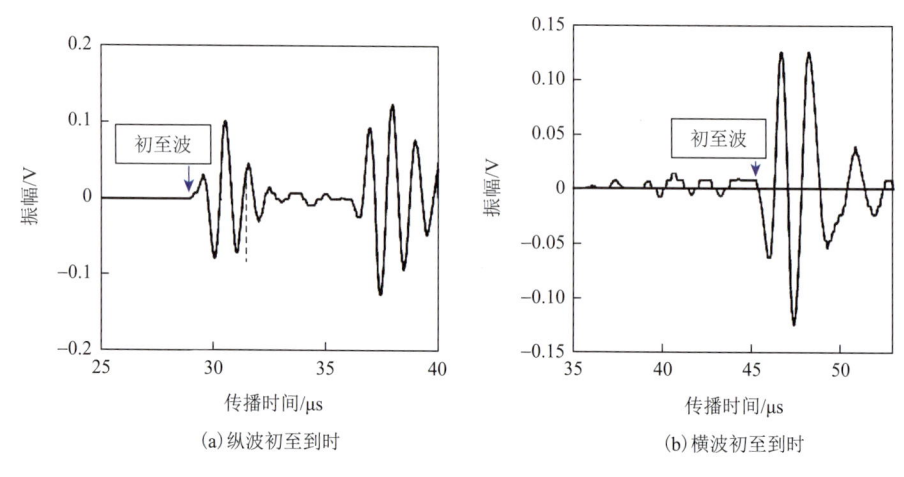

图 4.1 样品纵、横波初至选取示意图

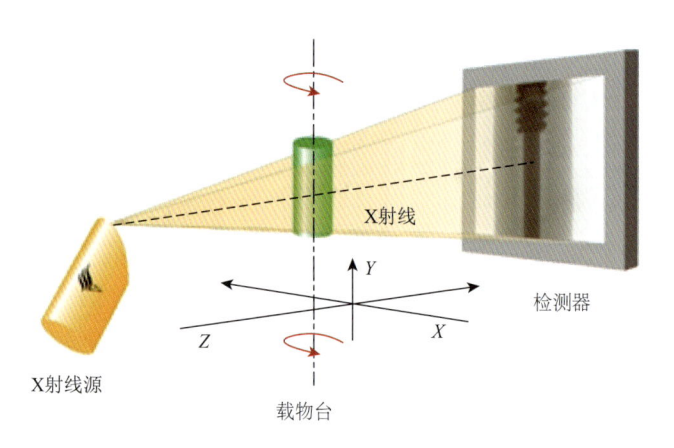

图 4.2 X 射线 CT 机基本构成示意图

4.1.2 拟原位实验测试装备

采用 Coretest AP-608 覆压孔渗仪进行模拟原位有效应力条件下的物性参数测试，纵、横波速度及密度测试在 MTS815 型岩石多参数测试仪上完成，实验装置示意图如图 4.3 所示。

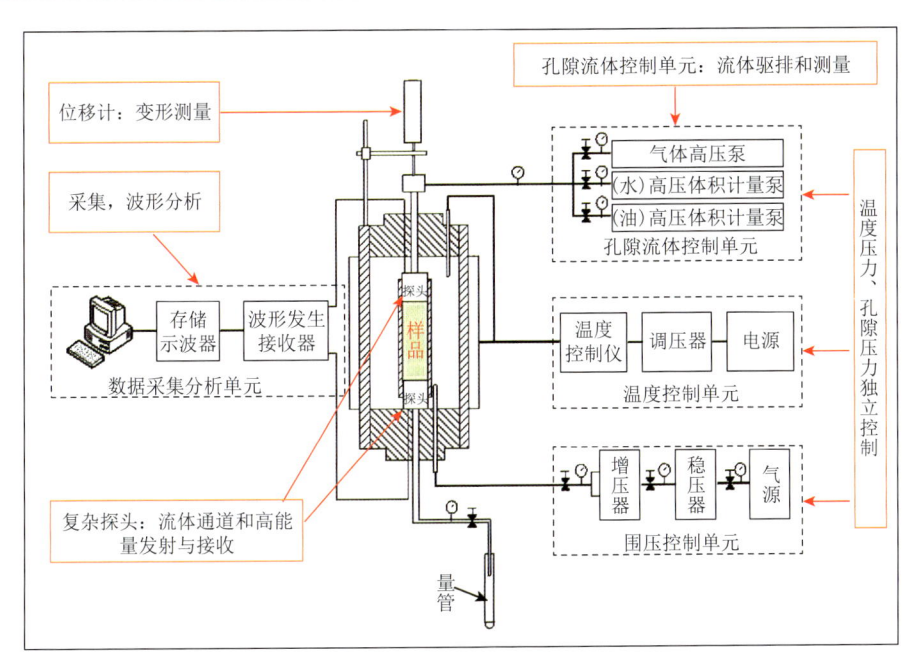

图 4.3　高温高压岩石弹性参数测量实验装置示意图

装置可分为三个工作部分：①自动伺服控制系统，主要包括围压控制单元、温度控制单元和孔隙流体控制单元，可以分别模拟原位状态下的围压、温度及孔隙压力；②超声波发射和采集系统(分别采集三种传播方式的弹性波)，主要包括复杂探头和脉冲发射与接收单元；③计算机系统，接收、回放、处理、储存经示波器数字化的波形数据，记录实验过程的压力、温度、样品长度等输出信息。整套装置通过计算机来进行自动化控制，具有无损、高精度、高信噪比等优点。

CT 扫描是在 Vtomex 型微米 CT 机上开展的，实验装置如图 4.4 所示。该 CT 机具有高、低分辨率双射线管，最高分辨率达 1μm。

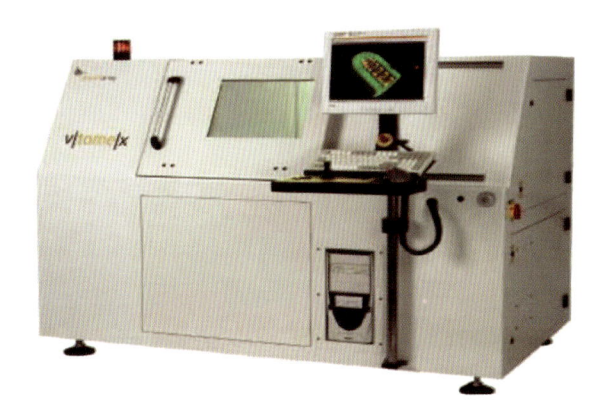

图 4.4　Vtomex 型微米 CT 机

4.2 潮坪相白云岩储层岩石物理特征

4.2.1 物性参数特征

对样品的孔隙度和渗透率进行测试，样品以 II、III 类储层为主，孔隙度主要分布于 0.5%～10%，基于孔渗关系对样品进行分类可以发现，储层段少部分样品为裂缝型，大部分样品为裂缝-溶孔型，部分样品为溶孔型(图 4.5)。

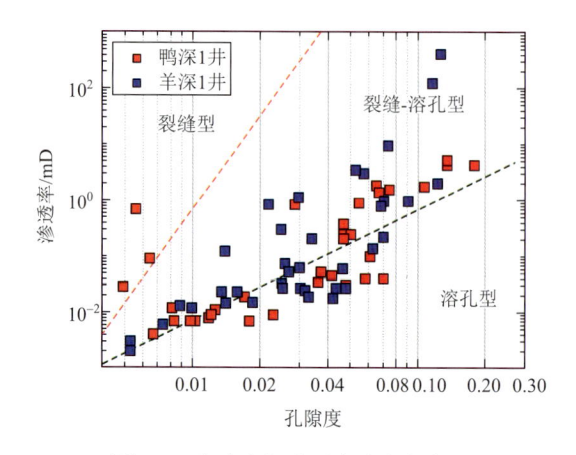

图 4.5　孔隙度与渗透率分类交会图

孔隙度与渗透率交会图及成岩作用分析有助于厘清孔隙结构特征。如图 4.6 所示，储层品质主要受白云石化作用、胶结和充填作用及裂缝发育程度等影响，其中白云石化作用对该区域的储层改造起了决定性作用，孔隙度与渗透率都随着白云石化程度的加深而增大；裂缝发育导致了部分低孔隙度样品的渗透率异常增大，而胶结和充填作用则导致了样品的储集空间变差，孔隙度和渗透率降低。

样品矿物组分相对稳定，孔隙度和密度曲线拟合程度较高，并且呈现出一个倒"V"形的变化趋势，如图 4.7 所示。这里给出了饱水样品整体的拟合公式：

$$\rho = -0.0013\phi^2 - 0.0045\phi + 2.7428 \tag{4.4}$$

同时，当孔隙度大于 2%时，无论是干燥还是饱水的样品，密度与孔隙度间都呈现出一种近线性的相关关系。这里给出干燥和饱水两种状态下孔隙度大于 2%的样品孔隙度与密度拟合公式：

干燥：

$$\rho = -0.0317\phi + 2.87 \tag{4.5}$$

饱水：

$$\rho = -0.0206\phi + 2.87 \tag{4.6}$$

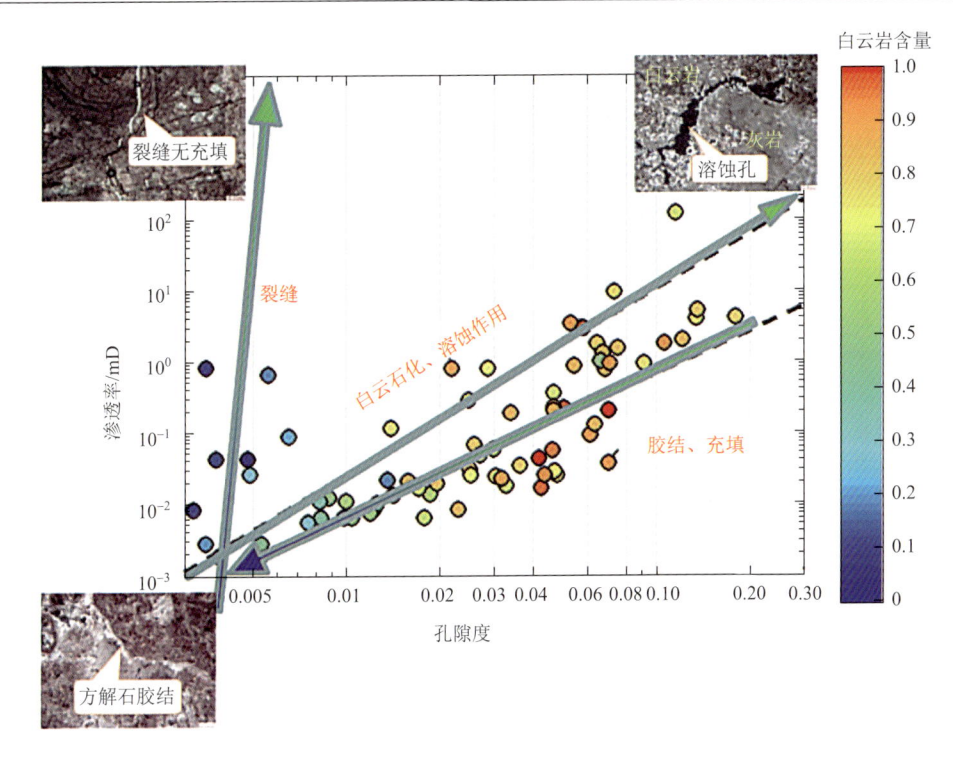

图 4.6 孔隙度与渗透率交会图

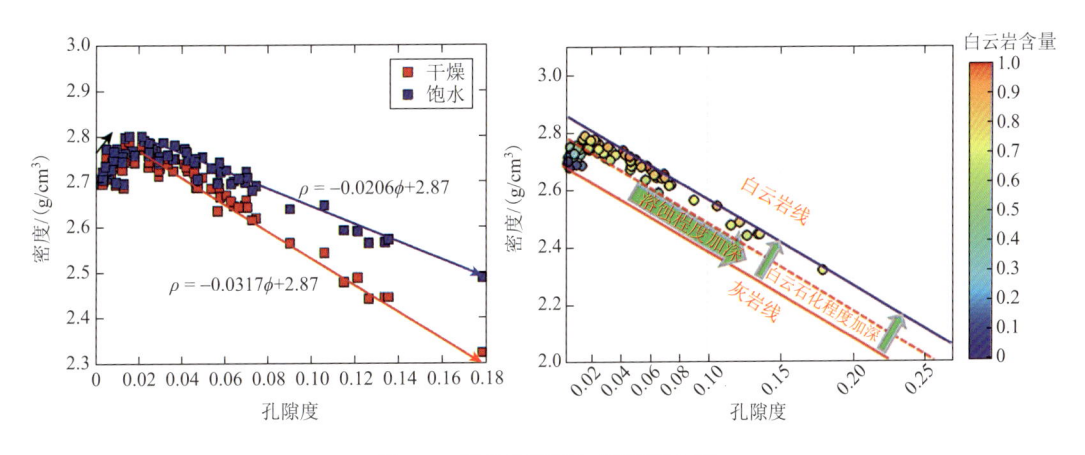

图 4.7 样品孔隙度与密度交会图

这种现象可能由两种情况导致：一是白云石的矿物密度大于方解石的矿物密度，导致白云石化的过程中矿物密度增加而孔隙度也增大，当孔隙度增大导致矿物密度减小的速度比矿物密度增大的速度慢时，就导致了岩石整体的密度增大。而后期白云石化作用较为剧烈后，孔隙度快速增大，导致了矿物密度的迅速减小。二是胶结充填作用，把大孔隙度的白云岩进行了充填，导致其孔隙度较小的情况下，密度较大。整体过程中就是白云石化使岩石矿物密度增大，溶蚀过程使得孔隙度增大，密度减小。

针对裂缝-溶孔型样品和溶孔型样品开展了从 2~64MPa 的变覆压孔隙度、渗透率测试。通过实验分析发现(图 4.8),随着有效压力增大,裂缝-溶孔型样品无论是孔隙度还是渗透率都发生了非常明显的下降,孔隙度下降 12%左右,渗透率下降则高达 50%左右。这主要是纵横比较小的孔隙和裂缝的缩小与关闭所导致的,这类样品渗透率的决定性因素往往为裂缝而不是孔隙。

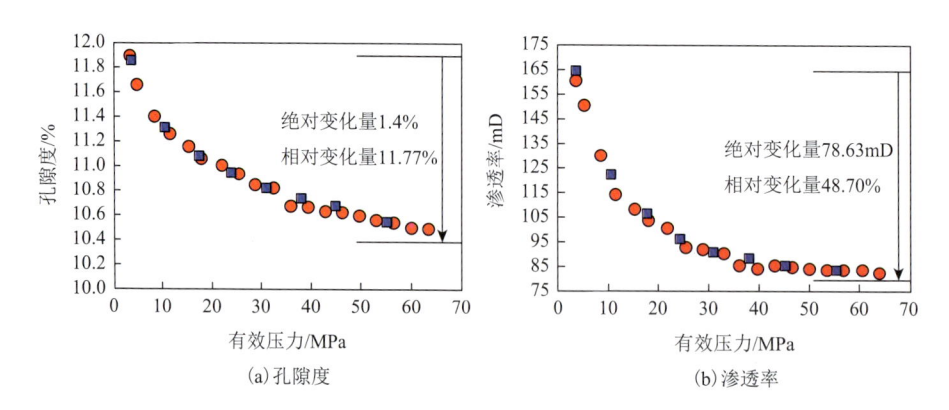

(a) 孔隙度

(b) 渗透率

图 4.8　裂缝-溶孔型样品孔隙度、渗透率随有效压力变化图
注:红色圆圈表示有效压力增大过程;蓝色方框表示有效压力减小过程。

通过样品的 CT 扫描图像发现(图 4.9),裂缝-溶孔型样品的裂缝往往顺着藻纹层发育,同时裂缝中会存在明显的长轴与短轴,则该类样品在受到外界压力时会出现明显的变化,即孔隙度和渗透率随覆压的增大而迅速减小。从图 4.8 中可以看出,该类样品的孔隙度和渗透率减小主要出现在 20MPa 前。这主要是因为有效压力达到 20MPa 后,裂缝关闭,样品整体上呈现出了更加坚硬的状态,纵横比较大的孔隙才开始逐渐被压缩并呈现出随压力缓慢下降的趋势。

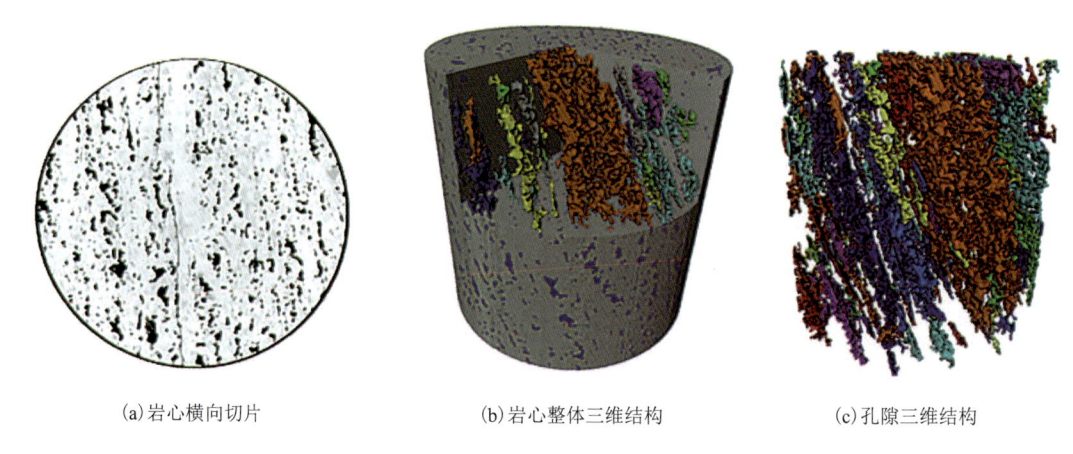

(a) 岩心横向切片　　(b) 岩心整体三维结构　　(c) 孔隙三维结构

图 4.9　裂缝-溶孔型样品 CT 扫描图像

如图 4.10 所示，随有效压力的增加，溶孔型样品的孔隙度和渗透率也出现了明显下降，孔隙度下降了 8% 左右，渗透率下降了 50% 左右。

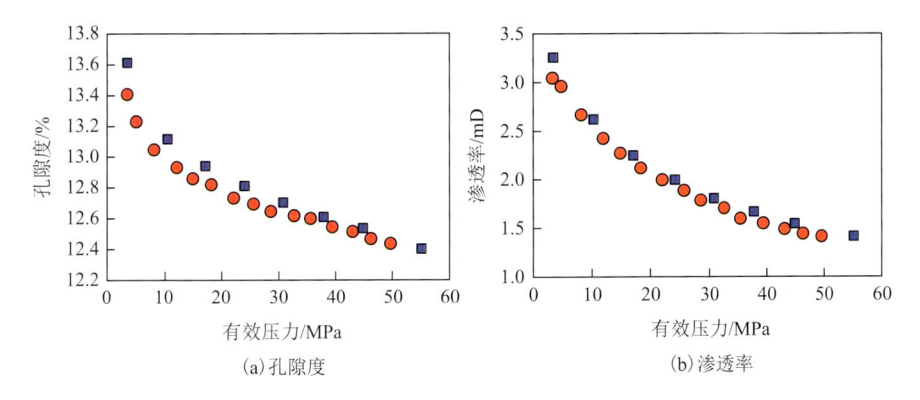

(a) 孔隙度

(b) 渗透率

图 4.10　溶孔型样品孔隙度、渗透率随有效压力变化图

注：红色圆圈表示有效压力增大过程；蓝色方框表示有效压力减小过程。

溶孔型样品在孔隙度和渗透率随有效压力下降的方式上则与裂缝-溶孔型样品存在着明显差异，溶孔型样品孔隙度和渗透率整体上呈现出更加线性的下降趋势。从样品的 CT 扫描图像看(图 4.11)，溶孔型样品的渗透率主要由溶孔间的互相配位决定，而溶孔本身较大的孔隙纵横比使其对压力的抵抗能力较强，因此，孔隙度和渗透率的下降伴随有效压力的增大呈现出较为线性的状态。

(a) 岩心横向切片　　　　(b) 孔隙三维结构　　　　(c) 孔隙连通性图

图 4.11　溶孔型样品 CT 扫描图像

4.2.2　弹性参数特征

对川西气田雷口坡组样品开展有效压力为 5～55MPa 的实验，结果表明(图 4.12)，近原

位 55MPa 有效压力下的纵波速度 V_P 主要集中在 5200~6700m/s，横波速度 V_S 主要集中在 3000~3900m/s。

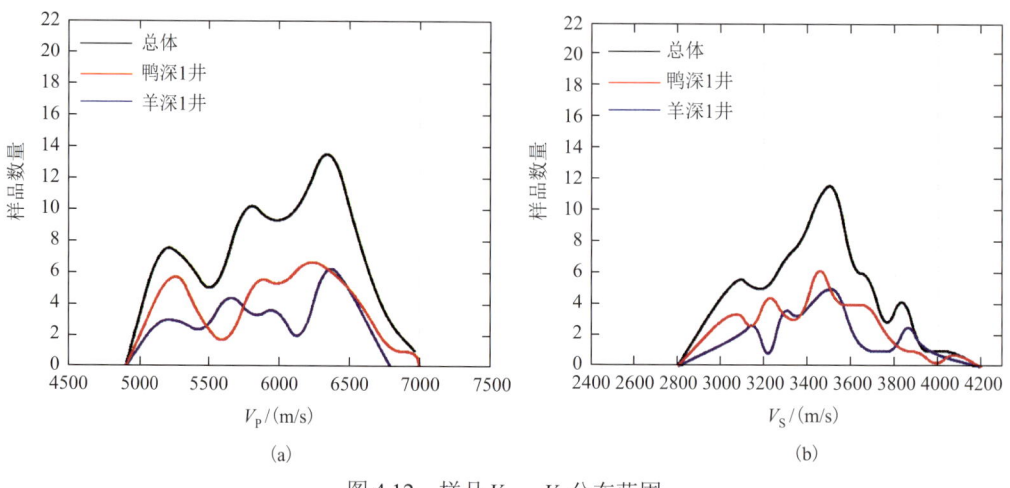

图 4.12 样品 V_P、V_S 分布范围

总体而言，无论是饱气状态样品还是饱水状态样品的纵横波速度随有效压力的增加都出现了较为明显的上升（图 4.13），但不同样品的增长幅度有较大的差异。结果表明（图 4.14），样品可以分为三类：Ⅰ类样品为低围压时纵横波速度较快，纵横波速度随围压增长不明显；Ⅱ类样品为低围压时纵横波速度较慢，纵横波速度随围压增长较快；Ⅲ类样品为低围压时纵横波速度较慢，纵横波速度随围压增长较慢。

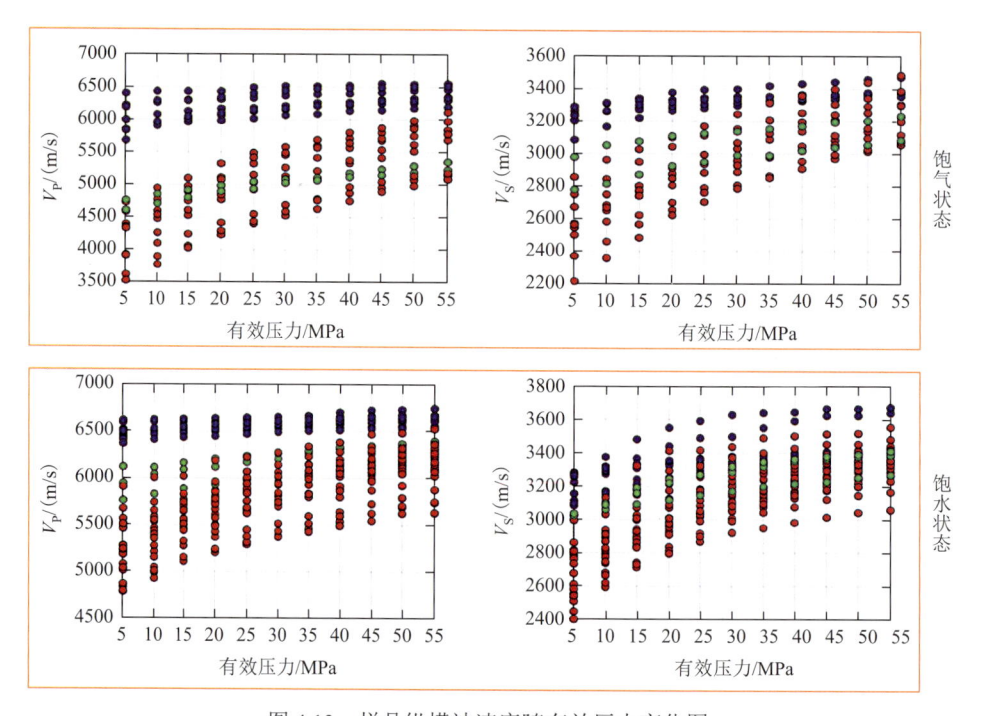

图 4.13 样品纵横波速度随有效压力变化图

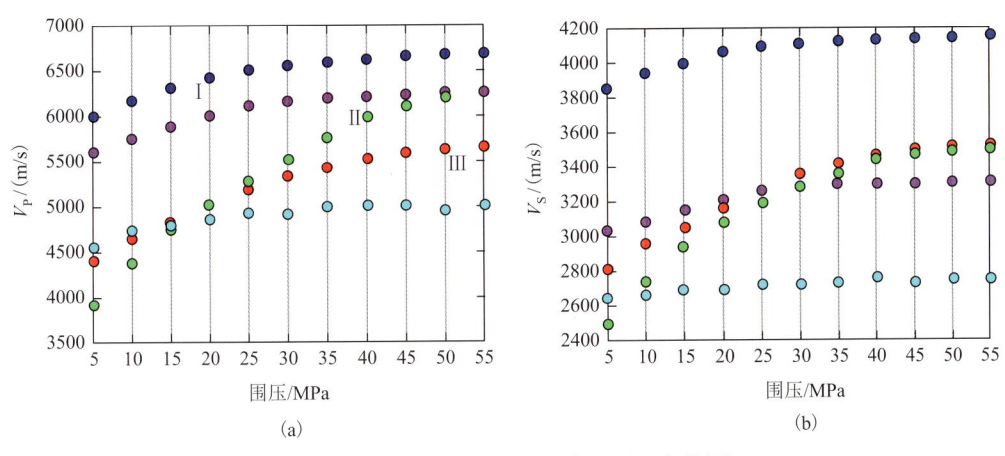

图 4.14 典型样品纵横波速度随围压变化图

测试分析结果表明，I类样品整体的孔隙度较小，孔隙的发育程度较低，对密度和弹性模量的影响都较小，所以对纵横波速度影响较小；II类样品的裂缝、溶缝等软孔隙较为发育，这部分孔隙对总孔隙度贡献较小，因而对密度的影响较小，但对弹性模量的影响较大，所以对整体纵横波速度有较强的影响；III类样品的整体孔隙度较大，晶间孔、溶孔发育程度较高，这部分孔隙对总孔隙度贡献很大，因而对样品的密度有较大影响，但这部分孔隙更难被压缩，故而对弹性模量的影响较小，呈现出的影响是针对所有压力情况下的整体影响。

上述分析表明川西气田雷口坡组储层孔隙结构复杂多变，即微裂缝、溶孔、溶缝等多种孔隙发育，且在不同区域、不同深度发育不均匀。不同的速度分布范围和速度-围压关系主要由孔隙结构和骨架矿物共同决定，复杂骨架矿物和孔隙结构的共同作用导致了该区域岩石物理特征的复杂性。

将 55MPa 和 15MPa 有效压力下的纵横波速度进行对比（图 4.15），结果表明近原位状态下的速度-孔隙度关系明显优于低压状态下，这为后续的岩石物理分析提供了重要基础。

通过纵横波速度交会分析发现（图 4.16），二者总体上呈现出较好的近线性正相关关系（$R^2 = 0.95$），纵横波速度的拟合经验关系为

$$V_S = 0.4017 V_P + 944.68 \tag{4.7}$$

利用岩石物理经典的 Castagna 等（1993）和 Pickett（1963）白云岩经验公式和灰岩经验公式与川西雷口坡组岩心数据进行对比，Pickett 灰岩线和 Pickett 白云岩线与该工区样品的吻合度较高，在明确岩性的前提下，可以利用该公式作为横波预测的约束条件之一。

4.2.3 数字岩心模拟分析

岩石物理实验是最基本的岩石物理研究方法，但实验存在样品难以获取、成本高、周期长等诸多困难。例如，低孔低渗岩心驱替难，疏松岩心处理与保存困难，裂缝发育的碳酸盐岩难以获得有代表性的岩心，难以定量研究复杂储层的微观因素对岩石物理属性的影响规律。在同一个研究地区，难以获取具有各种不同微观储层参数的岩心来考察其对岩石物性的影响规律。

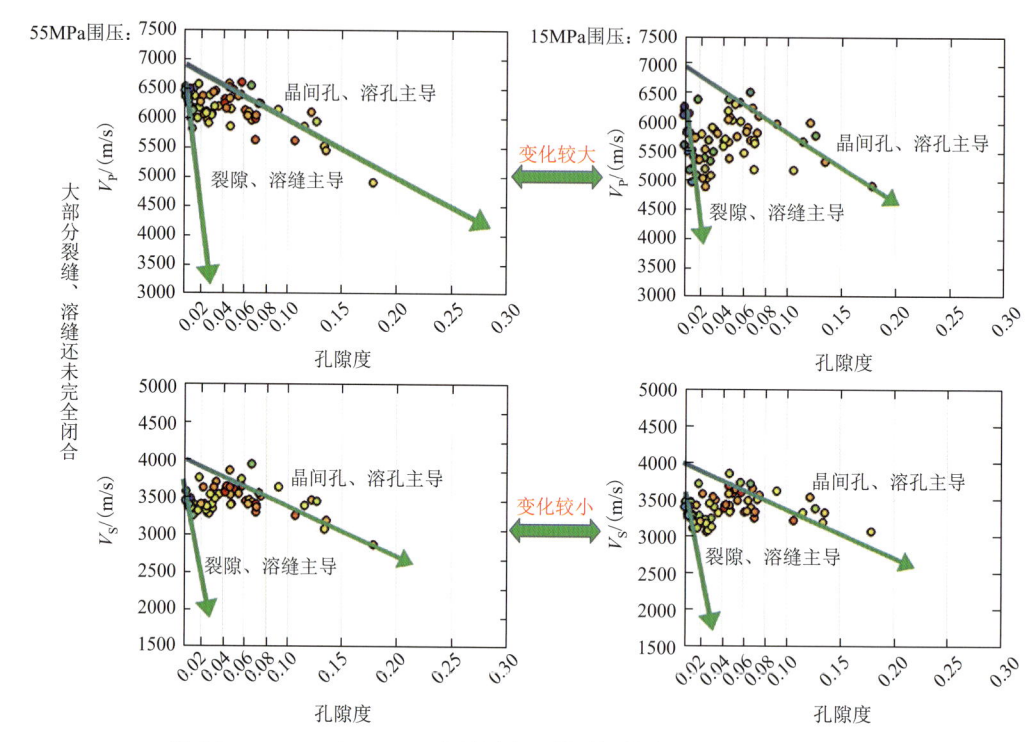

图 4.15 55MPa 与 15MPa 有效压力下样品纵横波速度与孔隙度交会图

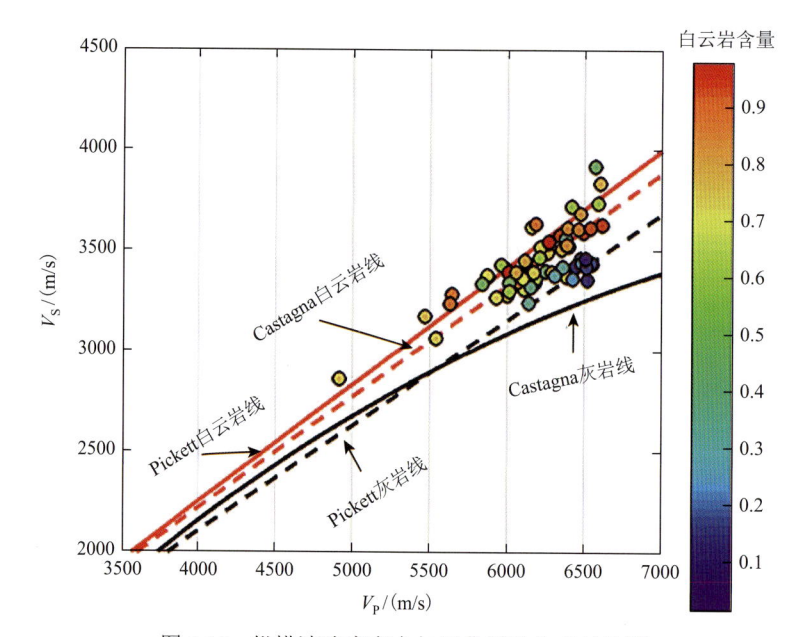

图 4.16 纵横波速度交会与经典经验公式对比图

随着计算机技术的发展，数值模拟已成为最经济且有效的科学研究方法。岩石物理数值模拟也已成为岩石物理研究的重要手段，相比岩石物理实验，可以节省大量的人力、物力和财力，并且可在微观尺度上定量考察各种因素对岩石物理属性的影响。另外，岩石物理数值模拟可计算传统岩石物理实验无法直接测量的物理性质。

岩石物理数值模拟包含两方面的内容：岩石的微观模型和数值模拟方法。针对川西气田雷口坡组储层，开展了基于 X 射线 CT 扫描分析技术的数字岩心建模，基于有限元模拟技术开展了岩心弹性参数模拟研究。

1. 样品孔隙特征分析和模型构建

通过 CT 扫描，提取样品孔隙，定量统计孔隙数量、孔隙体积，分析孔隙的纵横比后将岩心分成两种典型样品。一种具有明显的孔隙排列方向，为藻纹层发育所致(定向型)。如图 4.17 所示，#154065 样品孔隙尺寸大，孔隙半径大多为110μm 左右。孔隙纵横比约为 0.2。孔隙连通性很好，岩心渗透率达到 100mD 以上。

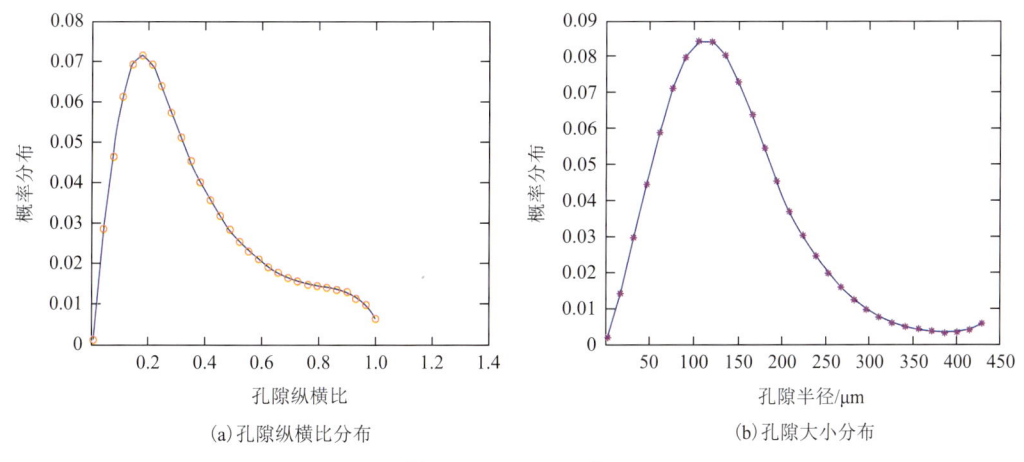

(a)孔隙纵横比分布　　(b)孔隙大小分布

图 4.17　#154065 岩心

另一种孔隙分布较随机，分布较散乱，没有一定的方向性(分散型)。如图 4.18 所示，#152969 样品孔隙连通性较差，渗透率不到 10mD，孔隙半径集中分布在 50μm 附近，孔隙纵横比约为 0.2。

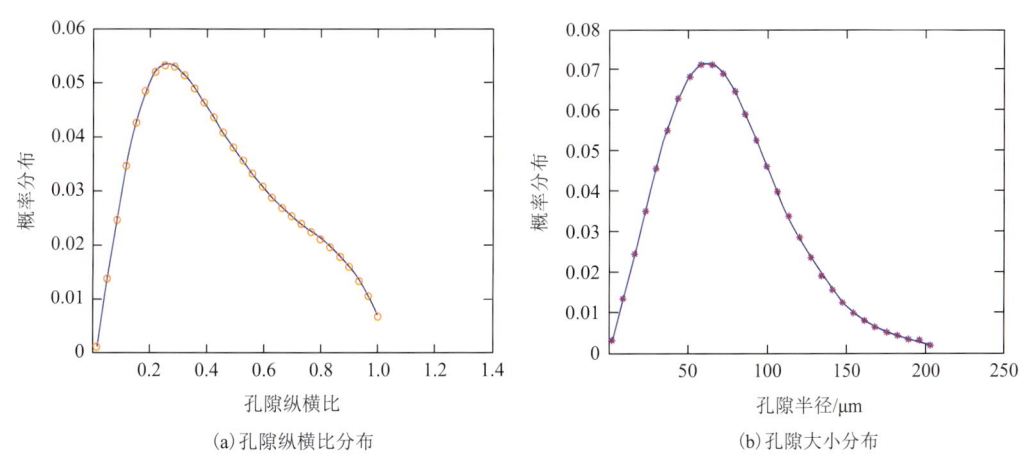

(a)孔隙纵横比分布　　(b)孔隙大小分布

图 4.18　#152969 岩心

将两块岩石的孔隙结构提取出来，并将提取出的孔隙做数值溶蚀和收缩处理，得到同一孔隙分布状态下的不同孔隙度模型。图 4.19 所示的定向型样品孔隙具有明显的定向排列特征。图 4.19(b) 为原始扫描孔隙，孔隙度 7.17%；图 4.19(a) 和 (c) 分别为对孔隙做收缩和溶蚀后的孔隙，孔隙度有所改变，但保持了原有的孔隙结构,孔隙度分别为 1.48% 和 23.39%。图 4.20 所示的分散型样品孔隙呈随机散布特征，对该岩心的操作与#154065 样品相同，孔隙度由图 4.20(a)～(c) 分别为 1.106%、3.61%(原始图像)、21.85%。

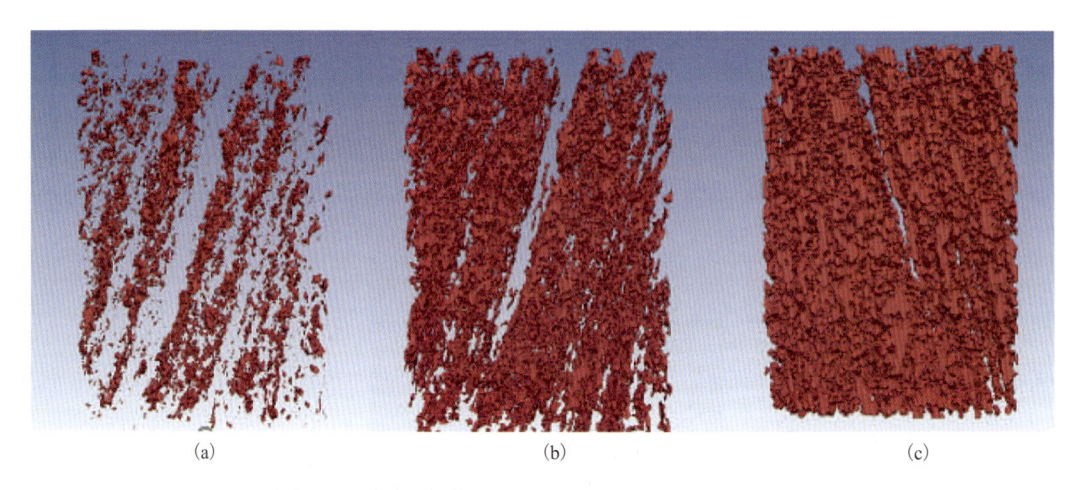

图 4.19　定向型(藻纹层)岩心的数字岩心孔隙模型图

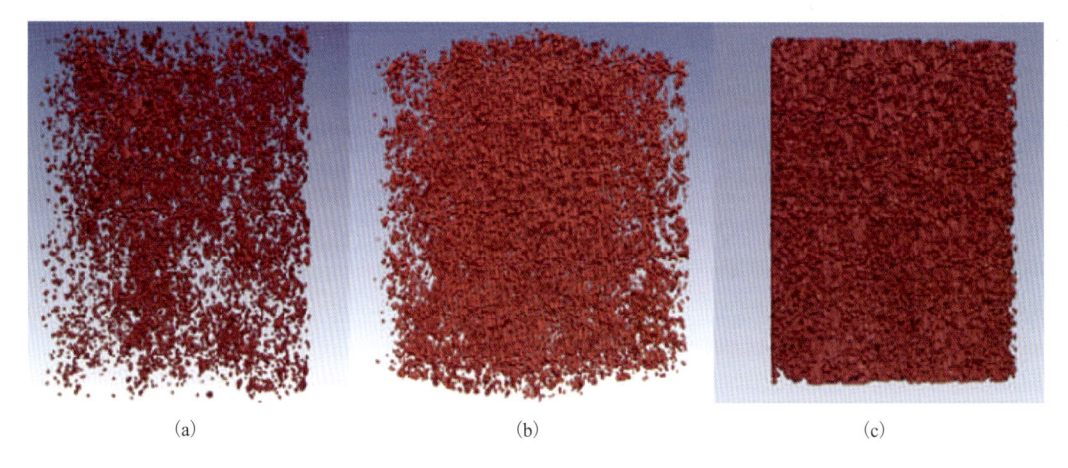

图 4.20　分散型岩心的数字岩心孔隙模型图

2. 孔隙分布特征对岩石弹性参数的影响分析

首先研究孔隙分布类型(定向型和分散型)对传播的波速的影响。如图 4.21 和图 4.22 均给出了岩心样品两个方向的切片图像。其中，右侧图像均为岩样的原始方向，即由上至下为沿井筒方向，为垂直方向。左侧图像为水平方向，均为右侧图像沿 45°的对角线转置所得。波的传播方向均为由上至下传播。使用动态模拟(图 4.23)方法得到不同方向模拟时的岩石等效速度随孔隙度变化的结果。

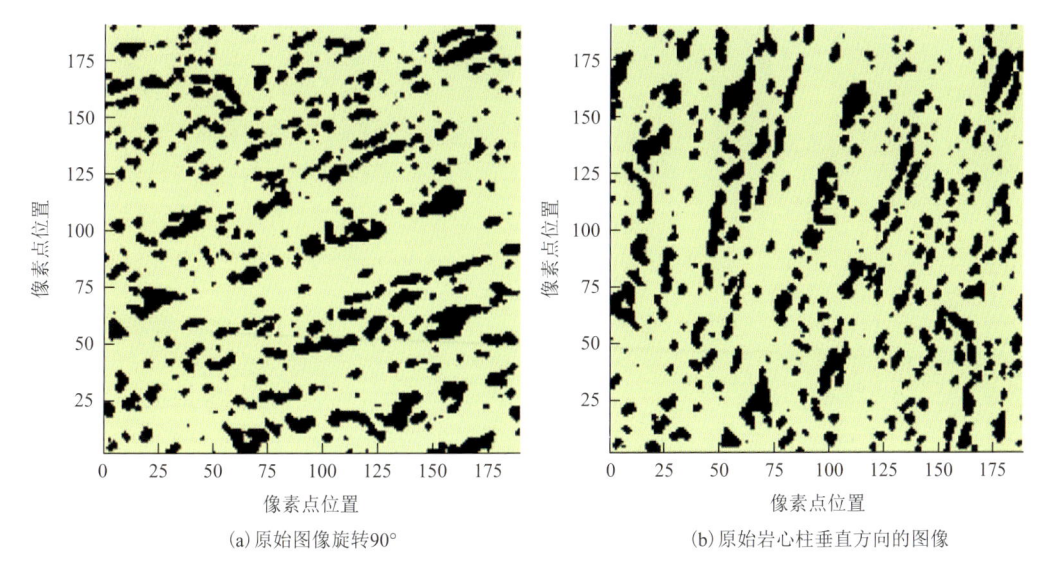

(a) 原始图像旋转90°　　　　　　　　(b) 原始岩心柱垂直方向的图像

图 4.21　#154065 岩心的切片

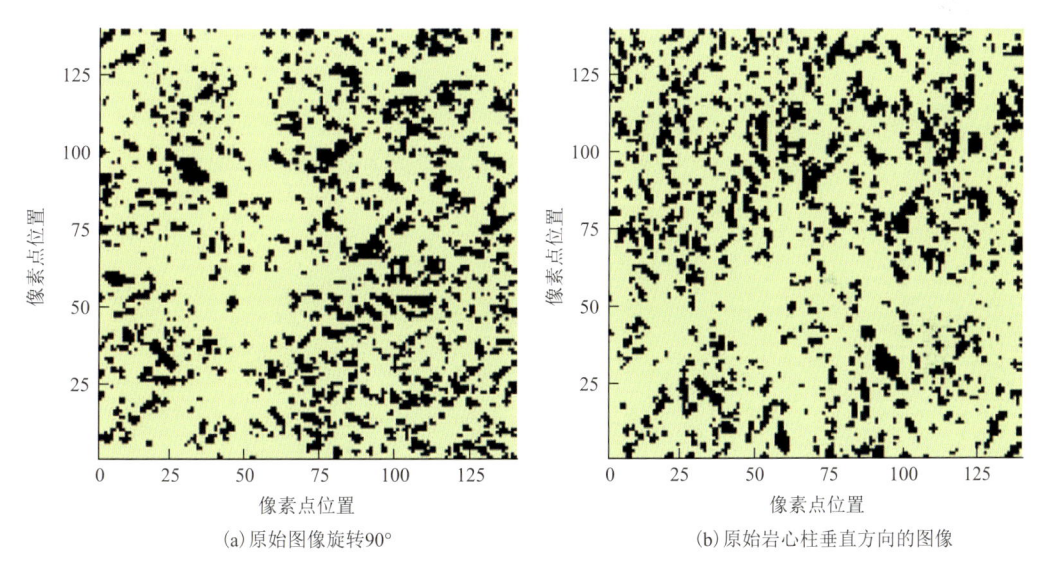

(a) 原始图像旋转90°　　　　　　　　(b) 原始岩心柱垂直方向的图像

图 4.22　#152969 岩心的切片

图 4.24 和图 4.25 分别为两个模拟方向上纵波速度和横波速度随孔隙度的变化。从图中可以看出，两种样品的模拟结果中，垂直方向的纵波速度大于水平方向，且具有定向型孔隙分布的岩样两个模拟方向的速度差异更大。而两个模拟方向上的横波速度差异则很小。计算结果揭示，具有孔隙定向排列的岩石中，纵波的各向异性参数能达到 0.2，且沿孔隙排列方向的纵波速度更快。而孔隙没有明显排列规律的碳酸盐岩，其纵波的各向异性参数也能达到 0.14。但是对于横波而言，二者没有明显区别。通过数字岩心揭示了雷口坡组纹层状储层也具有一定的各向异性特征，而该特征和各向异性强度很难通过岩心实验发现，体现出了数字岩心在岩石物理研究上的巨大潜力。

图 4.23　碳酸盐岩样品三维动态模拟波场示意图

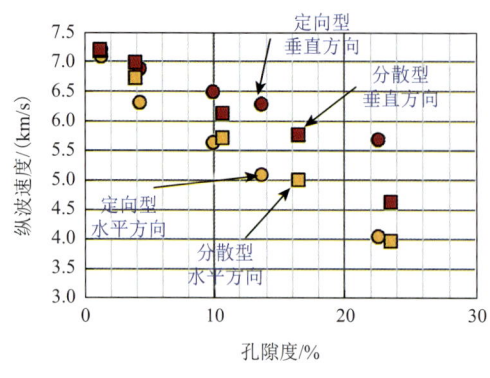

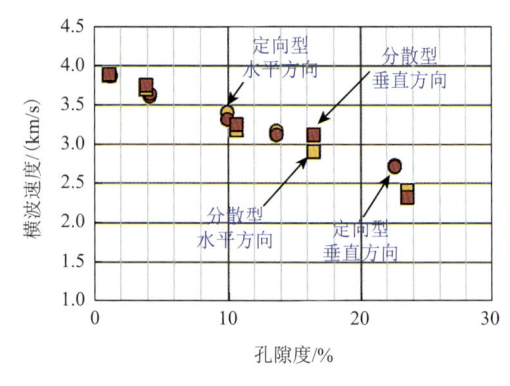

图 4.24　两个模拟方向上纵波速度随孔隙度的变化

图 4.25　两个模拟方向上横波速度随孔隙度的变化

进一步分析两种孔隙分布类型带来的弹性参数差异。从图 4.26 中可以看出，当孔隙度发生变化时，定向型孔隙分布岩心的纵波速度、横波速度和剪切模量均大于分散型孔

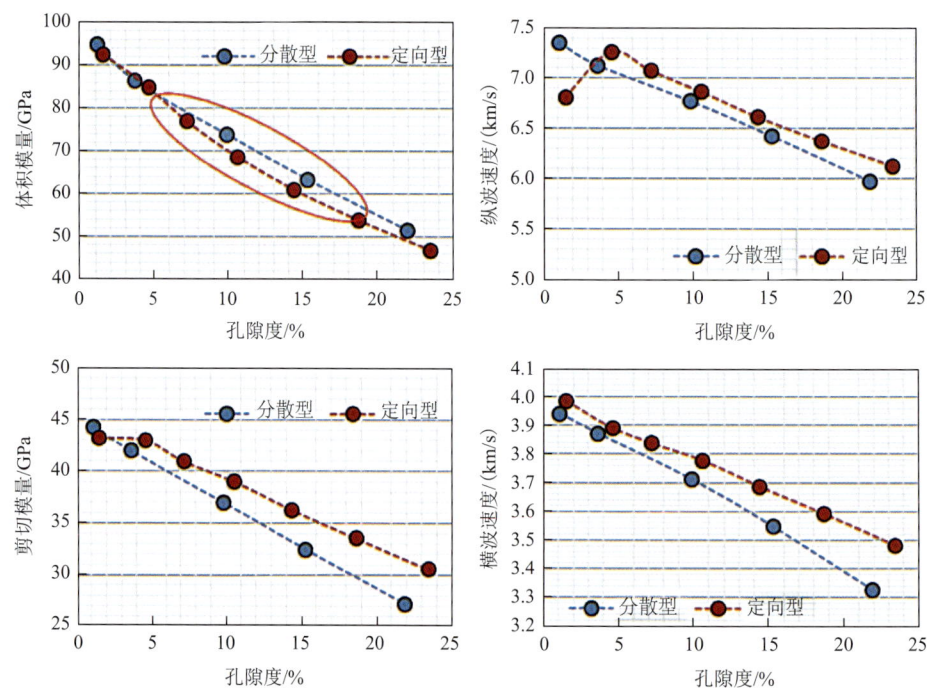

图 4.26　定向型和分散型孔隙分布岩心的弹性参数对比

隙分布岩心，这是由于孔隙的排列方式带来的岩石性质改变。而分散型孔隙的体积模量则大于定向型孔隙，且当孔隙度为7%~18%时，二者的体积模量差距较为明显。而当孔隙度小于7%或大于18%时，二者体积模量的值则较为接近。

4.3 储层岩石物理建模方法

储层岩石物理建模主要是通过研究岩石的微观结构对宏观性质的影响，将储层的物性参数、微观结构与它的弹性性质或速度建立起对应关系。利用岩石物理模型，可把岩石物理实验测试数据得到的规律认识，外推应用到测井解释和地震储层预测中，从而能够使测井数据和地震数据得到更加充分的应用。岩石物理模型可将地震数据(纵、横波速度等)与储层参数(孔隙度、流体饱和度、泥质含量等)联系起来，正确适用的岩石物理模型能够为地震正反演提供必要的数据资料，并对地震预测储层参数起到一定的约束和验证作用，在地震资料综合解释和储层预测中具有非常重要的作用。

4.3.1 岩石物理建模原理

精确预测矿物颗粒和孔隙混合物组成岩石的等效弹性模量，需要知道各成分的体积含量、弹性模量、分布形态。在已知各组分体积含量和弹性模量的情况下，能够预测岩石等效弹性模量的上下限；同时，等效模量将处于界限之间，上下限的均值能够给出等效弹性模量的初步估计，而进一步精确估计需要已知矿物形态。

当矿物形态未知时，能够得到最窄的上下界限范围，可由沃伊特-罗伊斯(Voigt-Reuss)边界或哈辛-施特里克曼(Hashin-Shtrikman)边界(Hashin and Shtrikman，1963)给出。

Hashin-Shtrikman 边界与 Voigt-Reuss 边界范围相比要窄许多，更接近实验结果曲线。通常情况下，当双相介质中各相的弹性模量相差较小时，Hashin-Shtrikman 边界的上下边界非常靠近。因此，若已知岩石矿物成分的数据，可以应用该边界来估算岩石骨架的有效弹性模量。假设岩石是石英与水组成的双相介质，其中石英的弹性模量为体积模量(K) = 38GPa，剪切模量(μ) = 44.4GPa；水的弹性模量为 K = 2.2GPa，μ = 0GPa。图 4.27 所示为该岩石有效体积模量与有效剪切模量的上下边界，上下边界分别用 Voigt-Reuss 边界与 Hashin-Shtrikman 边界进行计算。如图 4.27 所示，Hashin-Shtrikman 边界相对于 Voigt-Reuss 边界的范围要窄，能更准确地估算岩石的有效弹性模量。另外，Hashin-Shtrikman 下边界与 Reuss 边界在计算双相介质有效弹性模量时是等价的。

边界模型只能提供多相复合介质有效弹性模量的上下边界，所以若岩石中各种成分的弹性模量相差较大，边界模型并不能准确估算岩石的有效弹性模量。

Wood(1955)公式给出了流体混合物非均匀尺度比波长小的情况下，流体混合物声波速度的计算公式。

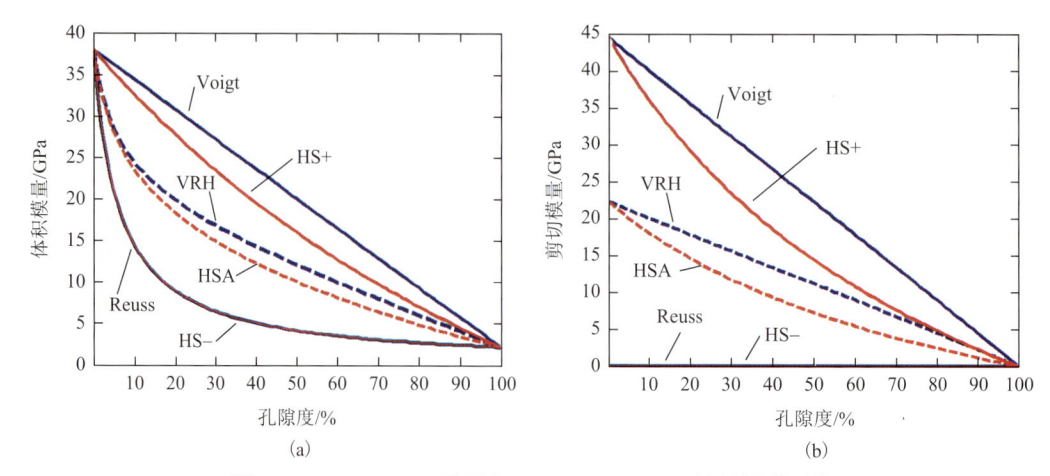

图 4.27 Voigt-Reuss 边界与 Hashin-Shtrikman 边界模型对比

注：VRH 表示 Voigt 方法、Reuss 方法的希尔(Hill)平均；HSA 表示 Hashin-Shtrikman 平均值；HS−为 Hashin-Shtrikman 下限值；HS+为 Hashin-Shtrikman 上限值。

Berryman(1980)提出了等效介质自相容近似模型，其基本思想为以待求解的等效介质作为背景介质，将多相介质放置于无限大的背景介质中，通过调节背景介质的弹性参数，使背景介质弹性参数与多相介质弹性参数相匹配，此时背景介质的弹性模量就是多相介质的等效弹性模量。该方法给出了 n 相矿物和孔隙空间的自相容弹性模量计算公式：

$$\sum_{j=1}^{n} x_j \left(K_j - K_{SC}^* \right) P^{*j} = 0 \tag{4.8}$$

$$\sum_{j=1}^{n} x_j \left(\mu_j - \mu_{SC}^* \right) Q^{*j} = 0 \tag{4.9}$$

式中，j 代表一种矿物相或孔隙空间类型；x_j 为 j 相的体积分数；K_j 为 j 相的体积模量；μ_j 为 j 相的剪切模量；K_{SC}^* 为自相容的等效体积模量；P^{*j} 为体积模量形状因子；μ_{SC}^* 为自相容的等效剪切模量；Q^{*j} 为剪切模量形状因子。

在用自洽模型计算干岩石有效弹性模量时可以通过设置内含物的弹性模量为 0 来实现。若计算含水饱和岩石有效弹性模量，将内含物的剪切模量设为 0。

由于自洽模型中，岩石中的孔隙或裂缝是孤立的，流体不能在它们之间流动，因此自洽模型的计算结果与高频超声实验结果相对应。在低频的情况下，由于波有足够时间使孔隙内部的压力增加，导致孔隙流体的流动。因此，在用自洽模型计算流体饱和岩石有效弹性模量时，先用干岩石的弹性模量，然后用低频的加斯曼(Gassmann)方程计算流体饱和岩石的有效弹性模量。

图 4.28 为自洽模型与 Hashin-Shtrikman 上下边界结果对比图，假设岩石是由石英与水组成的双相介质，其中石英的弹性模量为 $K = 38\text{GPa}$，$\mu = 44.4\text{GPa}$；水的弹性模量为 $K = 2.2\text{GPa}$，$\mu = 0\text{GPa}$。岩石中孔隙的纵横比为 1。由图 4.28 可看出，在整个孔隙度范围内由自洽模型计算得到的有效弹性模量都在 Hashin-Shtrikman 上下边界范围内。当孔隙

度达到60%附近时,由自洽模型计算得到的有效弹性模量与Hashin-Shtrikman下边界重合,并且剪切模量变为零,即由岩石矿物为骨架的岩石形态转换为悬浮液形态,固体被分离开来。

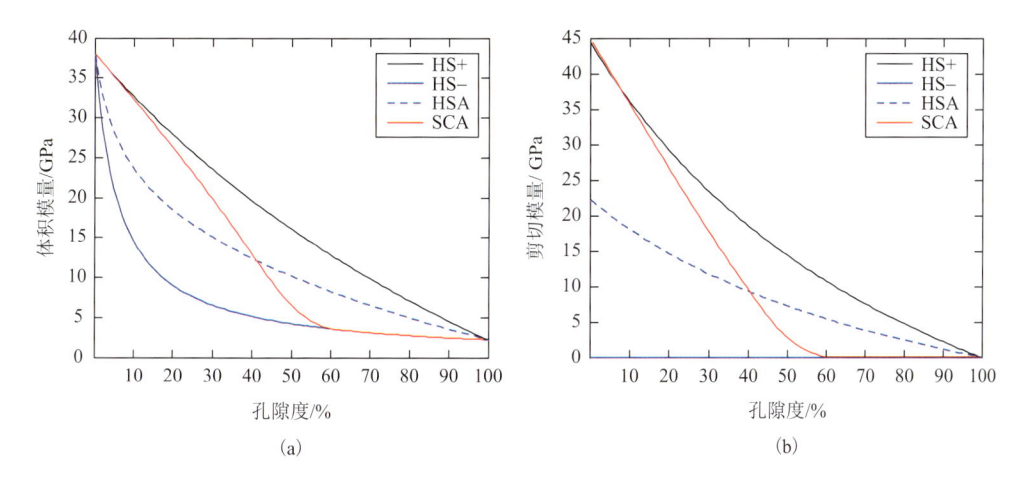

图4.28 自洽模型与Hashin-Shtrikman上下边界结果对比图

注:SCA表示SCA模型的计算值。

由于在自洽模型中,岩石中的各相是对等的,也就是说双相介质中流体饱和孔隙度为40%~60%时,能保证双相介质中的两相都是互相联通的。Cleary(1980)、Norris等(1985)和Zimmerman(1991)建立了双相介质的微分有效介质(differential effective medium,DEM)模型。微分有效介质模型首先假设有一体积为 V 的均匀基质材料,从这一均匀介质中取出体积为 ΔV 的材料,同时在该介质中嵌入相同体积(ΔV)的另一相(内含物),这时所形成的复合材料的等效弹性模量发生了变化,用这一等效弹性模量形成的均匀介质代替原先的基质,重复以上过程,直到满足双相介质的体积比率。

在微分有效介质模型中,双相介质中各相的关系并不对等,必须首先选择双相介质中的一相作为基质,另一相作为内含物分步加入其中。双相介质中的两相分别用 1 和 2 表示,若选用1为基质、2为内含物,应用DEM模型计算得到的有效弹性模量为 M_{12};设2为基质、1为内含物,得到的有效弹性模量为 M_{21}。一般情况下, $M_{12} \neq M_{21}$。若岩石中内含物的形状有多种或岩石中有多种矿物成分,内含物加入的顺序会影响由DEM计算得到的有效弹性模量。

Berryman(1992)建立了关于体积模量和剪切模量耦合的微分方程,如式(4.10)所示。

$$\begin{cases} (1-y)\dfrac{\mathrm{d}}{\mathrm{d}y}[K^*(y)] = (K_2 - K^*)P^{(*2)}(y) \\ (1-y)\dfrac{\mathrm{d}}{\mathrm{d}y}[\mu^*(y)] = (\mu_2 - \mu^*)Q^{(*2)}(y) \\ K^*(0) = K_1, \mu^*(0) = \mu_1 \end{cases} \quad (4.10)$$

式中，K_1、μ_1 分别为初始基质（1 相）的体积模量和剪切模量；K_2、μ_2 分别为初始基质（2 相）的体积模量和剪切模量；y 为 2 相的体积含量；P 和 Q 为形状因子，上标*2 表示内含物 2 相在基质等效体积模量 K^* 和等效剪切模量 μ^* 中的影响因子。

Norris 等(1985)证明应用 DEM 模型计算得到的有效弹性模量始终处在 Hashin-Shtrikman 上下边界范围内，如图 4.29 所示。假设岩石是石英与水组成的双相介质，其中石英的弹性模量为 $K = 38\text{GPa}$，$\mu = 44.4\text{GPa}$；水的弹性模量为 $K = 2.2\text{GPa}$，$\mu = 0\text{GPa}$。DEM 模型计算的结果如图 4.29 所示，在低孔隙度时 DEM 模型计算结果与 Hashin-Shtrikman 边界上限较为接近，随着孔隙度增大，DEM 模型计算结果逐渐向上下限平均值靠近。

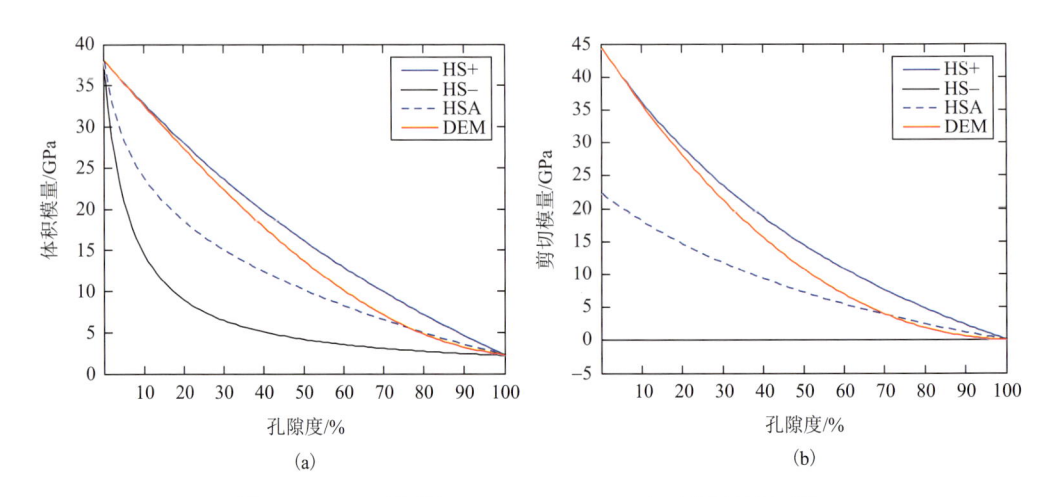

图 4.29　DEM 模型与 Hashin-Shtrikman 上下边界结果对比

4.3.2　岩石物理建模方法与流程

1. 模型构建

雷口坡组超深层碳酸盐岩的孔隙类型复杂，主要包括粒间孔、微裂缝、溶孔等多种类型，各种孔隙类型由于几何形状的不同，对岩石的弹性影响也不同。假设孔隙的形状为理想椭球体，则可以由孔隙纵横比 α 对不同孔隙类型进行描述，孔隙纵横比 α 定义为椭球体短轴与长轴之比，不同类型的孔隙其对应的孔隙纵横比不同。当岩石的孔隙是溶孔时，孔隙形状是圆形的，纵横比范围为 0.5～1；粒间孔纵横比为 0.1～0.5；当岩石的孔隙是微裂缝时，孔隙形状扁平，微裂缝纵横比较小，其值为 0.01～0.1。

本书所构建的模型中包括前面所述的 3 种孔隙类型，同时可以方便地扩展为更多的孔隙类型。但在实际应用中，3～4 种孔隙类型就已经完全足够。在此基础上，利用库斯特-托克瑟兹(Kuster-Toksöz)(KT)模型求取干岩石弹性模量，然后基于 Gassmann 方程计算饱和孔隙流体岩石的等效体积模量和剪切模量，并进一步计算纵波速度和横波速度（图 4.30）。在碳酸盐岩模型中，通过将不同孔隙逐次加入岩石中，从而实现了不同孔隙形状对弹性参数影响的考虑。通过构建初始岩石物理模型，利用已知的密度曲线、纵波速度曲线，经岩石物理实验和测井资料约束，比较计算值与实测值的误差，从而计算出与实际地质情况相近模型参数。

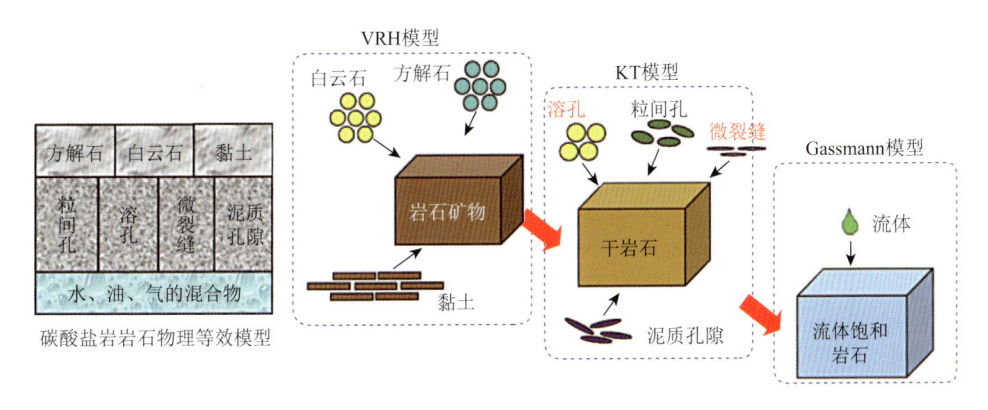

图 4.30 岩石物理建模流程（据 Xu and Payne，2009）

该方法具体包括以下 3 个步骤（图 4.31）。

(1) 利用混合理论计算岩石多种基质矿物的等效体积模量（如 VRH 模型），碳酸盐岩通常情况下含有一定泥质，因此在该部分加入黏土矿物，可增强模型适用性。

(2) 利用微分等效介质（DEM）理论计算干岩石的弹性模量 M_d，具体包括 2 个过程：①利用 DEM 理论，将粒间孔加入骨架中；孔隙间的机械作用用 KT 理论表达；最终计算的有效弹性参数将作为流体替换的固体成分；②将步骤①中得到的弹性参数作为新的骨架，利用 DEM 理论，将微裂缝和溶孔也加入系统中，计算干岩石的有效弹性参数，计算过程中主要涉及 2 个参数，即孔隙纵横比和孔隙度。

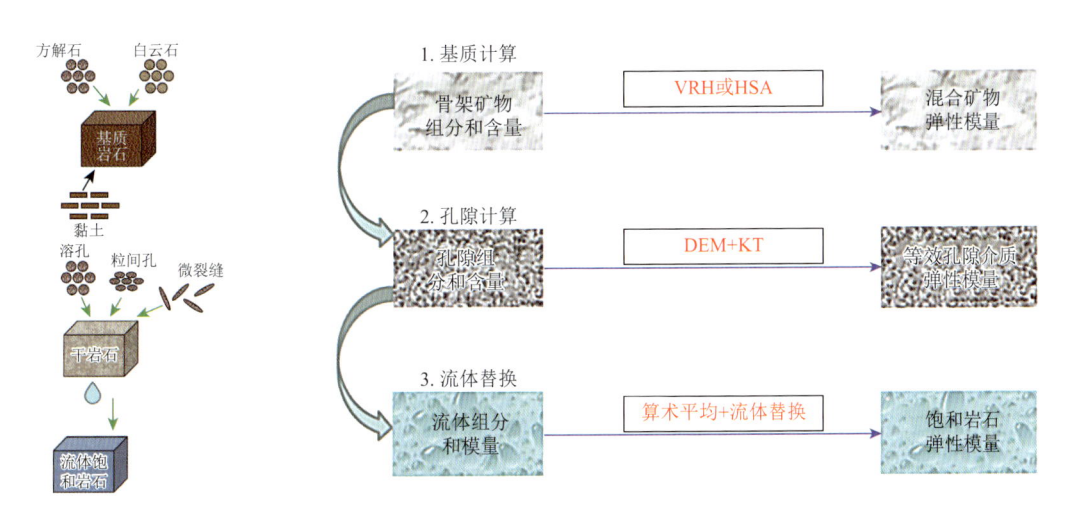

图 4.31 雷口坡组岩石物理模型建模流程示意图

(3)利用流体混合定律[如伍德(Wood)/沃伊特(Voight)方程]计算孔隙流体的弹性模量,向孔隙系统中加入流体混合物,利用 Gassmann 方程计算饱含流体岩石的体积模量和剪切模量,并进一步计算流体充填后的纵横波速度和密度。

2. 模型参数选择

基于 CT 扫描、铸体薄片和扫描电镜的结果,确定了模型的微观结构参数(图 4.32):微裂缝(孔隙纵横比 0.01)、粒间孔(孔隙纵横比 0.2)、溶孔(孔隙纵横比 0.8)。

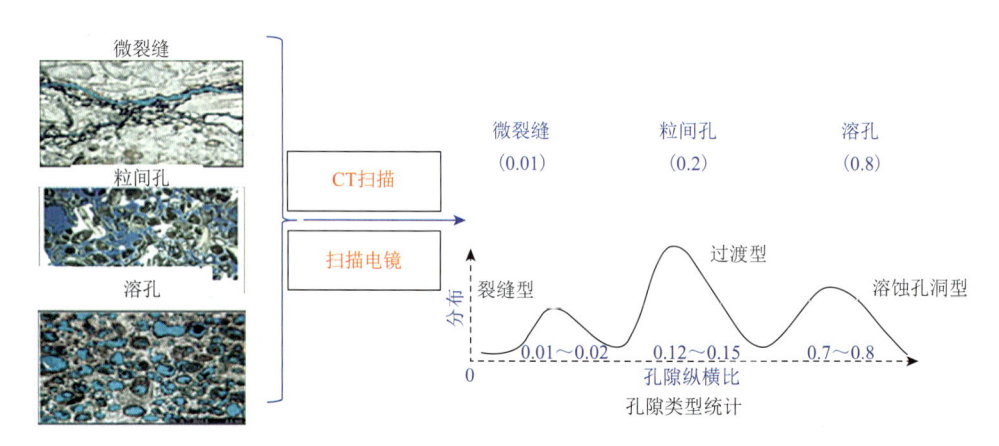

图 4.32 岩石物理模型微观结构参数确定

利用川西雷口坡组样品测试结果检验所建的碳酸盐岩岩石物理模型的适用性。用岩石物理模型计算的结果,无论是从实验结果和模型计算结果交会图(图 4.33),还是从纵波速度 V_P、横波速度 V_S 及密度的纵向对比图(图 4.34)来看,都能与川西雷口坡组样品在实验室的岩石物理测试结果很好地吻合。因此利用岩石物理实验测试数据验证了本书所建立的雷口坡组碳酸盐岩岩石物理模型的正确性和在深层雷口坡组储层的实用性。

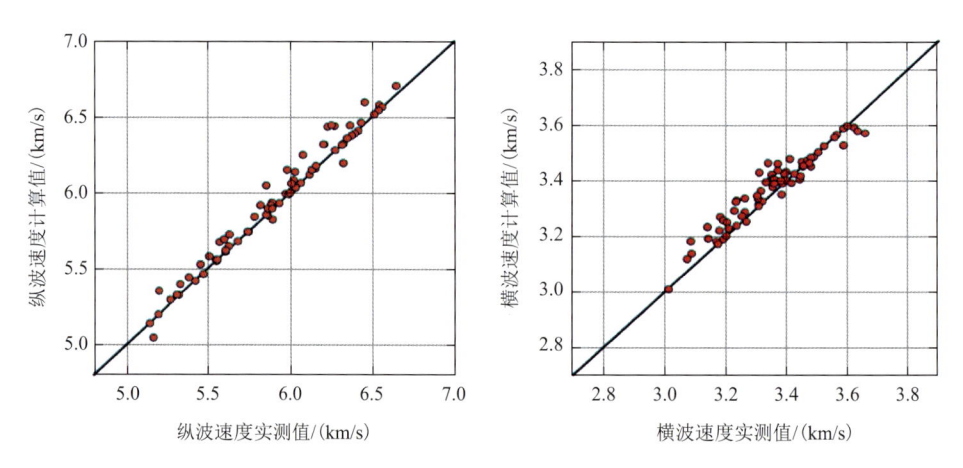

图 4.33 模型计算纵横波速度与实验测试纵横波速度交会图

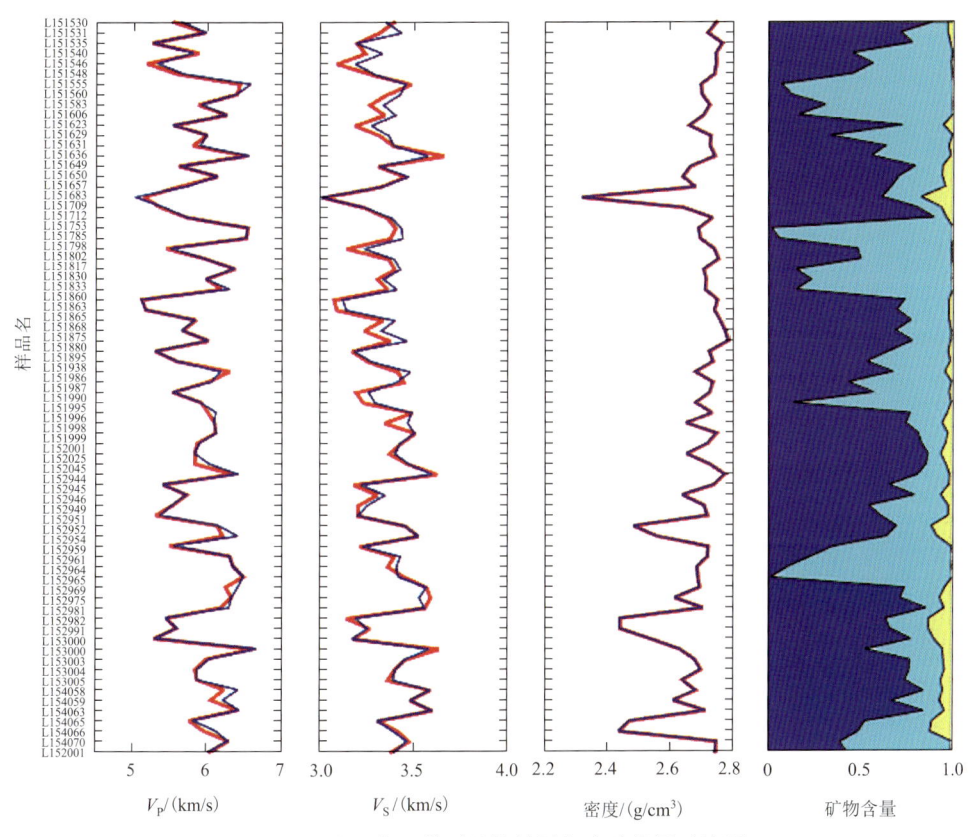

图 4.34 岩石物理模型计算结果与实验结果对比图

注：V_P、V_S、密度曲线图中，红色曲线代表模型计算值，蓝色曲线代表实测值；矿物含量曲线图中，黄色代表微裂缝，绿色代表参考孔，蓝色代表溶孔。

4.3.3 岩性、物性与弹性参数的关系分析

根据雷口坡组碳酸盐岩岩石物理模型，绘制了孔隙度与纵波速度交会模板图，如图 4.35 所示。图中红色实线代表白云岩的参考值线，蓝色实线代表灰岩的参考值线，

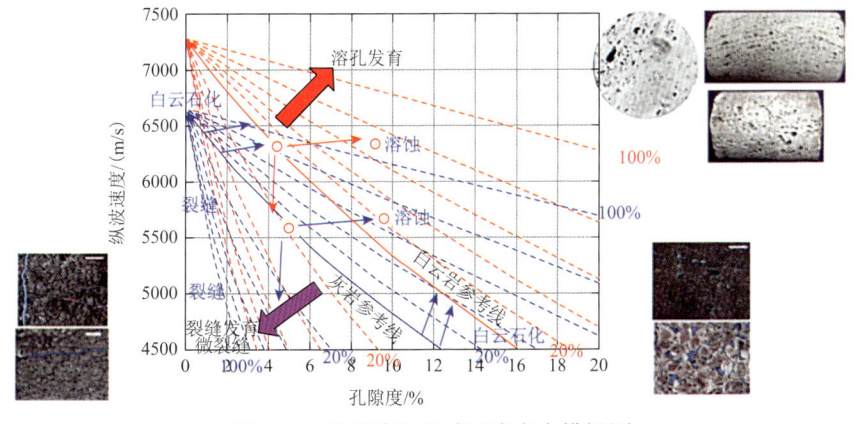

图 4.35 孔隙度与纵波速度交会模板图

参考值线以上为孔隙结构朝着溶孔方向发育，参考值线以下为孔隙结构朝着裂缝方向发育。基于该模板可知，灰岩在相同孔隙结构与孔隙度情况下纵波速度明显小于白云岩样品，而当灰岩发生白云石化的过程中，整体模量都会增大，而溶蚀孔洞的发育则会导致孔隙度的快速增大，同时伴随而来的还有纵波速度的增大。而裂缝的发育则在孔隙度略微增大的情况下导致纵波速度的快速下降。

将模板与实际样品对比可以发现（图 4.36），几乎所有的样品都落入了模型圈定的范围之内，说明该模板较为准确地描述了样品矿物组分的特征，同时通过该模板也可以明确，速度的差异主要由孔隙结构差异导致。

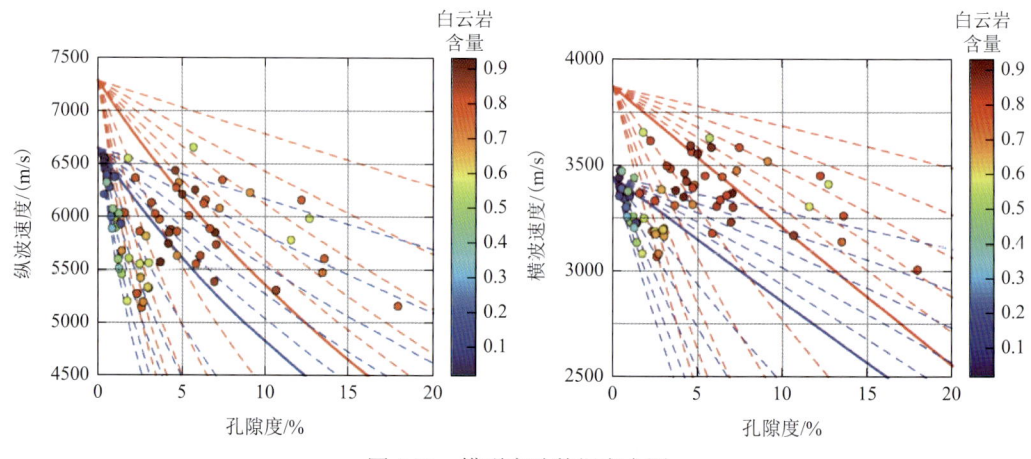

图 4.36　模型实验数据交会图

如图 4.37 所示，当裂缝含量增大时，纵波速度会迅速减小，纵波阻抗也会迅速减小，纵横波速度比也会迅速减小；当白云岩含量增大时，纵波速度会随之增大，纵波阻

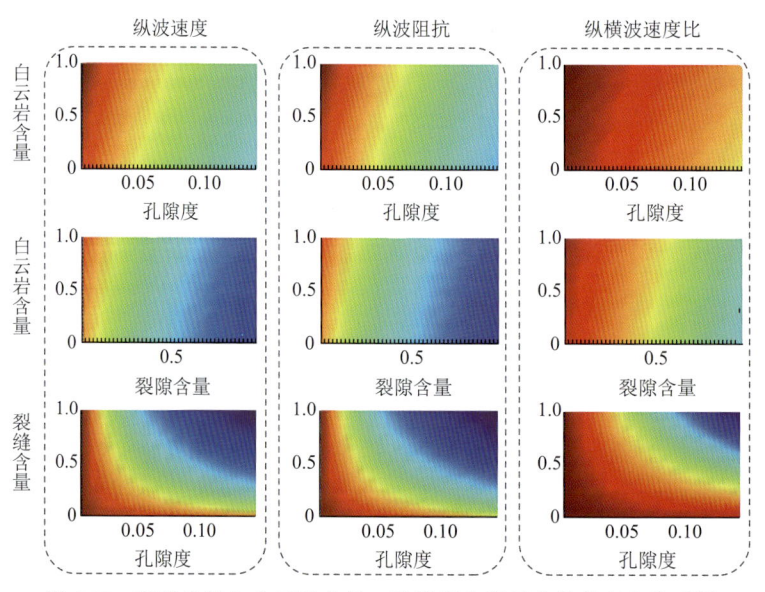

图 4.37　弹性参数与白云岩含量、孔隙度和裂缝含量的变化关系图

抗会随之增大，纵横波速度比也会随之增大；当孔隙度增大时，纵波速度会随之减小，纵波阻抗会随之减小，纵横波速度比也会随之减小。

4.4 储层敏感弹性参数分析

4.4.1 岩性敏感参数分析

通过对灰岩和白云岩分别按常规岩石物理参数交会发现（图4.38），雷口坡组灰岩和白云岩大多数岩石物理参数都存在着叠置现象，仅有纵横波速度比（V_P/V_S）和泊松比参数的叠置范围较小，灰岩样品的纵横波速度比和泊松比明显高于白云岩样品，可以作为岩性的敏感参数，纵横波速度比高于1.95、泊松比高于0.32为灰岩，低于该门槛值为白云岩。

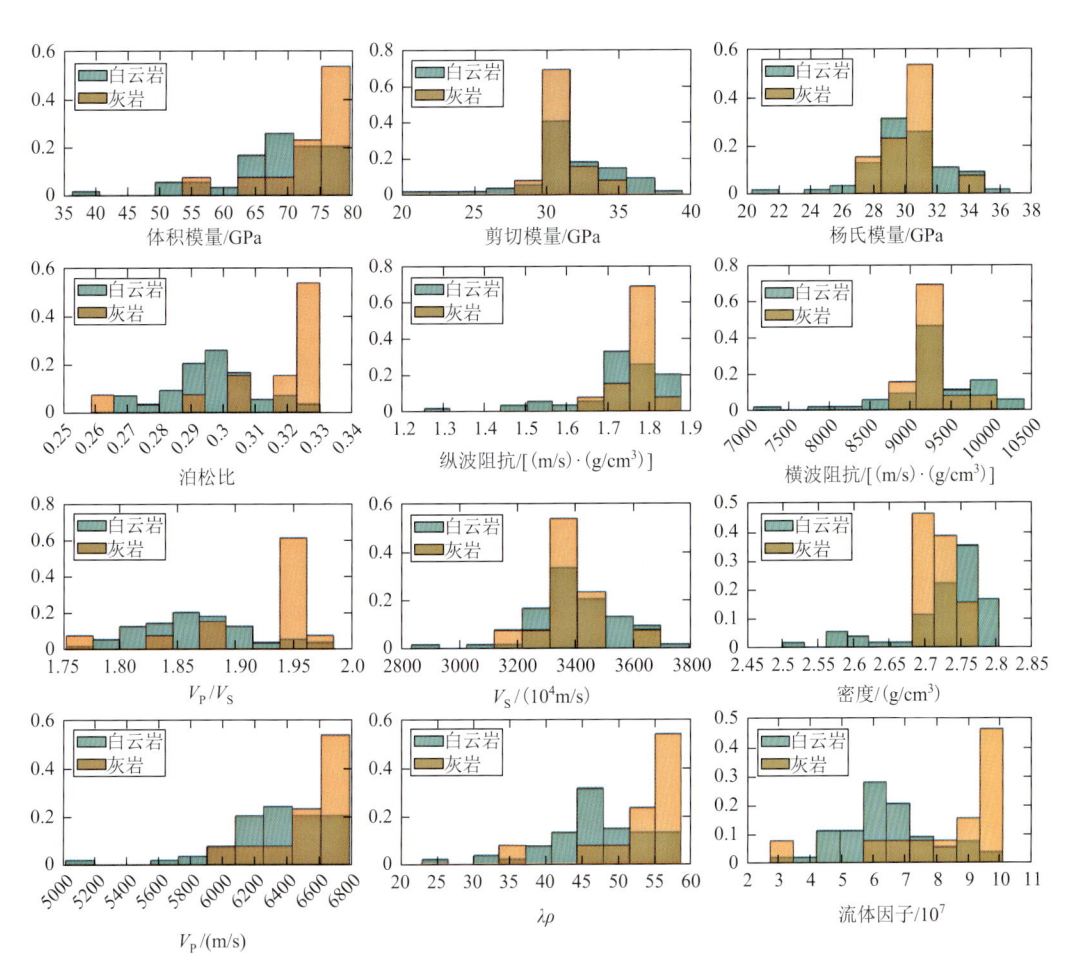

图4.38 灰岩与白云岩敏感参数直方图

注：各图纵坐标均表示各参数值的相对变化量。

如图 4.39 所示，对两参数交会可以发现，纵、横波阻抗交会图上灰岩和白云岩存在明显分界特征，利用纵、横波阻抗进行坐标旋转构建的泊松阻抗也能较好地将灰岩和白云岩进行区分，其特征值取 1.66 能较好区分灰岩和白云岩，正值为灰岩，负值为白云岩。

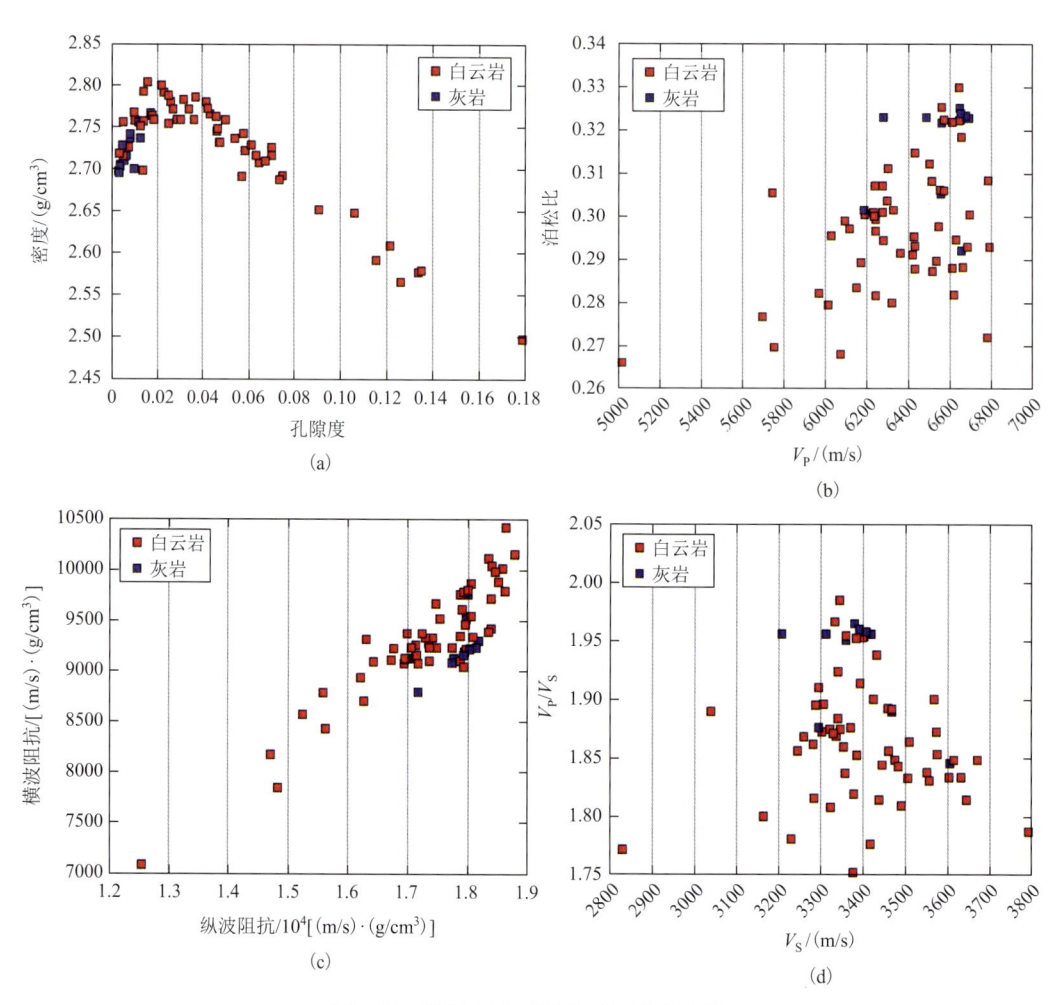

图 4.39　灰岩与白云岩敏感参数交会图

4.4.2　物性敏感参数分析

通过对纵波速度 V_P、横波速度 V_S 和孔隙度做交会图可以发现(图 4.40)，无论是纵波还是横波，均存在着低孔隙度样品与高孔隙度样品的叠置，这就导致了直接使用 V_P、V_S 对物性进行识别存在着一定的困难。但因为低孔隙度低速样品大多数为裂缝型的灰岩样品，如果在地层发育连续稳定白云岩的情况下，V_P 与孔隙度之间仍然存在着较好的负相关关系，同样可以利用 V_P 对孔隙度较大的样品开展相应的预测工作。

由密度和纵波速度 V_P 的交会图(图 4.41)可以看出，V_P 与密度的关系和经典经验关系曲线吻合度都不佳，而在储层预测中，若密度参数不明确时常利用该类经验公式对密度进行拟合计算，而深层雷口坡组储层存在自身的特殊性，不宜直接套用现成的速度-密度公式。

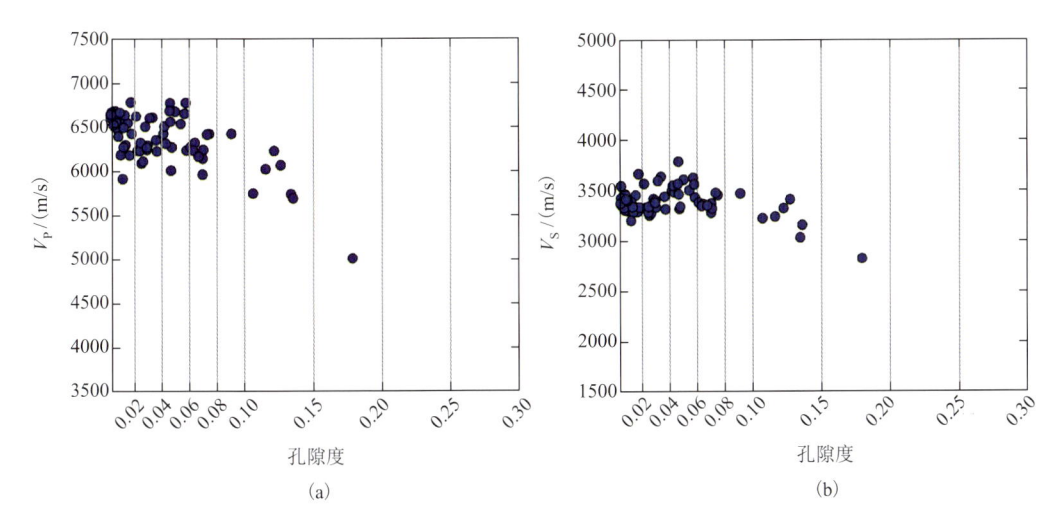

图 4.40　纵横波速度与孔隙度交会图

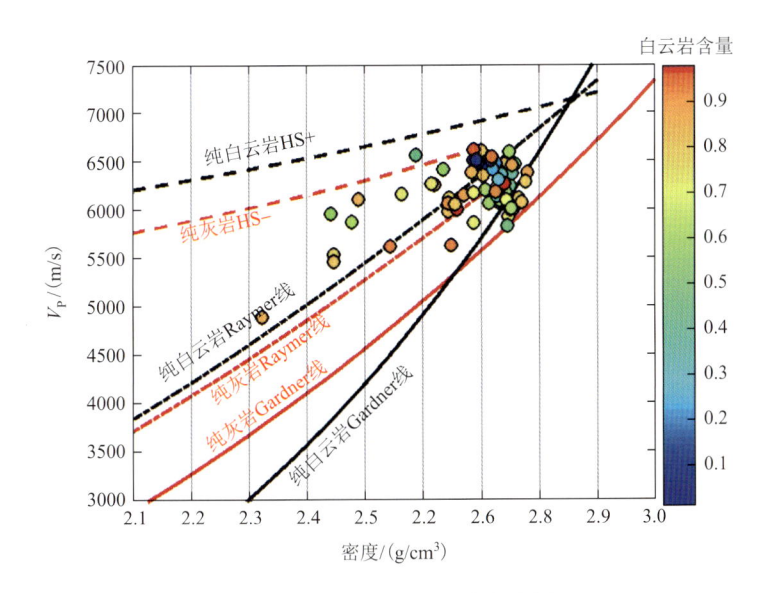

图 4.41　纵波速度与密度交会图

采用孔隙度与渗透率交会分析方法，将孔隙分为致密型、裂缝型、裂缝-溶孔型、溶孔型四种类型（图 4.42），并使用试验数据评估孔隙类型对弹性参数的整体影响规律，发现孔隙结构的变化对 $V_\mathrm{P}/V_\mathrm{S}$ 的影响比较大，而对常规阻抗的影响偏小。

将样品根据其分布的位置进行了分类，分为上储层、下储层和隔层（图 4.43），并使用交会分析方法分析了不同层段主要弹性参数的变化规律，发现上、下储层整体弹性特

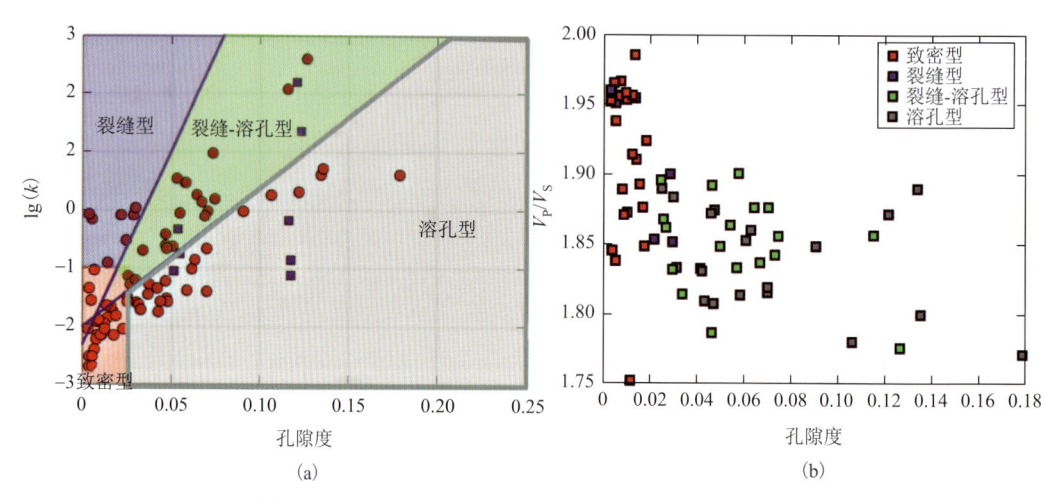

图 4.42 不同孔隙类型 V_P/V_S、渗透率和孔隙度交会图

注：k 为渗透率。

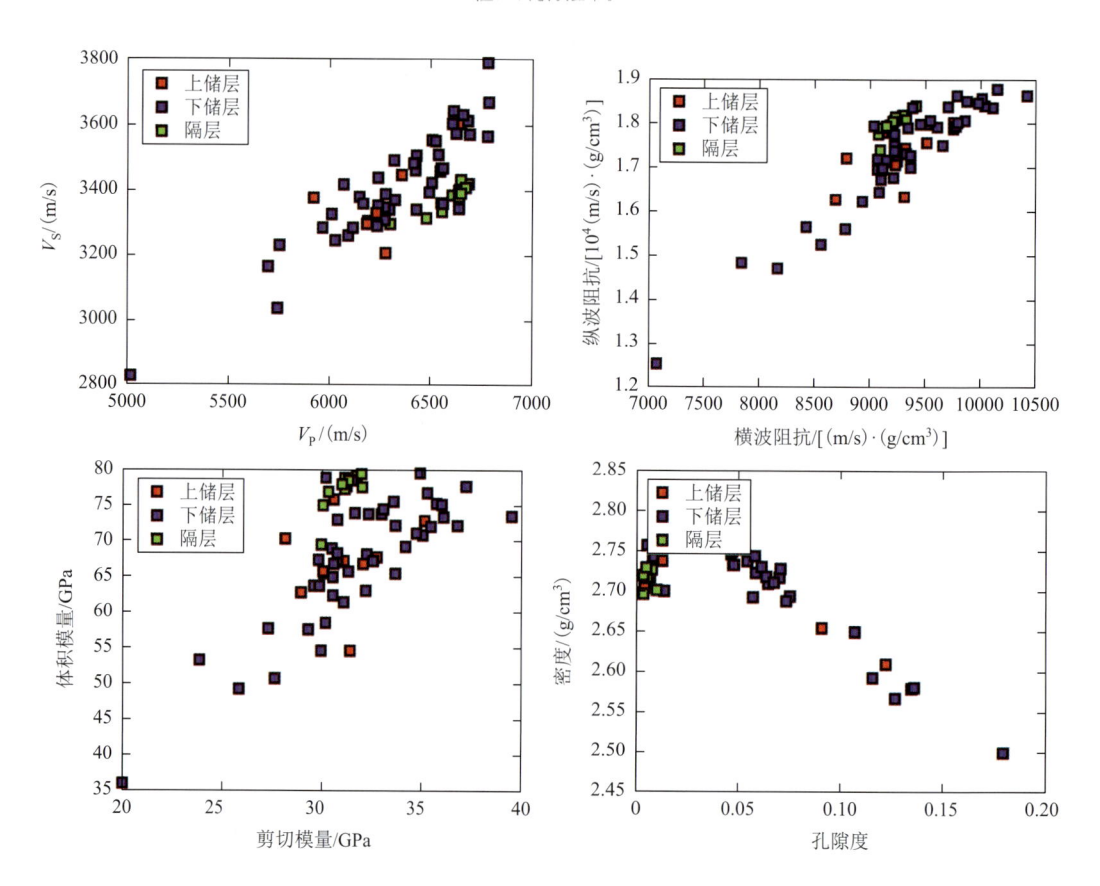

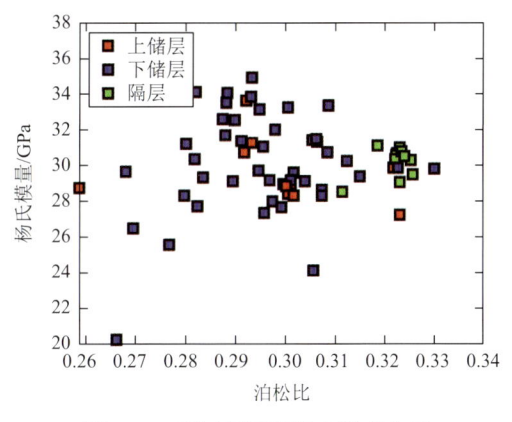

图 4.43 不同层段弹性参数交会图

征相似。上储层孔隙度较低，具有密度较大、纵波阻抗适中、横波阻抗偏小、纵横波速度比和泊松比较大的特征；下储层孔隙度较大，具有纵横波速度比和泊松比较小，其余弹性参数的分布范围较广的特征；隔层孔隙度低，具有密度适中、纵波阻抗较大、横波阻抗适中、纵横波速度比和泊松比较大的特征。使用常规纵、横波波阻抗与孔隙度交会发现(图 4.44)，低孔隙度主要以灰岩为主，表现出低孔高阻抗的特征，白云岩尤其是孔隙度大于6%的优质白云岩具有明显的低阻抗特征，因此在波阻抗低于 15800(m/s)·(g/cm³)时能够较好预测高孔隙度的优质白云岩储层。

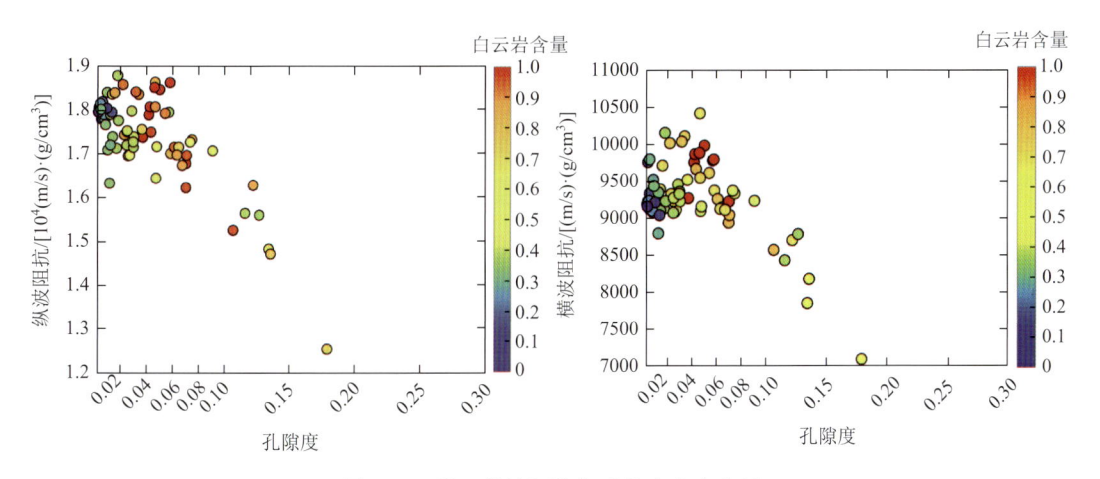

图 4.44 纵、横波阻抗与孔隙度交会分析

使用弹性和物性参数与孔隙度进行交会发现(图 4.45)，对孔隙度最为敏感的参数为密度，其次为纵波阻抗和横波阻抗。体积模量对于孔隙度存在一定响应，弹性参数中剪切模量、杨氏模量和泊松比几乎都没有响应。

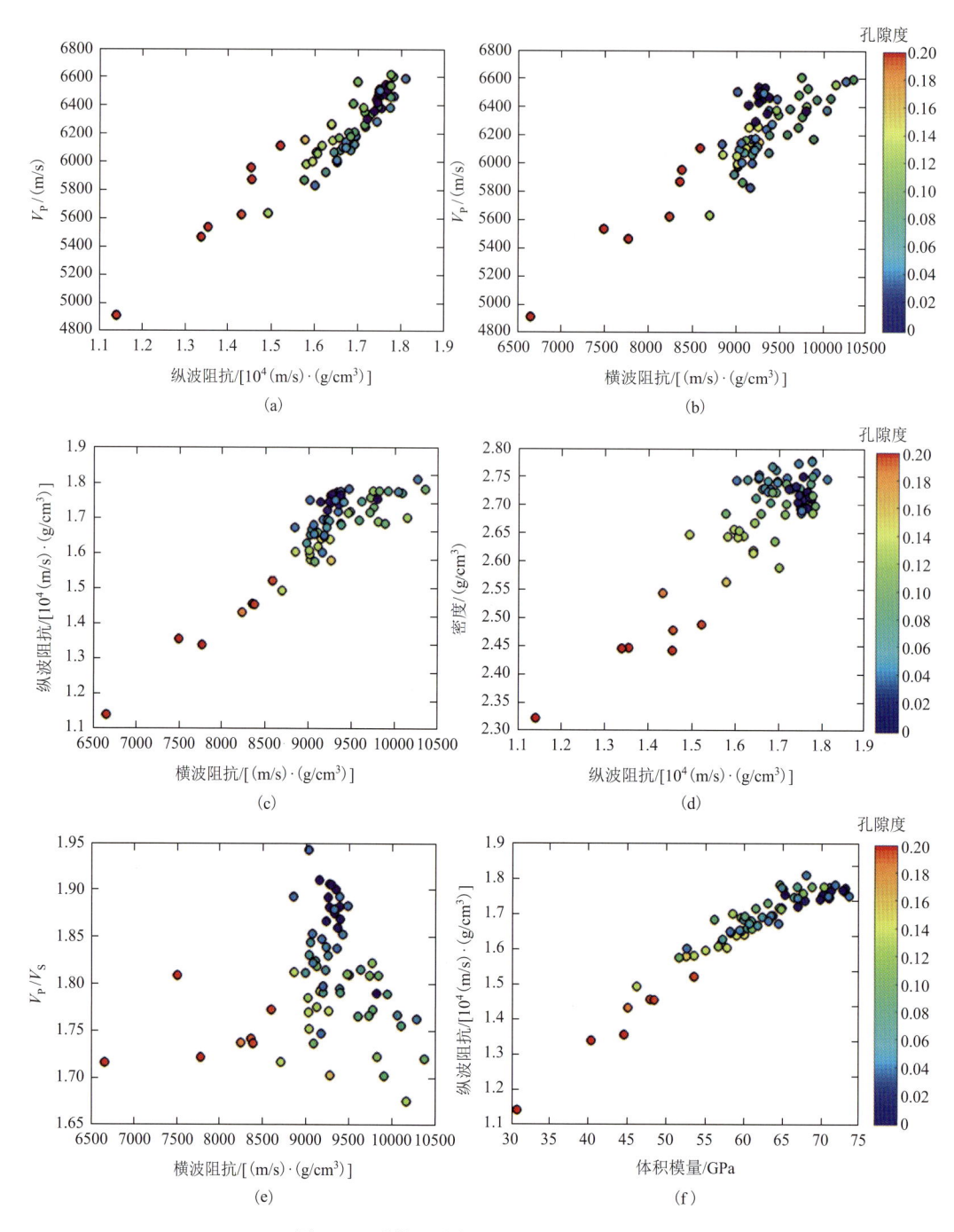

图 4.45 弹性和物性参数与孔隙度交会图

4.4.3 流体敏感参数分析

1. 流体饱和状态下纵横波速度特征

将样品分别在饱气和饱水两种状态下进行测试(图 4.46),可以发现小孔隙度的样品呈现出饱水状态下 V_P 远大于干燥状态下的 V_P,而 V_S 则相差不大;而随着孔隙度的增大,V_S 的变化逐渐增大而 V_P 的变化逐渐变小,从而导致了 V_P/V_S 值的较大变化。饱水状态样品的 V_P/V_S 值主要分布范围为 1.75~1.9,而饱气状态样品的 V_P/V_S 值则主要分布在 1.58~1.8 之间。

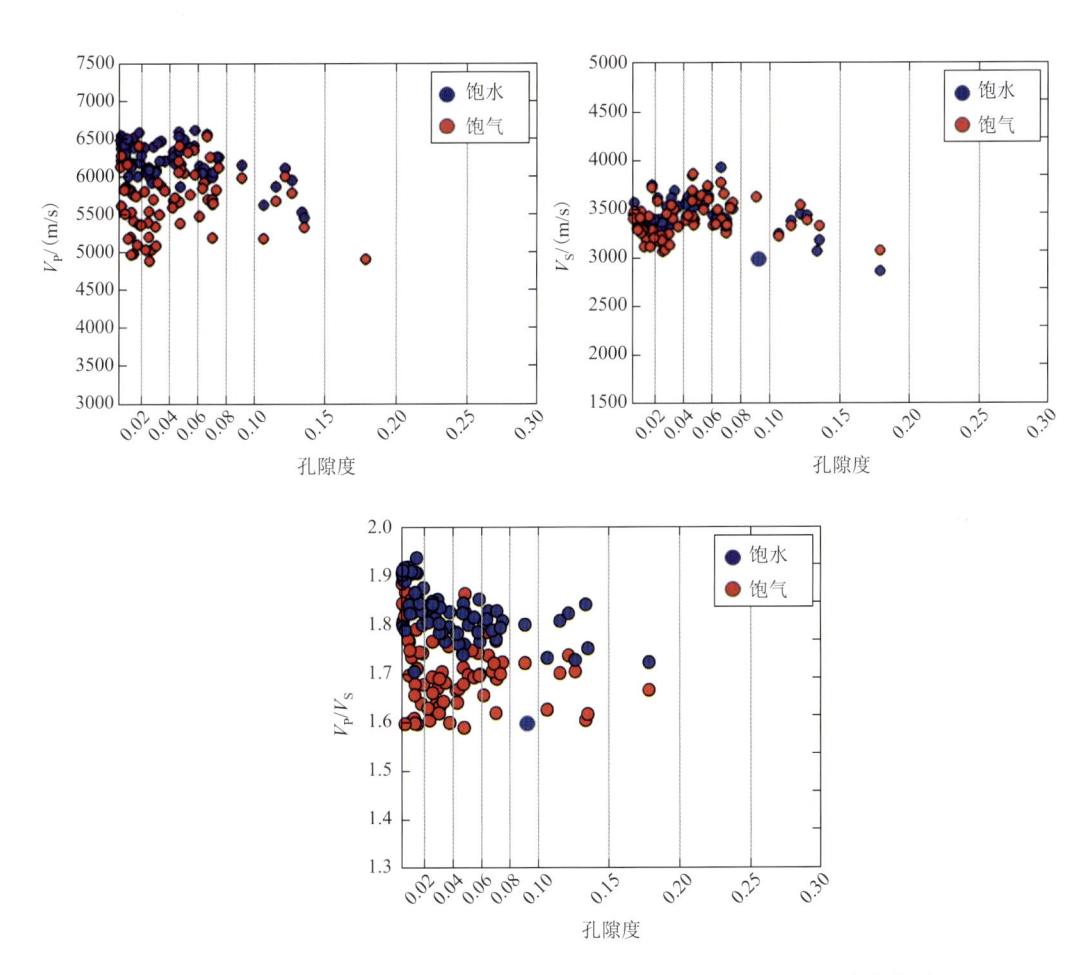

图 4.46 饱气、饱水状态样品的纵横波速度及纵横波速度比与孔隙度交会图

出现该现象的原因主要是:孔隙度较小的样品以微裂缝等小纵横比孔隙为主,其孔隙本身模量较小,从而对流体出现了较大的响应,而大孔隙度的样品以溶孔、粒间孔等偏硬孔隙为主,其孔隙单元本身模量较大,对流体变化则不太敏感。出现

小孔隙度横波速度无变化而大孔隙度横波速度明显下降，主要是因为流体变化并不带来剪切模量的变化，而流体变化以影响样品的密度为主，大孔隙度样品的剪切模量不变的情况下密度变化更大，则对流体充填出现了明显的响应。因此，纵横波速度比能够区分不同孔隙度条件下的饱水、饱气状态。

2. 流体部分饱和状态下的弹性特征

大部分实际储层中，往往会出现部分流体饱和的情况，针对这种特征，前人利用 Wood 公式来描述样品内部的混合流体模量特征，但是 Wood 公式使用的前提是多相流体之间的充分混合，而川西雷口坡组储层的孔隙空间以微观-介观小尺度孔隙为主，难以实现气液两相混合状态，不符合 Wood 公式描述应用的假设条件，因此需要对雷口坡组岩心进行变饱和度实验，研究不同饱和度下样品的岩石物理响应特征。

基于此，本书开展了不同含气饱和度岩心的岩石物理实验工作，将样品放在超声波蒸汽发生仪上，使样品内部孔隙均匀进入水后，分别对不同饱和度的样品进行测试，发现雷口坡组样品无论是大孔隙度样品还是小孔隙度样品，纵波速度与饱和度间都呈现出近线性的上升特征，同时对比 Wood 公式预测的速度变化，可以发现两者变化特征完全不吻合。

如图 4.47 所示，利用 Voight 模型构建了针对雷口坡组岩石的流体模量计算方法，通过 Voight 模型 + Gassmann 流体替换的方式来对流体饱和变化时的样品速度及弹性参数进行预估，同时对比经典的 Patchy 模型，发现 Patchy 模型也同样不适用于川西雷口坡组碳酸盐岩的流体模量估计。而使用 Voight 模型对于流体模量的估计与实验数据基本吻合，是较为准确的，表现为纵波速度随含气饱和度的增大呈现出近线性减小的特征。

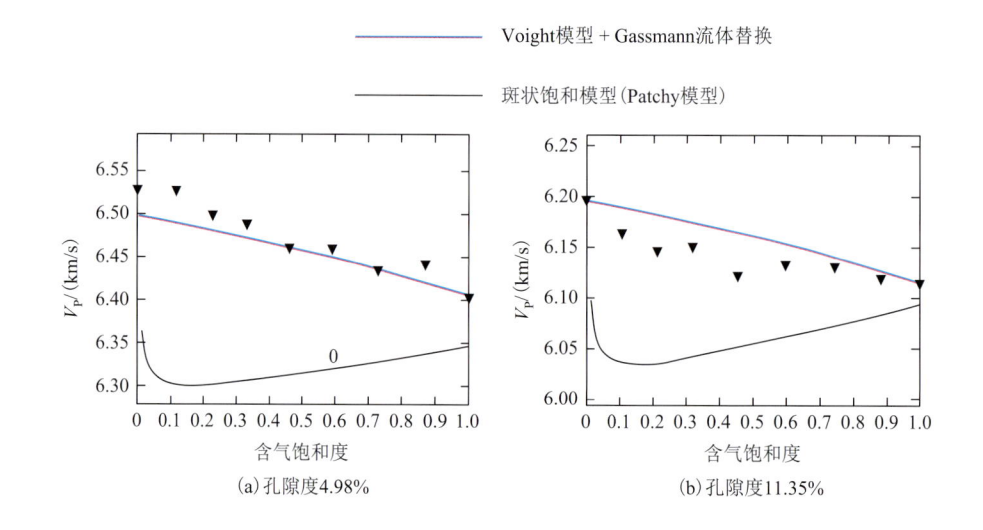

Voight模型 + Gassmann流体替换

斑状饱和模型(Patchy模型)

(a) 孔隙度4.98%

(b) 孔隙度11.35%

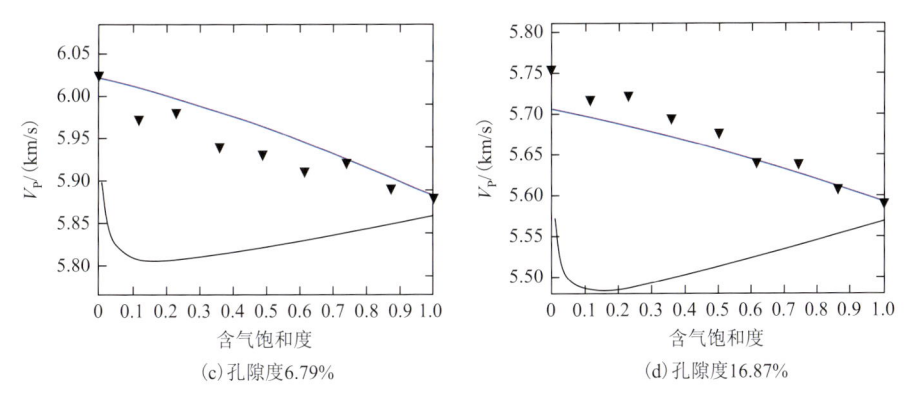

(c) 孔隙度6.79%　　　　　　　　　　(d) 孔隙度16.87%

图4.47　不同模型纵波速度随含气饱和度变化对比图

3. 流体敏感参数分析

针对所有的物性和弹性参数进行饱水和饱气两种状态下的对比分析，从流体敏感参数交会图(图 4.48)和分布直方图(图 4.49)来看，纵横波速度比、泊松比、泊松阻抗和体积模量的叠置较少，表明可以使用纵横波速度比、泊松比、泊松阻抗和体积模量等参数开展地震数据流体预测，可以得到更加准确的流体预测结果。对流体较为敏感的参数是泊松比、纵横波速度比、泊松阻抗、$\lambda\rho$ 和体积模量。

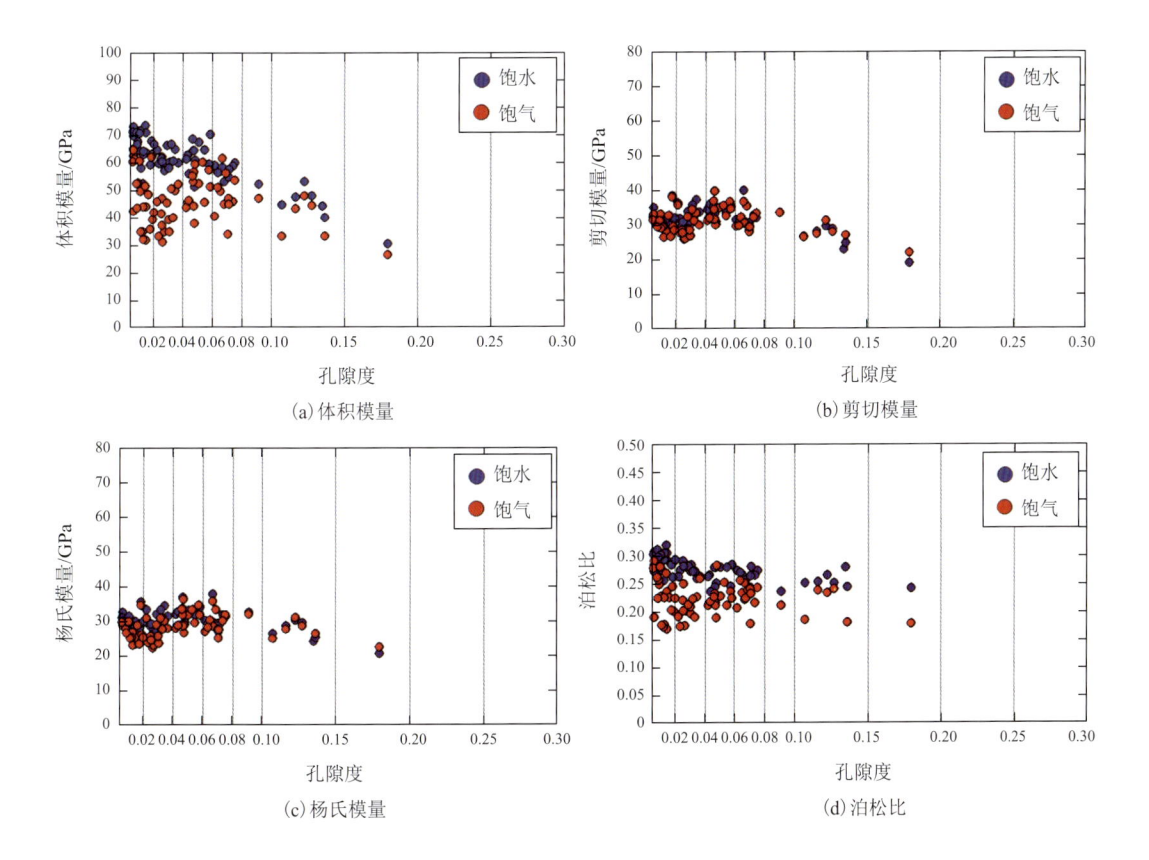

(a) 体积模量　　　　　　　　　　(b) 剪切模量

(c) 杨氏模量　　　　　　　　　　(d) 泊松比

(e) 纵波阻抗

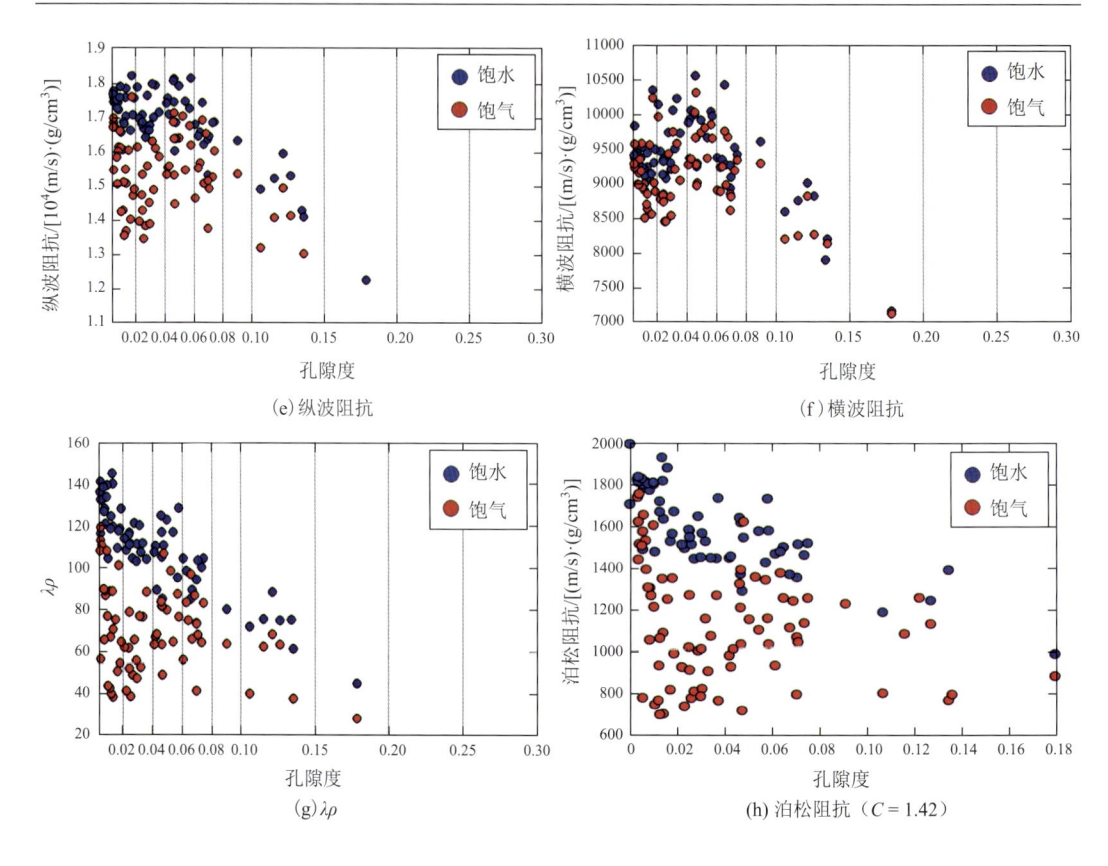

(f) 横波阻抗

(g) λρ

(h) 泊松阻抗（C = 1.42）

图 4.48　饱气和饱水状态下流体敏感参数交会图

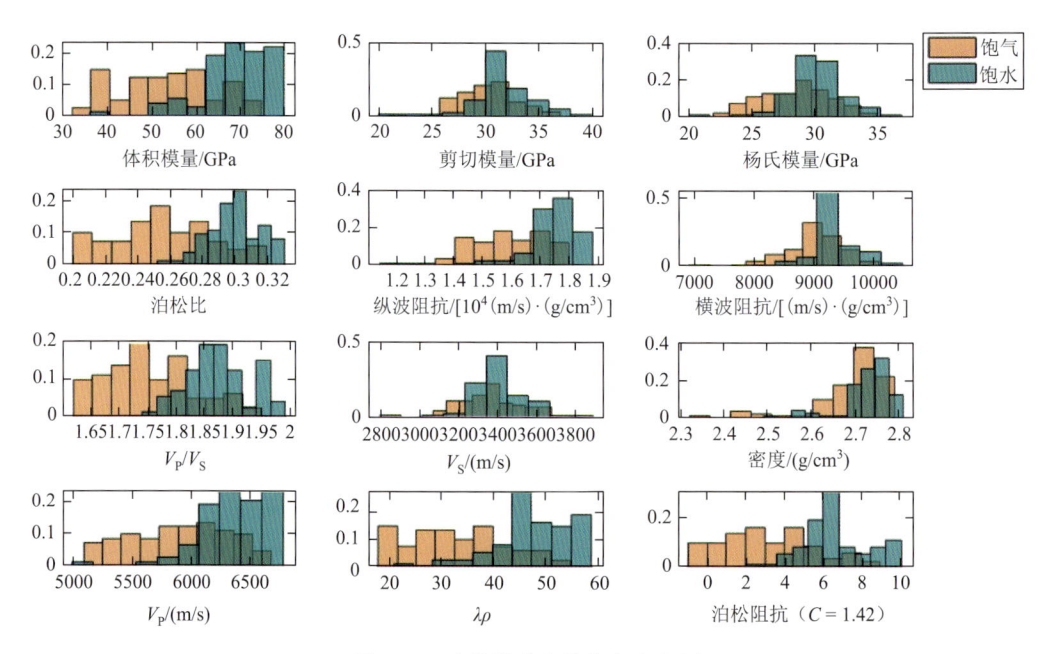

图 4.49　流体敏感参数分布直方图

注：各图纵坐标均表示各参数值的相对变化量。

4.4.4 储层岩石物理解释量板

根据岩石物理实验测试结果和数字岩心分析结果，通过岩石物理模型进行外推，并通过测井数据标定后，建立了川西雷口坡组储层岩石物理解释量板。图 4.50 是彭州地区雷口坡组基于纵波阻抗-纵横波速度比交会的岩石物理解释量板，该量板与测井数据结果具有高度一致性，对测井数据的储层参数特征进行了较为精准的描述。

从图 4.50 中可以看出，孔隙度的增大会导致纵波阻抗快速下降，纵横波速度比轻微下降；白云岩含量减少会导致纵波阻抗减小、纵横波速度比升高；流体的充填则会导致纵横波速度比快速升高，纵波阻抗轻微增大，尤其是大孔隙度时，纵横波速度比的变化更加明显。

基于该量板给出雷口坡组储层预测的几个基本参数门槛值范围：储层纵波阻抗上限为 17000(m/s)·(g/cm³)，优质储层（Ⅰ、Ⅱ类）纵波阻抗上限为 15800(m/s)·(g/cm³)，以及气层值域范围为 1.70~1.82。将雷口坡组储层地震反演获得的纵横波速度比和纵波阻抗结果投入量板，即可利用地震数据的弹性参数对其储层参数和含气性开展定量预测。该量板为储层定量预测和流体检测奠定了岩石物理基础。

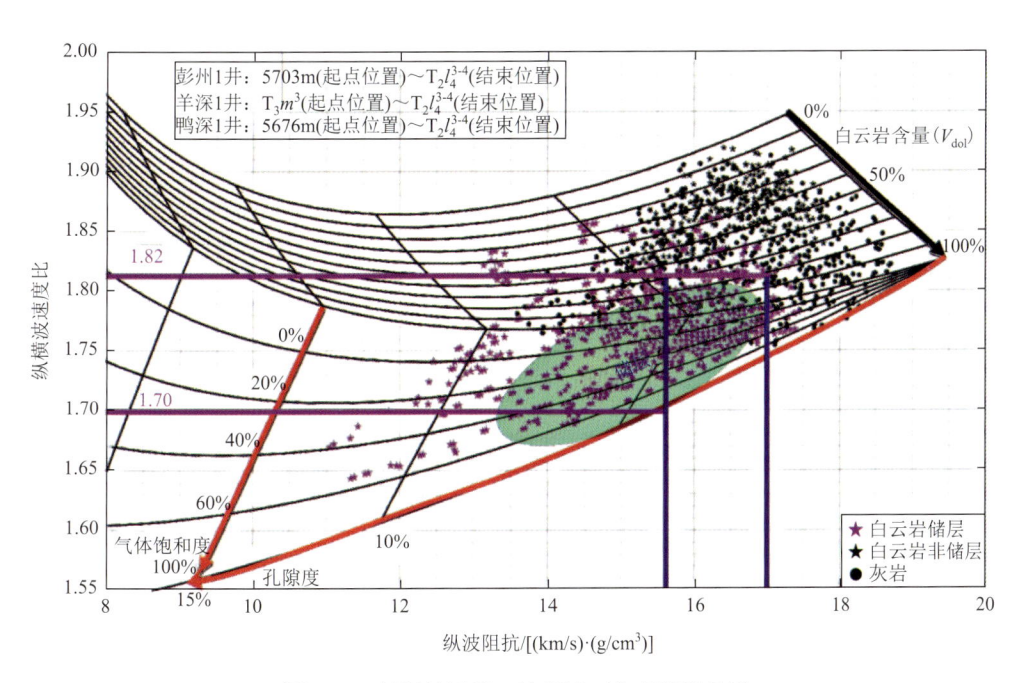

图 4.50　彭州地区雷口坡组岩石物理解释量板

第5章 多构型薄储层地震响应特征及识别技术

川西气田超深潮坪相白云岩储层具有单层厚度薄、横向分布变化大、非均质性强的特点，且纵向呈互层状分布。由于其薄储层的互层特征不同，纵向上表现出多种构型特征的地质发育模式，对不同薄储层构型特征的地震响应特征认识是利用地震资料对其进行识别和预测的基础。

从地层结构及地震反射特征上看，雷口坡组上覆地层为马鞍塘组一段(马一段)厚度约40m的灰岩，之上为马鞍塘组二段(马二段)厚约100m的泥页岩沉积。由于雷口坡组及马一段碳酸盐岩与马二段泥页岩波阻抗差异大，马一段灰岩顶在地震剖面上形成强反射界面(T_6)，该强反射界面具有极强的屏蔽作用，加剧了下伏雷口坡组薄储层识别的难度；同时，实际资料主频约为25Hz，雷四上亚段的地层厚度为150～180m，约3/4个波长，雷四上亚段上、下储层段主要位于强反射界面下"两峰夹一谷"3/4个波长范围内(图5.1)，即3/4个波长范围内既包含了地层结构信息又包含了多套薄储层的信息。如何从复合的地震响应中区分并识别雷四上亚段上、下多套薄储层的地震信息，并利用地震信息的变化特征对薄储层的发育特征进行判识，是亟待解决的重要难题。

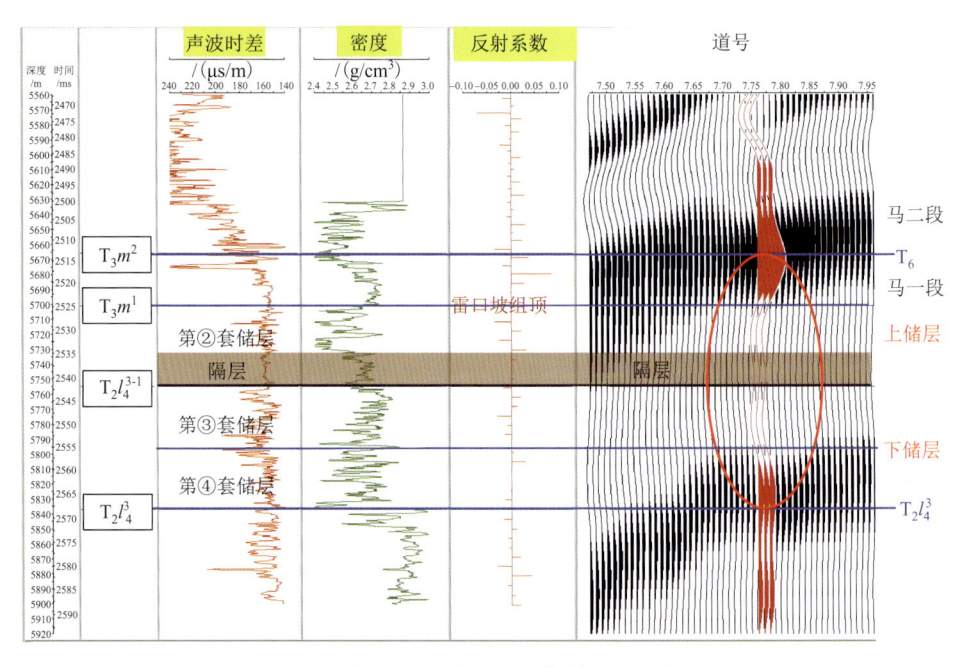

图5.1 龙门山前雷四上亚段井震标定关系

正确认识地震复合波的形成机理是储层预测的基础。正演模拟技术是研究地震波场在地下介质中的传播规律最常用的方法之一。本章通过建立符合实际地层结构、储层发育的构型样式及岩石物理特征的薄储层模型，基于弹性波波动方程正演模拟技术，剖析不同构型特征下的地震响应；通过波形变化特征分析，从复合的地震响应中逐步"剥离"出上、下多套薄储层的地震响应特征及变化规律，建立多类型薄储层的地震识别模式，并基于地震识别模式预测构型的空间分布特征，实现地震识别模式指导下薄储层发育构型特征预测。

5.1 多构型薄储层地震地质模型构建

5.1.1 薄储层的划分与合并

从雷四上亚段上储层段发育厚度的统计结果来看，储层厚度较薄，单层厚度小于 1m 占比 25%、1～<2m 占比 67%、2～3m 占比 8%，以小于 2m 的薄储层为主，如图 5.2(a)所示；下储层段单层厚度小于 1m 占比 21%、1～<2m 占比 53%、2～<4m 占比 21%、4～7m 占比 5%，同样以小于 2m 的薄储层为主，如图 5.2(b)所示。从测井解释结果来看，虽然井与井之间薄储层发育特征差别较大，但在纵向上，薄储层是连续发育的，储层累计厚度达 10～30m。从地震响应的角度来看，单一薄储层难以识别，薄储层组合构型划分及预测是地震储层预测的基础，因此要首先解决薄储层的合并与划分问题。

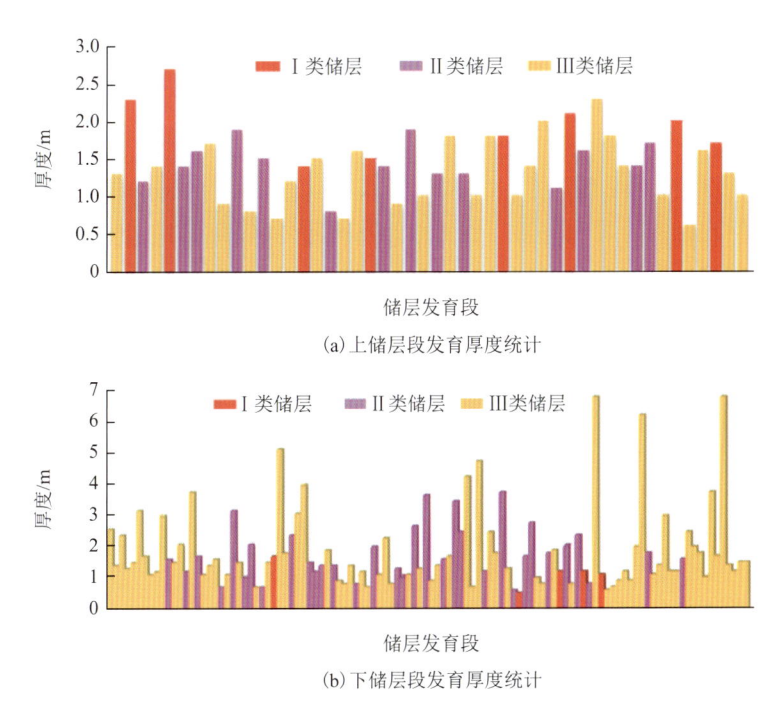

图 5.2 雷四上亚段不同类型储层发育厚度统计

为解决这一问题，从实际情况出发，构建不同薄互储层结构模型，开展不同薄储层组合下的地震响应特征分析，以不影响薄互储层地震波场特征为原则，简化薄互储层模型。如图 5.3(a)所示，模型构建主要考虑如下几种因素：薄储层的厚度变化、薄储层在地层结构中发育位置(薄储层之间的距离)的变化和薄储层的结构变化,所建立的模型能够反映地下真实薄互储层结构特征。考虑到薄互储层厚度情况和实际地震资料主频,采用 1m×1m 的小网格和主频为25Hz的里克子波进行波动方程正演模拟,模拟地震波在薄互储层结构中传播的地震波场记录,获得正演模拟炮集记录,采用真实模型速度对含有薄互储层结构的地震波场信息进行偏移成像,获得不同薄互储层结构模型对应的地震偏移剖面,如图 5.3(b)所示。

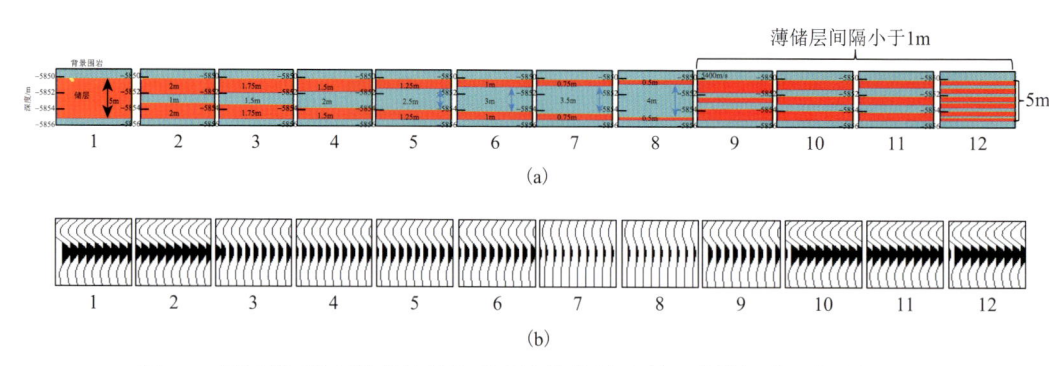

图 5.3 不同薄互储层结构地震地质理论模型(a)及其正演模拟结果偏移剖面(b)

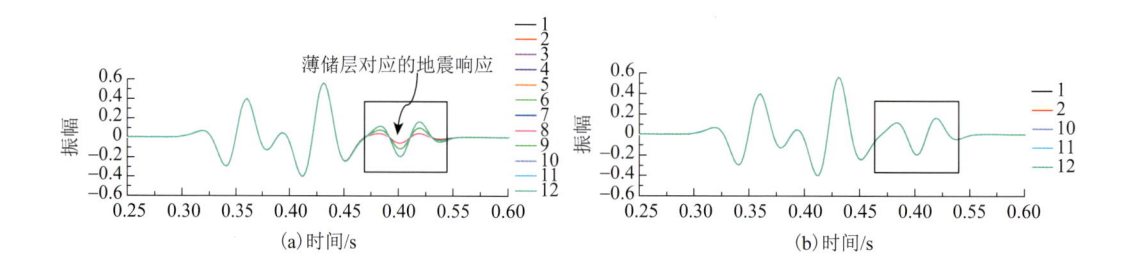

可将不同薄互储层结构下的波形特征差异归纳如下:①当薄储层之间的间隔小于1m 时,不同结构的薄互储层与相同厚度的薄储层所表现出来的地震响应特征几乎一致[图 5.4(b)显示 1、2、10、11、12 这五个模型的波形几乎完全重合];②单一薄储层厚度大于2m时,地震地质模型构建时应单独考虑,如薄互储层模型 2 与薄互储层模型 3,虽然隔层相差只有 0.5m,但是地震特征却表现出明显的差异[图 5.4(c)],因此,在薄互储层地震地质模型构建时,单层厚度大于 2m 的薄储层应单独考虑;③薄储层厚度小于 1m 且纵向间隔大于 4m 的孤立薄储层引起的响应较弱,在地震地质模型构建时可以不做考虑[图 5.4(d)显示 7、8 两个薄互储层模型的波形几乎完全重合]。基于上述分析,给出薄互储层模型建模简化应该遵循的原则:①当薄储层间隔小于 1m 时可作为一层考虑;②单层厚度大于 2m 的薄储层应单独考虑;③薄储层厚度小于 1m 且纵向间隔大于 4m 的孤立薄储层,可以不做考虑。

根据薄储层划分与合并的原则,对井资料的薄储层进行了合并,上下储层段薄储层厚度为几米到十几米,便于开展储层响应机理分析。通过合并前后正演结果并对比分析,简化后的模型地震响应波形特征与简化前几乎一致,如图 5.5 所示,在不影响地震响应特征分析的基础上达到了简化薄互储层模型的目的。

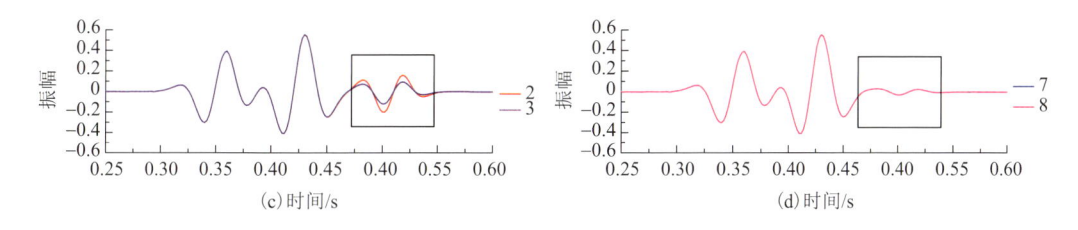

图 5.4 不同薄互储层结构下所表现出的地震波形特征差异

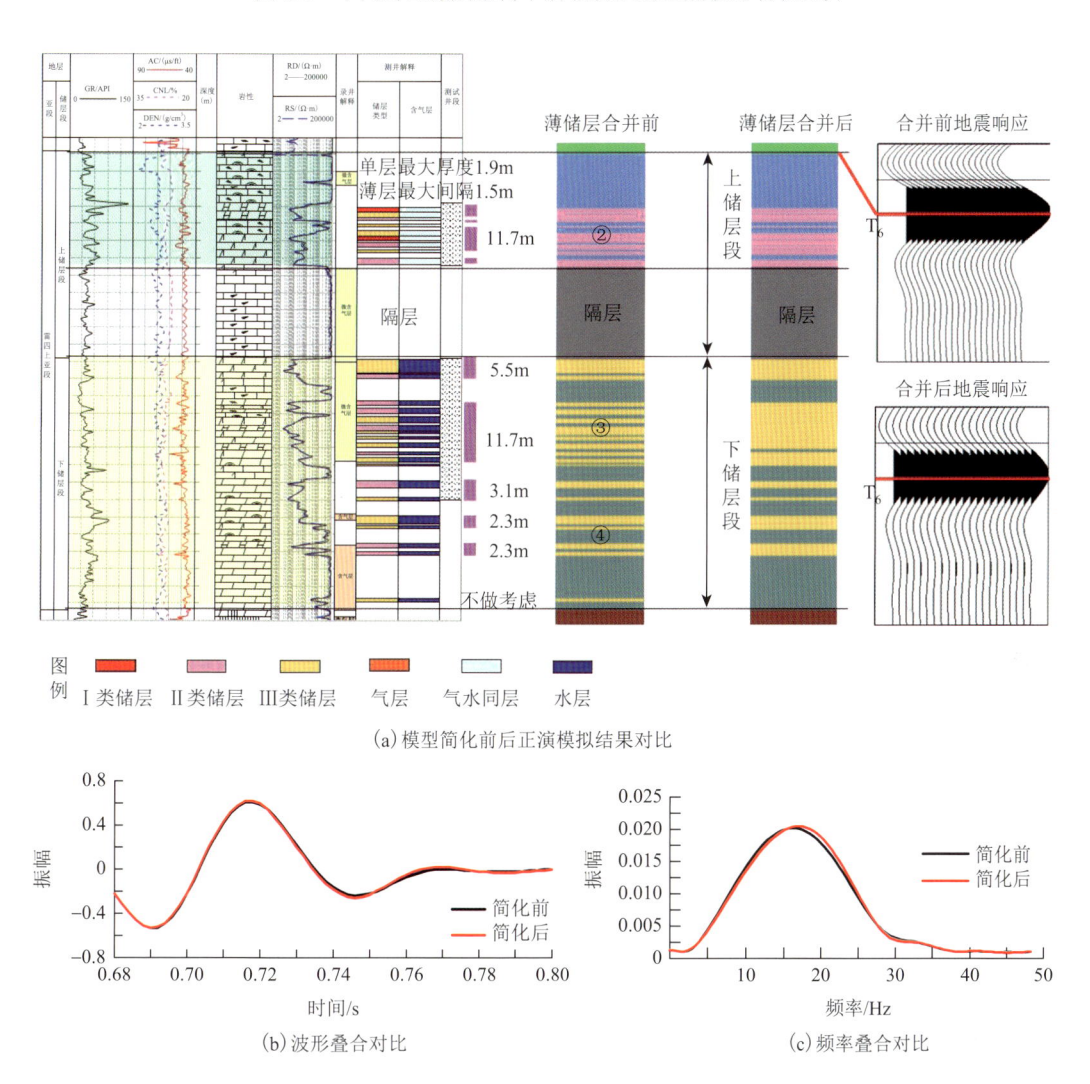

(a) 模型简化前后正演模拟结果对比

(b) 波形叠合对比

(c) 频率叠合对比

图 5.5 实际薄互储层地震地质模型简化前后效果对比

5.1.2 薄储层典型构型分类

结合已钻井薄储层在空间上的发育特征,将薄储层发育的特征归纳为"三型两构"。将上储层划分为"三型":聚集型、相对分散型和均匀分布型,主要对应 TL_4^{3-2} 小层(简称为②号小层)，TL_4^{3-1}小层储层普遍不发育，不予考虑。地震地质模型如图 5.6 所示，分别对应储层集中发育、局部集中发育和分散发育三种典型储层地质发育模式，薄储层累加厚度 15m，单层厚度为 1～2m。

将下储层划分为"两构"，对应两套小层(TL_4^{3-3}和TL_4^{3-4}，分别简称为③、④号小层)，构建模型时依据两套小层的储层发育组合关系，主要考虑薄储层厚度及空间组合特征变化，共18种情况(图 5.7)，涵盖了可能钻遇的薄储层的基本类型。从图 5.7 中可以看出，③号和④号小层组合变化形式多样，结合钻井划分为"两构"，具体指③号小层发育、③号和④号小层同时发育。图 5.7(a)为仅考虑下储层段发育，图 5.7(b)为考虑上下三套储层段同时发育。

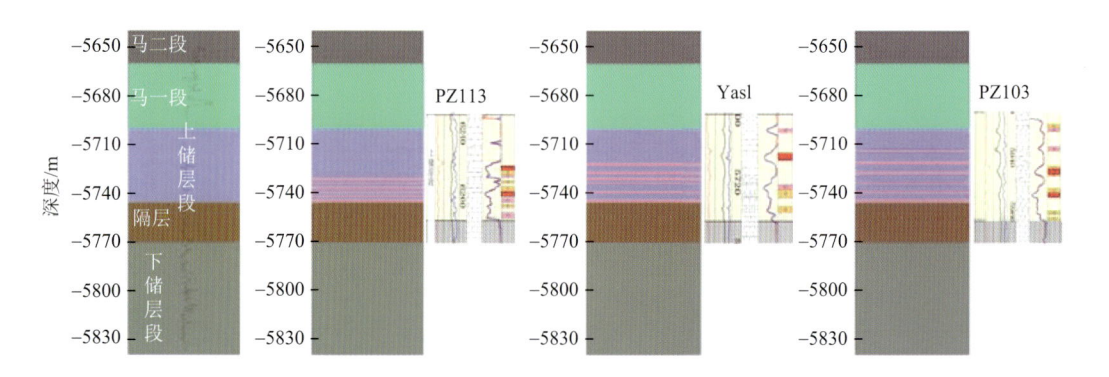

图 5.6　上储层段聚集型、相对分散型、均匀分布型"三型"地震地质模型

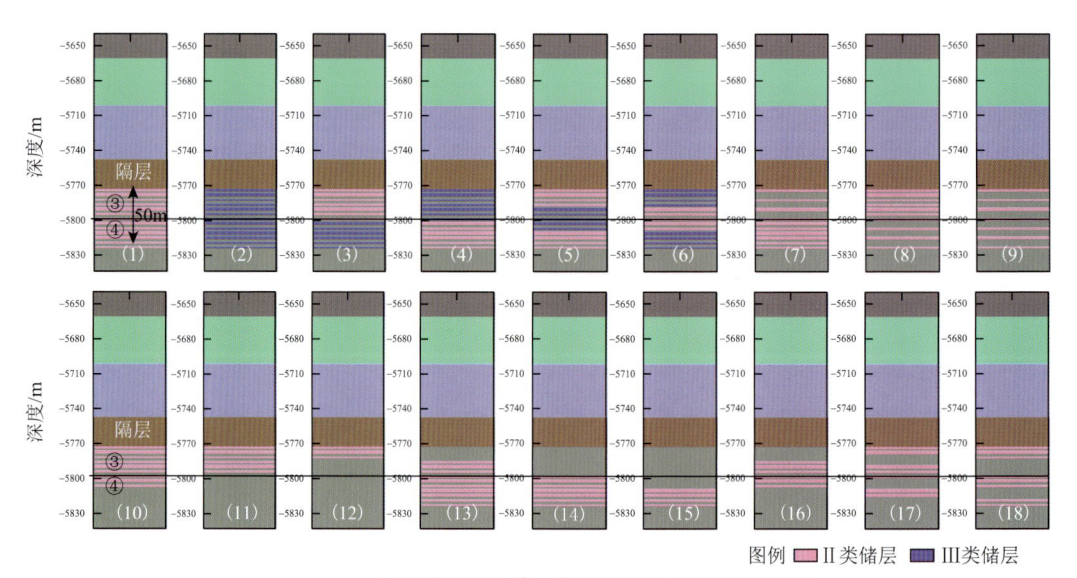

(a)仅考虑下储层(③、④)段发育不同类型薄储层模型

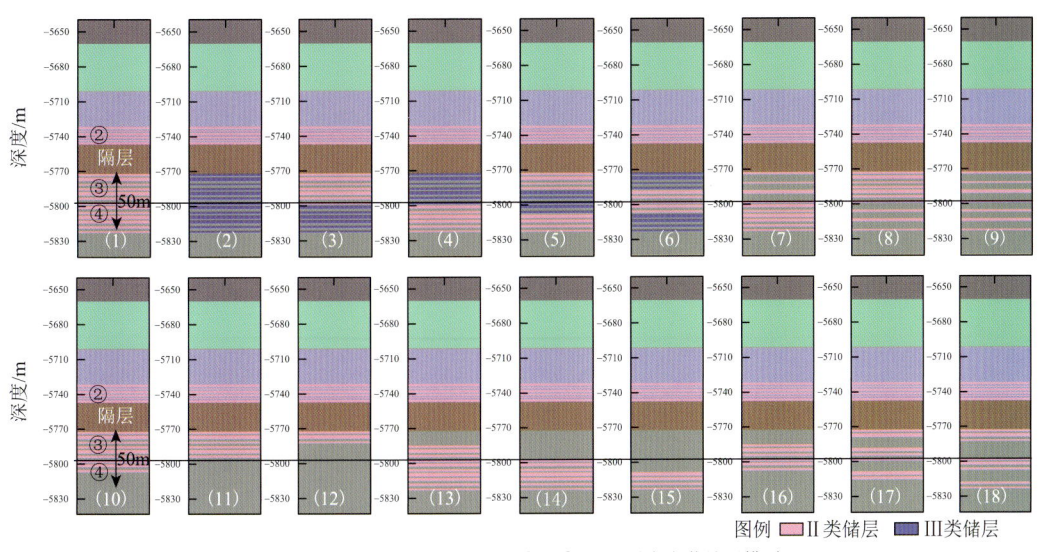

(b) 考虑上下储层（②、③、④）段同时发育薄储层模型

图 5.7 下储层段"两构"地震地质模型

5.2 不同构型储层地震辨识机理

围绕如何从复合地震强反射中区分并识别上下三套储层面临的地球物理难题，本书提出了先"分"后"合"的研究思路，如图 5.8 所示。基于实际地层结构及不同储层叠加样式建立正演模型，利用全波场波动方程正演模拟技术，剖析了不同主频条件下薄储层的地震响应特征，通过波形差异化分析，从复合的地震响应中"剥离"出了上下三套储层所引起的地震响应特征及变化规律，明确上下三套储层在不同频带下的地震识别标志和识别方法，为该区强反射界面干扰下的上下三套薄互储层辨识机理分析及精准预测奠定基础。

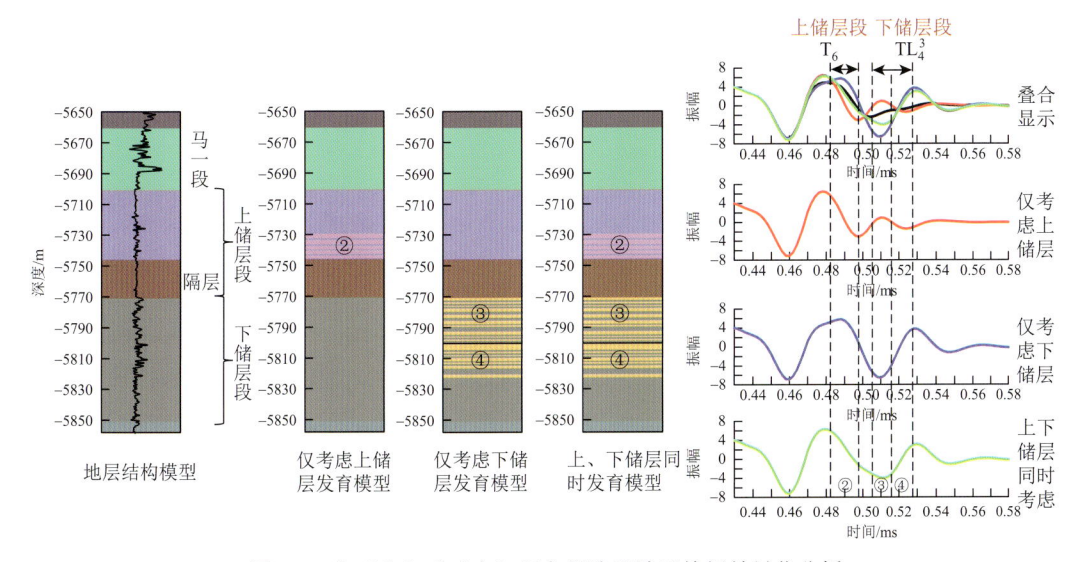

图 5.8 先"分"后"合"研究思路及波形特征差异化分析

5.2.1 上储层段辨识机理分析

基于上储层②号小层构建的聚集型、相对分散型、均匀分布型"三型"地震地质模型，采用正演模拟技术(正演模拟参数：观测系统及子波选取参照该区实际野外采集参数及子波特征，炮间距 50m、道间距 50m、排列长度 4500m、采样间隔为 1ms 和里克子波)，获得不同储层发育情况下的地震响应特征。

图 5.9 为不同构型特征及不同主频下的正演模拟结果偏移剖面。当激发子波主频低于 30Hz 时，图 5.9(a)所示的地震剖面上马一段顶(图中绿色线)和雷四段顶(图中红色线)不能分开，综合表现为强波谷反射特征(T_6)，这与实际地震资料一致；当激发子波主频大于 40Hz 时，马一段顶和雷四段顶在地震剖面上能够分开。图 5.9(b)～(d)为考虑上储层段发育不同特征薄储层时的正演模拟结果，与不同子波主频下地层结构的正演模拟结果相比，考虑上储层发育时，在常规频带(25～30Hz)下 T_6 界面下的波谷特征变化为波谷-弱峰反射特征，随着主频增加(40～60Hz)，T_6 界面下波谷-波峰特征及能量变化更加明显。在相同子波主频下，不同薄储层结构所引起的 T_6 界面下波谷-波峰能量不同，T_6 界面下波谷-波峰能量强弱依次为聚集型、分散型和均匀分布型薄储层，如图 5.10 所示。可以看出，上储层段储层越发育，T_6 界面下波谷波形特征变化越明显，即波谷斜率越大。

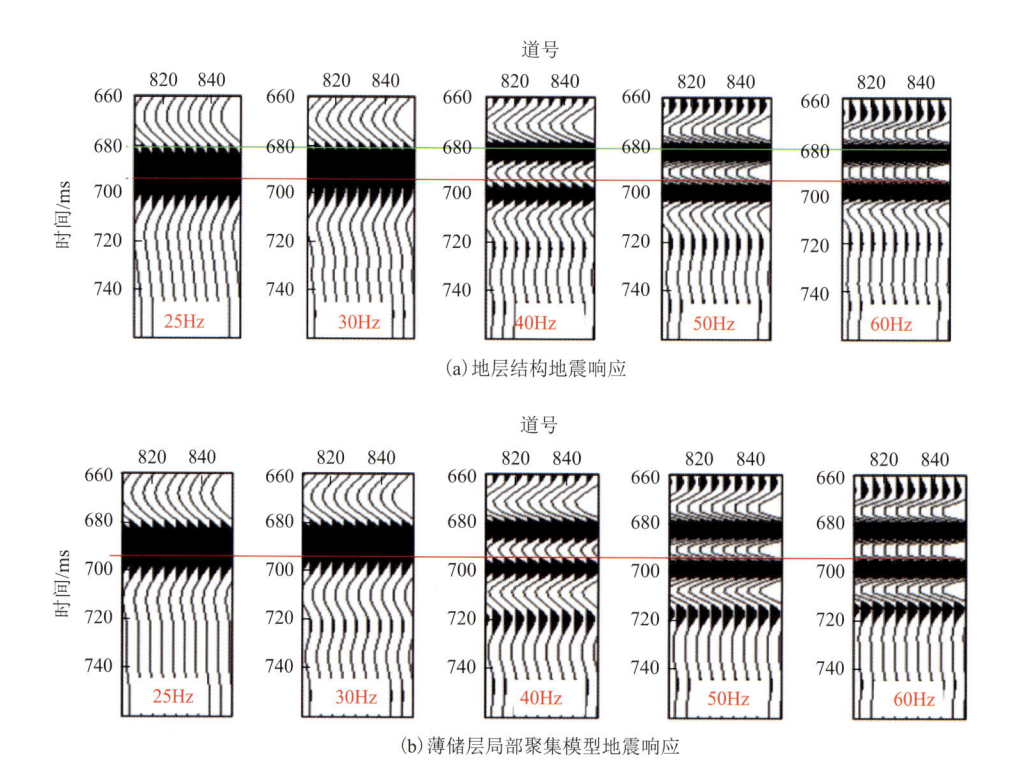

(a) 地层结构地震响应

(b) 薄储层局部聚集模型地震响应

(c) 薄储层相对分散模型地震响应

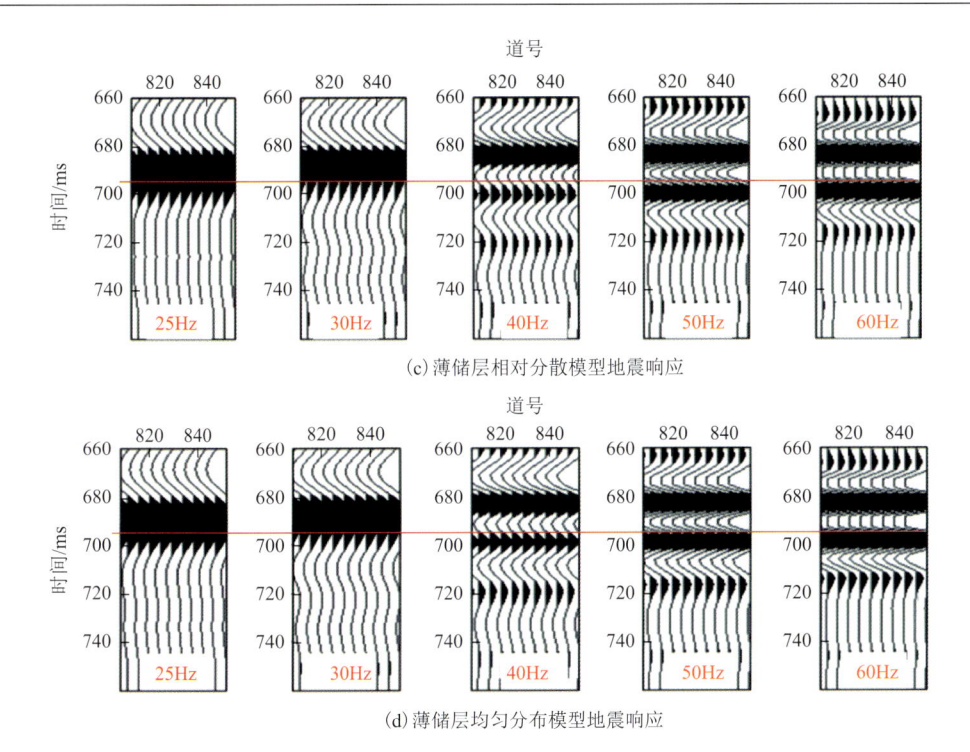

(d) 薄储层均匀分布模型地震响应

图 5.9 上储层段地震地质模型在不同主频下地震响应特征

(a) 25Hz

(b) 30Hz

(c) 40Hz

(d) 50Hz

(e) 60Hz

—— 地层结构   —— 聚集型薄储层   —— 相对分散型薄储层   —— 均匀分布型薄储层

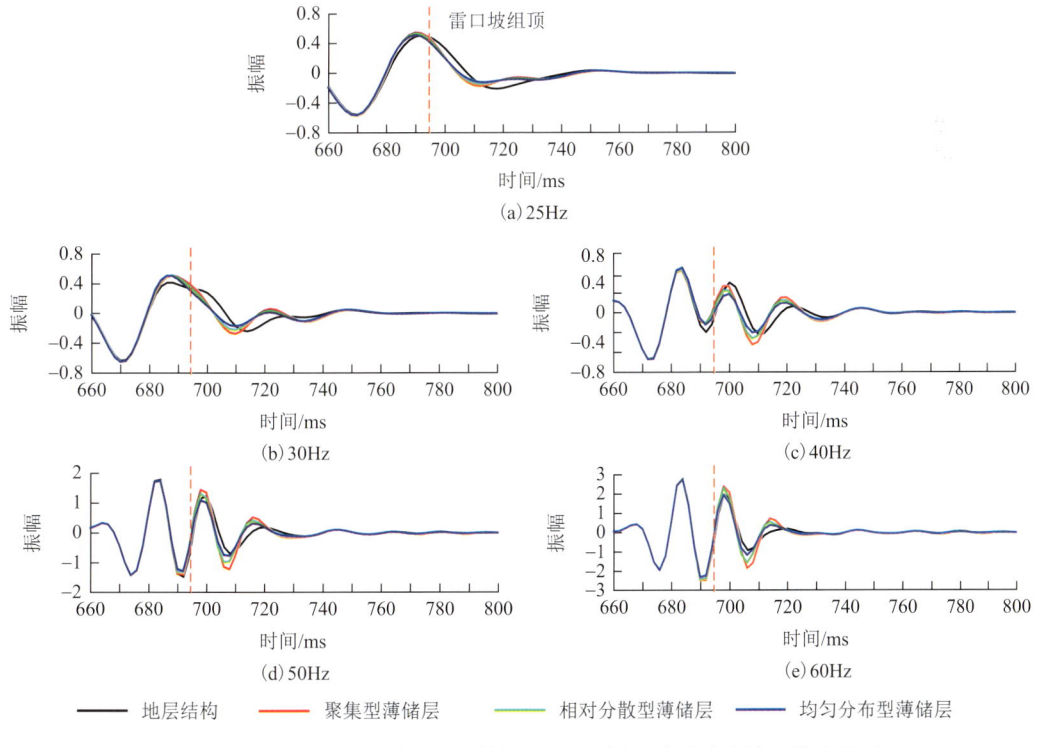

图 5.10 上储层在不同薄储层结构及不同主频下地震响应波形叠合显示

从典型井地震反射剖面特征上看(图 5.11),对于上储层②号小层,研究区已钻井提示储层顶位于 T_6 界面反射层之下的波谷中上部,波形斜率增大(波谷上移)、复合多相位波形揭示彭州 6-4D 井上储层②号小层集中发育,而鸭深 1 井上储层②号小层储层发育程度相对较低,这与正演模拟结论相吻合,因此实际资料中可以借助 T_6 界面下波谷波形特征变化对上储层发育构型进行定性预测。

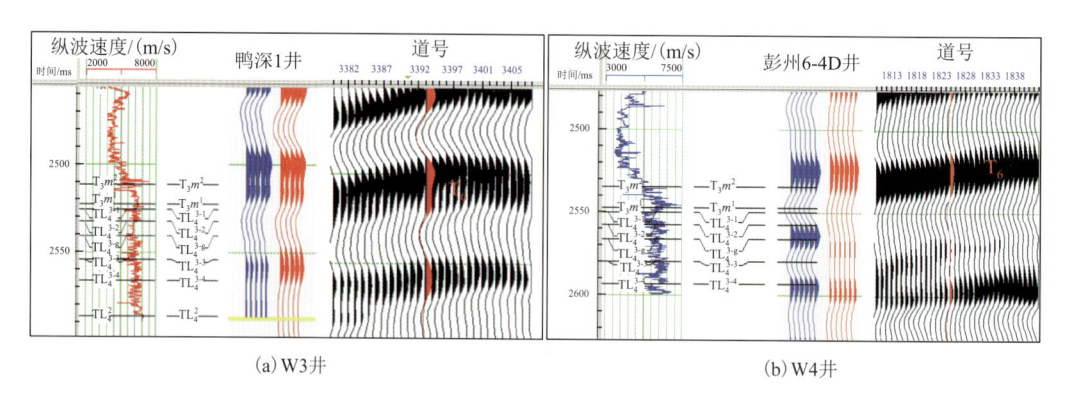

图 5.11 关键井合成记录

5.2.2 下储层段辨识机理分析

仅考虑下储层发育不同类型薄储层模型的正演模拟结果如图 5.12 所示。与地层结构正演模拟结果相比,常规频带(25~30Hz)下,下储层段储层综合表现为 T_6 界面下明显的波谷-强波峰特征(图中绿色线所示,层位 $T_2l_4^3$)。提取 $T_2l_4^3$ 上下 10ms 时窗范围内最大波峰振幅曲线,如图 5.13 所示,可以看出波峰振幅的大小与下储层段薄储层发育厚度、储层发育类型、薄储层结构具有一定的相关性,总的来看储层厚度越大,薄层越密集,储层物性越好,对应的 $T_2l_4^3$ 波峰振幅越强[图 5.13(a)、(b)]。因此,实际资料中下储层段的识别可以借助 $T_2l_4^3$ 波峰振幅的强弱变化进行定性识别。随着激发子波主频增加,薄储层内部发育结构的地震响应特征逐渐凸显出来,下储层段的波峰综合响应特征变化为复合波的地震响应特征,复合波的特征代表不同的薄储层结构,此时波峰能量变化特征与常规频带下的波峰能量不同,如图 5.13(d)、(e)所示。当主频达到 50Hz 时,地震剖面上可以对下储层段薄储层的顶、底进行有效识别,图 5.12(d)中红色线为下储层的顶界面、绿色线为下储层的底界面;当主频达到 60Hz 时,可以对下储层段薄储层的内幕结构进行一定的判识,如图 5.12(e)蓝色线所示。

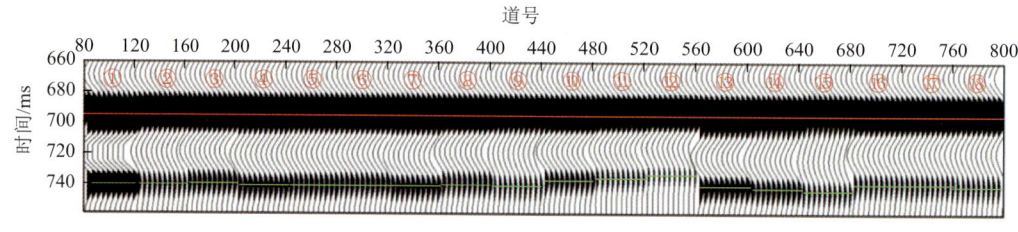

(a)地震激发主频 25Hz

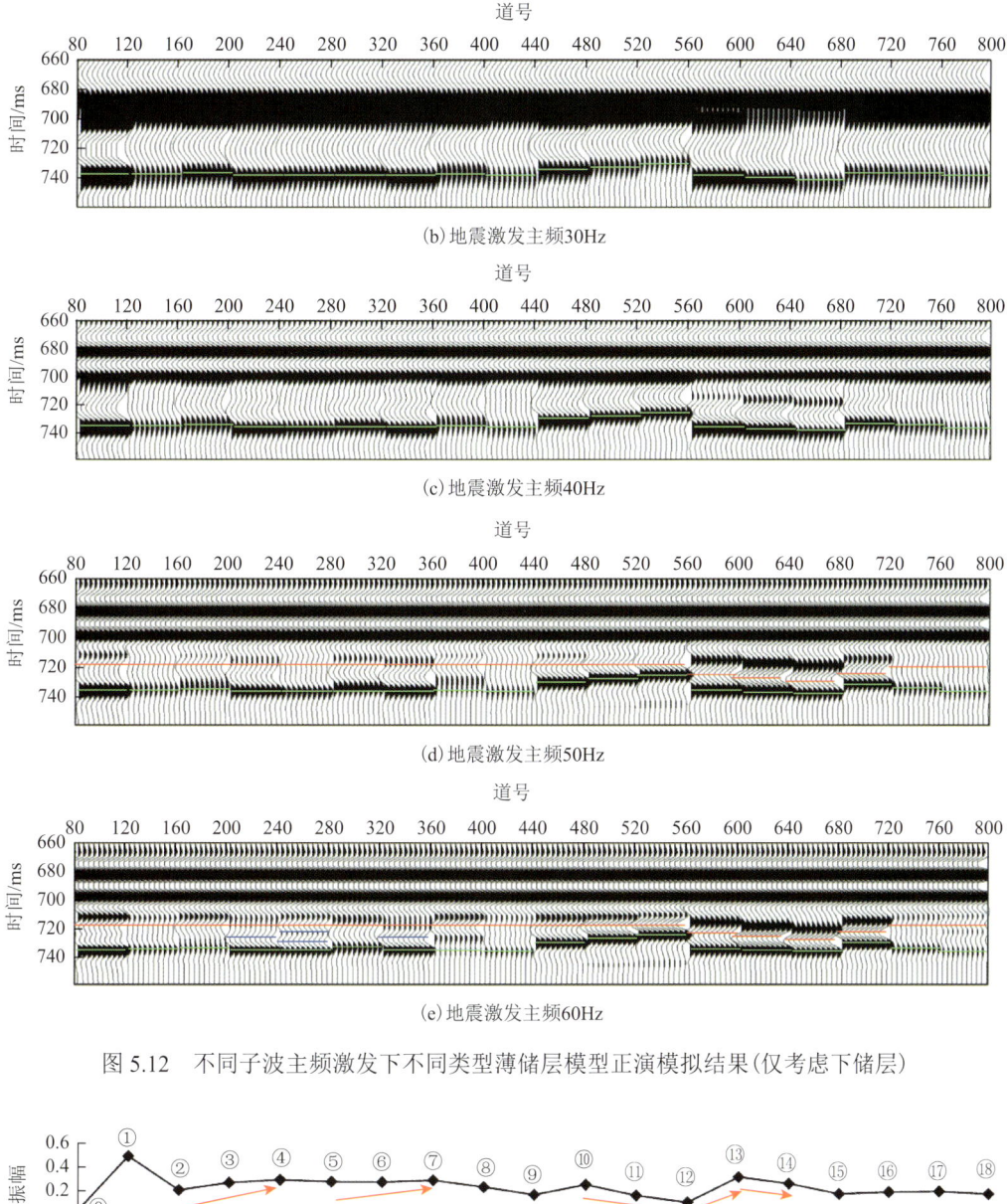

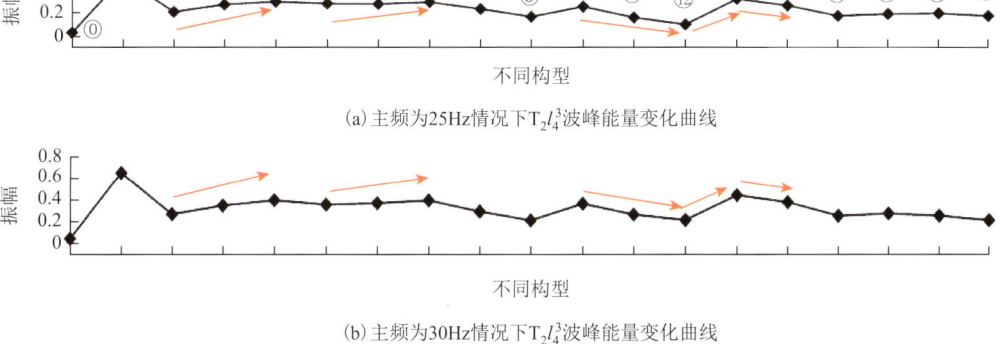

第 5 章　多构型薄储层地震响应特征及识别技术

(b) 地震激发主频30Hz

(c) 地震激发主频40Hz

(d) 地震激发主频50Hz

(e) 地震激发主频60Hz

图 5.12　不同子波主频激发下不同类型薄储层模型正演模拟结果(仅考虑下储层)

(a) 主频为25Hz情况下$T_2l_4^3$波峰能量变化曲线

(b) 主频为30Hz情况下$T_2l_4^3$波峰能量变化曲线

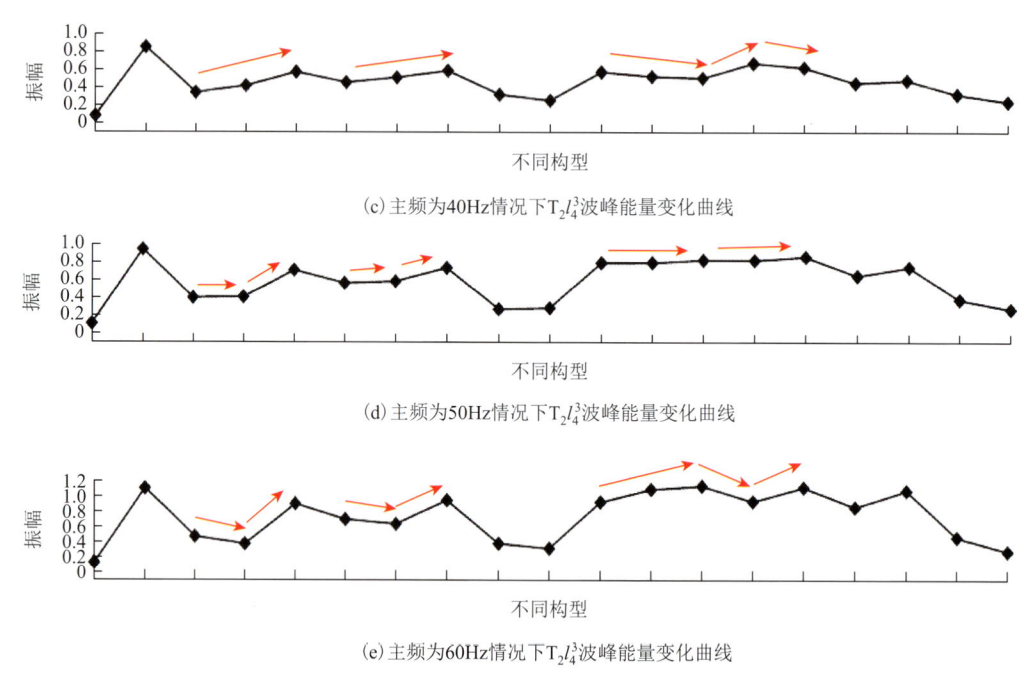

(c) 主频为40Hz情况下$T_2l_4^3$波峰能量变化曲线

(d) 主频为50Hz情况下$T_2l_4^3$波峰能量变化曲线

(e) 主频为60Hz情况下$T_2l_4^3$波峰能量变化曲线

图 5.13　仅考虑下储层发育时不同主频正演模拟结果$T_2l_4^3$波峰能量变化曲线

图 5.14 为上、下储层同时发育时不同子波主频激发下的正演模拟结果，与仅考虑下储层发育正演结果对比可知，常规频带(25～30Hz)下，两者波形特征十分相似，这也是实际资料中上、下储层段薄储层识别的难点所在，此种频带范围内很难从波形特征上对上、下储层段进行识别。通过波形的叠合显示和波形特征对比分析，二者在能量上存在细微差别，如图 5.15(a)、(b)所示，图中黑色线为地层结构反射波形特征曲线，蓝色线为仅考虑上储层发育时的波形特征曲线，红色线为仅考虑下储层发育时的波形特征曲线，紫色线为考虑上、下储层同时发育时的波形特征曲线。在T_6界面下 0～15ms，仅考虑上储层发育时波形能量低于地层结构的波形能量，仅考虑下储层发育时波形能量高于地层结构的波形能量[图 5.15(a)中 25Hz 和 30Hz 波形曲线]，可见，下储层的存在一定程度上弱化了上储层发育时的振幅异常。上、下储层同时发育时 T_6 界面下 0～15ms 波形能量介于地层结构与仅考虑上储层发育时波形能量之间[图 5.15(b)中 25Hz 和 30Hz 波形曲线]。将上、下储层同时发育与仅下储层发育时的正演结果相减，可以看出在 T_6 界面下 0～15ms 存在一个明显的波谷异常[图 5.15(c)]，这就是隐含在复合地震响应中上储层段的信息。分析时窗过小振幅异常变化不明显，时窗过大就会包含下储层的信息，因此，实际资料中上储层段的识别主要借助 T_6 界面下 0～15ms 时窗范围内波谷能量异常进行定性识别。当子波主频为40Hz 时，从地震剖面上可以明显看出上储层与下储层的地震反射特征[图 5.14(c)]，此时下储层的发育仍然对上储层的反射特征存在较大影响[图 5.15(b)中40Hz 曲线]，随着地震子波主频进一步增加，上、下储层之间的相互干涉作用进一步减弱，当子波主频达到 60Hz 时，上、下储层段的地震响应彻底分开[图 5.15(b)中 60Hz 曲线]，T_6 界面下 0～15ms 时窗范围内蓝色线与紫色线完全重合，此时上、下储层能够完全分辨，且可以对下储层段的内幕结构进行定性-半定量识别。

第5章 多构型薄储层地震响应特征及识别技术

(a) 地震激发主频25Hz

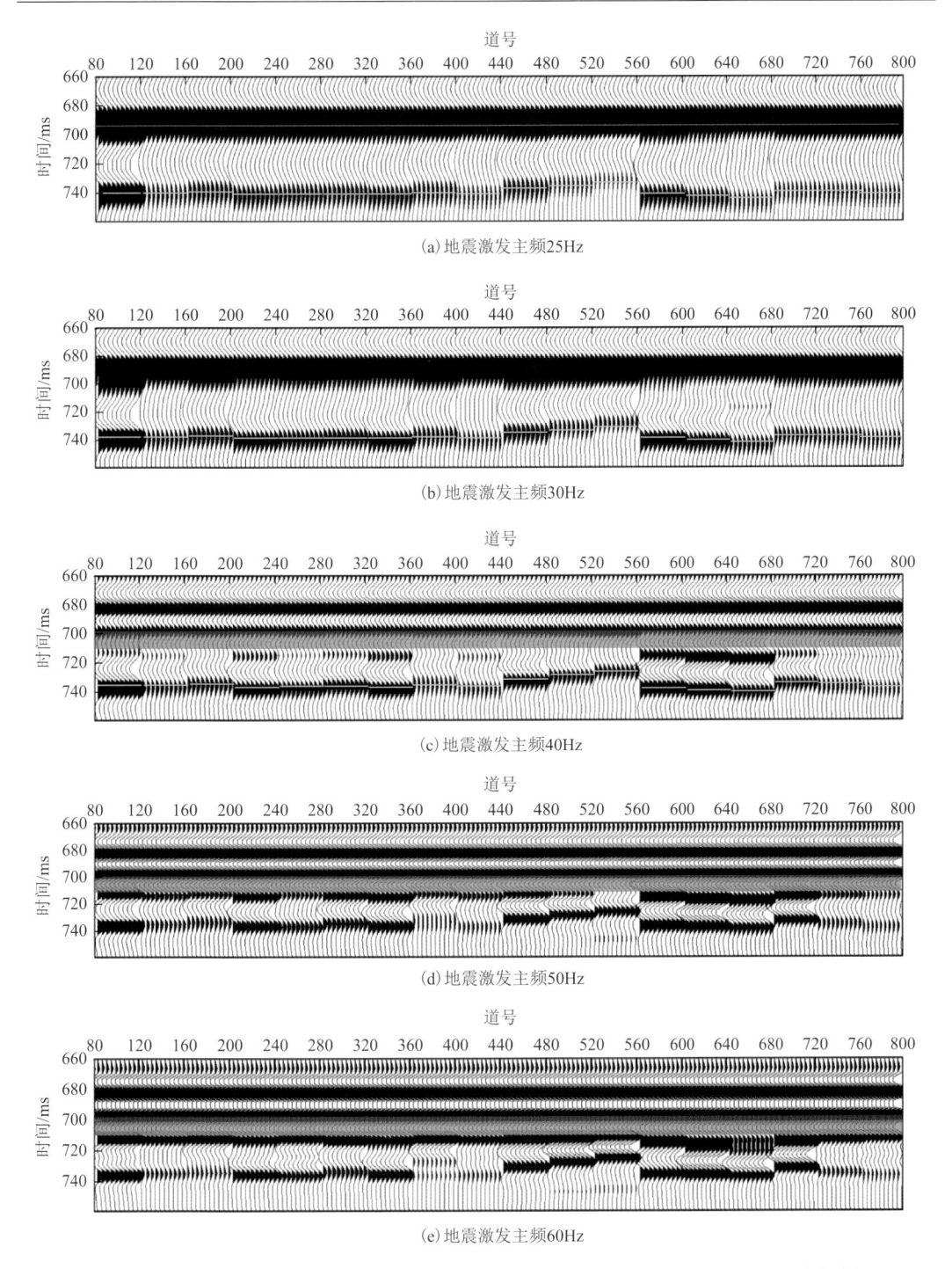

(b) 地震激发主频30Hz

(c) 地震激发主频40Hz

(d) 地震激发主频50Hz

(e) 地震激发主频60Hz

图 5.14 不同子波主频激发下不同类型薄储层模型正演模拟结果（上、下储层同时发育）

(a) 上、下储层单独发育时波形特征对比　(b) 上、下储层同时发育与仅上储层发育时波形特征对比　(c) 上、下储层同时发育与仅下储层发育时正演结果相减的波形特征

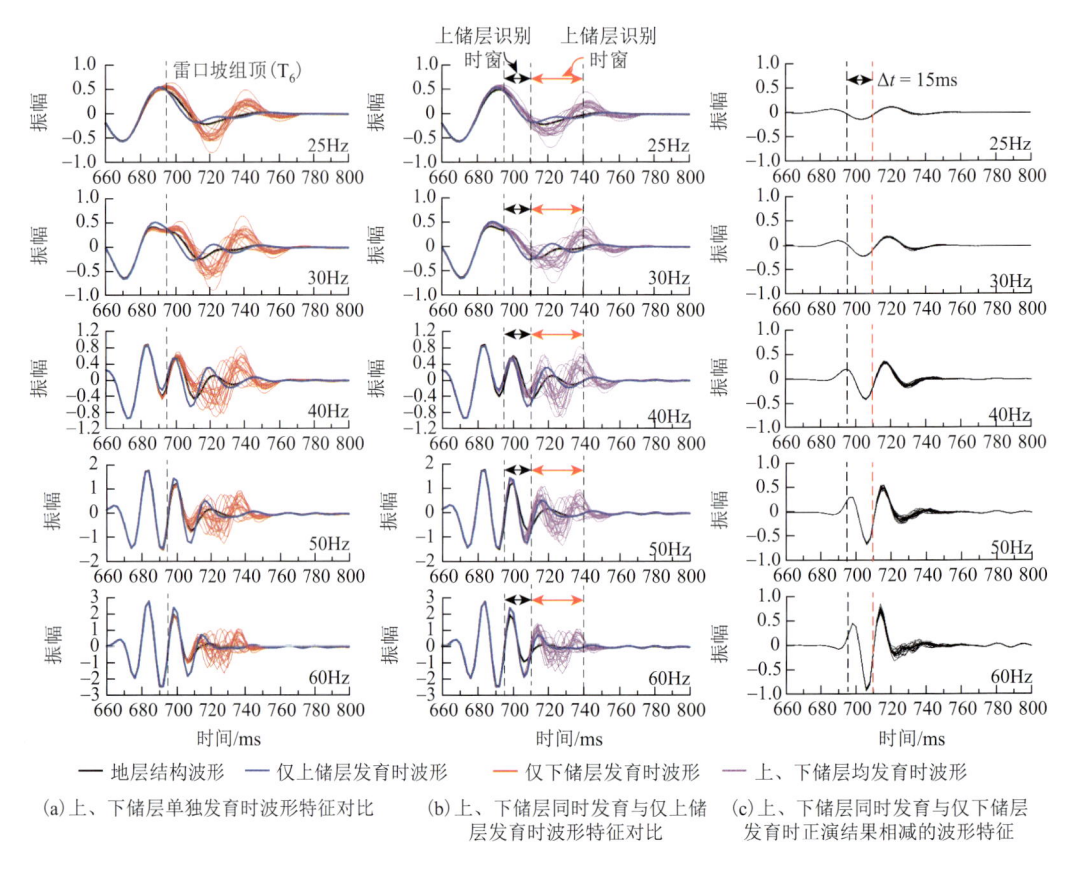

图 5.15　不同子波主频激发下不同类型薄储层模型正演模拟结果波形特征对比

为了进一步分析下储层段地震响应特征，考虑不同类型储层及不同薄储层结构模型，如图 5.16 所示，图中粉红色为 I 类储层、黄色为 II 类储层、蓝色为 III 类储层，构建了 3 组薄储层模型，每组可细分为 4 种不同构型特征。其中，图 5.16(a) 为③号储层从左到右发育程度逐步变差，④号储层不发育；图 5.16(b) 为③号储层从左到右发育程度逐步变差，④号储层发育且发育程度不变；图5.16(c) 为③号储层发育且发育程度不变，④号储层从左到右发育程度逐步变好。从正演结果可知，T_6 反射层之下波峰振幅的大小与下储层段构型特征具有一定的关系，总的来看储层厚度越大、薄层越密集、储层物性越好，对应波峰振幅越大；此外，T_6 反射层之下波峰波形特征可以指示下储层③、④号储层发育组合特征。当下储层只发育③号储层，或③号储层发育、④号储层欠发育时，振幅剖面表现为 T_6 反射层之下发育单相位波峰，波峰能量越强，③号储层越发育；当下储层同时发育③、④号储层时，振幅剖面表现为 T_6 反射层之下发育双相位波峰，下波峰能量越强，④号储层发育程度越好。

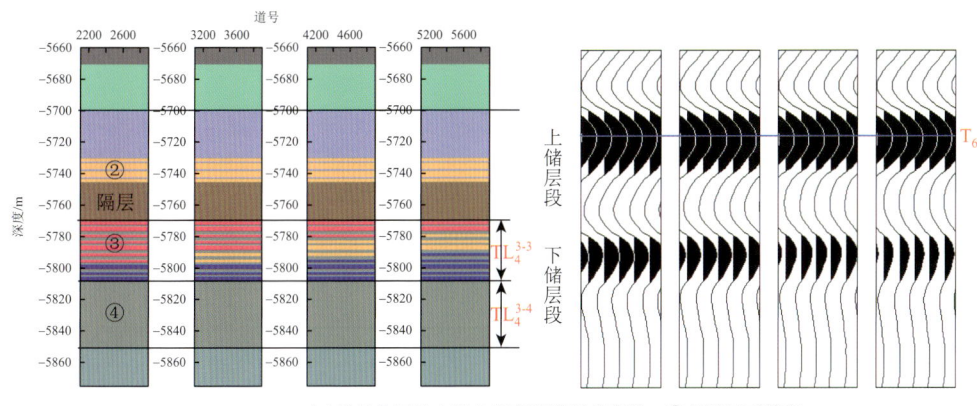

(a) ③号储层从左到右发育程度逐步变差，④号储层不发育

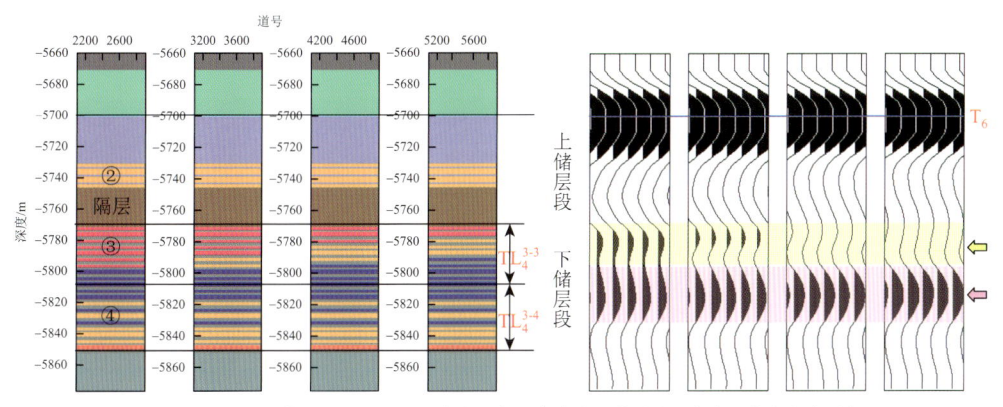

(b) ③号储层从左到右发育程度逐步变差，④号储层发育且发育程度不变

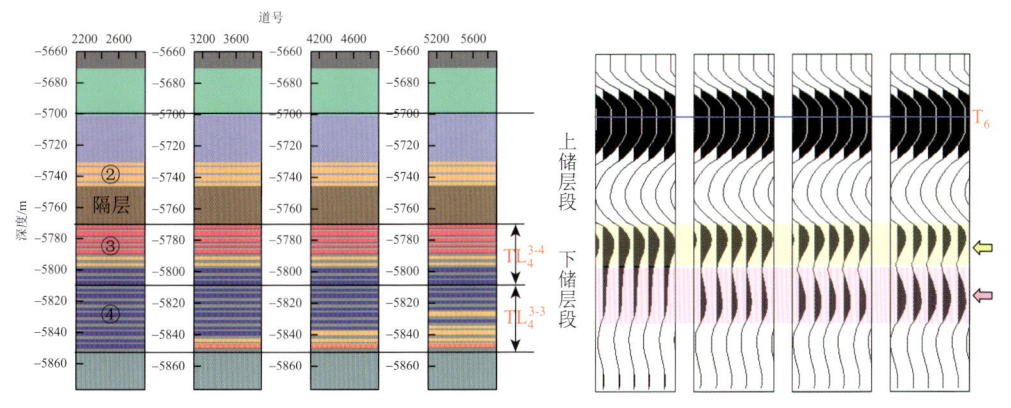

(c) ③号储层发育且发育程度不变，④号储层从左到右发育程度逐步变好

图 5.16 下储层段不同薄储层模型及正演模拟结果

对于下储层（TL_4^{3-3} 和 TL_4^{3-4}），已钻井揭示了两种储层构型，构型一表现为主要发育③号储层，构型二表现为③、④号储层均较发育。通过对比合成记录，T_6 反射层之下波峰波形特征对下储层发育程度有重要指示作用，其中单相位波峰与"上强下弱"的复合相位波峰指示③号储层发育；而"上弱下强"的双相位波峰指示③、④号储层均较发育。因此，下储层可以通过 T_6 反射层之下的波峰波形特征定性预测储层发育构型，如图 5.17 所示。

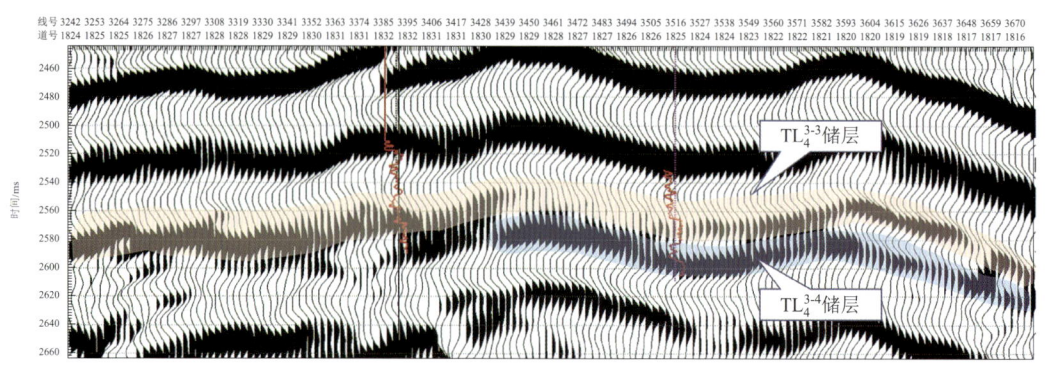

图 5.17 实际联井剖面地震响应特征

5.3 多构型储层地震响应特征及分类预测

5.3.1 储层地震识别模式

综合不同储层发育情况下不同主频正演模拟结果,可将雷四上亚段上、下储层的地震响应及变化规律按照常规频带和高频带进行归纳总结,从而建立雷四上亚段薄储层在不同频带范围内的地震识别模式(表 5.1)。雷四上亚段薄储层地震识别模式的建立,可为川西气田雷四气藏常规地震频带下有利构型薄互储层预测提供依据和指导。

表 5.1 川西雷口坡组雷四上亚段薄储层地震识别模式

		常规频带(25~30Hz)上、下储层识别模式	高频带(50~60Hz)上、下储层识别模式
上储层段	识别时窗	T_6 界面下 0~15ms	T_6 界面下 0~15ms
	识别标志	波谷振幅	强波谷
	识别特征	储层厚度越大,薄储层发育越集中,储层物性越好,对应波谷振幅越强	储层厚度越大,薄储层发育越集中,储层物性越好,对应波谷振幅越强
	识别效果	定性识别	定性识别
下储层段	识别时窗	T_6 界面下 15~60ms	T_6 界面下 15~60ms
	识别标志	T_6 界面下波峰	T_6 界面下波峰、波谷
	识别特征	T_6 界面下波峰反射是下储层段储层的综合反映特征,储层发育厚度越大,储层发育越集中,储层物性越好,对应波峰振幅越强	①高频、强谷-强峰波形特征对应厚度不大且薄储层相对集中的薄储层类型;②中强波谷波形特征对薄储层发育结构相对均匀的储层;③"上强下弱"对应下储层段上部储层发育,下部欠发育;④"上弱下强"对应下储层段上部储层欠发育,下部发育;⑤"多相位"特征对应储层纵向叠置复杂
	识别效果	定性识别	定性-半定量识别

5.3.2 基于波形分类的储层构型预测技术

由上述多构型薄储层地震响应特征分析可知，薄储层构型特征的变化引起了地震波形特征的变化，波形特征也一定程度上反映了薄储层的构型特征，通过建立薄储层构型特征与地震响应之间的对应关系，并利用这种对应关系对薄储层在空间上的发育特征进行预测。

1. 方法原理

地震波形分类通常采用神经网络方法，将不同的地震响应异常特征以相类形式反映出来。把代表同一类沉积相的地震反射波分为一类，并以此来代表同一沉积微相。其基本假设是储层沉积微相、岩性的变化将引起地震反射波信息的变化(振幅、频率、相位及连续性等)，地震波形即为这些变化的综合反映，因此，利用地震波形变化对有意义的地震层段进行分类，就可以预测沉积相带、刻画相带内的非均质性特征。

根据前述地震辨识机理的结论，地震波形特征及反射能量对上、下储层段储层发育程度有较好指示作用，波谷、斜率大小与上储层厚度、类型、结构有关，首先波谷往上覆反射界面靠近，代表储层发育，反之，上储层不发育或欠发育。其次波谷能量越强，代表储层厚度越大，发育越集中，如图 5.18 所示。T_6 界面下的波峰能量大小与下储层厚度、类型、结构有关；即当底部出现单相位波峰时，储层主要发育于③号层，能量越强，储层发育程度越好；当底部出现双相位波峰时，③、④号层储层均较发育，下波峰能量越强，④号层储层发育程度越好，如图 5.19 所示。

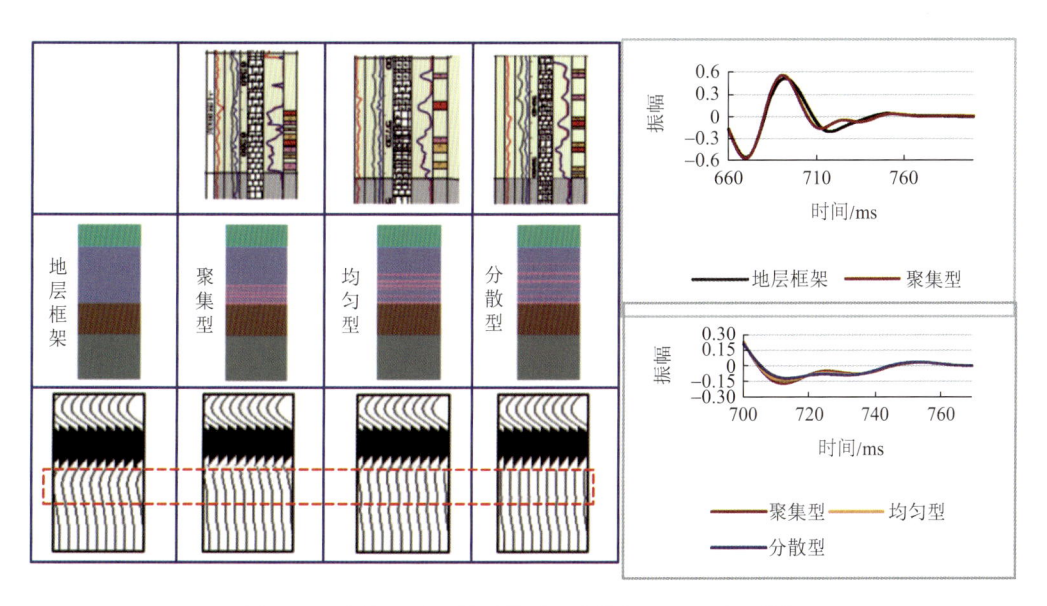

图 5.18 上储层不同储层模型正演模拟结果及波形特征

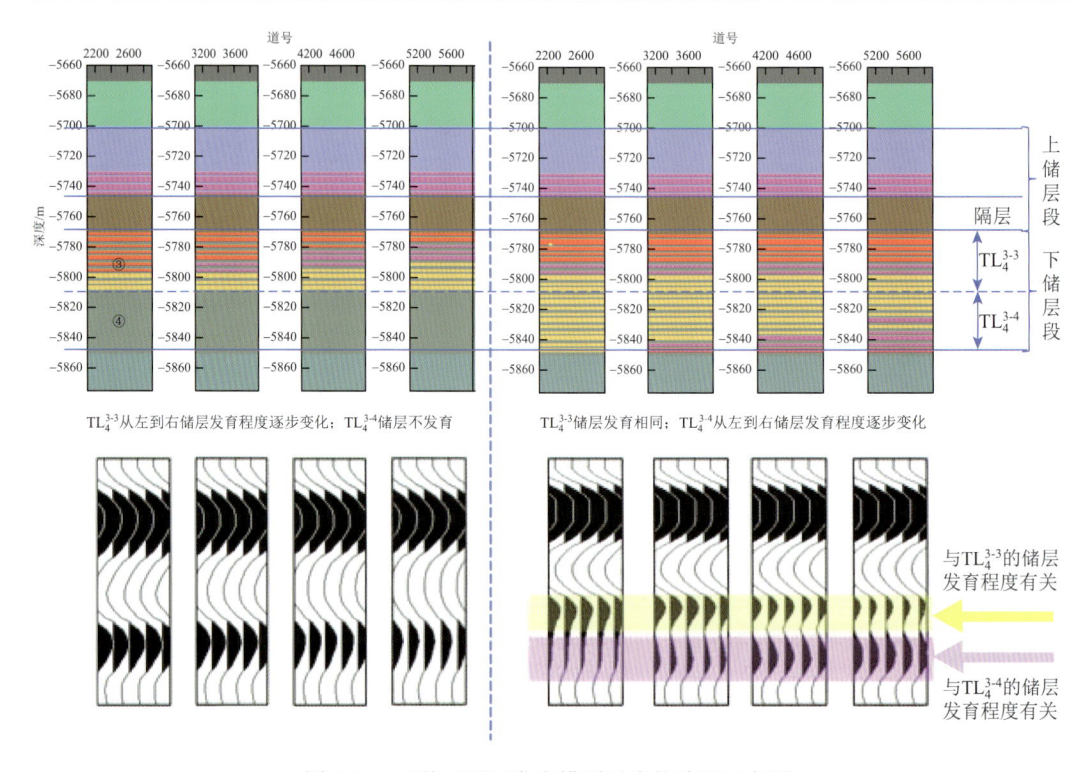

图 5.19 下储层不同发育模型对应的波形示意图

2. 技术流程

波形分类处理首先通过人工神经网络对反射波波形进行分类，并与实际地震道进行比对，借助自适应训练和误差纠正，建立一个代表地震层段内反射波波形差异的模型道量板，这些模型道代表了在地震层段中整个区域内的地震信号形状的多样性。其次将进行实际地震道与模型道的相关对比，并将与实际地震道最相似的模型道值赋予实际地震道。最后，通过波形特征对目标层段内的实际地震数据道进行逐道对比，细致刻画地震信号的横向变化，从而得到地震异常平面分布规律。具体技术流程如图 5.20 所示。

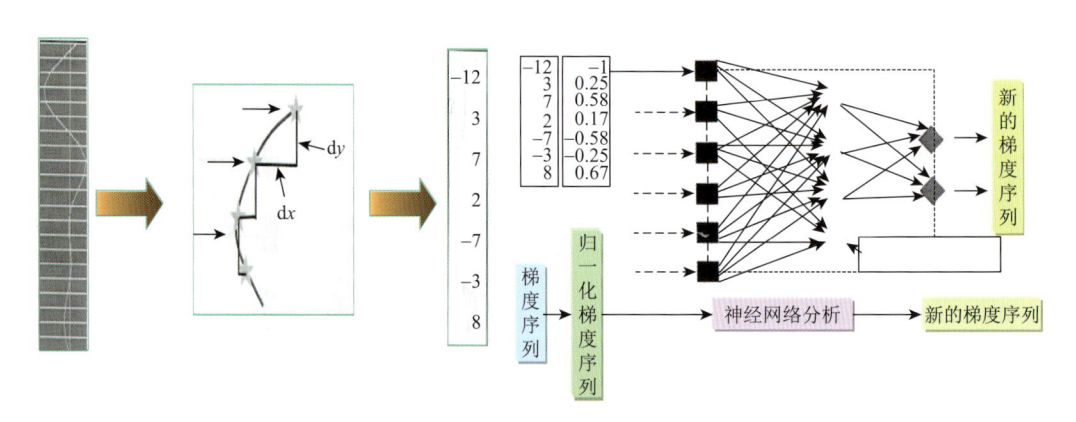

图 5.20 基于神经网络的波形分类实现过程示意图

地震道形状的变化可定量地表述为从一个采样点到另一个采样点值的变化，也就是采样点波形是强负、负值、零、正值还是强正的变化。首先对分析层段内的每一地震道进行样点间梯度变换，形成地震道梯度变化序列；其次对梯度序列进行归一化并进行自组织神经网络分析，建立能代表全区地震道形状变化的典型梯度序列；最后用典型梯度序列形成地震相分类模型道，完成地震道形状识别。

3. 识别结果

实际应用中，通过单井样本学习或地震正演模型制作，建立了上、下储层不同发育模式与波形的关系，从而明确不同波形对应的储层厚度、结构特征。图5.21是金马—鸭子河地区雷四段上储层有利波形展布特征。基于前文所述，雷四段上储层地震响应表现为一定的高频异常，波形上呈现波峰到波谷斜率增大或复合多相位特征，属于波形分类中的1类、2类、5类波形(深红色、黄色及鲜红色)，对应平面属性图可揭示工区上储层普遍发育，其中5类波形主要集中在近山带彭州8#平台区域及金马构造彭州1井附近，而1类、2类波形呈现北东走向大规模条带，与背斜构造特征基本一致。

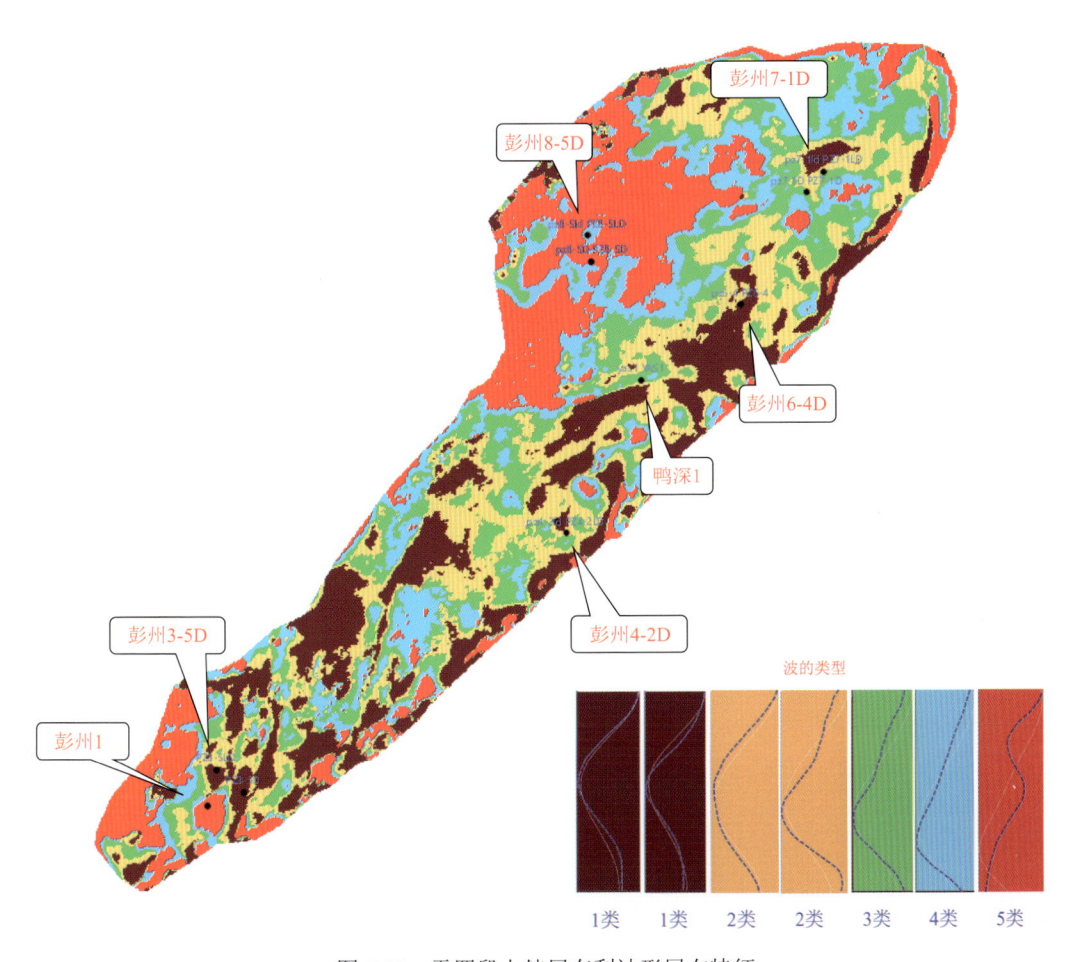

图5.21 雷四段上储层有利波形展布特征

下储层主要发育两种储层构型对应的波形特征，通过神经元和监督模式相结合开展波形分类，如图 5.22 所示，波形分类中 1~4 类代表 T_6 之下"第二相位"特征为单相位波峰及"上强下弱"双相位波峰，对应构型一储层，波形分类中 5 类(黄色)代表 T_6 之下"第二相位"特征为"上弱下强"双相位波峰；对应平面属性图可揭示下储层中构型一储层整体发育，呈连片分布，下储层中构型二储层发育主要集中在彭州 6#、彭州 8#平台及构造鞍部区，呈小规模零散分布。

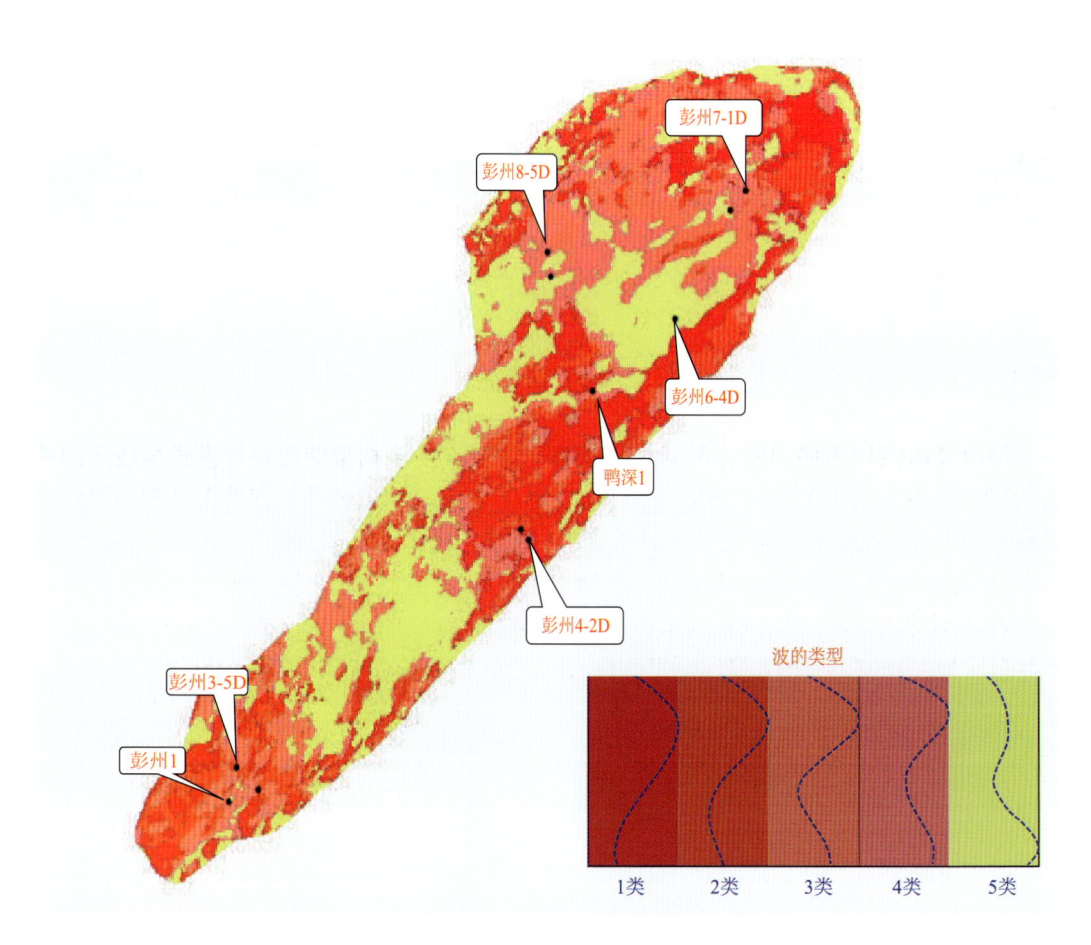

图 5.22 雷四段下储层有利波形展布特征

第6章 非均质薄互储层高精度表征

6.1 基于构型约束的高精度叠后反演技术

川西气田雷口坡组薄互储层埋深大，受地震频带窄、主频低、储层与围岩纵波阻抗叠置严重等因素影响，储层预测难度极大，传统叠后反演方法预测结果与地质规律吻合度较低，纵向识别能力不足，预测精度不高，无法满足勘探开发需求。基于构型约束的薄互储层高精度叠后反演技术，以不同构型的储层地震响应正演为基础，利用波形相似性和空间结构双变量优选测井样本集，以其纵波阻抗为约束，利用地震波形指示反演方法，实现高分辨率和高精度的薄互储层预测。

6.1.1 方法原理

川西气田潮坪相储层发育不同构型，前文通过研究多构型储层发育模式与波形的关系，明确了不同构型的储层对应的波形识别特征。通过波形分类，筛选出具有构型约束的测井样本集，将该样本集作为输入开展地震波形指示反演。

地震波形指示反演方法基于"地震波形指示马尔可夫链蒙特卡罗随机模拟"算法，在地震波形的驱动下，挖掘相似波形对应的测井曲线中蕴含的共性结构信息，进行地震先验有限样点模拟。该方法首先开展预测道波形与所有已钻井井旁道地震波形对比分析，寻找波形最相似的若干井作为统计样本，利用小波变换计算测井曲线的相似性，提取样本集中测井曲线的共性结构特征，并将共性结构特征作为初始模型，在贝叶斯框架约束下，根据实际地震波形不断修正初始模型，使得反演结果同时符合中频地震信息和井曲线结构特征，最终得到高分辨率的波形指示反演结果。

地震反演的基础是褶积模型：

$$d = Gm + n \tag{6.1}$$

式中，n 为噪声；$G = WA$ 为正演算子，W 为地震子波矩阵 A 为褶积算子。这样，从已知的地震数据 d 中估计弹性参数模型 m 的后验概率分布可以看成贝叶斯反演问题。

假设噪声 n 满足高斯分布：

$$P(n) = \frac{1}{\sqrt{2\pi\sigma^2}} \times \exp\left(-\frac{1}{2\sigma^2} n^\mathrm{T} n\right) \tag{6.2}$$

式中，σ 为地震数据的协方差。

将褶积模型代入式(6.2)，可以建立地震数据的似然函数(条件概率分布)：

$$P(d|m,I) = \frac{1}{\left(\sigma\sqrt{2\pi}\right)^N} \times \exp\left[-\frac{\sum_{n=1}^{N}(\Delta d_n - G \cdot \Delta m_n)^2}{2\sigma^2}\right] \quad (6.3)$$

在贝叶斯反演中，假设弹性参数模型 m 也符合高斯分布，可以得到模型的先验概率分布：

$$P(m|I) = \frac{1}{2\pi^{\frac{3}{2}}\sqrt{\Delta|\sigma_m|^3}} \times \exp\left[-\frac{m^T m}{2\sigma_m}\right] \quad (6.4)$$

式中，σ_m 为模型的方差。

将数据条件概率分布与模型先验概率分布的乘积作为模型的后验概率分布：

$$P(d|m,I) = \frac{1}{\left(\sigma\sqrt{2\pi}\right)^N} \times \exp\left[-\frac{\sum_{n=1}^{N}(\Delta d_n - G \cdot \Delta m_n)^2}{2\sigma^2}\right] \times \frac{1}{2\pi^{\frac{3}{2}}\sqrt{\Delta|\sigma_{\Delta m}|^3}} \exp\left[-\frac{\Delta m^T \Delta m}{2\sigma_{\Delta m}}\right] \quad (6.5)$$

这样对于给定的地震波形 d 可按照后验概率应用吉布斯(Gibbs)抽样法计算得到模型 m 的期望值。

式(6.5)概率最大时的解即为反演的最终解，即最大后验概率解。对式(6.5)两端求对数并略去与求解无关的参数，得到目标函数：

$$O(m|d,I) = -\frac{1}{2\sigma^2}\sum_{n=1}^{n}(\Delta d_n - G \cdot \Delta m_n)^2 - \frac{\Delta m^T \Delta m}{2\sigma_{\Delta m}} \quad (6.6)$$

为了使后验概率最大，对上面方程中的模型参数 Δm 求导得到：

$$O'(\Delta m) = \frac{1}{\sigma^2}[G^T G \Delta m - G^T \Delta d] - \frac{\Delta m}{\sigma_{\Delta m}} \quad (6.7)$$

令 $O'(\Delta m) = 0$，则模型扰动量为

$$\Delta m = \left[G^T G + \frac{\sigma^2}{\sigma_{\Delta m}}I\right]^{-1} G^T \Delta d \quad (6.8)$$

使用迭代模型扰动量的方法逼近样本数据，得到最终的反演结果。

6.1.2 技术流程

基于构型约束的薄互储层高精度叠后反演流程如图 6.1 所示。

(1)通过多构型储层地震响应特征与分类预测，优选初始测井样本集。

(2)结合地震波形特征对初始测井样本集进行分析，利用与待判别道波形关联度高的井样本建立初始模型，并统计其纵波阻抗作为先验信息，利用波形相似性和空间结构双变量优选低频结构相似的井作为空间估值样本。

(3)对空间估值样本的测井曲线在小波域进行多尺度滤波，优选与测井曲线具有较高相似性的中低频部分建立初始模型，利用该初始模型建立匹配滤波器，获得与地震波形相关的高频初始模型。

(4)基于地震资料求取相对纵波阻抗，结合测井资料求取绝对纵波阻抗，建立似然函

数。在贝叶斯框架下联合似然函数和先验概率分布得到后验概率分布，并将其作为目标函数。通过不断扰动模型参数，求取后验概率分布函数最大时的解作为有效的随机实现，取多次有效实现的均值作为期望值输出。

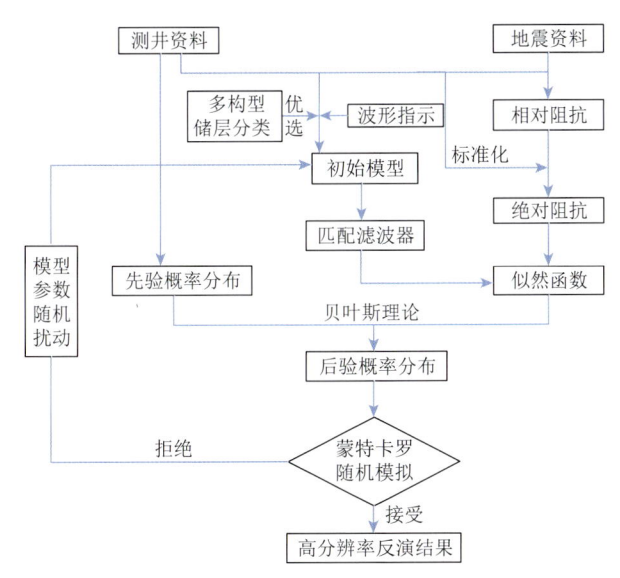

图 6.1　基于构型约束的薄互储层高精度叠后反演流程图

6.1.3　应用效果

图 6.2 为本书方法与经典稀疏脉冲反演方法的结果对比，从图中可以看出，针对雷口坡组储层预测，稀疏脉冲反演结果[图 6.2(a)]只能实现雷四上亚段储层的两段描述，其中上段整体表现为高阻抗异常，共包含了①号小层、②号小层以及隔层，与实钻揭示地质认识不一致；而下段整体表现为低阻抗异常，但未能细分③号和④号小层，分辨能力明显不足。而图 6.2(b)揭示，基于构型约束的高精度反演结果能够分别对①号、②号、隔层、③号和④号等小层进行

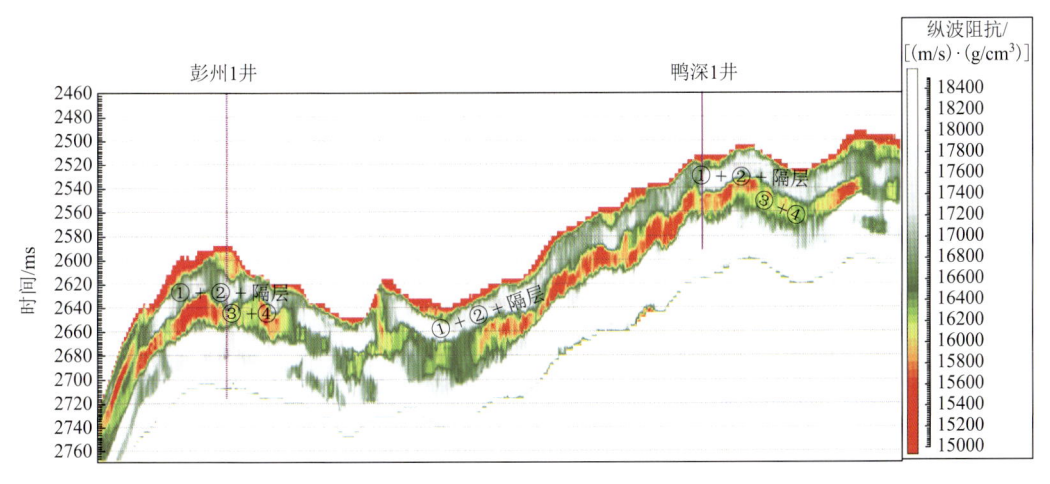

(a) 稀疏脉冲反演连井剖面

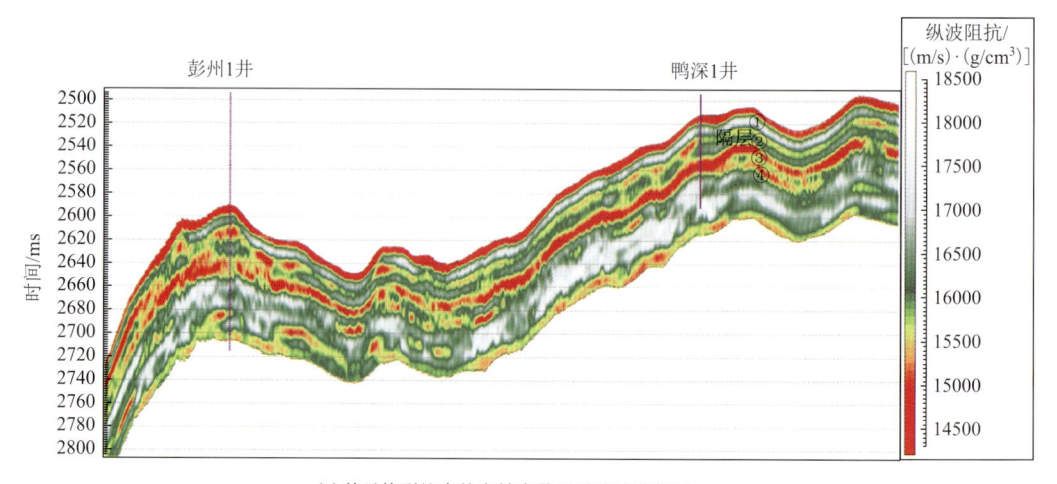

(b) 基于构型约束的高精度叠后反演连井剖面

图 6.2 不同地震反演方法效果对比

识别，其中 1 号和隔层储层不发育，总体表现为高阻抗异常，②号、③号及④号储层发育，总体表现为低阻抗异常。综上所述，本书方法将包含在一个地震波长内的雷四上亚段储层实现了五段精细刻画，在分辨率方面得到了大幅提升，经统计储层识别能力由前期的 30m 提高至 15m。

图 6.3 是川西气田雷四上亚段③号小层波阻抗平面图，可见以低阻抗异常指示的储层在工区内虽然呈现连片发育特征(图中为红黄色区域)，但横向上非均质性较强；结论与地质认识一致。

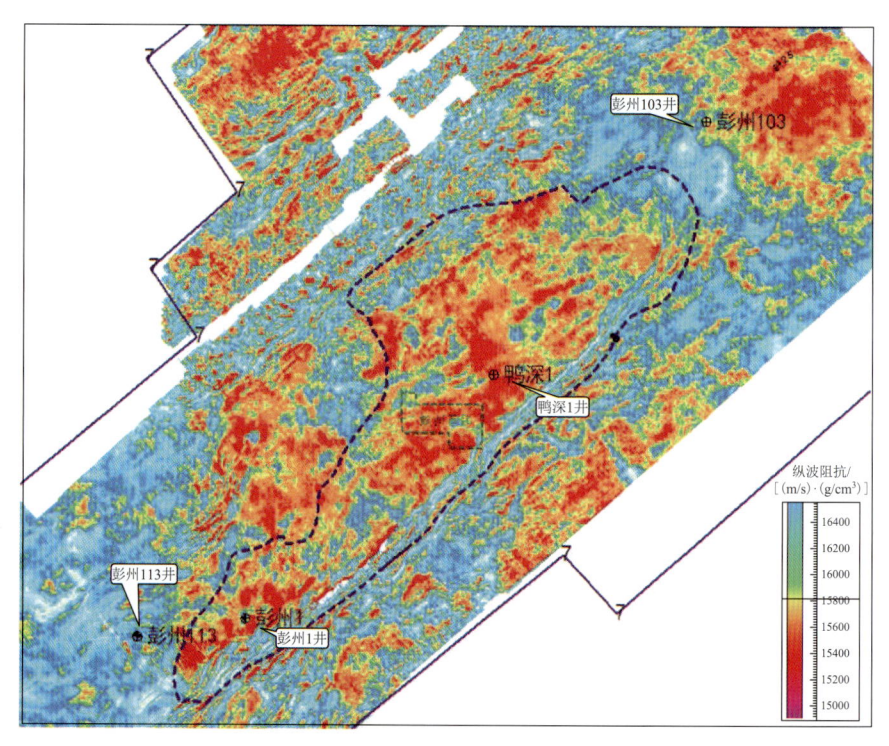

图 6.3 川西气田雷四上亚段③号小层波阻抗平面图

6.2 全入射角拟合高精度叠前弹性参数反演技术

叠前反演更多地考虑了地下介质的复杂性，可以提供更准确的纵横波速度模型、反射系数等，可以获得更多的弹性参数，能更可靠地表征储层岩性、物性及流体特征。传统的叠前地震反演多采用基于部分叠加的叠前同时反演技术(Ma, 2002)，基本弹性参数反演精度较低，其他弹性参数通过间接计算得到，累积误差较大。基于全入射角道集数据拟合的高精度叠前弹性参数反演技术(杨建礼和常新伟，2015)，直接求解密度、横波速度等 10 个弹性参数反射率，并通过叠后反演得到相应的高精度弹性参数数据(Gray，2002；Yang et al.，2009，2013)。

6.2.1 方法原理

全入射角叠前反演源于经典的三项式 AVO 反演，首先使用全部入射角(偏移距)道集对 Zoeppritz 近似线性方程[式(6.9)、式(6.10)、式(6.11)和式(6.12)]进行求解，得到弹性参数的反射率，如 $\Delta V_S / V_S$。然后对弹性参数的反射率进行叠后反演，得到弹性参数的绝对值数据体。这种思路类似于大角度叠加地震叠后反演得到大角度弹性阻抗(Connolly, 1999)。相对于叠前同时反演方法，全入射角叠前反演方法是分别求解弹性参数反射率和进行叠后反演，是两步法；而叠前同时反演方法是将求解弹性参数反射率和叠后反演合并成一步完成(Ma, 2002)。

阿基-理查兹(Aki-Richards)方程(1980 年)：

$$R_{PP}(\theta) \approx \frac{1}{2}\frac{\Delta V_P}{V_P}\left[1+\tan^2(\theta)\right] - 4\left(\frac{V_S}{V_P}\right)^2 \sin^2(\theta)\frac{\Delta V_S}{V_S} \\ -\left[\frac{1}{2}\tan^2(\theta) - 2\left(\frac{V_S}{V_P}\right)^2\sin^2(\theta)\right]\frac{\Delta \rho}{\rho} \tag{6.9}$$

法蒂(Fatti)方程(1994 年)：

$$R_{PP}(\theta) \approx \frac{1}{2}\frac{\Delta I_P}{I_P}\left[1+\tan^2(\theta)\right] - 4\left(\frac{V_S}{V_P}\right)^2 \sin^2(\theta)\frac{\Delta I_S}{I_S} \\ -\left[\frac{1}{2}\tan^2(\theta) - 2\left(\frac{V_S}{V_P}\right)^2\sin^2(\theta)\right]\frac{\Delta \rho}{\rho} \tag{6.10}$$

格雷(Gray2)方程(1999 年)：

$$R_{\mathrm{PP}}(\theta) \approx \left(\frac{1}{4} - \frac{1}{2}\frac{V_{\mathrm{S}}^{2}}{V_{\mathrm{P}}^{2}}\right) \cdot \left(\sec^{2}\theta\right)\frac{\Delta\lambda}{\lambda} + \left(\frac{V_{\mathrm{S}}}{V_{\mathrm{P}}}\right)^{2} \cdot \left(\frac{1}{2}\sec^{2}\theta - 2\sin^{2}\theta\right)\frac{\Delta\mu}{\mu} \\ + \left(\frac{1}{2} - \frac{1}{4}\sec^{2}\theta\right)\frac{\Delta\rho}{\rho} \quad (6.11)$$

宗格（Zong）方程（2012 年）：

$$R_{\mathrm{PP}}(\theta) \approx \left(\frac{1}{4}\sec^{2}\theta - 2k\sin^{2}\theta\right)\frac{\Delta E}{E} - \left[\frac{1}{4}\sec^{2}\theta\frac{(2k-3)\cdot(2k-1)^{2}}{(4k-3)\cdot k} + 2k\sin^{2}\theta\frac{1-2k}{3-4k}\right] \\ \times \frac{\Delta\sigma}{\sigma} + \left[\frac{1}{2} - \frac{1}{4}\sec^{2}\theta\right]\frac{\Delta\rho}{\rho} \quad (6.12)$$

式（6.9）～式（6.12）中，R_{PP} 为 PP 波反射系数，θ 为入射角，（°）；V_{P} 为纵波速度，V_{S} 为横波速度，m/s；ρ 为密度，g/cm³；I_{P}、I_{S} 分别为纵波阻抗、横波阻抗，(m/s)·(g/cm³)；λ、μ 分别为拉梅常数、剪切模量，GPa；E 为杨氏模量，GPa；σ 为泊松比；$k = (V_{\mathrm{S}}/V_{\mathrm{P}})^{2}$。

全入射角叠前反演方法是基于上述多个 Zoeppritz 线性方程，使用全入射角道集开展二次拟合求解弹性参数反射率。相对于有限的几个部分叠加数据，全入射角道集数据能够更准确地拟合 Zoeppritz 方程的精确解（图 6.4），如 Fatti 三项式线性方程拟合精确解的相对误差在 30°仅 1.5%，而部分叠加拟合精确解（图 6.4 中红色曲线）的误差更大。图 6.5 是几个关键弹性参数反射率求解误差随入射角的变化。基于 Fatti 三项式线性方程全入射角叠前反演方法得到的 $\Delta\rho/\rho$ 在 30°相对误差小于 5%[图 6.5(a)]，而部分叠加方法相对误差高达 48%。其他三个弹性参数反射率 Zong 方程的 $\Delta E/E$、Fatti 方程的 $\Delta I_{\mathrm{S}}/I_{\mathrm{S}}$ 和 Zong 方程的 $\Delta\sigma/\sigma$ 的相对误差分别为 7.2%、6%和 3.5%。

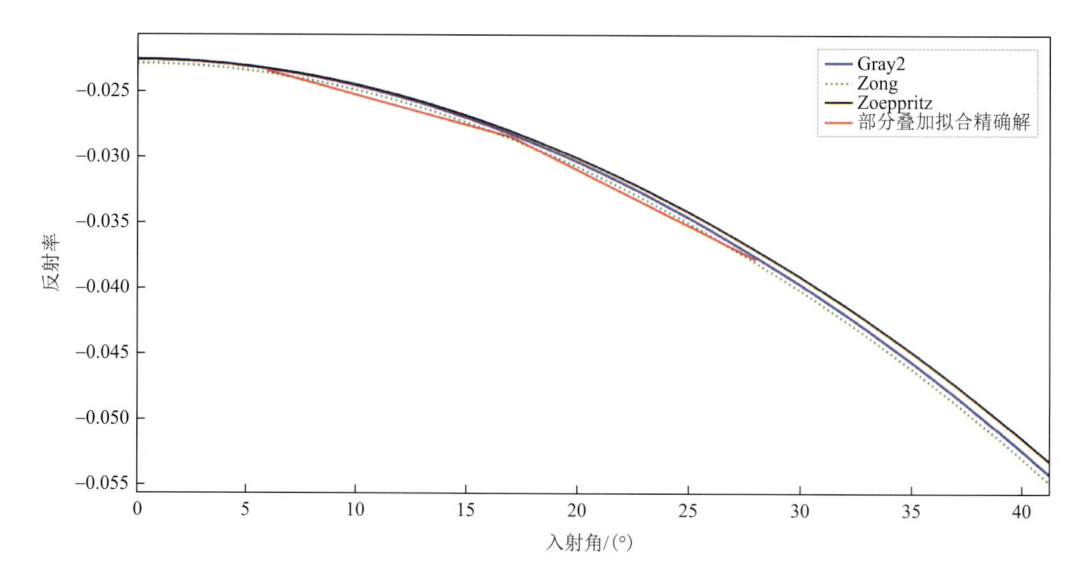

图 6.4 Gray2、Zong、Zoeppritz 方程和部分叠加拟合精确解的对比（鸭子河地区数据）

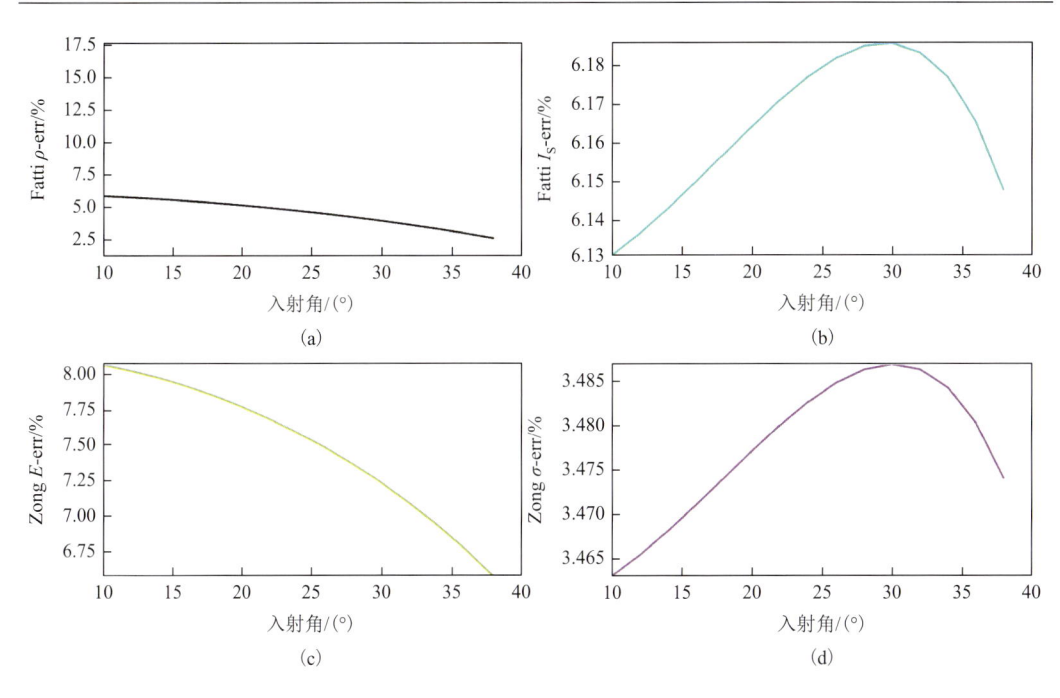

图 6.5　几个关键弹性参数反射率求解误差随入射角的变化

(a)基于 Fatti 三项式线性方程的全入射角叠前反演密度反射率误差随入射角的变化；(b)基于 Fatti 三项式线性方程的全入射角叠前反演横波阻抗反射率误差随入射角的变化；(c)基于 Zong 三项式线性方程的全入射角叠前反演杨氏模量反射率误差随入射角的变化；(d)基于 Zong 三项式线性方程的全入射角叠前反演泊松比反射率误差随入射角的变化

图 6.6 是鸭子河地区过鸭深 1 井叠前偏移实际道集、正演 AVO 道集及其全入射角叠前反演和部分叠加叠前反演结果的对比。叠前偏移实际道集和正演 AVO 道集在 TL_4^{3+4} 层段顶的 AVO 曲线特征一致(图 6.6 左)，这表明叠前偏移道集是相对保幅的，这一点对叠前地震反演非常重要。基于正演道集全入射角拟合叠前反演的密度和泊松比地震无井反演结果都较部分叠加地震无井反演结果更准确、更合理，因为部分叠加拟合叠前反演的密度地震无井反演结果中有两处错误，而全入射角拟合叠前反演的密度地震无井反演结果都正确；部分叠加拟合叠前反演的泊松比(地震无井反演)结果中有一处误差较大，而全入射角拟合叠前反演的泊松比(地震无井反演)结果中也都正确。

6.2.2　技术流程

输入数据质量直接影响叠前反演精度，全入射角拟合叠前反演需要按如下要求准备数据。

(1)叠前纯波偏移距道集：包括 CRP 道集或 OVT 域道集或 FAA(full azimuth angle，全方位角度域)道集。处理过程采用保 AVO 特征的处理技术，道集是未去噪或轻微去噪的数据，便于开展精细的道集优化处理。

(2)偏移速度：利用这个数据得到的层速度将偏移距道集转换为角道集。

(3)速度校正因子：该因子可以调准入射角，使计算入射角更接近地下实际的入射角，使反演结果更加准确。

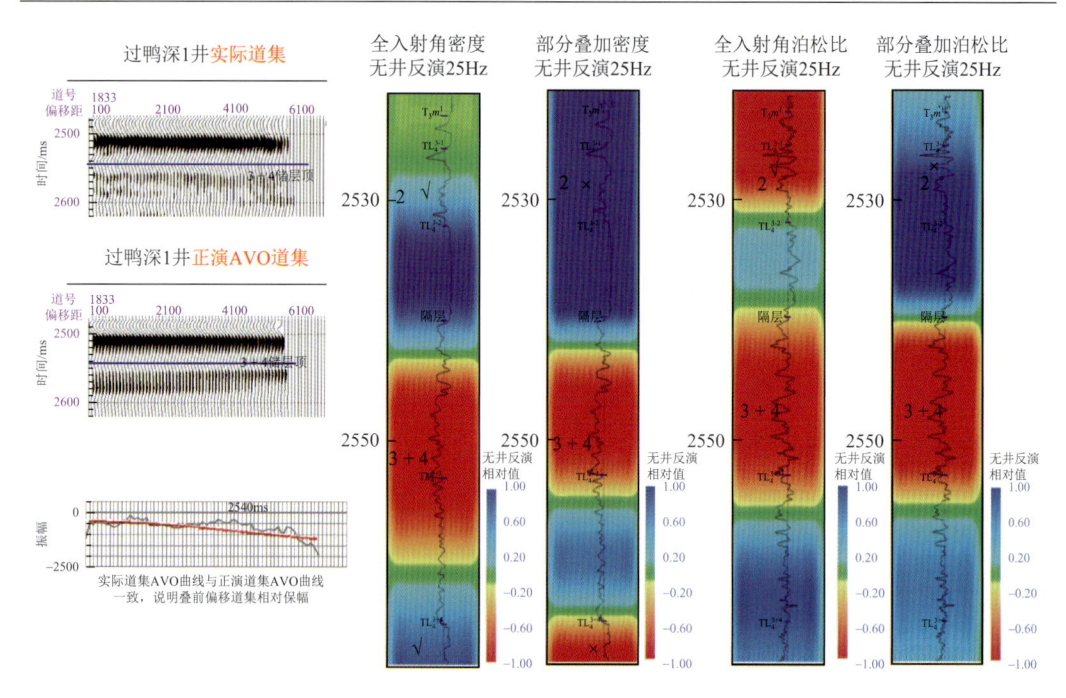

图 6.6　过鸭深 1 井叠前偏移实际道集、正演 AVO 道集及其全入射角拟合叠前反演和部分叠加叠前反演结果的对比

(4)纵横波速度比：根据实测或岩石物理模型计算得到的目的层段纵横波速度比。

图 6.7 是全入射角拟合叠前反演流程图。实现过程先求解弹性参数反射率，再做叠后反演得到弹性参数绝对值数据体，这种直接反演的方法流程避免了误差累积，与传统的按部分叠加方式进行叠前同时反演的技术相比，反演结果的信噪比和精度更高，特别是通过全入射角的二次拟合直接求解，使密度反演结果稳定性更好、抗噪性更强，且避免了其他弹性参数通过间接计算导致的误差放大。具体步骤如下。

①开展 Zoeppritz 线性方程误差分析，选择适合研究区误差较小的 Zoeppritz 线性方程。
②利用正演 CRP 道集数据开展叠前反演可行性分析。
③开展叠前偏移的道集优化处理，主要包括保幅去噪（尤其是剩余多次波噪声和线性噪声）、道集提频和消除道集剩余时差以拉平道集。
④开展全入射角道集弹性参数反射率直接求解。
⑤对 10 个反射率数据视需要进行去噪和提高分辨率处理。
⑥对优化后的弹性参数反射率开展有井反演，得到绝对弹性参数数据体。

6.2.3　应用效果

在川西气田应用中，采用全入射角拟合叠前反演方法求解了纵波阻抗 I_P、横波阻抗 I_S 和密度等弹性参数反射率数据，并与基于部分叠加的叠前同时反演中间成果（提取的弹性参数反射率）进行了对比，如图 6.8 所示。除了纵波阻抗 I_P，两种叠前反演方法得到的横波

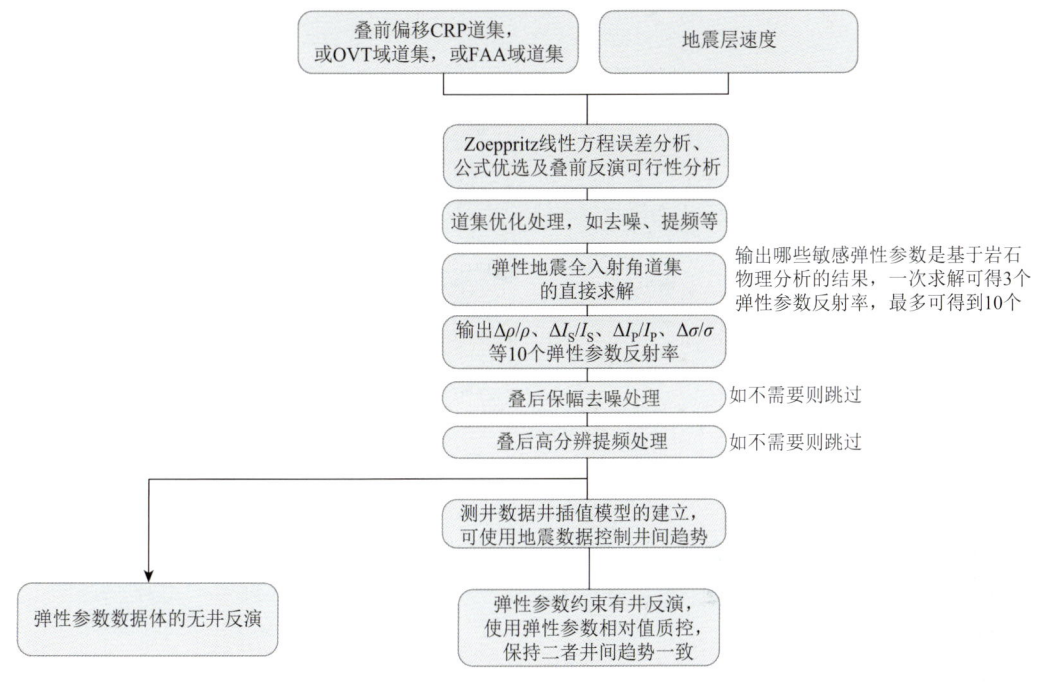

第 6 章　非均质薄互储层高精度表征

图 6.7　全入射角拟合叠前反演流程图

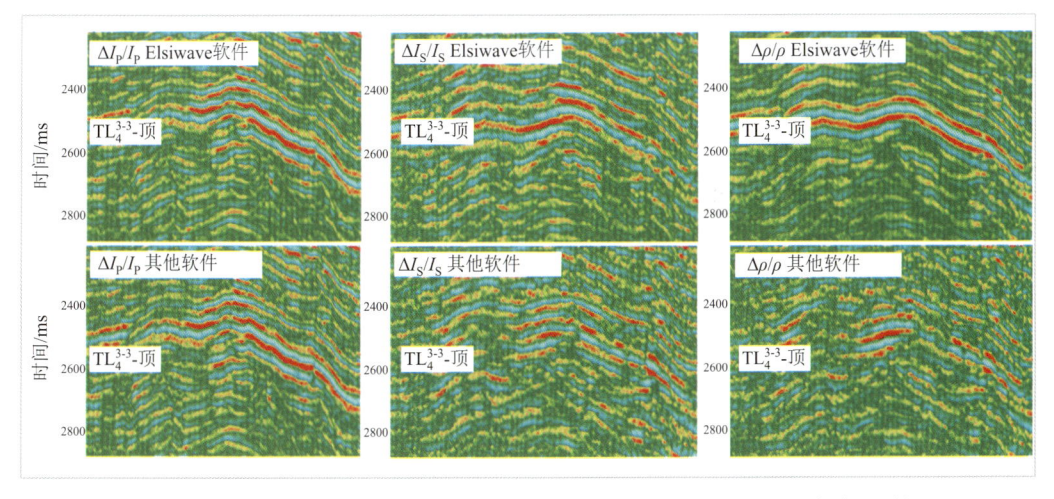

图 6.8　全入射角拟合叠前反演反射率(上排图)与部分叠加叠前同时反演反射率(下排图)对比

阻抗 I_S 反射率和密度反射率有较大差异，全入射角拟合叠前反演结果的信噪比、成像都明显好于部分叠加叠前同时反演方法。

根据岩石物理研究成果，密度对储层包括优质储层最敏感，其识别预测优质储层的能力最强，因此重点分析叠前密度反演成果的精度。为了便于与井曲线进行对比，对密度反射率数据先进行无井反演(可理解为道积分处理)得到相对密度数据成果。图 6.9 展示了叠前反演的相对密度与测井相对密度对比，二者趋势基本一致，表明全入射角拟合叠前反演方法得到的密度反射率可靠。

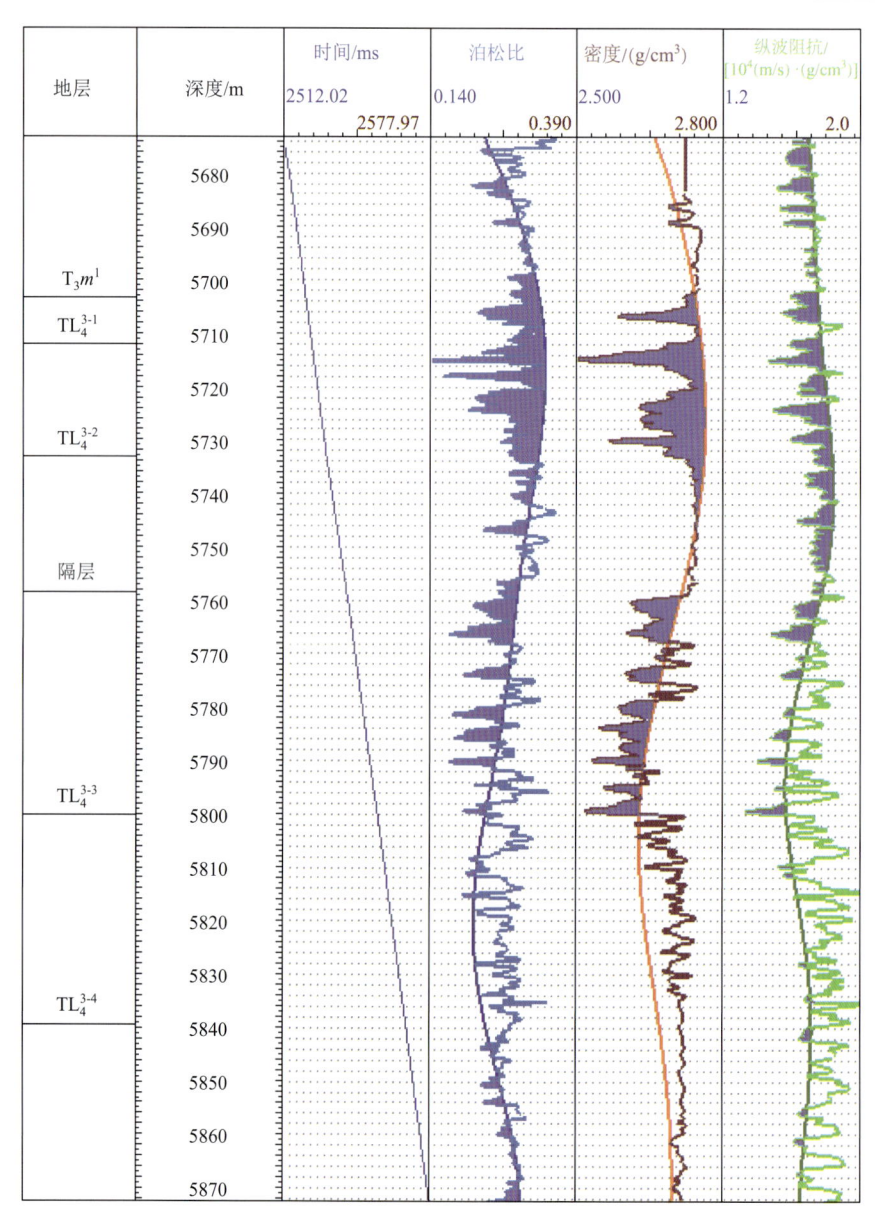

图 6.9　全入射角拟合叠前反演反射率与部分叠加叠前同时反演反射率对比

图 6.10 是鸭子河地区过 4 口关键井全入射角拟合叠前反演密度地震无井反演与叠加地震无井反演结果对比。钻井揭示圈闭核部鸭深 1 井下储层段 TL$_4^{3\text{-}(3+4)}$ 的储层物性最好，圈闭翼部彭州 4-2D 井下储层段 TL$_4^{3\text{-}(3+4)}$ 的储层物性最差。在密度地震无井反演剖面上，彭州 4-2D（PZ4-2D）井的相对密度值最高，鸭深 1（Yas1）井的相对密度值最低。这是合理的，密度越低代表物性越好，密度越高代表物性越差，密度地震无井反演结果反映的储层物性变化特征与钻井相吻合。但在叠加地震无井反演即相对阻抗剖面上，彭州 4-2D 井的相对阻抗值与鸭深 1 井或其他井相差不大，即波阻抗不能准确反映储层物性的横向变化和差异，采用波阻抗反演结果表征储层物性的横向变化，其精度会大打折扣。

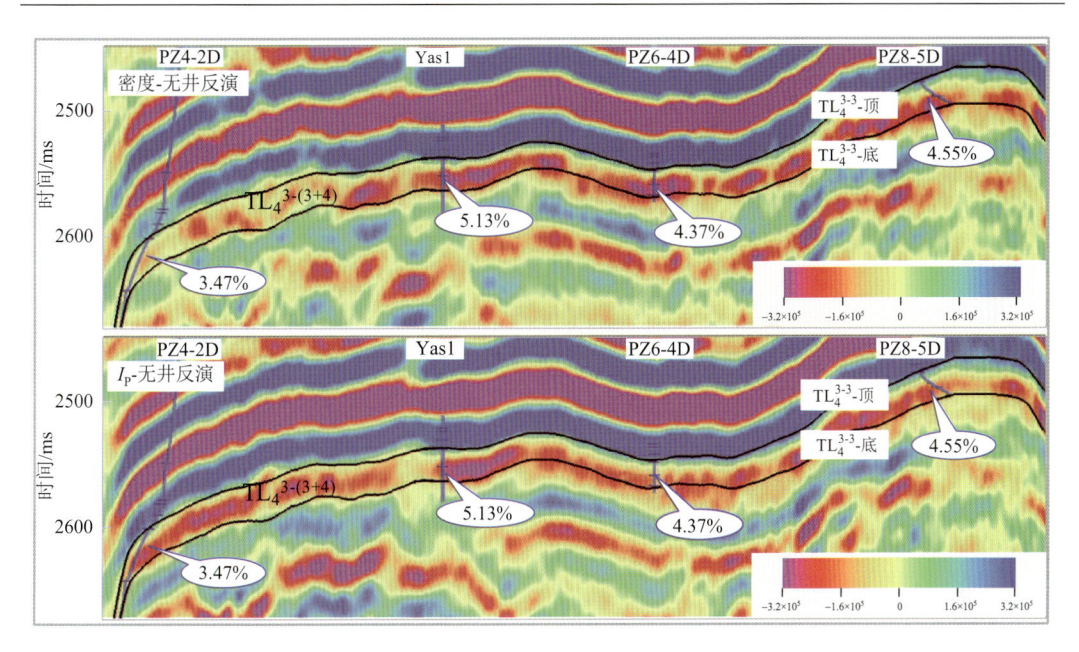

图 6.10　全入射角拟合叠前反演密度地震无井反演与叠加地震无井反演结果对比(连井剖面)

注：图例表示无井反演结果相对值。

6.3　基于机器学习的叠前高分辨率反演技术

在地震测井联合高分辨率反演中，地震数据和测井插值模型数据之间的权重分配是一个棘手的问题。以往通过人工干预分配地震数据和测井插值模型之间的权重，难以实现权重的合理分配，导致反演结果要么分辨率低，与测井曲线的吻合度低，要么模型痕迹重，与地质规律不吻合。机器学习算法通过对地震数据和测井插值模型数据进行训练学习，可以自动获得二者最佳的权重分配，既能保持地震相横向变化特征，又能减少与钻井的误差。

6.3.1　方法原理

地震和测井数据融合高分辨率反演采用两种机器学习算法，一种是支持向量机(support vector machine，SVM)算法，另一种是 K 近邻(K-nearest neighbor，KNN)算法。这两种算法应用于回归的精度都比较高，而且都适应于小样本和低维度(特征参数少)数据，都属于监督学习算法。所以这两种机器学习算法适用于勘探或评价阶段井数据较少情形下的地震储层预测回归研究。

1. SVR 算法

支持向量机(SVM)算法应用于回归估计便是 SVR(support vector regression，支持向量回归)算法。其基本思想是通过使用内积函数(所谓的"核函数")定义的非线性变换将输入空间变换到一个高维空间,然后在这个高维空间中寻找输入变量和输出变量之间的一种线性关系(在低维空间是非线性关系)。与传统回归模型计算损失不同的是,传统回归模型通常直接基于模型输出与真实输出之间的差计算损失,而 SVR 假设能容忍它们之间可以存在一定的偏差,即当它们之间的偏差大于预先定义的间隔带阈值 ε 时才计算损失,否则不计算损失(图 6.11)。SVR 算法在做回归时并不是使用全部的数据点,而只使用相对集中分布的部分数据点,这些参与回归的数据称为支持向量(周志华,2016)。

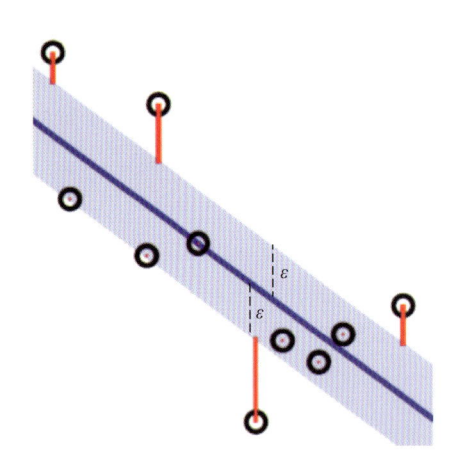

图 6.11 支持向量回归(SVR)计算损失示意图

SVR 算法的应用优势是:①适合小样本训练数据,适用于几十个至几千个训练样本;②能够解决二维空间复杂非线性分类或回归问题;③全局优化、精度高;④泛化能力(预测能力)强,通常不会过拟合,无须担心维度爆炸。SVR 在回归估计方面非常适合钻井样本有限情况下的高分辨率反演。

支持向量回归(SVR)算法包含三个关键参数(c、γ、ε)。

惩罚系数 c:控制模型对训练数据误差的容忍程度。较大的 c 值意味着模型不容忍误差,但可能导致过拟合。

核函数参数 γ:定义非线性变换的核函数。较大的 γ 值可以提高在训练数据集上的拟合准确率,但可能导致过拟合。

间隔带阈值 ε:决定哪些数据点将参与模型的拟合。较大的 ε 值意味着用更多的数据点进行拟合。

2. KNN 算法

KNN 算法是最简单也是理论最成熟的机器学习算法之一,可以用于分类和回归,是一种监督学习算法。它应用于分类的思路是,通过寻找在特征空间中与某个样本最相似的 K 个近邻样本,然后根据这 K 个近邻样本中的大多数类别来预测该样本的类别。这种思想可以用"近朱者赤,近墨者黑"来形象表达。在油气储层预测中,KNN 算法的思想同样适用。储层的分布通常具有一定面积,其横向变化通常也是渐变的。KNN 算法可以较好地进行预测。在 KNN 算法回归中,当需要计算某个数据点的预测值时,模型会从训练数据集中选择离该数据点(又称查询点)最近的 K 个数据点,并将它们的 y 值取均值,将该均值作为新数据点的预测值。

KNN 算法回归有三个关键参数。

K 值:K 值通常不超过 20。过小的 K 值容易导致过拟合,过大的 K 值容易导致欠拟合。为了排除噪声数据的影响,一般需要适当扩大 K 值。

距离度量参数：确定最近邻的样本数据时，一般使用欧氏距离来衡量样本之间的相似度。

决策规则：在做回归预测时，一般采用"平均值法"或"加权平均值法"作为决策规则。在加权平均值法中，通常使用权重和距离成反比的方式来计算权重。

KNN 算法回归使用训练数据集时主要用于调参，确定上述三个关键参数。在具体应用到新数据的回归预测时，还需要根据设定的距离度量参数找出与待预测数据点距离最近的 K 个近邻样本，并将这 K 个近邻样本的平均值或加权平均值作为新数据点的回归预测值。

KNN 算法回归的优势：①理论成熟，准确率高；②适用于小数据集；③受异常值影响小，拟合时考量了距离和样本数量；④维度不大的情形下运算速度较快。在回归时，可以将 KNN 算法作为一种优化算法，对其他算法的回归结果进行优化。在机器学习高分辨融合反演时，就是将 KNN 算法作为一种优化算法使用(周志华，2016)。

6.3.2 技术流程

输入数据包括全入射角道集叠前反演弹性参数反射率数据，层位约束下的测井曲线低频、高频插值模型，这些数据需要进行归一化处理，以确保数据在相同的尺度范围内。标签数据是利用测井实测或计算的弹性参数。使用 1 口井以上的井曲线作为训练数据(训练集)，用于训练机器学习模型。选择其他井作为验证井数据(测试集)，用于测试和验证训练得到的模型的泛化能力。

首先对反演弹性参数反射率数据开展频谱分析，确定有效频带的高截频率(F_h)、低截频率(F_l)。测井低频插值模型的高截频率为 F_l，采用低通滤波器得到；高频插值模型的高截频率以能识别最薄的目标小层的频率(F_{max})为原则确定，低截频率依据反演反射率数据的 F_h 确定，采用带通滤波得到。标签数据由测井曲线的 F_{max} 高截滤波得到。

图 6.12 是机器学习叠前高分辨融合反演流程示意图。具体流程如下。

(1) 准备训练井样本数据，包括测井数据插值模型的低频、测井数据插值模型的中频和地震数据(中频)，以及目标测井曲线(全频带)。

(2) 调参并训练机器学习高分辨反演模型，以满足要求的精度。

(3) 盲井验证机器学习高分辨反演模型，达到要求的精度则输出该模型，否则返回流程(2)再次调参并训练模型。

(4) 利用 KNN 优化机器学习高分辨反演模型，并将该模型应用于三维地震数据开展三维机器学习高分辨反演处理。

6.3.3 应用效果

川西气田模型的训练学习使用了鸭深 1 井，包含目的层大约 1000 个训练样本。该井训练学习后得到的机器学习模型平方相关系数(squared correlation coefficient，SCC)达到了 0.87，密度高分辨反演结果与测井曲线吻合良好(图 6.13)。模型检验井(彭州 6-4D 井)机器学习高分辨反演密度结果与测井密度曲线趋势一致，绝大部分几乎重合，很小一部分

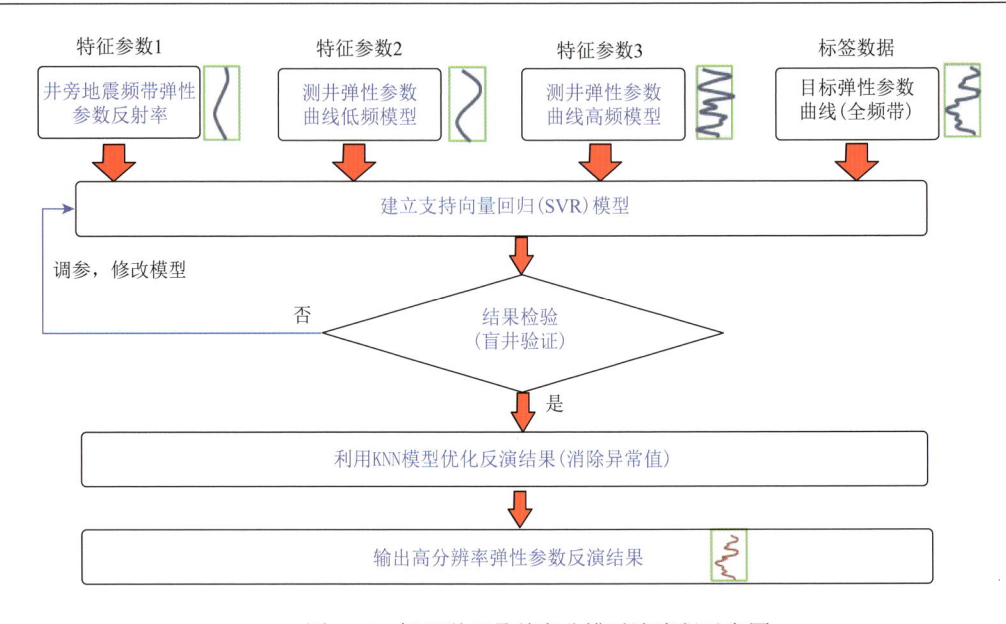

图 6.12 机器学习叠前高分辨反演流程示意图

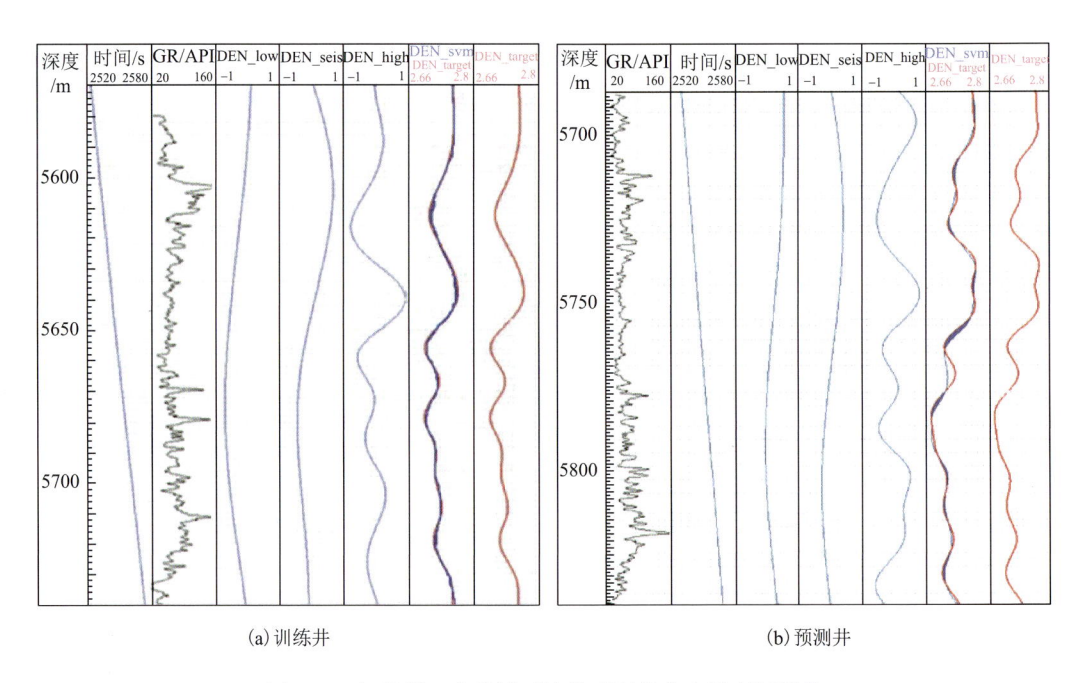

图 6.13 机器学习高分辨反演模型训练井和模型预测井

DEN-low：密度测井曲线的低频部分(0～10Hz)；DEN-seis：基于叠前道集求解的密度相对数据的伪曲线(8～60Hz)；DEN-high：密度测井曲线的高频部分(50～100Hz)；DEN-target：全频带的密度测井曲线；DEN-svm：学习密度曲线

有较小偏差，SCC 也能达到 0.83，虽然较训练井有所降低但降低幅度不大(仅 5%)，表明模型具有很好的泛化能力。

将训练好的模型应用于 300km² 三维地震数据体，最终得到高分辨的密度反演数据体。

图 6.14 是鸭子河地区过彭州 4-2D(PZ4-2D)井、鸭深(Yas1)1 井、彭州 6-4D(PZ6-4D)井、彭州 8-5D(PZ8-5D)井共 4 口井密度地震无井反演和密度机器学习高分辨反演结果对比。首先二者在下储层横向上变化趋势总体一致,在彭州 4-2D 井密度高(孔隙度低)、鸭深 1 井密度低(孔隙度高),这表明该机器学习高分辨反演结果具有可靠性。机器学习高分辨反演结果纵向上能识别出 TL_4^{3-2}、TL_4^{3-3} 和 TL_4^{3-4} 共 3 套储层,而原来的密度地震无井反演结果只能识别下储层($TL_4^{3-3}+TL_4^{3-4}$),无法分辨 TL_4^{3-2} 储层。与 6.1 节所述的叠后高分辨率反演结果相比,薄储层横向稳定性更好,反演物性参数与实钻吻合度更高。

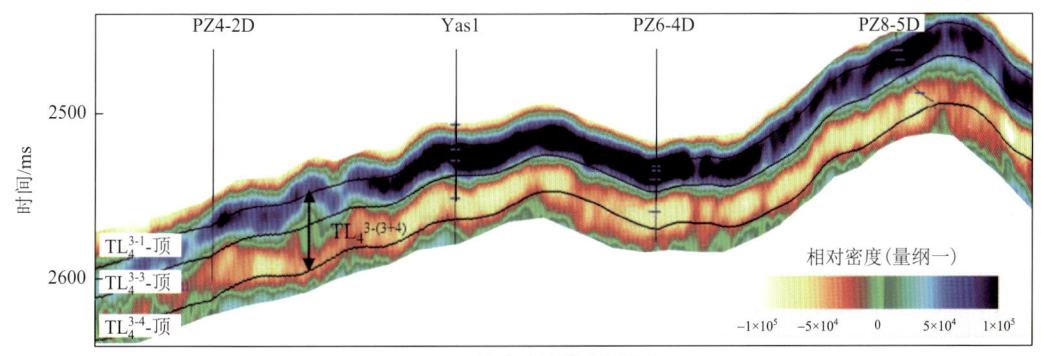

(a)密度地震无井反演

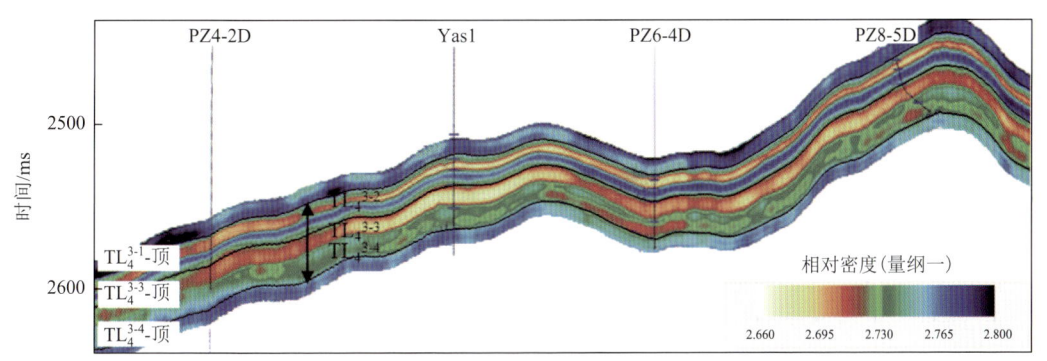

(b)密度机器学习高分辨反演

图 6.14 密度地震无井反演和密度机器学习高分辨反演结果对比

图 6.15 是鸭子河地区③号小层密度地震无井反演与机器学习高分辨反演结果平面对比。总体上二者保持了一致性,说明机器学习高分辨反演结果具有相控能力,反演结果与钻井揭示的优质储层分布规律总体一致。在彭州 8-5D 井周边,机器学习高分辨反演结果显示密度较地震无井反演结果偏低,而彭州 4-2D 井相反,经实钻证实,高分辨率反演与实际情况吻合。经 11 口钻井证实,TL_4^{3-2}、TL_4^{3-3} 和 TL_4^{3-4} 储层预测结果符合率均超过 85%。

(a) 密度地震无井反演　　　　　　　　　(b) 密度机器学习高分辨反演

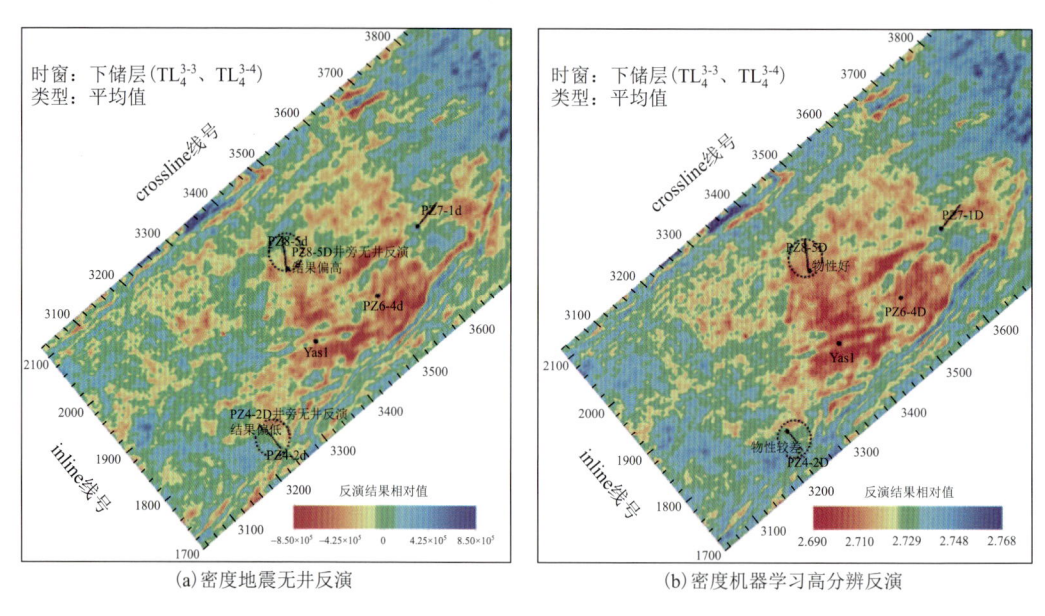

图6.15　③号小层密度地震无井反演与密度机器学习高分辨反演结果平面对比

6.4　基于贝叶斯理论的储层参数反演技术

川西气田岩石类型多样、构型复杂、纵横向非均质性强，多种岩石物理因素对弹性参数产生影响。传统的基于统计拟合的方法难以有效解决多种储层参数（岩性参数及储集参数）对弹性参数的影响问题，由于模型准确度受到限制，常出现较大的多解性。基于神经网络的储集参数随机反演方法在测井资料不足的情况下导致网络训练不稳定，从而影响最终反演结果。为了更准确地描述研究区内弹性参数与储层参数之间的关系，采用基于贝叶斯理论的储层参数反演技术，以岩石物理模型为基础进行正演模拟，以基于机器学习的叠前高分辨率反演获得的弹性参数为输入，构建基于贝叶斯框架的反演目标函数。通过最大后验概率同时反演多种储层参数。该方法不仅能模拟地球物理随机特性，还能克服传统物性参数反演方法对测井资料过度依赖的问题，尤其适用于解决横向非均质性较强的储层预测难题。

6.4.1　方法原理

基于贝叶斯理论的储层参数反演技术以叠前弹性参数为输入，通过统计岩石物理模型建立储层参数与弹性参数的先验关系，通过蒙特卡罗仿真模拟获取先验关系的全区分布信息，利用多维高斯混合的期望最大化（expectation maximization-Gaussian mixture，EM-GM）算法获得储层参数，实现储层岩性、物性及流体等多参数联合反演，从而更为准确地预测储层参数。该方法基于概率分布理论，优于传统的确定性反演方法，因其有多种弹性参数的联合约束，能更好地降低预测结果的不确定性。

建立一个稳定的、准确且适用于整个工区的岩石物理模型是储层参数反演取得好结果的前提，统计岩石物理模型能够捕捉测井数据中未包含的信息，更符合地质规律。若将变量表示为随机分布的向量，那么岩石物理模型可以表述为

$$m = f_{\text{RPM}}(R) + \varepsilon \tag{6.13}$$

式中，m 为岩石弹性参数（包括 P 波速度、S 波速度、密度等）；R 为储层参数，包括孔隙度 ϕ、含水饱和度 S_w，以及白云石含量、方解石含量等，有时甚至还要考虑孔隙结构。f_{RPM} 代表岩石物理模型，它可以是经验公式，也可以是一系列由理论推导得到的方程（如 KT 模型、微分等效介质模型）；ε 为随机误差。研究区储层类型为白云岩孔隙型储层，所以，定义 $R=\{\phi, V_{\text{dolo}}, \cdots, S_\text{w}\}$，$m=\{V_\text{P}, V_\text{S}, \rho\}$，其中 V_{dolo} 为白云石含量。

在贝叶斯理论中，先验信息非常重要。假设各个储层参数 R 之间是相互独立的，这样储层参数的联合概率满足：

$$P(\phi, V_{\text{dolo}}, S_\text{w}) = P(\phi) P(V_{\text{dolo}}) P(S_\text{w}) \tag{6.14}$$

为了推导解析的表达式，假设储层参数满足多维高斯分布，先验信息可表述为

$$P(R) = N(R; \mu_R, \delta_R) \tag{6.15}$$

式中，μ_R、δ_R 分别为高斯分布的期望与方差，该先验信息通常来自野外露头采样、岩心测试及测井资料。根据储层参数的先验信息，可以用蒙特卡罗模拟捕捉测井数据中未包含的信息，根据储层参数的先验信息 $P(R)$ 获得 N_S 个采样点，记为 $\{R_i\}_{i=1,\cdots,N_S}$，代入岩石物理模型[式(6.13)]计算出它们对应的弹性参数响应 $\{m_i\}_{i=1,\cdots,N_S}$。

储层参数反演实际是在已知弹性参数的情况下求取储层参数的条件概率分布。由贝叶斯定理可知，条件概率分布 $P(R|m)$ 与联合概率 $P(m,R)$ 存在如下关系：

$$P(R|m) = \frac{P(m,R)}{\int P(m,R) \text{d}R} \tag{6.16}$$

可见在反演储层参数之前需要先得到弹性参数 m 和储层参数 R 的联合分布估计。由上文可知，m 和 R 均满足高斯分布，因此二者的联合分布可表述为

$$P(m,R) = N(y; \mu_y, \delta_y) \tag{6.17}$$

式中，$y = [m, R]^\text{T}$。如果假设弹性参数和储层参数之间的岩石物理模型是线性的，那么它们的联合分布的期望值和方差可以通过先验信息直接得到解析解。然而，在通常情况下，受岩性影响，二者之间的岩石物理模型由一系列非线性方程构成，将这一系列复杂的方程抽象成一个解析式或矩阵是相当困难的。因此，在这种情况下，联合概率分布的期望值和方差只能通过统计学方法从采样 $\{(m_i, R_i)\}_{i=1,\cdots,N_S}$ 中获取。

联合概率分布的期望 μ_y 为采样数据的均值，方差 δ_y 是由弹性参数 m 和储层参数 R 的互相关组成的协方差矩阵。

$$\mu_y = [\mu_m, \mu_R]^\text{T} = [V_\text{P}, V_\text{S}, \rho, \phi, V_{\text{dolo}}, S_\text{w}]^\text{T} \tag{6.18}$$

$$\delta_y = \begin{bmatrix} \delta_{m,m} & \delta_{m,R} \\ \delta_{R,m} & \delta_{R,R} \end{bmatrix} \tag{6.19}$$

式中，

$$\delta_{m,m} = \begin{bmatrix} v_{V_P}^2 & v_{V_P} v_{V_S} \gamma_{V_P V_S} & v_{V_P} v_\rho \gamma_{V_P \rho} \\ v_{V_P} v_{V_S} \gamma_{V_P V_S} & v_{V_S}^2 & v_{V_S} v_\rho \gamma_{V_S \rho} \\ v_{V_P} v_\rho \gamma_{V_P \rho} & v_{V_S} v_\rho \gamma_{V_S \rho} & \rho^2 \end{bmatrix}$$

$$\delta_{m,R} = \begin{bmatrix} v_{V_P} v_\phi \gamma_{V_P \phi} & v_{V_P} v_{V_{\text{dolo}}} \gamma_{V_P V_{\text{dolo}}} & v_{V_P} v_{S_w} \gamma_{V_P S_w} \\ v_{V_S} v_\phi \gamma_{V_S \phi} & v_{V_S} v_{V_{\text{dolo}}} \gamma_{V_S V_{\text{dolo}}} & v_{V_S} v_{S_w} \gamma_{V_S S_w} \\ v_\rho v_\phi \gamma_{\rho \phi} & v_\rho v_{V_{\text{dolo}}} \gamma_{\rho V_{\text{dolo}}} & v_\rho v_{S_w} \gamma_{\rho S_w} \end{bmatrix}$$

$$\delta_{R,m} = \delta_{m,R}^{\text{T}}$$

$$\delta_{R,R} = \begin{bmatrix} v_\phi^2 & v_\phi v_{V_{\text{dolo}}} \gamma_{\phi C} & v_\phi v_{S_w} \gamma_{\phi S_w} \\ v_{V_{\text{dolo}}} v_\phi \gamma_{V_{\text{dolo}} \phi} & v_{V_{\text{dolo}}}^2 & v_{V_{\text{dolo}}} v_{S_w} \gamma_{V_{\text{dolo}} S_w} \\ v_{S_w} v_\phi \gamma_{S_w \phi} & v_{S_w} v_{V_{\text{dolo}}} \gamma_{S_w V_{\text{dolo}}} & v_{S_w}^2 \end{bmatrix}$$

式中，v 为方差；γ 为相关系数。

6.4.2 技术流程

该方法技术流程主要包括五项内容(图6.16)。

(1)高精度叠前弹性参数反演。可以采用前文基于机器学习的高分辨率叠前弹性参数反演结果。

(2)储层参数先验分布的建立。假设测井资料中储层参数符合由 N 个高斯分布加权组成的混合高斯分布，通过采用期望最大化算法估计每个高斯分布项的均值、方差以及权重，构建一个与测井资料中储层参数较为接近的先验概率分布。

(3)统计性岩石物理模型的构建。统计性岩石物理模型由确定性岩石物理模型和随机误差构成。其中，确定性岩石物理模型用于构建储层参数与弹性参数之间的确定性关系，而随机误差则用来弥补确定性岩石物理模型在精确性方面的不足。确定性岩石物理模型的构建及参数标定可以采用前文针对潮坪相白云岩储层的岩石物理建模方法。

(4)储层参数与弹性参数联合分布的建立及估计。基于储层参数先验分布，结合蒙特卡罗模拟，基于统计性岩石物理模型正演，可以生成不同储层条件下的岩石弹性参数。将这一弹性参数样本空间与储层参数样本空间相结合，采用期望最大化算法，能够估计二者联合分布中高斯分量的均值、方差以及权重。

(5)后验条件概率的求取。结合岩石弹性参数和已估计的联合分布参数，可以计算储层参数的后验条件概率，而后验概率最大值所对应的储层参数值即为我们所需的反演结果。

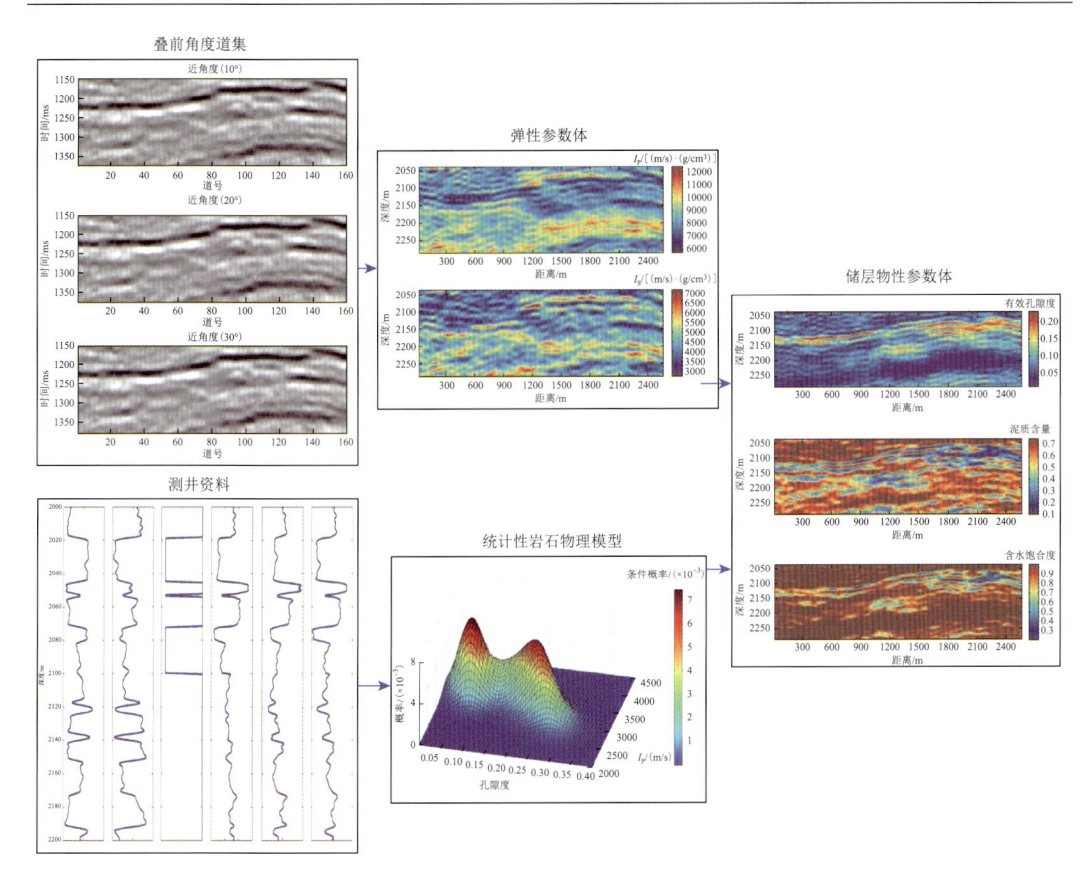

图 6.16 基于贝叶斯理论的储层参数反演流程示意图

6.4.3 应用效果

孔隙度是川西气田潮坪相白云岩储层预测的关键岩石物性参数。基于鸭深 1 井测井解释得到的储层参数,包括孔隙度、含水饱和度、泥质含量、白云石含量和方解石含量,利用建立的碳酸盐岩岩石物理模型进行正演模拟,得到鸭深 1 井的纵波速度、横波速度和密度,通过对比正演曲线(图 6.17 中红色曲线)和原始测井曲线(图 6.17 中蓝色曲线)可以看出,所构建的岩石物理模型能够准确地模拟储层参数与弹性参数之间的关系。

通过输入鸭深 1 井纵波速度、横波速度及密度等数据,基于贝叶斯理论的储层参数联合反演方法能够同时得到孔隙度、白云石含量等储层参数,如图 6.18 所示(其中,p_{hi} 为孔隙度,V_{li} 为方解石含量,V_{do} 为白云石含量,V_{an} 为硬石膏含量)。这些参数包括孔隙度和矿物组分等,能够反映岩石骨架及储集信息的特征,从而得到了可靠的反演结果。

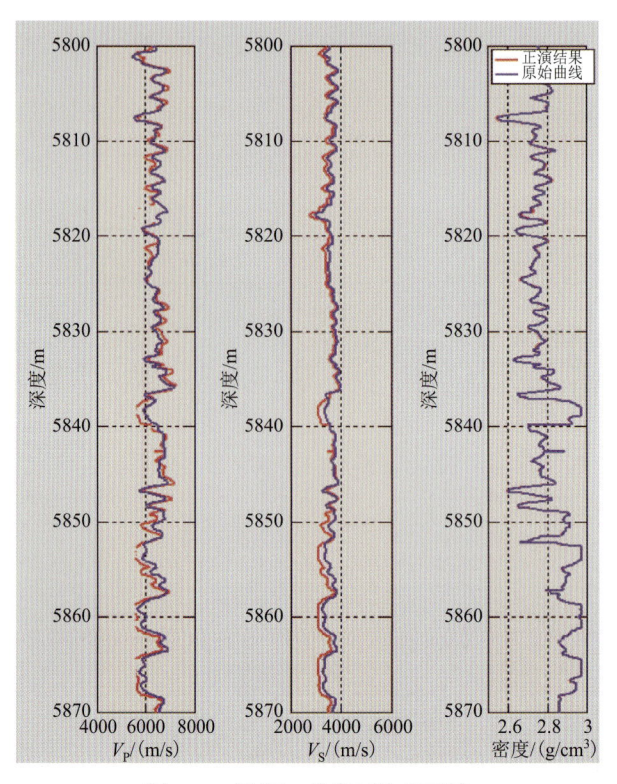

图 6.17　鸭深 1 井岩石物理正演

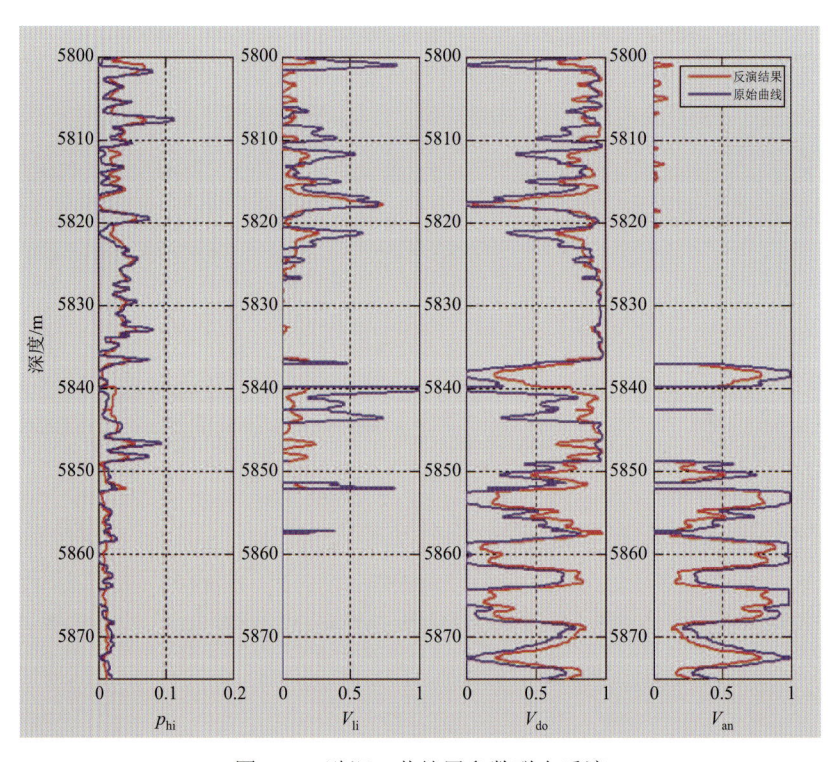

图 6.18　鸭深 1 井储层参数联合反演

基于叠前地震反演结果，利用基于贝叶斯理论的储层参数联合反演方法获得储层孔隙度预测结果。如图 6.19 所示，反演结果能够更有效识别有利储层发育区。

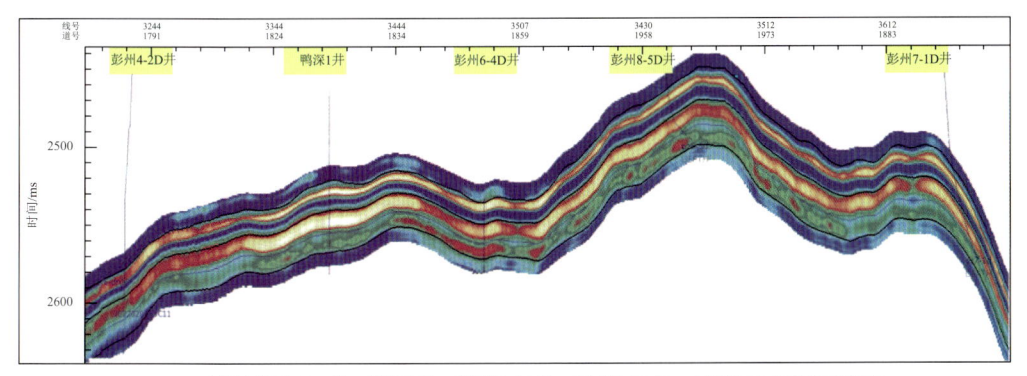

(a) 过彭州4-2D井—鸭深1井—彭州6-4D井—彭州8-5D井—彭州7-1D井孔隙度剖面

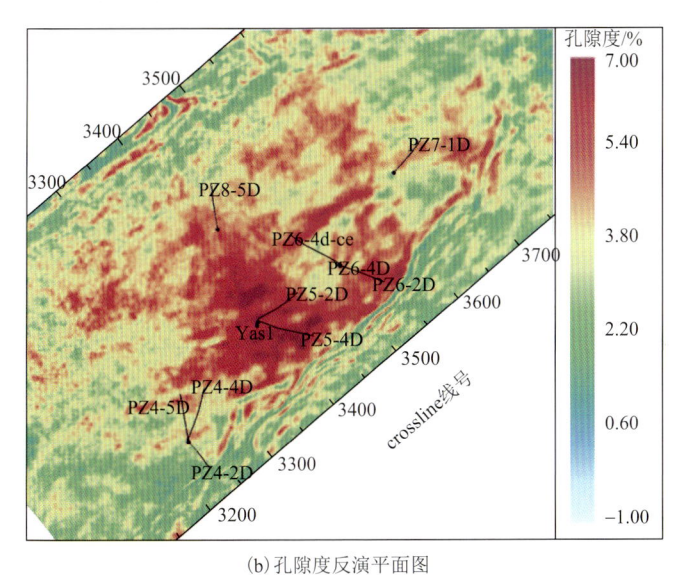

(b) 孔隙度反演平面图

图 6.19　川西气田雷四上亚段③号小层孔隙度平面图

6.5　基于岩石物理建模的双孔隙度反演技术

裂缝孔隙型储层的孔隙空间类型包括基质孔隙和裂缝孔隙，由于基质孔隙和裂缝孔隙的几何结构特征存在差异，对地震波的纵波速度和横波速度产生不同的影响，因此，可以通过叠前地震反演的纵波速度、横波速度和密度等属性，实现储层的基质孔隙度和裂缝孔隙度的预测，达到精细刻画裂缝孔隙型储层的目的。

6.5.1　方法原理

岩石物理模型是连接储层参数和弹性参数的纽带，可为储层参数预测提供理论支持。

超深层碳酸盐岩往往具有低孔隙度和复杂孔隙结构的特点，其弹性参数和储层参数之间往往存在复杂的非线性关系。传统岩石物理反演方法仅考虑孔隙度对弹性参数的影响，而未考虑孔隙结构对岩石弹性参数的影响，因此超深层碳酸盐岩储层参数反演结果往往存在偏差。为更准确地反映孔隙结构对岩石弹性参数的影响，可以引入含有孔隙纵横比的等效介质模型。

基于碳酸盐岩储层的复杂孔隙结构岩石物理模型，采用岩石物理逆建模反演方法，预测不同类型孔隙含量(基质孔隙度和裂缝孔隙度)，从而更加精细地描述储层类型。该方法更全面地考虑孔隙结构的影响，有助于提高储层参数预测的准确性。

川西气田雷口坡储层纵波速度V_P、横波速度V_S和密度ρ的影响因素主要包括白云岩含量、灰岩含量、基质孔隙、裂缝孔隙和含气饱和度。叠前地震反演只能得到三个独立变量(纵波速度、横波速度和密度)，因此只能有效地反演三个未知储层参数。选取基质孔隙度ϕ、裂缝孔隙度ϕ_c和白云岩含量V_{dol}为待反演未知参数，则弹性参数和物性参数之间的关系可以表示为

$$\boldsymbol{d}(V_P, V_S, \rho) = \boldsymbol{F}(\phi, \phi_c, V_{dol}) \tag{6.20}$$

式中，$\phi \in (\phi_{min}, \phi_{max})$，$\phi_c \in (\phi_{cmin}, \phi_{cmax})$，$V_{dol} \in (V_{dolmin}, V_{dolmax})$。$\phi_{min}$和$\phi_{max}$、$\phi_{cmin}$和$\phi_{cmax}$、$V_{dolmin}$和$V_{dolmax}$分别是基质孔隙度、裂缝孔隙度和白云岩含量的最小值和最大值。$\boldsymbol{F}$为岩石物理模型，$\boldsymbol{d}$为叠前反演的纵波速度V_P、横波速度V_S和密度ρ数据集。

刘倩等(2016)应用岩石物理逆建模方法反演储层物性参数，该方法根据岩石物理模型建立储层参数扫描空间的弹性参数场，通过等值面的空间交会最优化算法得到交点坐标，实现储层参数的反演。在三维储层参数域，需要三个单值等值面的交会才能得到一个稳定的交点。

根据工区内已钻井的基质孔隙度、裂缝孔隙度和白云岩含量统计分布特征，确定其扫描范围分别为(0～0.4)、(0～0.2)和(0～1)。给定采样间隔，根据岩石物理模型$\boldsymbol{F}$正演不同基质孔隙度、裂缝孔隙度和白云岩含量储层的弹性参数值，建立三维数据场。图6.20(a)是纵波速度的三维数据场图，该数据场中包含所有可能的纵波速度值。同理建立横波速度和密度的三维数据场[图6.20(b)、(c)]。

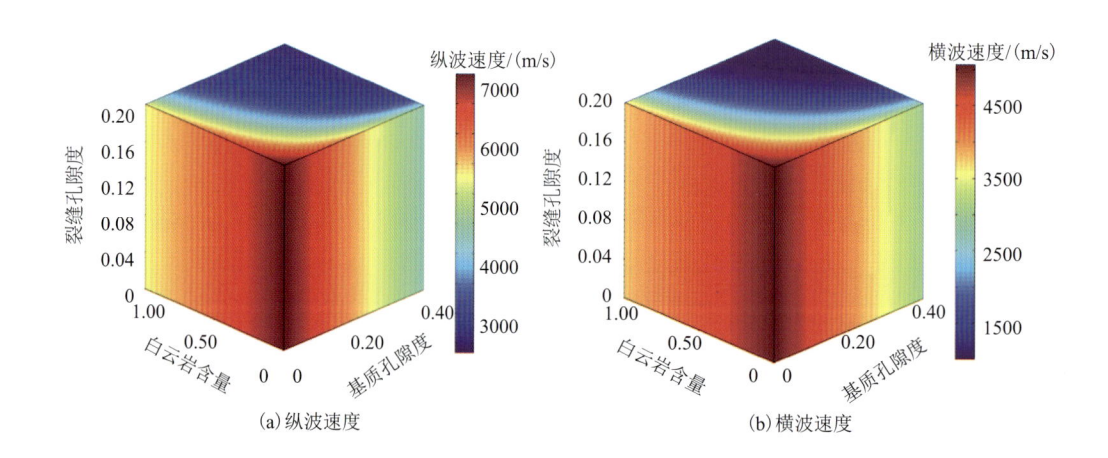

(a)纵波速度　　(b)横波速度

(c) 密度

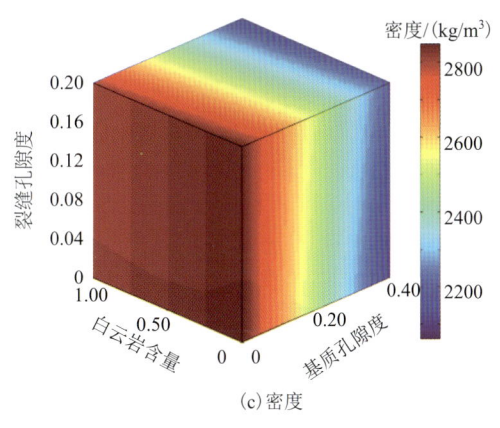

图 6.20　储层参数域的弹性参数数据场图

利用移动立方体(marching cubes)算法计算纵波速度为 V_{P0} 的等值面，记为 $\boldsymbol{S}_{V_{P0}}(\boldsymbol{\phi},\boldsymbol{\phi}_c,V_{dol})$。等值面在坐标轴的投影宽度代表该弹性参数对该储层参数的约束能力，投影越窄约束能力越强，预测得到的储层参数越准确。同理可以得到密度为 ρ_0 的等值面，记为 $\boldsymbol{S}_{\rho_0}(\boldsymbol{\phi},\boldsymbol{\phi}_c,V_{dol})$；横波速度为 V_{S0} 的等值面，记为 $\boldsymbol{S}_{V_{S0}}(\boldsymbol{\phi},\boldsymbol{\phi}_c,V_{dol})$。将纵波速度、横波速度和密度的等值面交会在同一个储层参数域中(图 6.21)。三个等值面交会点的纵波速度、横波速度和密度的值与实测值 (V_{P0},V_{S0},ρ_0) 相等时，所对应的坐标即为所求储层参数。定义目标函数：

$$J_3 = \left\| \boldsymbol{S}_{V_{P0}} - \boldsymbol{S}_{\rho_0} \right\|^2 + \left\| \boldsymbol{S}_{V_{P0}} - \boldsymbol{S}_{V_{S0}} \right\|^2 + \left\| \boldsymbol{S}_{V_{P0}} - \boldsymbol{m} \right\|^2 + \left\| \boldsymbol{S}_{\rho_0} - \boldsymbol{m} \right\|^2 + \left\| \boldsymbol{S}_{V_{S0}} - \boldsymbol{m} \right\|^2 \qquad (6.21)$$

式中，$\boldsymbol{m}$ 是储层参数模型约束项。井点使用实际测井测得的储层参数，非井点可利用井间插值或地质统计学建模等方法建立的模型。通过目标函数最优化理论可求得基质孔隙度、裂缝孔隙度和白云岩含量。

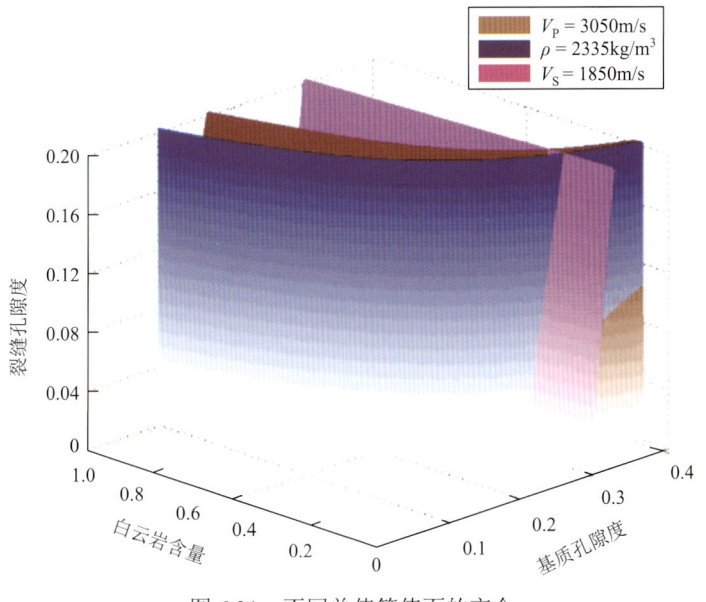

图 6.21　不同单值等值面的交会

6.5.2 技术流程

逆岩石物理建模法储层参数反演实现步骤如下。

(1) 根据测井解释骨架组分含量(白云岩含量和灰岩含量)、基质孔隙度、裂缝孔隙度、含气饱和度，优选岩石物理模型，在正演模拟纵波速度、横波速度和密度曲线与实际测量纵波速度、横波速度和密度误差最小条件下，确定最佳岩石物理模型 F，以及骨架白云岩和灰岩矿物的密度、体积模量和剪切模量，气和水的体积模量与密度。

(2) 输入叠前道集，采用叠前三参数同时反演获得三维空间的纵波速度、横波速度和密度。

(3) 根据测井解释孔隙度、裂缝孔隙度和等效白云岩含量的统计分布特征，确定其概率分布特征及最小值和最大值(ϕ_{min}和ϕ_{max}、ϕ_{cmin}和ϕ_{cmax}、V_{dolmin}和V_{dolmax})。

(4) 在基质孔隙度ϕ、裂缝孔隙度ϕ_c和白云岩含量V_{dol}分布范围内均匀采样，应用第(1)步确定的最佳岩石物理模型F，正演计算获得纵波速度、横波速度和密度场。

(5) 在定义域交集内求取目标函数 $J_3 = \left\|S_{V_{P0}} - S_{\rho_0}\right\|^2 + \left\|S_{V_{P0}} - S_{V_{S0}}\right\|^2 + \left\|S_{V_{P0}} - m\right\|^2 + \left\|S_{\rho_0} - m\right\|^2 + \left\|S_{V_{S0}} - m\right\|^2$ 的最小值即可得到最终解。

6.5.3 应用效果

通过遗传算法寻优，可以计算出样品的孔隙结构分布。羊深1井和鸭深1井岩心样品孔隙结构分析表明粒间孔占主导，小孔隙度灰岩多由裂缝主导，而大孔隙度白云岩的硬孔隙较多，渗透率也较大，是有利的储集条件的特征，如图6.22所示。羊深1井和鸭深1井上储层的孔隙以裂缝为主，下储层的孔隙以粒间孔和溶孔为主，总体来说下储层的储集空间对储量的贡献更大。

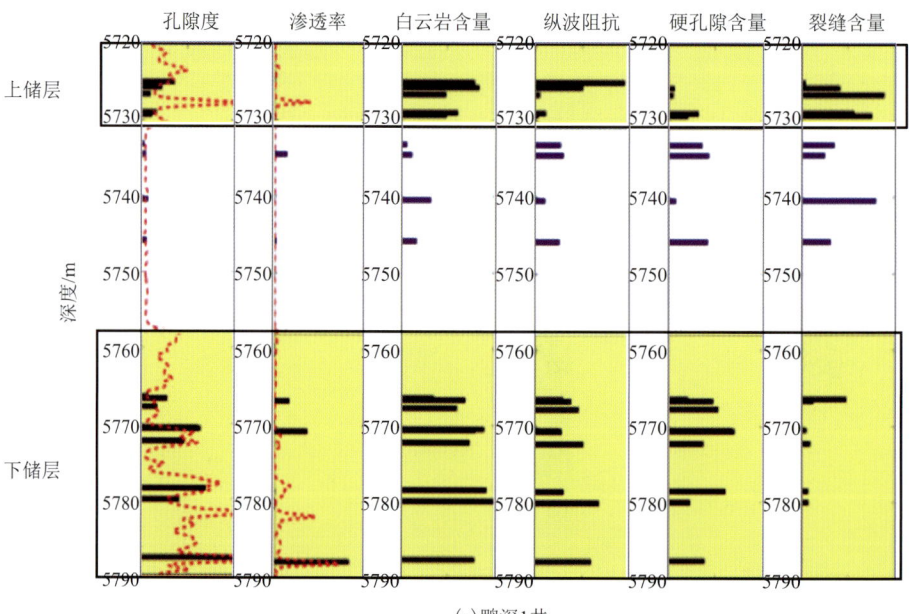

(a) 鸭深1井

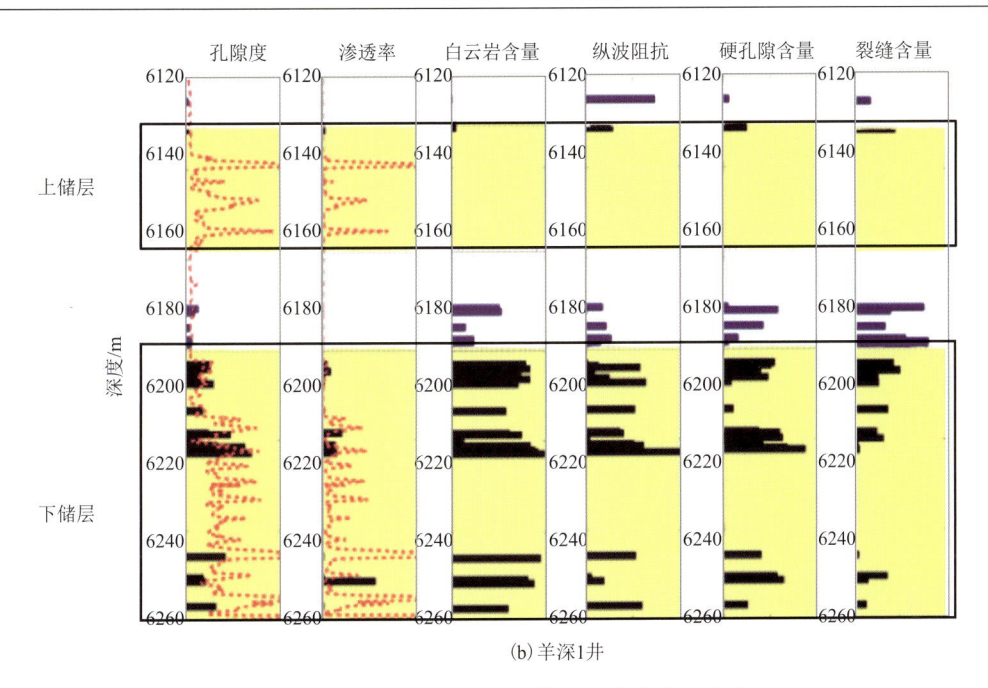

图 6.22 鸭深 1 井、羊深 1 井孔隙成分反演结果

利用川西雷口坡组碳酸盐岩基于岩石物理建模的双孔隙反演技术针对鸭深 1 井和羊深 1 井两口井开展了双孔隙度反演。从反演结果来看（图 6.23），仍然呈现出上储层段和隔层段裂缝较为发育，而下储层段溶孔发育的特征，同时对比成像测井结果与孔隙反演结果，二者较为一致，证明了川西雷口坡组碳酸盐岩双孔隙反演技术的适用性与可靠性。

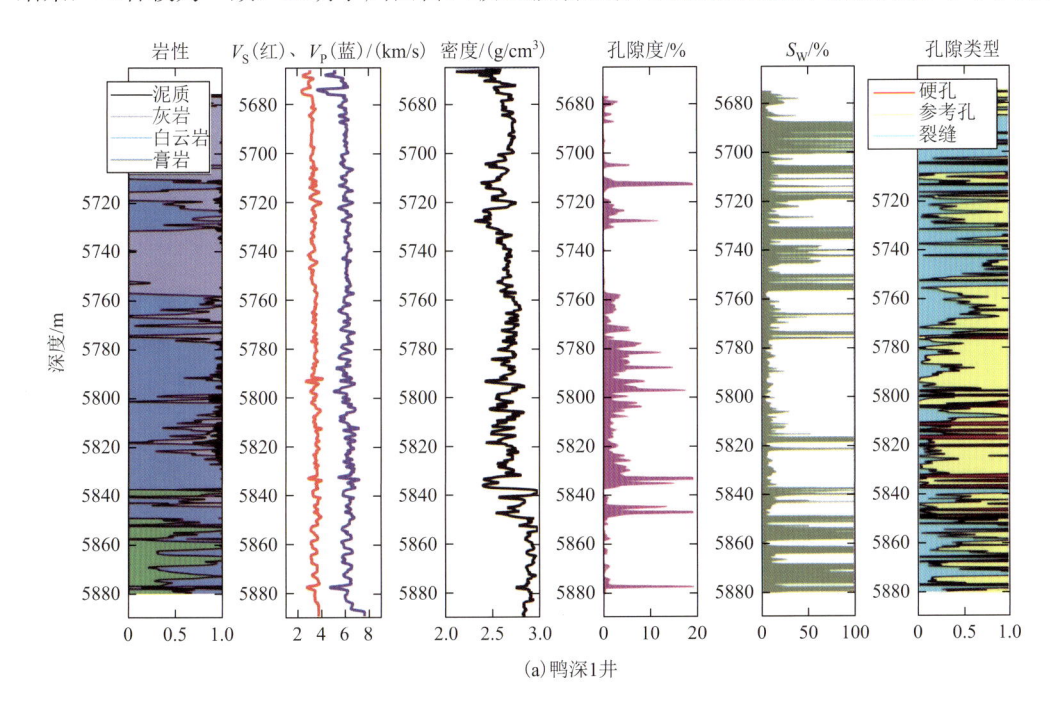

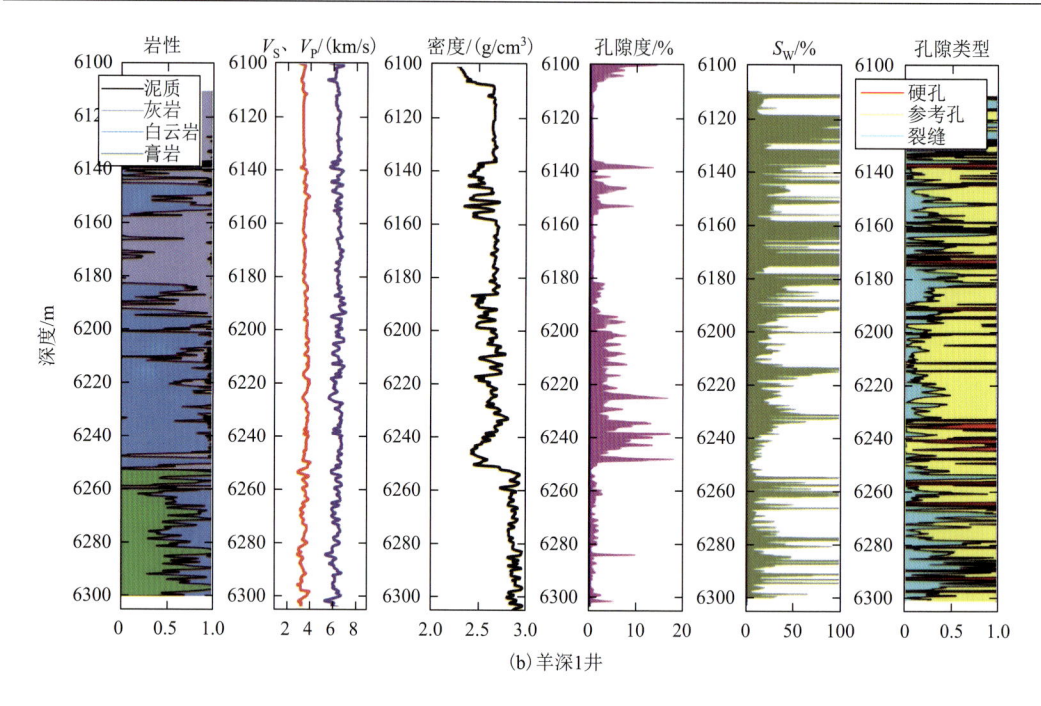

图 6.23　鸭深 1 井和羊深 1 井测井双孔隙度反演

图 6.24 是过彭州 113 井—彭州 1 井和鸭深 1 井的地震剖面，图 6.25 是基于岩石物理建模的双孔隙度反演的基质孔隙度、裂缝孔隙度剖面(灰色的井曲线分别是对应的实际测井曲线)。下储层具有基质孔隙度、白云岩含量和裂缝孔隙度的相对高值异常的位置与上储层的位置有较好的对应，预测结果和实际数据匹配较好，证明了方法的实用性。

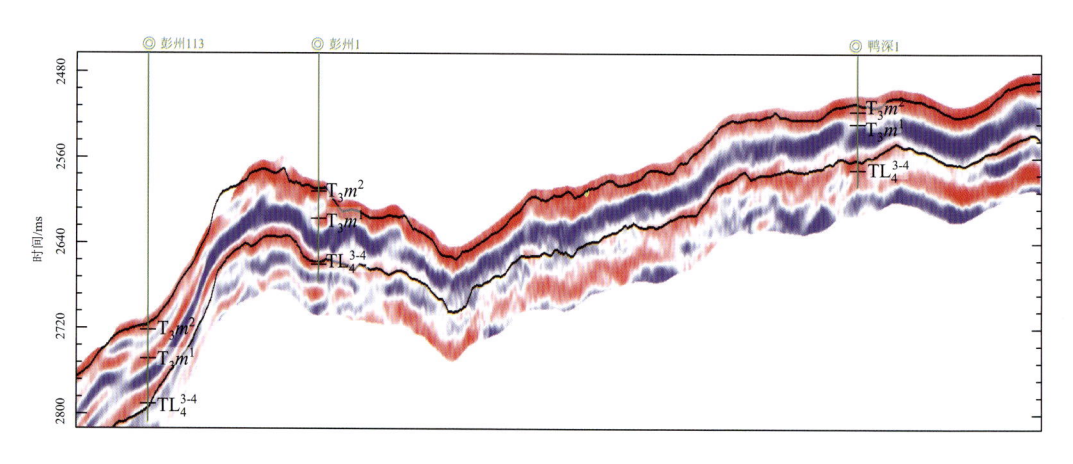

图 6.24　过彭州 113 井—彭州 1 井和鸭深 1 井的地震剖面

针对下储层做物性参数的水平切片。从图 6.26 和图 6.27 可以看出，其中几口已钻探井均在高孔隙度的区域，属于储层物性条件较好的有利区域。通过与前期沉积相研究对比可以得知，物性参数的空间展布符合该工区雷四段储层的沉积规律。

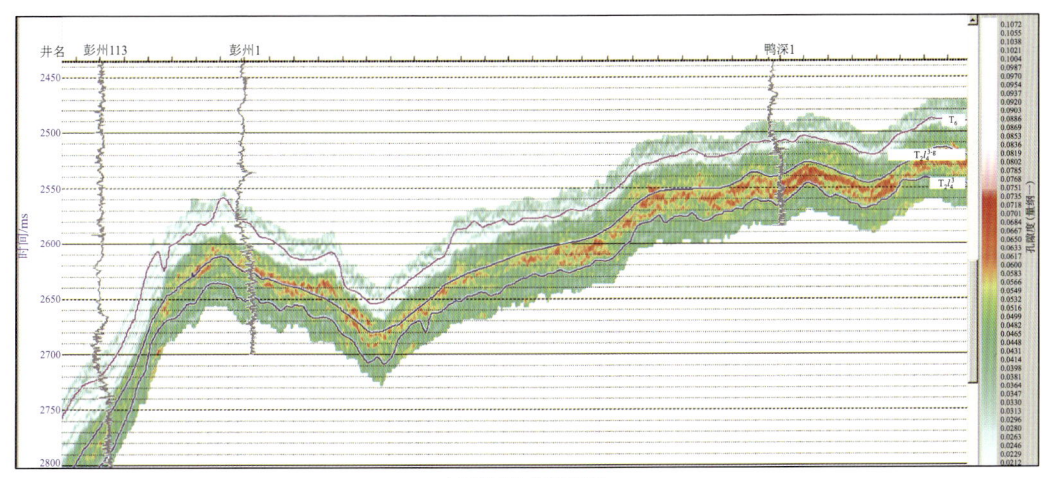

第 6 章 非均质薄互储层高精度表征

(a) 基质孔隙度剖面

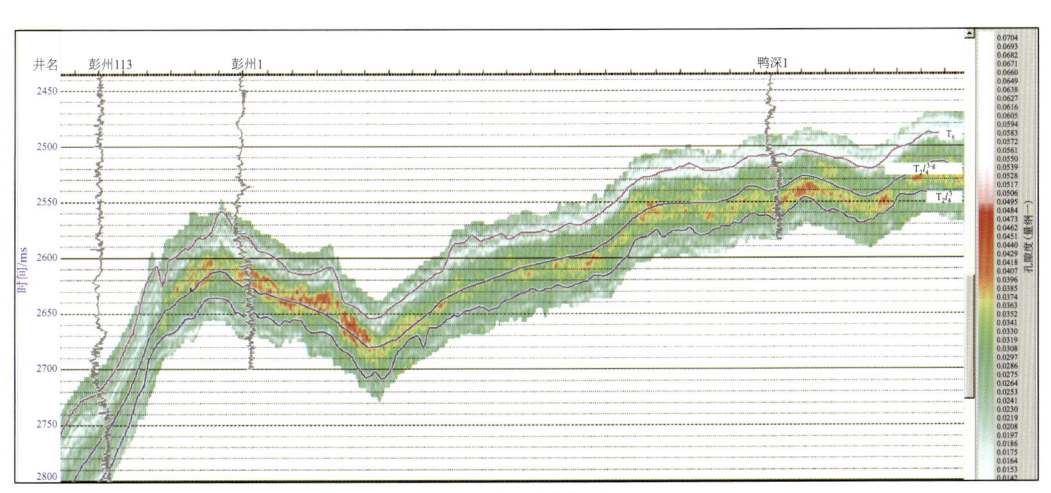

(b) 裂缝孔隙度剖面

图 6.25 过彭州 113 井—彭州 1 井和鸭深 1 井储层孔隙度反演结果剖面

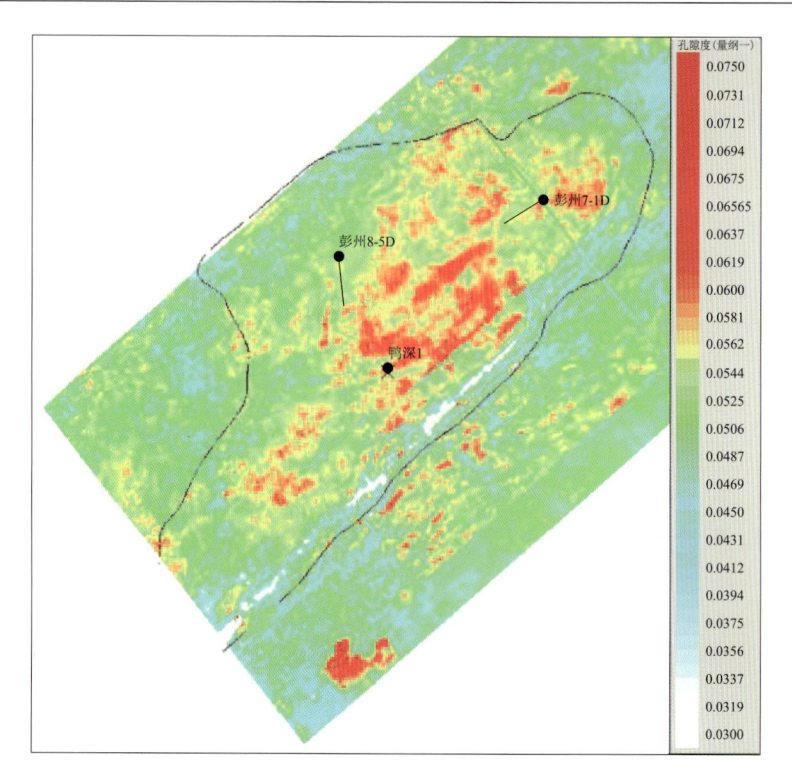

图 6.26 川西气田雷四上亚段下储层总孔隙度平面图

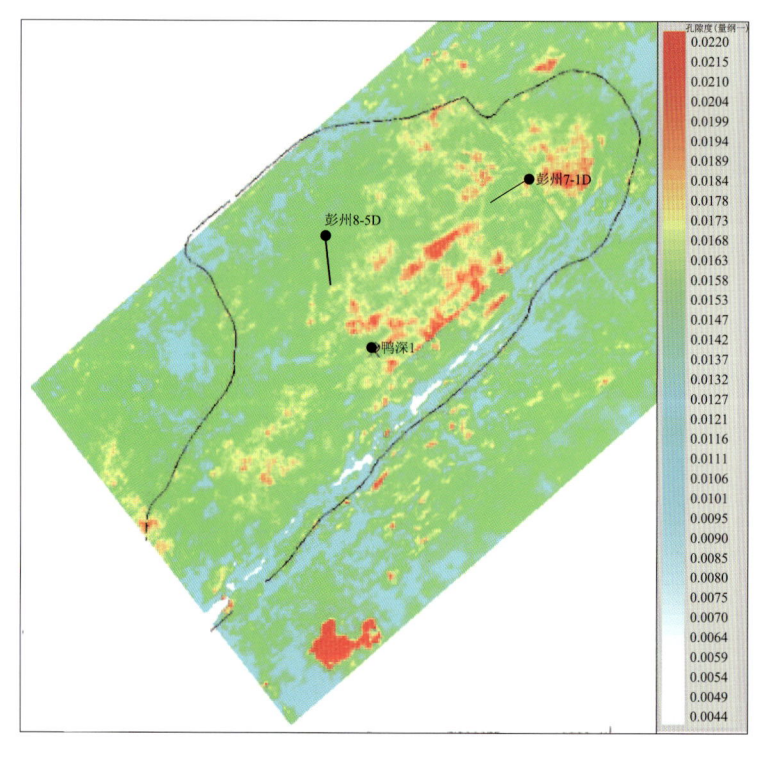

图 6.27 川西气田雷四上亚段下储层裂缝孔隙度平面图

第7章 多尺度裂缝综合预测技术

裂缝有多种地质成因类型，其中不整合面风化裂缝、区域构造裂缝、断层共派生裂缝及构造褶皱变形裂缝在油气运移、聚集、成藏及开发等方面发挥了重要作用。基于地质成因的裂缝分布预测能够从宏观上揭示裂缝的平面分布规律，可以采用上覆地层印模法和风化地层残余厚度法恢复风化期古地貌，联合预测风化裂缝分布；采用基于岩石强度理论模拟岩石破裂程度的方法，预测区域构造裂缝分布；井震结合，通过建立各类别断层伴生裂缝密度模型，预测断层共派生裂缝分布。基于地震同相轴不连续、杂乱特征及弯曲特征可以预测多尺度裂缝的发育情况。叠后地震同相轴不连续特征可揭示断裂发育程度，可利用叠后地震资料相干、最大似然识别微小断层(大尺度裂缝)；同相轴杂乱特征可指示断裂及伴生裂缝发育程度，可利用熵属性预测断层破碎带及伴生裂缝(中尺度裂缝)；同相轴弯曲特征可反映褶皱变形程度，可利用形态指数与曲度属性联合预测构造褶皱成因的裂缝(小尺度裂缝)。基于地震传播速度和反射振幅的方位各向异性可以预测高角度缝，可利用叠前方位各异性裂缝预测技术，半定量预测弱变形区小尺度高角度裂缝的方向和发育程度。

7.1 基于地质成因的裂缝分布预测

7.1.1 风化裂缝分布预测

川西气田雷口坡组顶界面为印支早期不整合面，经历了风化、剥蚀，易于形成风化裂缝。风化裂缝的发育与风化环境密切相关，而风化环境和强度一般采用岩溶古地貌恢复的方法来反映和刻画。目前针对古地貌恢复的方法手段较多，主要包括层序地层法、残余厚度法、印模法等。对雷口坡组顶风化期的古地貌恢复时，主要采用上覆地层印模法和风化地层残余厚度法。

考虑上覆地层分布特征，将马鞍塘组—须家河组二段上覆地层的厚度用于反映古地貌变化的印模特征，图7.1中沉积厚度较薄的区域是古地貌相对高部位，风化作用较强，风化裂缝相对发育，如彭州113井区。

目的层的残留厚度也是指示古地貌的一个重要资料，该厚度反映了地层经受风化剥蚀后残留厚度特征，因此可以在一定程度上反映古风化裂缝发育程度。通过地震资料和钻井资料的研究，编制了雷口坡组四段残余厚度分布图(图7.2)，残留厚度较薄的区域主要位于鸭深1井—彭州6-4D井、彭州1井北面区域、彭州1井—彭州113井、彭州103井东部等区域。

经上覆地层厚度、残余地层厚度综合叠加分析，认为风化裂缝发育区(图7.3)分别为彭州1井—彭州113井西南区域、彭州1井北面区域、鸭深1井—彭州6-4D井、彭州103井东部4个区域。

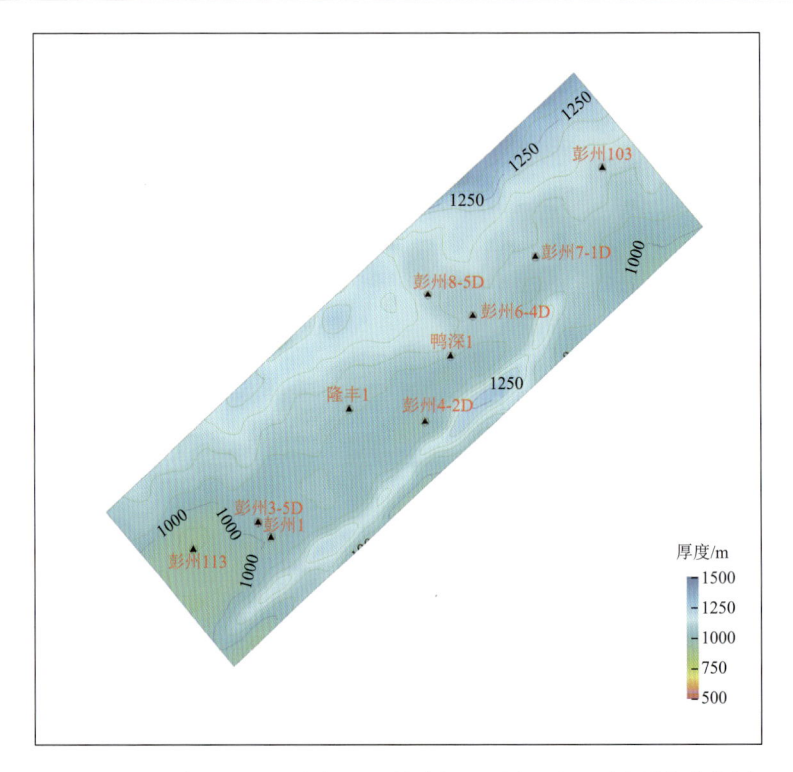

图 7.1　雷口坡组四段上覆地层(马鞍塘组—须家河组二段)厚度分布图

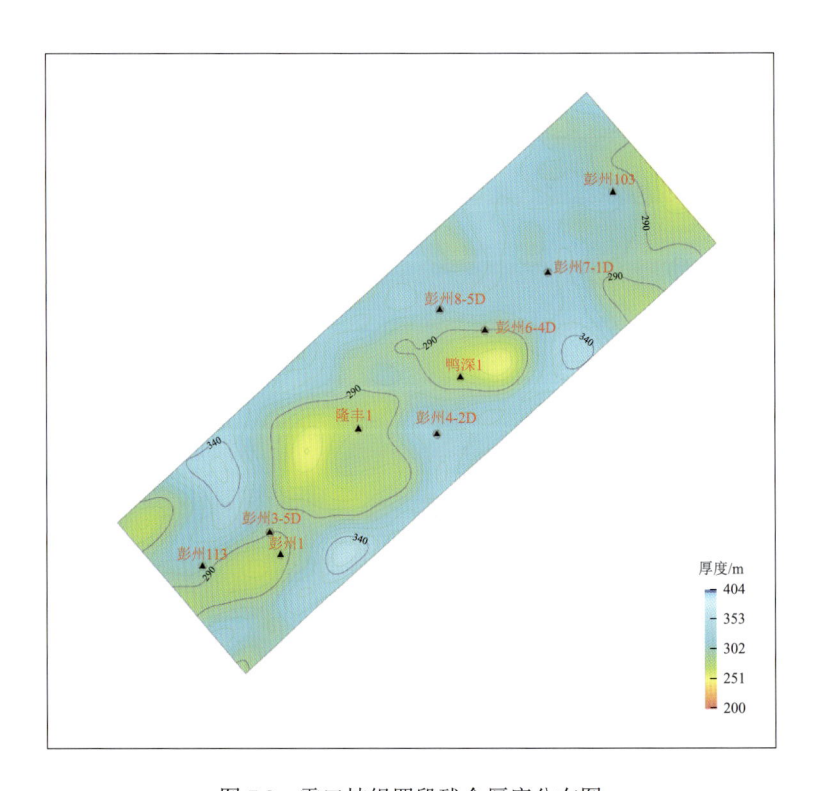

图 7.2　雷口坡组四段残余厚度分布图

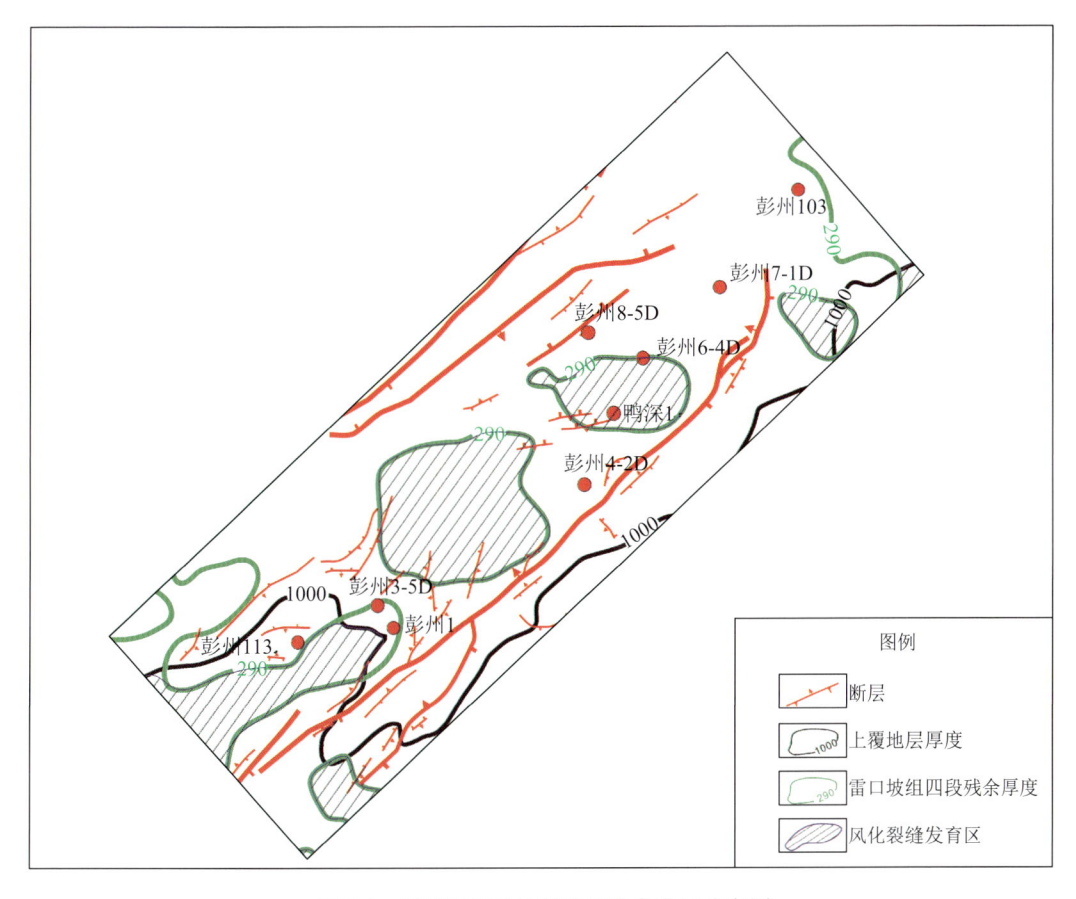

图 7.3 川西气田风化裂缝优势发育区分布图

7.1.2 区域构造裂缝分布预测

区域构造裂缝预测主要以古构造应力模拟结果和岩石破坏接近度的计算结果为依据，以岩石力学和构造地质学的构造动力学分析理论为基础。在区域构造应力的作用下，当岩石变形超过其强度极限时，会产生一系列区域构造裂缝，以共轭剪裂缝和纵向扩张缝为主。根据这种裂缝的成因，可以基于岩石强度理论对岩石破裂程度进行模拟，获得裂缝发育指数，以此作为预测区域构造裂缝的依据。

1. 方法原理

基于岩石强度理论，采用莫尔-库仑(Mohr-Coulomb)准则计算岩石破裂强度，然后结合井剖面天然裂缝识别和评价结果，确定区域裂缝分布评价强度界限，完成区域裂缝的预测与评价。

岩石破裂系数表示在应力应变中岩石受到应力大于岩石所承受的强度时产生破坏的边界值，可用来表示岩体的区域构造裂缝发育情况，主要采用莫尔-库仑准则进行判别。岩石破裂系数 η 表示如下：

$$\eta=\frac{f}{k}=\frac{\sigma_1-\sigma_3}{\left(\dfrac{c}{\tan\varphi}-\dfrac{\sigma_1+\sigma_3}{2}\right)\sin\varphi} \tag{7.1}$$

式中，f、k 分别为剪应力和最大抗剪能力，MPa；σ_1 为水平最大主应力，MPa；σ_3 为水平最小主应力，MPa；c 为黏聚力，MPa；φ 为内摩擦角，(°)。

岩石破裂系数 η 的地质意义在于，它能够表示岩体破裂可能性及破裂程度，η 值越大，裂缝发育程度越高。

2. 技术流程

基于川西气田构造及演化特征，结合钻井及地震资料，构建目的层地质模型，开展古应力场模拟，获取应力场分布特征（最大主应力、最小主应力等）。方法流程如图 7.4 所示，具体包括以下内容。

(1) 基于区域地质资料及物探资料，确定构造特征，建立目的层地质模型。
(2) 确定各项岩石力学参数的空间分布，构建地质力学模型。
(3) 基于研究区构造应力场条件设置力学边界条件，开展有限元模拟。
(4) 结合区域古应力场模拟，结合岩石强度理论，计算得到岩体破裂系数。

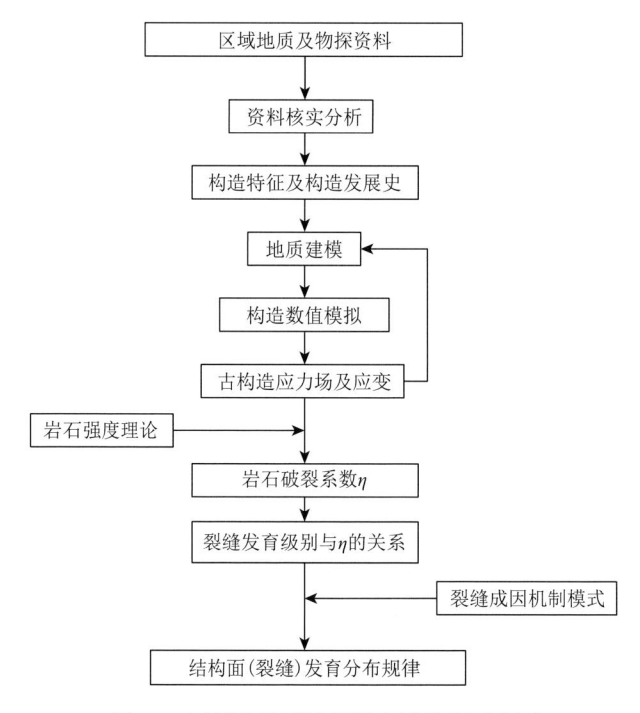

图 7.4　区域构造裂缝预测方法流程示意图

3. 应用效果

按照模拟计算水平最大主应力和最小主应力分布，基于公式(7.1)计算所获得的研究区岩石破裂系数分布如图 7.5 所示。川西气田雷四上亚段岩石破裂系数 η 值多数在 0.5~0.7 范围内，在构造主体部位鸭深 1 井西部、彭州 1 井南部及彭州 8-5 井区等存在相对高值区域，应用成果对断层及构造褶皱不发育的弱变形区的裂缝分布具有指示作用。

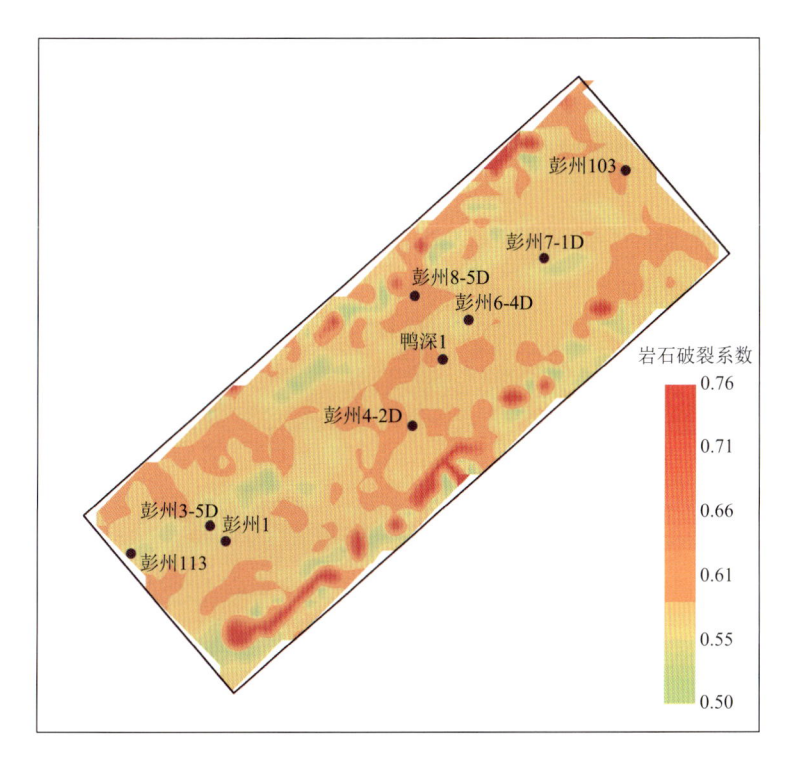

图 7.5　印支期构造应力作用下雷口坡组四段岩石破裂系数分布图

7.1.3　断层共派生裂缝分布预测

1. 方法原理

断层共派生裂缝是指在断层两盘相对运动的过程中，可以形成断裂带附近的剪切应力场，从而可以派生出新的裂缝，通常断裂带附近的裂缝产状较为杂乱。断层共派生裂缝发育程度主要受断层的形态、产状、组合及规模等因素控制。断层共派生裂缝分布预测主要从两方面入手：首先，通过裂缝与断层各影响因素相关性分析，提取对裂缝发育程度影响最为显著的因素；其次，基于所得到的主要控制因素对断层进行分类，然后建立各类断层共派生裂缝密度控制模型。

2. 技术流程

断层共派生裂缝密度预测评价思路如图 7.6 所示，具体内容如下。

（1）从研究区断层特征分析出发，寻找断层及其附近取心井、测井所建立的井剖面裂缝发育程度之间的关系，提取断层影响裂缝发育的主要控制因素与特征。

(2)根据提取控制裂缝发育的主要断层特征和建立裂缝密度计算模型的需要,对断层进行分类,按照各类断层建立裂缝的预测模型。

(3)据断层的分类情况,利用各类断层附近取心井、测井裂缝识别结果,研究各类断层对裂缝的控制规律,建立各类断层共派生裂缝的密度计算模型。

(4)根据模型设计裂缝分布计算算法,并采用相应的编程工具加以实现,为研究区裂缝密度分布计算提供工具。

(5)根据裂缝密度的分布计算结果,结合钻井、岩心、录井、测井、生产动态等资料对预测结果展开评价。

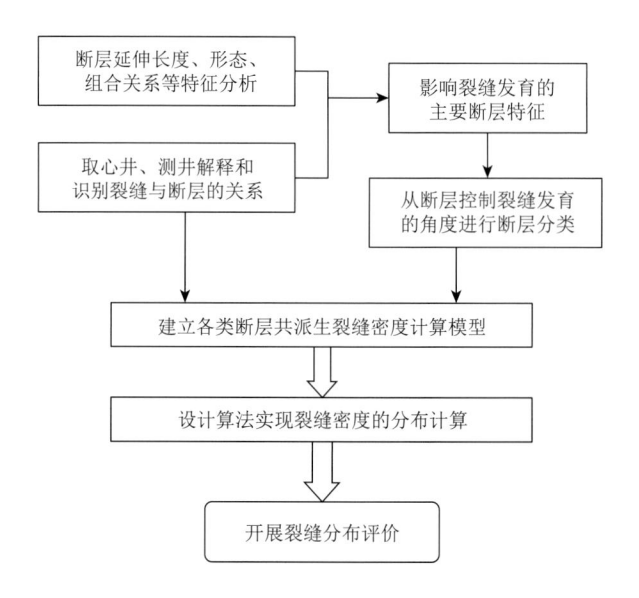

图 7.6　断层共派生断层共派生裂缝密度预测评价思路图

根据上述裂缝分布预测思路,开发设计了断层共派生裂缝分布预测算法及软件,下面是有关算法设计的详细过程(图 7.7)。

(1)与其他软件设计思路相似,需要对连续空间量进行离散化,这里通过网格化的思路将连续空间网格化成纵、横向的网格来实现离散化计算处理。

(2)对计算工区内的断层按照其空间位置在所建网格中进行网格化处理,获得断层的网格化数据。

(3)数据的输入,这里包括输入网格化处理后的断层数据和基于所有建立的裂缝预测模型,并实现根据断层的规模选择相应的预测模型。

(4)对所有断层采用多项式方程进行拟合,形成每条断层的多项式曲线方程。

(5)利用点到曲线之间距离的计算模型计算获得点到各断层的距离,并利用该距离与相应断层的裂缝预测模型计算各断层控制下该点的裂缝密度。

(6)比较各断层影响下该点的裂缝密度,选取出对该点起主要影响作用的断层,取在该断层控制下计算所得的裂缝密度作为该点的裂缝密度。

(7)重复第(5)、第(6)两个步骤对工区各点进行处理，获得各点的裂缝参数。

(8)计算完毕，输出各网格点裂缝密度数据，进行裂缝密度分布绘图。

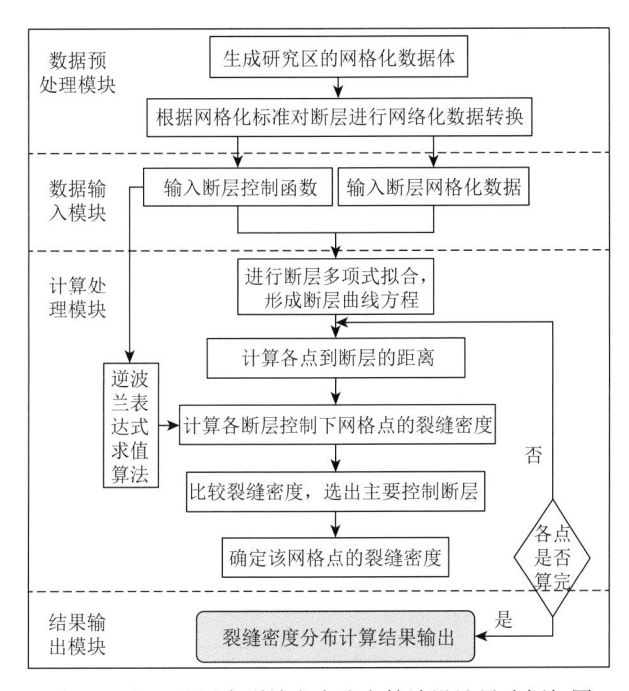

图 7.7 断层共派生裂缝密度分布算法设计思路框架图

3. 应用效果

研究区断层分布主要呈北东—南西向，总体来说断层较平直，弯曲程度不大，断层延伸长度有一定差异，最短仅 400m 左右，最长可达 25km 以上。

为了建立裂缝密度分布模型，对目的层的解释断层及断层附近钻井剖面裂缝识别结果进行了相关统计研究。统计结果表明，影响裂缝发育的主要因素有两个：一是与断层相距的远近；二是断层的发育规模，不同延伸长度的断层对其附近裂缝的控制程度具有差异。因此可按照断层规模对断层进行分类；将 63 条断层按照断层规模(长度)分成三类，即小、中、大断层，对应的断层长度分别为 0~<3500m、3500~<9000m、9000~25000m。通过对各条断层附近周围裂缝密度的大量统计分析，建立了三类断层的裂缝密度和取样点与断层之间距离的关系(表 7.1)。

表 7.1 断层分类及断层函数表

断层类型	断层长度/m	断层函数
小断层	0~<3500	$0.3708 \times e^{-0.0129x}$
中断层	3500~<9000	$-0.088\ln x + 0.5321$
大断层	9000~25000	$10.496 \times e^{-0.004x}$

依据上述建立的裂缝密度分布模型和编制的程序，对彭州地区雷口坡组的断层进行计算，并获得了裂缝密度的分布(图 7.8)。断层裂缝密度分布的统计结果表明，断层对附近裂缝分布的控制距离存在差异，小断层对裂缝的控制距离为 300m 左右，中断层对裂缝的控制距离为 600m 左右，大断层对裂缝的控制距离为 1500m 左右。对断层附近的井所对应储层的裂缝发育指数(图 7.8)进行统计，结果表明越靠近大断层的储层裂缝越发育；随着距断层距离的增加及断层规模的减小，裂缝发育指数降低。裂缝发育指数统计结果与断层裂缝密度分布结果基本吻合。

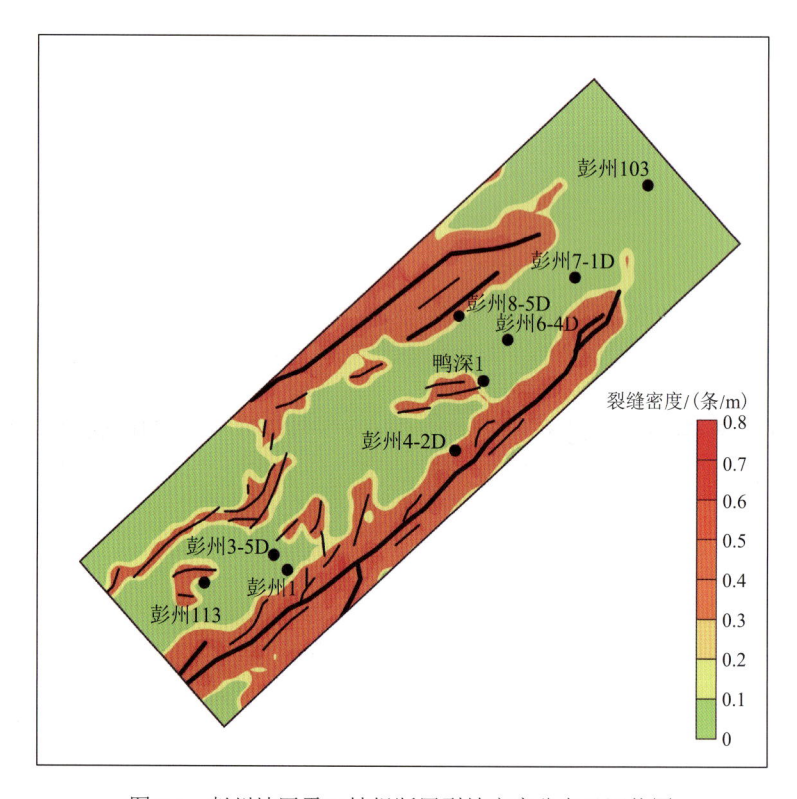

图 7.8 彭州地区雷口坡组断层裂缝密度分布及评价图

7.2 叠后地震属性多尺度裂缝预测技术

7.2.1 方法原理

1. 基于几何结构张量的相干属性

地震相干属性是通过计算各个地震道之间的相似性，突出相邻地震道的不连续性。通过剖面、切片和三维可视化显示，能更方便、快捷地识别出微小断层(大尺度裂缝)。

Amoco 公司的 Bahorich 和 Farmer(1995)首次提出了相干的概念，称为第一代相干体技术。其后，相干算法不断改进，Marfurt 等(1998)、Gersztenkorn 等(1999)相继提出第二代、第三代相干算法。为了更好地检测地层的不连续性，Randen 等(2000)提出几何结构张量(geometric structural tensor，GST)三维相干体方法。几何结构张量既包含了反射界面的倾角和方位角信息，又包含了振幅变化率信息。

三维地震数据体 $u(x,y,z)$ 振幅沿 x、y、z 方向的导数矢量 $g = \nabla u(x,y,z)$，并构建几何结构张量 $T = gg^T$，即

$$T = \begin{bmatrix} T_{xx} & T_{xy} & T_{xz} \\ T_{yx} & T_{yy} & T_{yz} \\ T_{zx} & T_{zy} & T_{zz} \end{bmatrix} \tag{7.2}$$

几何结构张量矩阵 T 的特征值为 λ_1、λ_2 和 λ_3，特征向量为 v_1、v_2 和 v_3。如果 $\lambda_1 \gg \lambda_2$，时窗内的能量完全相干，是一个平的反射界面；如果 $\lambda_1 = \lambda_2 = \lambda_3$，时窗内的能量完全不相干；如果 $\lambda_1 = \lambda_2 \gg \lambda_3$，时窗内的能量是线性的。

几何结构张量定义相干系数：

$$C = \frac{\lambda_1}{\sum_{i=1}^{3} \lambda_i} \tag{7.3}$$

该方法将体属性相干、倾角检测和方位角扫描有机结合，比单纯波形相似和相关性相干法更稳健。

考虑到不同频带数据体对不同规模断层分辨能力的差异，可利用分频数据体计算的相干属性来刻画不同规模断层，其中高频数据体可进一步提升微小断层的识别能力；同时，考虑到不同方位的地震数据对特定方位断层成像效果的差异，也可以利用 OVT 分方位数据计算不同方位的相干属性，来提高不同走向断层的识别能力。

2. 最大似然属性

最大似然属性是一种基于地震相似性的断层增强算法。为了压制噪声并突出断裂构造异常的成像(尤其是微小断裂的成像)，Hale(2013)对相似相干属性沿断层面(断层走向和倾向)进行滤波，去除噪声，突出不连续性，实现断裂增强。具体公式如下：

$$\text{Semblance} = \frac{\left\langle \langle \text{Seismic} \rangle_s^2 \right\rangle_f}{\left\langle \langle \text{Seismic}^2 \rangle_s \right\rangle_f} \tag{7.4}$$

式中，Seismic 为三维地震数据体；$\langle \ \rangle_s$ 表示对地震数据进行构造方向平滑滤波；$\langle \ \rangle_f$ 表示沿断层平面进行平滑滤波。

为了突出断层面特征，Hale(2013)定义断层似然属性(fault likelihood，FL)：

$$\text{FL} = 1 - \text{Semblance}^8 \tag{7.5}$$

相似性属性 Semblance 的 8 次方增强了 FL 低值与高值之间的差异，使断层的线性特征更加突出。

Hale(2013)通过断层倾角和走向平滑滤波 $\langle \ \rangle_f$，进一步去除相干噪声，实现断层成像。首先，给定断层面倾角扫描范围 $[\theta_{\min}, \theta_{\max}]$ 和走向扫描范围 $[\phi_{\min}, \phi_{\max}]$，沿断层面倾

角 θ 和走向 ϕ 计算 FL 相关性。FL 相关性最大值所对应的倾角 θ 和走向 ϕ 即为最优断层面。其次,利用脊化处理实现更精细断层面刻画。脊化处理是对断层似然属性体进行横向扫描,只保留局部最大值,其他值都设置为零。最后,沿断层面平滑滤波获得断层似然属性。

3. 熵属性

熵是一种可以描述信号混乱程度的物理量。在断层两侧地震同相轴的不连续性和断层伴生裂缝发育带振幅的杂乱性都可以用信号混乱程度表示。

熵的定义方式有很多,基于几何结构张量特征值的熵定义为

$$\mathrm{En} = \frac{2\lambda_2 - (\lambda_1 + \lambda_3)}{\lambda_1 + \lambda_3} \tag{7.6}$$

几何结构张量特征值表示了振幅在特征向量方向的变化大小,断层及伴生裂缝发育带都具有方向性,其反射振幅也具有方向性,断层的断距越大,伴生的高角度缝越发育,振幅随方位变化差异越大,几何结构张量的特征值差异越明显。

根据断裂地质模式,断层附近有一定范围的裂缝发育带,距离断层越远,裂缝发育程度越小。在裂缝发育带,由于地层弹性特征差异,导致地震反射波形特征混乱。距离断层越近,裂缝越发育,地震波形越混乱。熵描述了信号混乱程度,因此可以用来表征断层伴生裂缝发育带。首先通过成像测井裂缝解释结果刻度或量化井点裂缝发育程度;然后用成像测井裂缝解释标定资料熵属性,确定门槛值;最后应用地震熵属性刻画裂缝空间展布。

4. 形态指数与曲度属性

正向褶皱的有效裂缝相对发育,褶皱形变裂缝发育程度利用正向曲度体表征。实现步骤如下:首先计算极大曲率与极小曲率,获得曲度体;其次计算地层形态定量指标——形态指数,区分正向和负向微幅构造,通过形态指数约束最终获得正向曲度体。

曲率描述了曲线上任意一点的弯曲程度(图 7.9),一般背斜定义曲率值为正值,向斜定义曲率值为负值。曲面上某一点处有无穷多个正交曲率,其中存在一条曲线在该点处的曲率值最大,这个曲率称为极大曲率 $K_{\max}$,与极大曲率正交的曲率称为极小曲率 $K_{\min}$。

曲度 $K_{\mathrm{curvedness}}$ 定义如下:

$$K_{\mathrm{curvedness}} = \frac{\sqrt{K_{\max}^2 + K_{\min}^2}}{2} \tag{7.7}$$

极大曲率和极小曲率均反映了曲面在某一方向的弯曲程度,曲度可表示该点总体构造褶皱变形程度。

形态指数 K_{shape} 定义如下:

$$K_{\mathrm{shape}} = \frac{2}{\pi}\tan^{-1}\left[\frac{K_{\min} + K_{\max}}{K_{\min} - K_{\max}}\right] \tag{7.8}$$

形态指数描述曲面局部形态,$K_{\mathrm{shape}} > 0$ 指示正向构造,$K_{\mathrm{shape}} < 0$ 指示负向构造,因此可以用形态指数约束,获得正曲度属性。

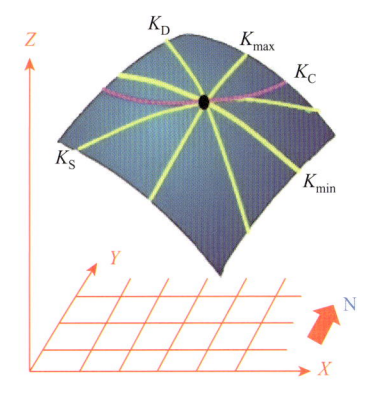

图 7.9 曲率属性示意图(Bravo and Aldana，2010)

K_S：走向曲率；K_D：倾向曲率；K_C：曲度

7.2.2 技术流程

三维叠后地震属性多尺度裂缝预测(图 7.10)具体步骤如下。
(1)输入叠前全方位道集(如 OVT)。
(2)根据采集方位特征，按全方位叠加和分方位叠加输出不同方位叠加剖面。
(3)应用构造导向滤波处理，增强断裂特征。
(4)通过分频数据的最大似然和相干属性刻画微小断层，预测大尺度裂缝发育带。
(5)通过熵属性刻画断层破碎带及伴生裂缝，预测中尺度裂缝发育带。
(6)通过曲度属性刻画构造褶皱程度，预测褶皱成因的小尺度裂缝发育带。
(7)应用多属性融合(红绿蓝三原色模式，RGB)综合预测多尺度裂缝发育带。

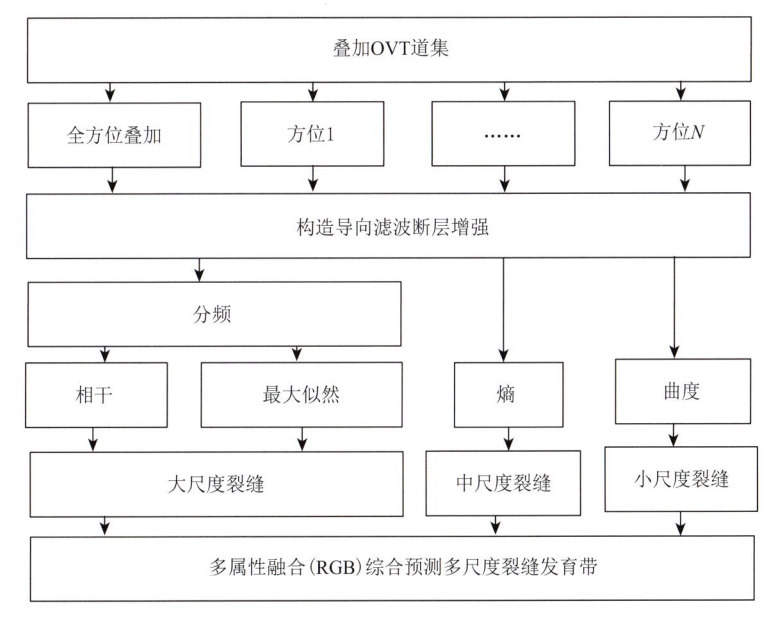

图 7.10 三维叠后地震属性多尺度裂缝预测流程图

7.2.3 应用效果

图 7.11 和图 7.12 分别是过彭州 1 井和鸭深 1 井连井地震波形与高频相干属性和最大似然属性剖面。相干和最大似然属性都能反映断层发育位置，但是最大似然属性刻画的断层更清晰，断面连续性更好。

图 7.13、图 7.14 分别是过彭州 1 井和鸭深 1 井连井地震波形与熵属性融合剖面、最大似然属性和熵属性融合剖面。最大似然属性与地震同相轴错断特征吻合，精准刻画了断层。在断层附近，由于裂缝的影响，地震反射振幅发生了变化。熵属性与断层伴生裂缝发育带特征吻合，刻画了断层伴生裂缝发育带。

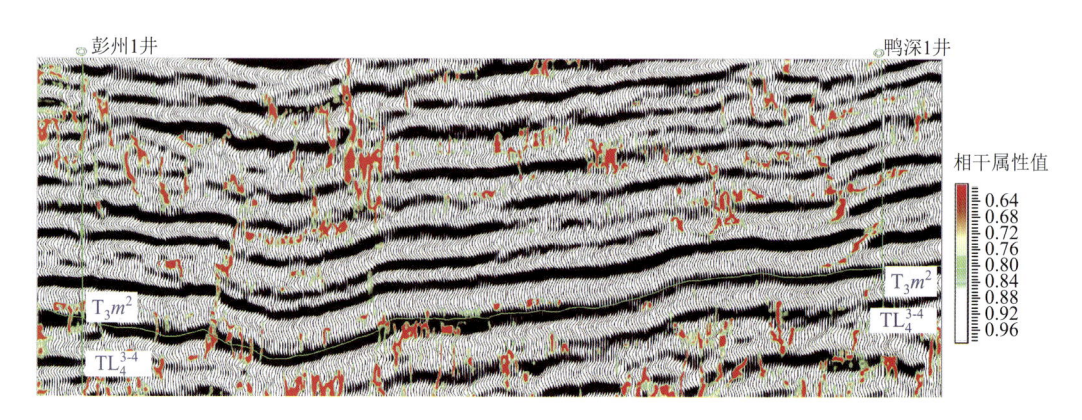

图 7.11 过彭州 1 井和鸭深 1 井连井地震波形和高频相干属性融合剖面

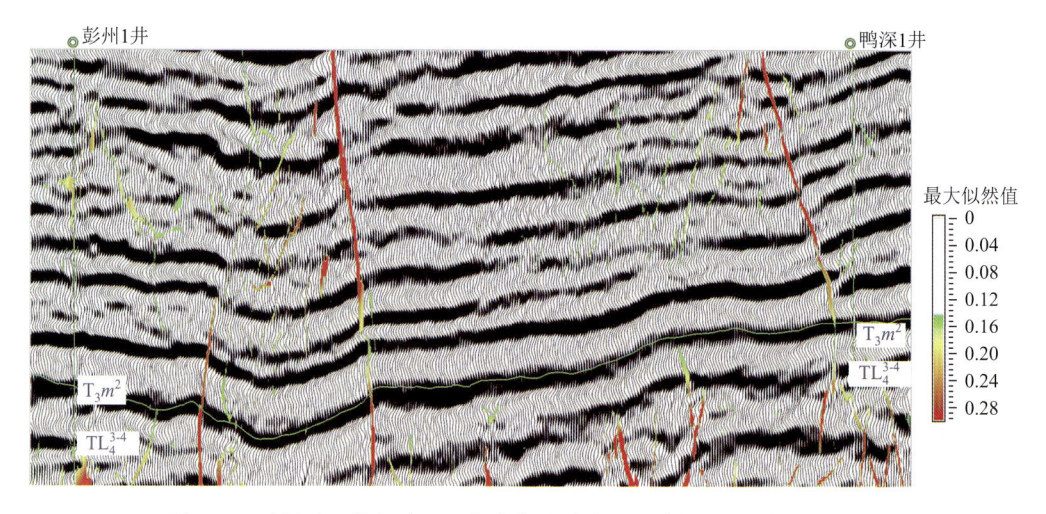

图 7.12 过彭州 1 井和鸭深 1 井连井地震波形和最大似然属性融合剖面

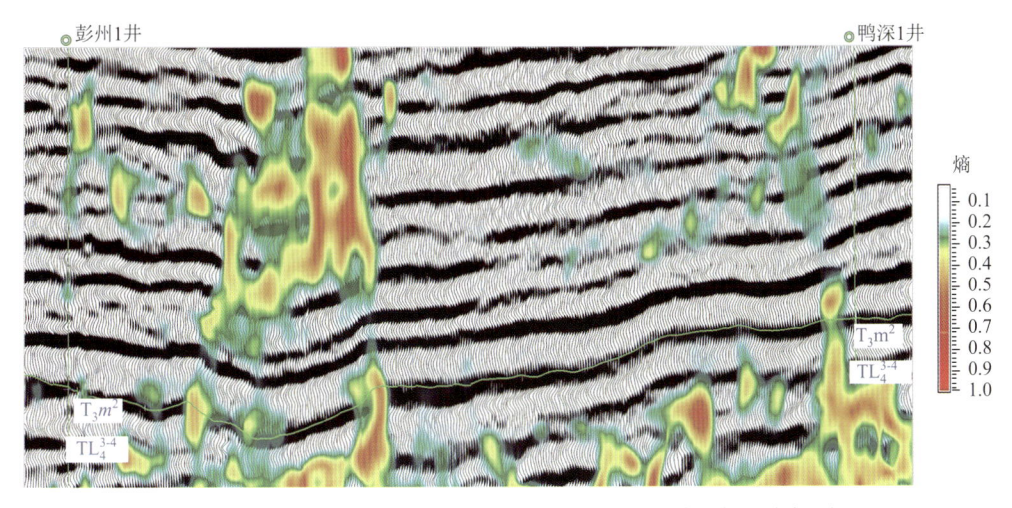

图 7.13　过彭州 1 井和鸭深 1 井连井地震波形和熵属性融合剖面

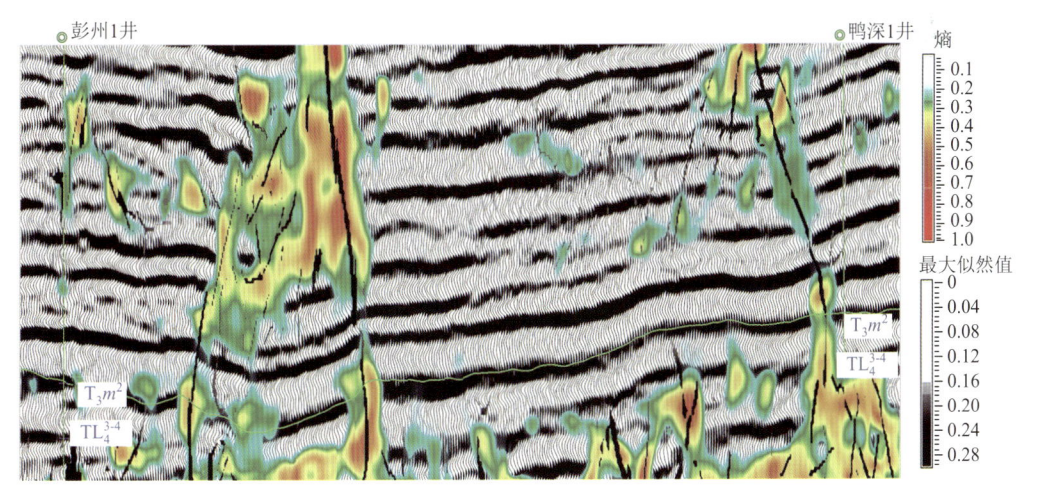

图 7.14　过彭州 1 井和鸭深 1 井连井地震波形、最大似然和熵属性融合剖面

图 7.15、图 7.16 分别是过彭州 1 井和鸭深 1 井连井地震波形与形态指数属性、正向曲度属性融合剖面。形态指数的正值表示正向构造,负值表示负向构造。曲度属性只反映构造褶皱程度,因此通过形态指数去除负向构造(图 7.16 中蓝色部分),保留正向构造部分曲度(正向曲度)。正向曲度属性预测的裂缝发育带与褶皱程度密切相关,可以较好地表征褶皱或形变导致的裂缝区的分布。

图 7.17 和图 7.18 分别是川西气田雷四上亚段低频和高频数据相干属性平面图。低频主要反映大断裂分布,高频刻画了羊深 1 井、彭州 1 井和鸭深 1 井附近存在的小尺度裂缝。鸭深 1 井附近小尺度裂缝发育比较丰富。

图 7.19～图 7.21 分别为川西气田雷四上亚段最大似然属性平面图、熵属性平面图、最大似然和熵属性融合平面图。熵属性刻画的断层伴生裂缝带与最大似然属性刻画的断层吻合,都是分布在断层附近。靠近彭县断层和关口断层处裂缝发育,其中彭州 1 井附近裂缝最为发育,鸭深 1 井次之。

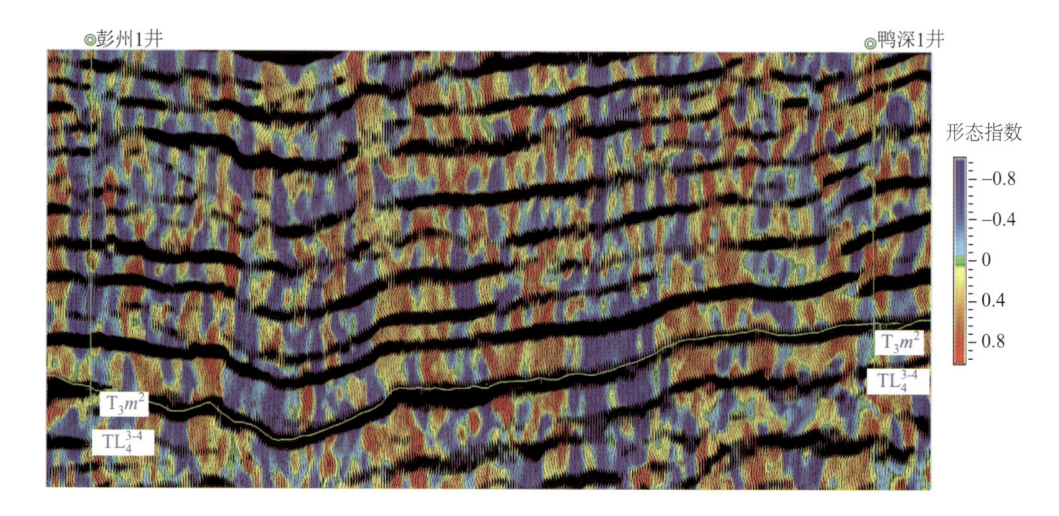

图 7.15　过彭州 1 井和鸭深 1 井连井地震波形和形态指数属性融合剖面

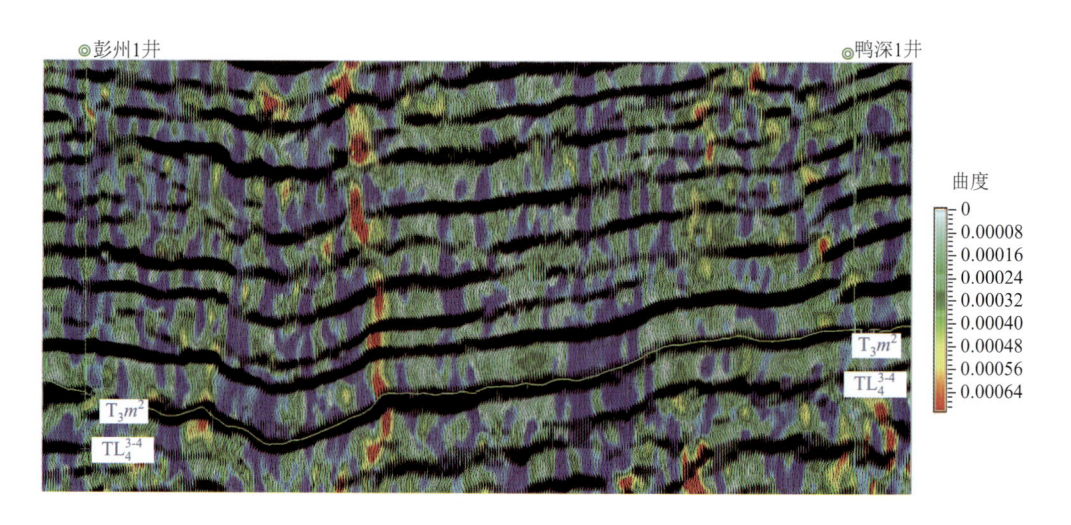

图 7.16　过彭州 1 井和鸭深 1 井连井地震波形和正向曲度属性融合剖面

图 7.22 是川西气田雷四上亚段正曲度属性平面图。可见，除形变比较大的断裂之外，在背斜内部存在多个褶皱变形导致的正曲度异常区，与局部高点一致性好，裂缝发育的金马局部构造正曲度异常明显，钻井证实该构造裂缝最为发育。

最终，最大似然、熵和曲度多属性融合预测的川西气田雷四上亚段多尺度裂缝发育带如图 7.23 所示。在彭州 1 井和鸭深 1 井区域大、中尺度裂缝发育，彭州 7-1 井区域主要是小尺度裂缝发育。

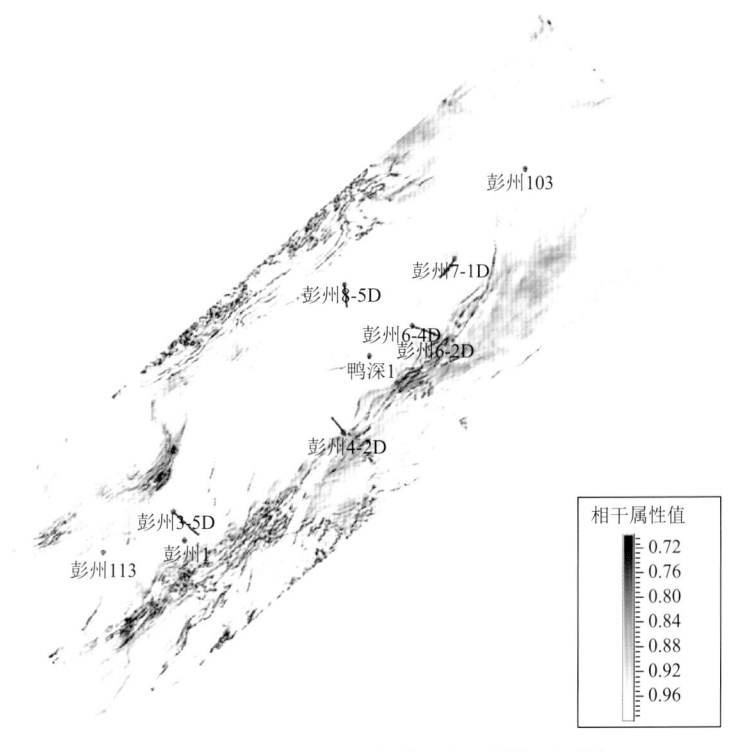

图 7.17 川西气田雷四上亚段低频数据相干属性平面图

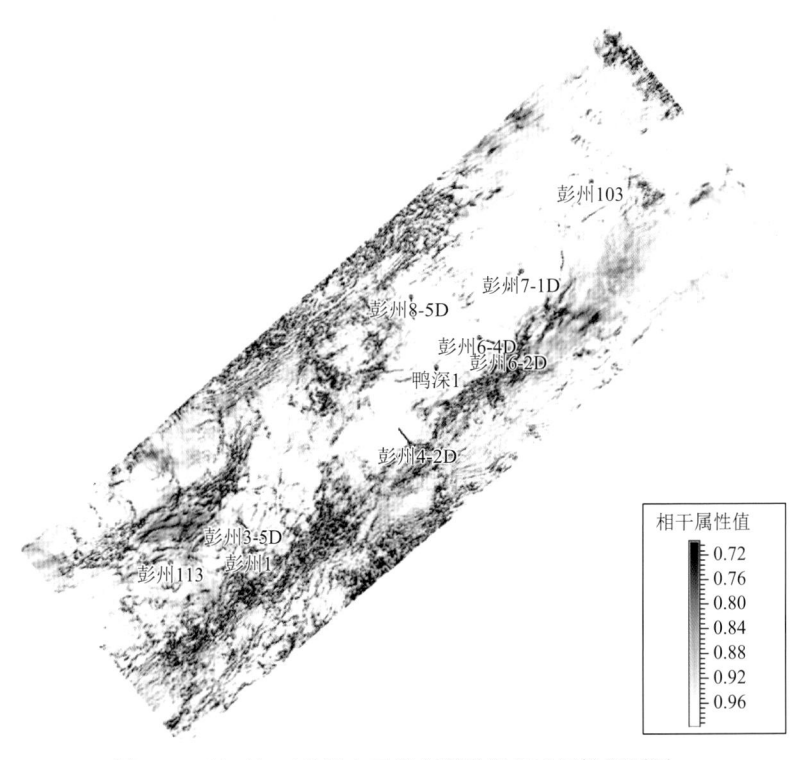

图 7.18 川西气田雷四上亚段高频数据相干属性平面图

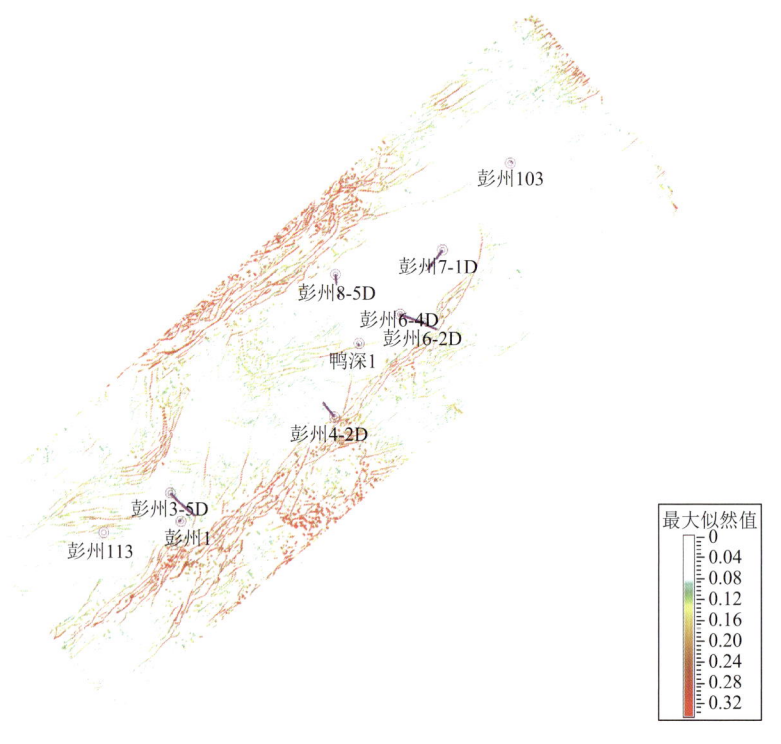

图 7.19　川西气田雷四上亚段最大似然属性平面图

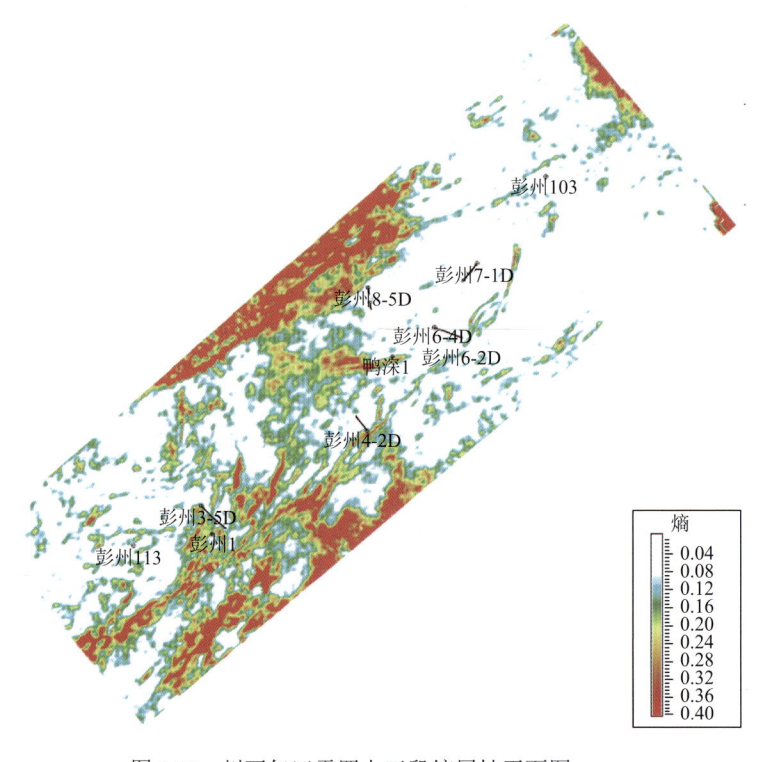

图 7.20　川西气田雷四上亚段熵属性平面图

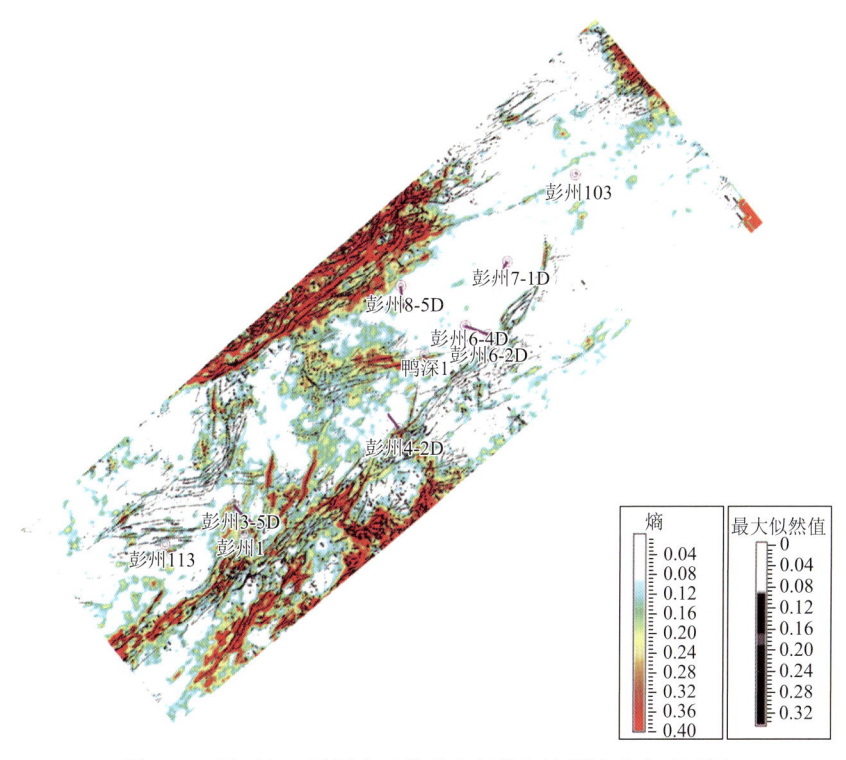

图 7.21　川西气田雷四上亚段最大似然和熵属性融合平面图

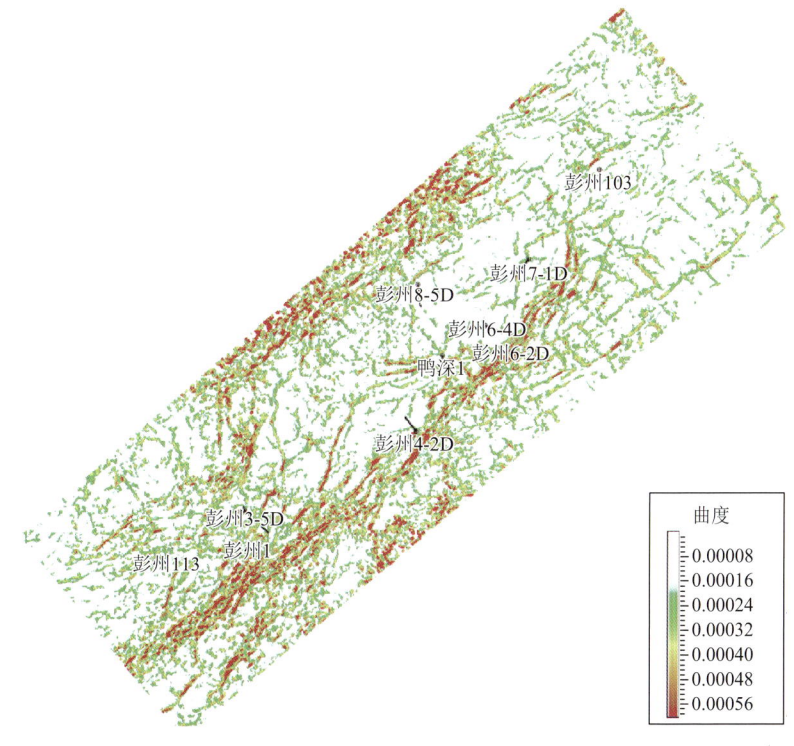

图 7.22　川西气田雷四上亚段正曲度属性平面图

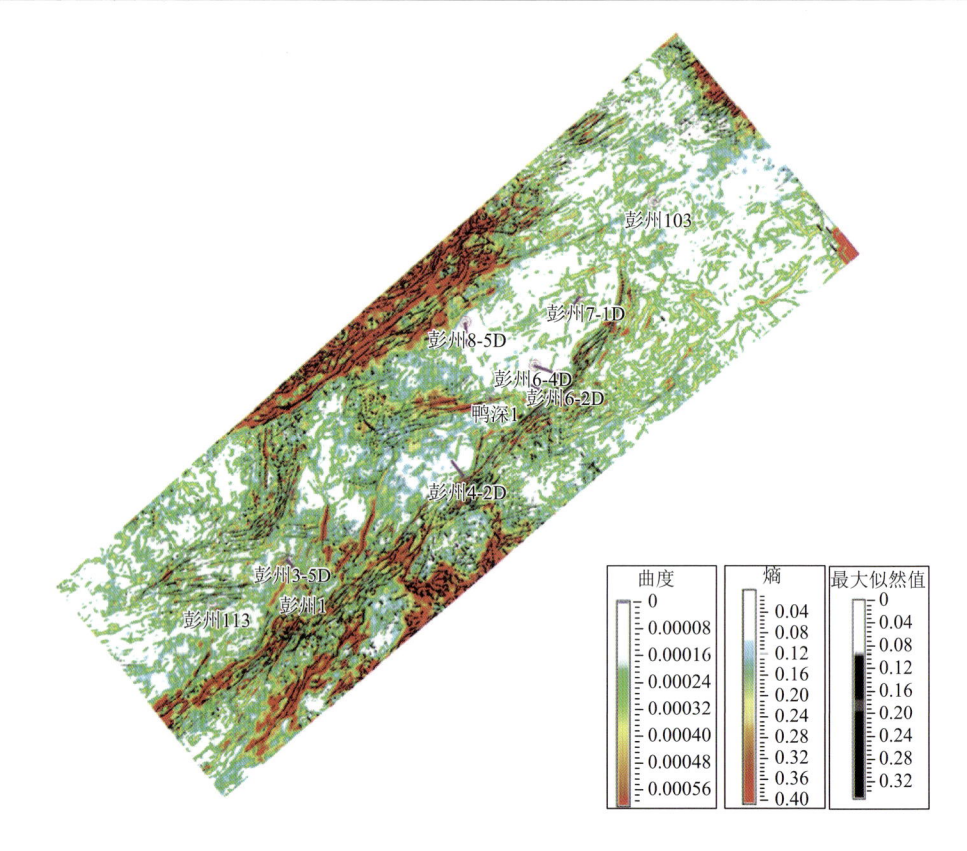

图 7.23　川西气田雷四上亚段多属性融合预测的多尺度裂缝发育带平面图

7.3　叠前方位各向异性裂缝预测技术

7.3.1　方法原理

当地层中存在高角度裂缝时,地震波速度(图 7.24)和纵波反射系数(图 7.25)随方位角变化而变化。在平行于裂缝方向上,速度最大,走时达到最小值,振幅达到最大值;在垂直于裂缝方向上,速度最小,走时达到最大值,振幅达到最小值。速度、振幅方位各向异性呈现出椭圆特征,椭圆的长轴代表裂缝走向,而短轴垂直于裂缝方向。

Rüger(1998)用"等效"VTI(垂直横向各向同性,vertical transverse isotropy)模型的各向异性参数描述了纵波入射到具有同向对称轴的弱各向异性 HTI 介质(定向排列垂直裂缝发育地层)分界面时,任意方位纵波反射系数为

$$R_{PP}(\theta,\phi) = A + B(\phi)\sin^2\theta = A + (B^{iso} + B^{ani}\cos^2\phi)\sin^2\theta \tag{7.9}$$

式中,

$$A = \frac{1}{2}\left(\frac{\Delta\alpha}{\alpha} + \frac{\Delta\rho}{\rho}\right), \quad B^{iso} = \frac{1}{2}\left[\frac{\Delta\alpha}{\alpha} - \left(\frac{2\beta}{\alpha}\right)^2\frac{\Delta G}{G}\right]$$

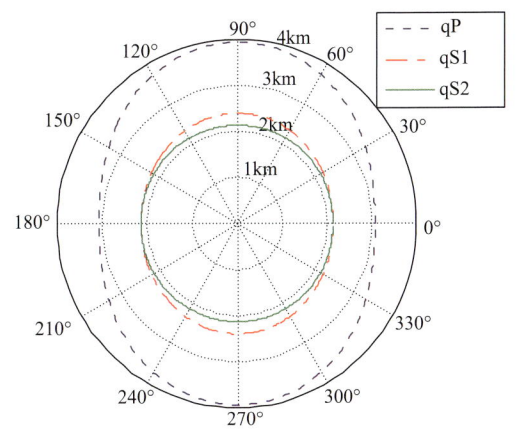

图 7.24 垂直裂缝介质中地震波速度随方位角的变化特征

注：qP 表示纵波；qS1 表示快横波；qS2 表示慢横波，1~4km 表示偏移距。

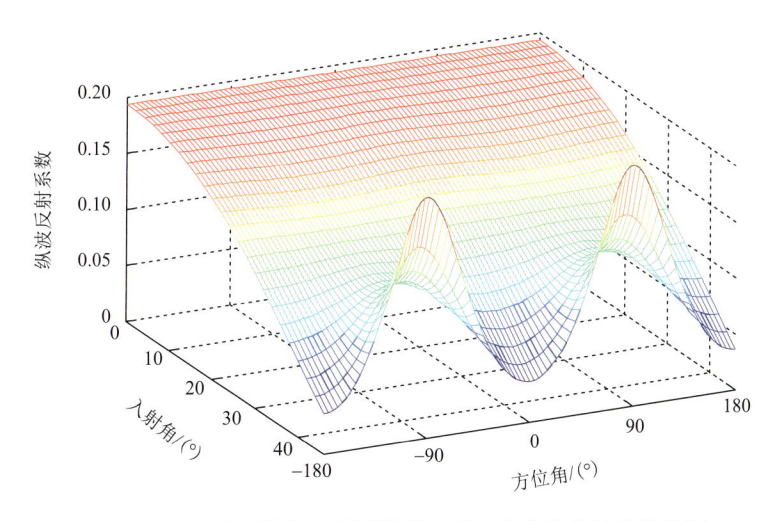

图 7.25 HTI 介质纵波反射系数随入射角和方位角的变化特征

$$B^{\text{ani}} = \frac{1}{2}\left[\Delta\delta^{(V)} + 2\left(\frac{2\beta}{\alpha}\right)^2 \Delta\gamma\right]$$

其中，A 和 B^{iso} 分别是各向同性背景介质中纵波反射系数的截距和梯度。在各向异性情况下，反射系数梯度 $B(\phi)$ 是各向同性背景介质中纵波反射系数梯度 B^{iso} 与各向异性引起的反射系数梯度 B^{ani} 和方位角 ϕ 余弦函数平方的加权和。γ 的取值范围是正数，而 $\delta^{(V)}$ 的取值范围可正可负，因此 B^{ani} 的取值也是可正可负。

图 7.26 是表 7.2 中裂缝模型 1 和模型 2 的反射系数梯度随方位角的变化曲线，其接近椭圆。模型 1 的 B^{ani} 是正值，模型 2 中的 B^{ani} 为负值，椭圆的半轴长度分别为 B^{iso} 和 $B^{\text{iso}} + B^{\text{ani}}$，分别指示裂缝的对称轴面和各向同性面。当 B^{ani} 为负值时，椭圆长半轴指示裂缝方位角（各向同性面）[如模型 1，图 7.26(a)]；当 B^{ani} 为正值时，椭圆短半轴指示裂缝方位角[如模型 2，图 7.26(b)]。

表 7.2　裂缝模型 1 和模型 2 对应的各向异性参数

项目	$\dfrac{\Delta\alpha}{\alpha}$	$\dfrac{\Delta\rho}{\rho}$	$\dfrac{\Delta G}{G}$	$\delta^{(V)}$	γ
模型 1	0.1	0.03	0.2	0	0.05
模型 2	0.1	0.03	0.2	−0.1	0

注：$\Delta\alpha/\alpha$ 为纵波速度变化率；$\Delta\rho/\rho$ 为密度变化率；$\Delta G/G$ 为剪切模量变化率；$\delta^{(V)}$、γ 为垂直裂缝模型的两个汤姆森(Thomson)各向异性参数。

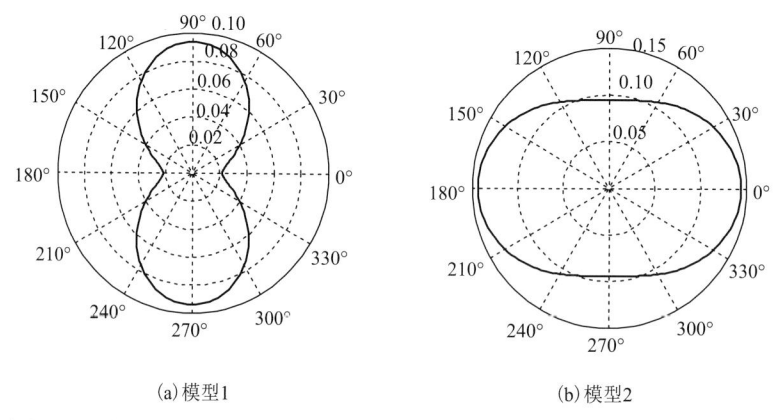

(a) 模型1　　　(b) 模型2

图 7.26　表 7.2 中裂缝模型 1 和模型 2 的反射系数梯度随方位角的变化曲线

基于吕格尔(Rüger)公式的反射系数梯度椭圆特征拟合裂缝方位预测存在 90°方位的不确定性。Downton 和 Russell(2011)对任意对称面各向异性介质的纵波方位各向异性弱反射系数近似公式进行整理，结合舍恩伯格(Schoenberg)线性滑移理论，得到纵波方位各向异性反射系数近似公式的傅里叶级数展开公式，给出了基于傅里叶级数展开的纵波方位地震数据裂缝预测方法。

$$R_{\mathrm{pp}}(\phi,\theta) = r_0 + r_2 \cos\left[2\left(\phi - \phi_{\mathrm{sym}}\right)\right] + r_4 \cos\left[4\left(\phi - \phi_{\mathrm{sym}}\right)\right] \tag{7.10}$$

式中，

$$r_0 = A_0 + B_0 \sin^2\theta + C_0 \sin^2\theta \tan^2\theta$$

$$r_2 = \frac{1}{2} B_{\mathrm{ani}} \sin^2\theta + \frac{1-g}{4(1-3g)}(B_{\mathrm{ani}} - \Delta\eta)\sin^2\theta \tan^2\theta$$

$$r_4 = \frac{1}{16}\Delta\eta \sin^2\theta \tan^2\theta$$

通过傅里叶变换，可以分别提取 AVAZ(amplitude versus azimuth，振幅随方位角变化)信号中的傅里叶系数 r_0、r_2 和 r_4，以及相位 ϕ_{sym}。相位 ϕ_{sym} 指示裂缝发育方位。由 B_{ani} 和 B_0 可得到裂缝发育密度。

7.3.2　技术流程

叠前方位各向异性裂缝预测具体流程如下。

(1) 输入全方位偏移道集 (由 OVT 域处理获取)。
(2) 方位剩余时差校正：建立方位各向异性偏移速度，并进行方位各向异性时差校正。
(3) 提取方位各向异性校正道集目的层不同方位反射振幅。
(4) 椭圆拟合方位振幅。
(5) 椭圆长短轴表示裂缝走向，椭圆长短轴比表示裂缝发育程度。

7.3.3 应用效果

图 7.27 是鸭深 1 井区域叠前振幅方位各向异性反演裂缝密度与相干属性叠合图。从叠合图中可以看出，在鸭深 1 井西北角，裂缝密度较高，在鸭深 1 井附近裂缝发育相对较弱。叠前预测裂缝密度发育区与相干体裂缝发育区呈现出一致性，在两个大断裂之间，叠前预测裂缝密度更加可靠。图 7.28 是鸭深 1 井区域叠前振幅方位各向异性反演裂缝密度和裂缝发育方位角叠合图。鸭深 1 井附近裂缝以东西近南北向为主，与测井裂缝解释和区域地应力分布吻合。

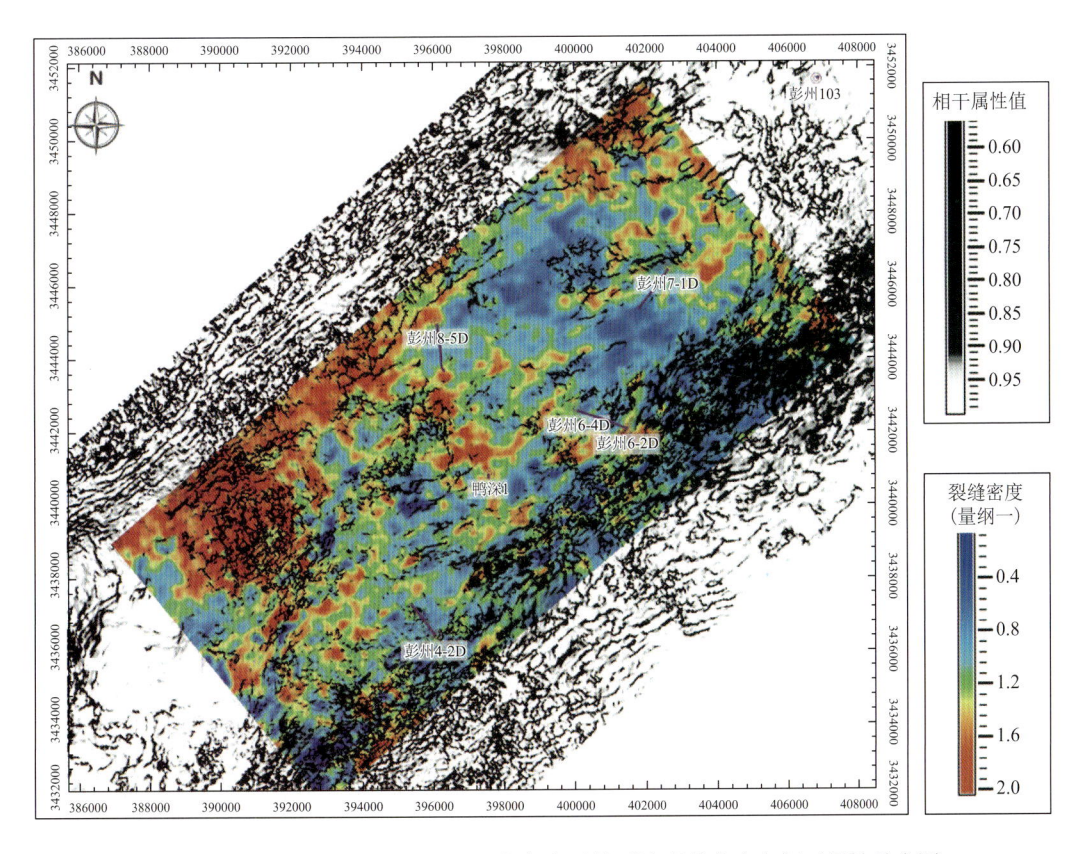

图 7.27 鸭深 1 井区域叠前振幅方位各向异性反演裂缝密度与相干属性叠合图

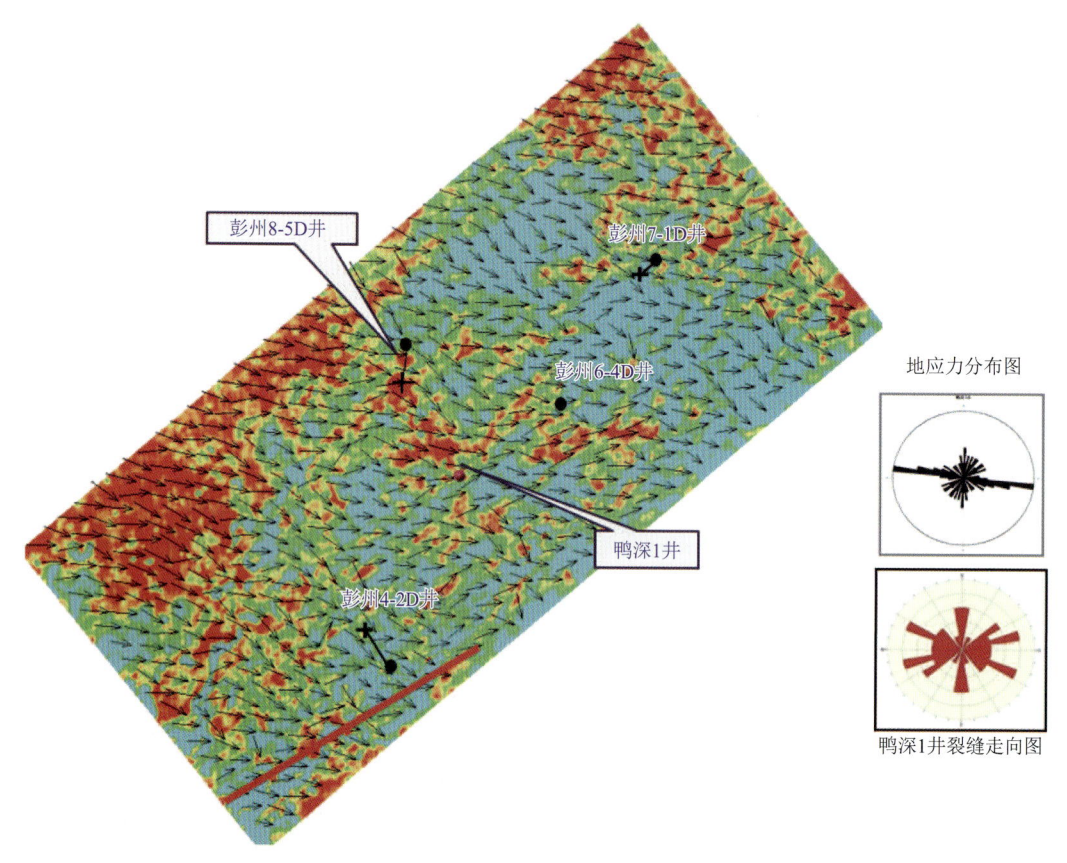

图 7.28 鸭深 1 井区域叠前振幅方位各向异性反演裂缝密度和裂缝方位叠合图

第 8 章　超深层碳酸盐岩薄互储层含气性检测技术

岩石物理实验表明，储层含流体特征的变化会导致地震波速度、密度等弹性参数的变化，从而引起地震波振幅、频率及多种弹性参数的变化，进而被基于地震数据的各类方法检测出来。同时，岩石固有衰减会导致地震波能量以地震波振幅衰减及波形畸变的形式出现，地震波振幅衰减是地震波在地下介质传播时总能量的损失，它能够反映传播介质的岩性和含气性等特征。因此，目前基于地震资料的含气性预测方法主要分两大类，一类是基于地震波吸收衰减的含气性检测技术；另一类是以叠前地震为基础，基于振幅随偏移距变化特征实现储层含气性特征描述的技术。针对超深层地震资料分辨率较低、常规叠前反演纵向识别能力不足等问题，采用机器学习、稀疏层反演等方法与叠前弹性参数反演相结合，实现薄互储层含气性检测。

8.1　基于匹配追踪时频分析的吸收衰减技术

地震波在地层中传播时，其振幅受波前扩散、介质吸收、介质的各向异性等多种因素的影响。在由固、液、气构成的多相介质中，对地震波吸收衰减性质影响最为明显的是气态物质。当有气态物质存在时，地震波高频成分衰减很快，因此，地层吸收衰减参数是检测储层含气性的一个重要参数。当地震波穿过双相介质时，地震波能量会向低频端移动，表现为低频能量相对增强，高频能量相对减弱。时频分析技术可把地震信号从时间域转换到频率域，得到各个时间的瞬时频谱，通过提取高频能量的变化可检测储层含气性。

8.1.1　方法原理

据双相介质理论，地震波穿过含油气地层后会发生高频衰减和低频增加现象，量化指标为谐振分量，频宽变窄，如图 8.1 所示。概括来说，储层含油气时地震频谱具有四方面特征：低频增加、高频衰减、主频降低、频宽变窄。时频分析技术是提取地震波吸收衰减特征的重要手段。本节通过对比短时傅里叶变换(short-time Fourier transform，STFT)、小波变换、广义 S 变换和匹配追踪等时频分析方法，证实匹配追踪时频分析具有较高的时间域分辨率和频率域分辨率，并以匹配追踪时频分析为基础，介绍包括瞬时中心频率、衰减梯度等多个频率衰减属性。

1. 高分辨率时频谱分析技术

谱分解技术可将地震记录从时间域转换到时频域，将局域频率信息表示为时间的函

(a) 无油气

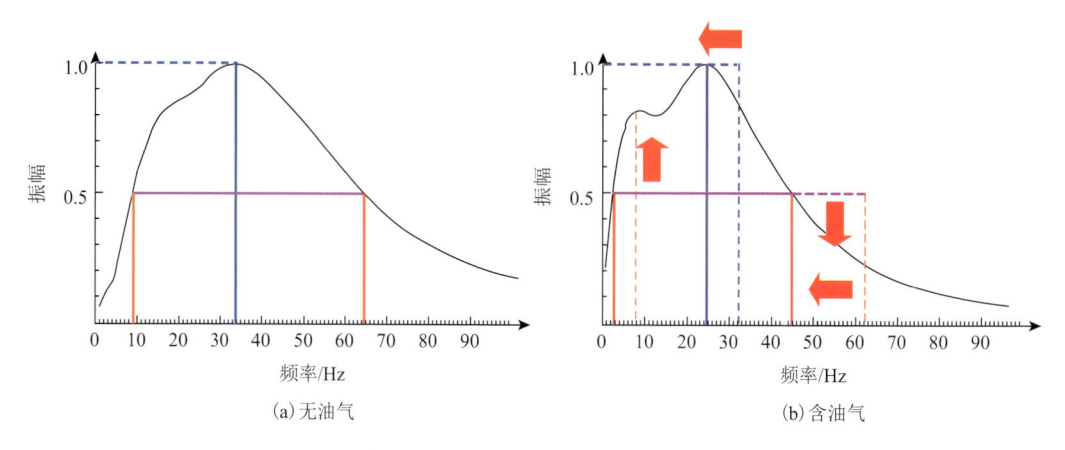

(b) 含油气

图 8.1　无油气和含油气频谱对比图

数，利用不同频率可以体现不同尺度的地质体的频率特征来认识地质体。从而，单个地震数据体被转化为能够优先提高和最大化显示特定频段内的地球物理响应的多个频率数据体。而谱分解技术所用到的主要方法就是时频分析方法。时频分析方法包括线性和非线性两大类。用 STFT、小波变换、广义 S 变换等方法进行的时频表示方法都是线性时频表示方法，而匹配追踪算法则是非线性时频分析方法的代表。

STFT 能够把一维的时间域信号变换成一个二维的时频剖面，同时还保留了傅里叶变换的各种性质，从二维谱中能够很直观地观察信号的特征，时间、频率一目了然。但是由于在整个变换过程中使用的都是一个窗函数，它的形状没有随着频率的改变而改变，窗口大小是固定不变的。因此，用 STFT 来分析非平稳信号是不准确的。

小波变换对窗函数进行伸缩和平移，从而构成一系列不同分辨率的小波基函数。应用该方法对信号进行处理时，能够保持信号的低频信息，低频部分具有较低的时间分辨率和较高的频率分辨率；而在高频处，则具有较低的频率分辨率和较高的时间分辨率，符合信号的特征。与 STFT 一样，小波变换也是直接在时频平面上表示信号。小波变换继承和发展了 STFT 的局部化思想，同时由于母小波的可选择性，可以适应一般信号的特征，窗口可以随着频率的改变而变化，在高频表现出较高的时间分辨率，在低频则能够表现出较高的频率分辨率。因此，小波变换具有时频局部性和多分辨率的特征，很适合于检测正常信号中的瞬时异常信号。但需要注意的是，小波变换引入了尺度因子 a，虽然弥补了 STFT 分辨率的缺憾，但是尺度因子 a 与频率 f 没有直接的关系，那么使用小波变换进行时频分析得到的是时间-尺度剖面，它还不是一种真正意义上的时频谱，还没有直接地与频率联系起来，不利于充分分析信号的时频特征。

广义 S 变换通过引入两个参数 λ 和 p，改造标准 S 变换的窗函数，并根据非平稳信号的频率分布特点灵活地调节窗函数，可以满足不同的时频分析目的。这种变换是吸收了 STFT 和小波变换两种变换思想后形成的一种新的时频分析方法，不仅可根据实际地震信号的特点，灵活改变时窗的宽度，而且可通过调节参数使窗函数峰值点的连线呈现多样性。

匹配追踪(matching pursuit, MP)算法是一种基于投影追踪、逐步递推的小波算法,它在时间域、频率域分辨率高,时间分辨率高有利于纵向上分辨薄层,频率分辨率高有利于预测薄层厚度。匹配追踪算法把地震道分解为一系列到达时间不同、振幅各异的地震子波。只需对一系列分解出的子波进行时频分析,叠合它们的频谱即可得到地震道的频谱。匹配追踪算法在对信号进行分析时,可以根据信号的先验知识自由选取原子库,而无需事先划分频带,更具客观性,可以更准确地刻画地震信号的时频特征。匹配追踪是一种自适应信号分析方法,作为时频分析的工具,目的是要将一已知信号拆解成由许多被称为原子信号的加权总和,而且企图找到与原来信号最接近的解。由于其具有良好的地震数据稀疏表示特性,在地震资料处理及解释领域得到了越来越多的关注。匹配追踪技术有三大要素:匹配子波母函数、匹配子波库和匹配追踪算法。匹配追踪首先要构建匹配子波库或子波字典,其类型有超完备子波库、正交子波库和动态子波库。匹配子波母函数在早期用 Gabor 子波,现在常用莫莱(Morlet)子波和里克(Ricker)子波。匹配追踪算法是匹配追踪技术的核心,分为贪婪算法、正交匹配追踪算法、快速匹配追踪算法。匹配追踪作为一种数据投影分解方法,能够依据非平稳信号自身的特点,将信号在超完备匹配子波库中自适应展开,从而详细研究信号的局部特征。地震信号是一种非平稳信号,因此利用匹配追踪可以将其分解成线性无关的匹配子波,对于精细分析地震信号在不同传播时间的局部特征、挖掘地震信号所蕴含的地球物理信息具有重要意义。

匹配追踪的核心思想为通过创建冗余的时频原子库,根据信号自身特点将信号在时频原子库中进行超完备展开以实现信号的自适应分解。时频原子与信号越相似,信号的匹配追踪分解效果就越好。假设 $D=\{g_\gamma(t)\}$ 为由一系列时频原子组成的超完备子波库,是子波库中各匹配子波的时移、主频和相位组成的集合。从子波库中选取与待分解信号 $s(t)$ 最匹配的子波 $g_\gamma(t)$,并满足:

$$\left|\boldsymbol{S}^\mathrm{T}\boldsymbol{G}_{\gamma_0}\right|=\max\left|\boldsymbol{S}^\mathrm{T}\boldsymbol{G}_\gamma\right| \tag{8.1}$$

式中,$\boldsymbol{S}$ 为 $s(t)$ 构成的信号向量;$\boldsymbol{G}_{\gamma_0}$ 为匹配子波 $g_{\gamma_0}(t)$ 构成的列向量。

经过一次迭代后,可将 $s(t)$ 表示为

$$s(t)=[\boldsymbol{S}^\mathrm{T}\boldsymbol{G}_{\gamma_0}]g_{\gamma_0}(t)+R^1[s(t)] \tag{8.2}$$

式中,R^1 为第一次迭代分解后的残差信号。对残差信号继续进行迭代分解,直至残差能量足够小为止。最终信号 $s(t)$ 可表示为多个子波的线性组合:

$$s(t)=\sum_n a_n g_{\gamma_n}(t) \tag{8.3}$$

式中,a_n 为匹配子波的幅度。

2. 时频域衰减属性

地震波沿地层向下传播时,随着深度的加深,高频成分衰减的速度高于低频成分衰

减的速度，尤其是含有油气时高频成分衰减更快，而低频成分基本被保留。吸收属性即是以瞬时谱分析技术为基础，依托时间-尺度域或时间-频率域的频率道集计算各种吸收属性，能够表征高频成分被吸收导致的高频衰减特征，可用于检测地层的含油气性。通过对频谱特征不同角度的关注，形成频谱衰减不同计算方法，得到拟吸收系数、指数拟合系数、衰减梯度、衰减峰值、瞬时中心频率、瞬时均方根频率和瞬时谱带宽等多种频谱衰减类属性。

拟吸收系数：为最原始的吸收属性，与振幅、频率关系不大，是低频端面积与高频端面积的比值，一般为正值。数值越大，表明含气性越好。

指数拟合系数：地层的反射系数不是随机白噪声，必须消除反射系数的影响，并且震源子波是随深度发生变化的，通过模拟子波振幅谱可以消除地层反射系数的影响。地层中含油气储层的吸收衰减参数可以通过地震波的频率变化来求取，但不是直接用地震振幅谱进行计算，而是要通过子波振幅谱来求取吸收衰减参数，用 65%、85%能量对应的频率来进行指数拟合，得到拟合系数，主要反映地震波频率的变化。进行子波振幅谱模拟处理后，避免了反射系数的干扰。

衰减梯度：包括高频衰减梯度和低频增加梯度两种属性。其中，65%、85%能量对应的频率主要反映地震波频率的变化，当储层中孔隙比较发育且饱含油气时，地震波中高频能量衰减要比低频能量衰减大。通过提取高频端的衰减梯度属性，可以间接地检测储层含油气特征。与此同时，通过提取低频端的增强梯度属性，也可以检测储层含油气特征。二者互相配合为检测油气服务。

8.1.2 技术流程

利用地震波吸收衰减特征进行含气性预测的流程可以分为三步。

第一步，利用高分辨率时频分析算法对地震数据进行频谱分解。

第二步，以实钻井储层段含气性检测结果为依据，分析不同时频谱衰减类属性含气性敏感性，并基于实钻井标定，获取时频属性，提取所需的参数，包括频带范围、分析时窗等。

第三步，基于优选的敏感衰减属性，计算全三维工区储层含气性指示因子，预测储层含气性空间分布规律。

8.1.3 应用效果

图 8.2 为利用工区过羊深 1 井井旁地震道不同时频分析方法对比，可以看出短时傅里叶变换的时窗越短越有助于分辨高频同相轴，同时也有利于区分类似或邻近主频的同相轴；然而，时窗过短可能会忽略低频处的同相轴和降低分辨率。小波变换能够保持信号的低频信息，低频部分具有较低的时间分辨率和较高的频率分辨率；而在高频处，则具有较低的频率分辨率和较高的时间分辨率，符合信号的特征。广义 S 变换在频率域的分

辨率表现出了一定的不足。而匹配追踪算法在时间域和频率域中都表现出较好的分辨率，缺点在于运算效率低，耗时较长。

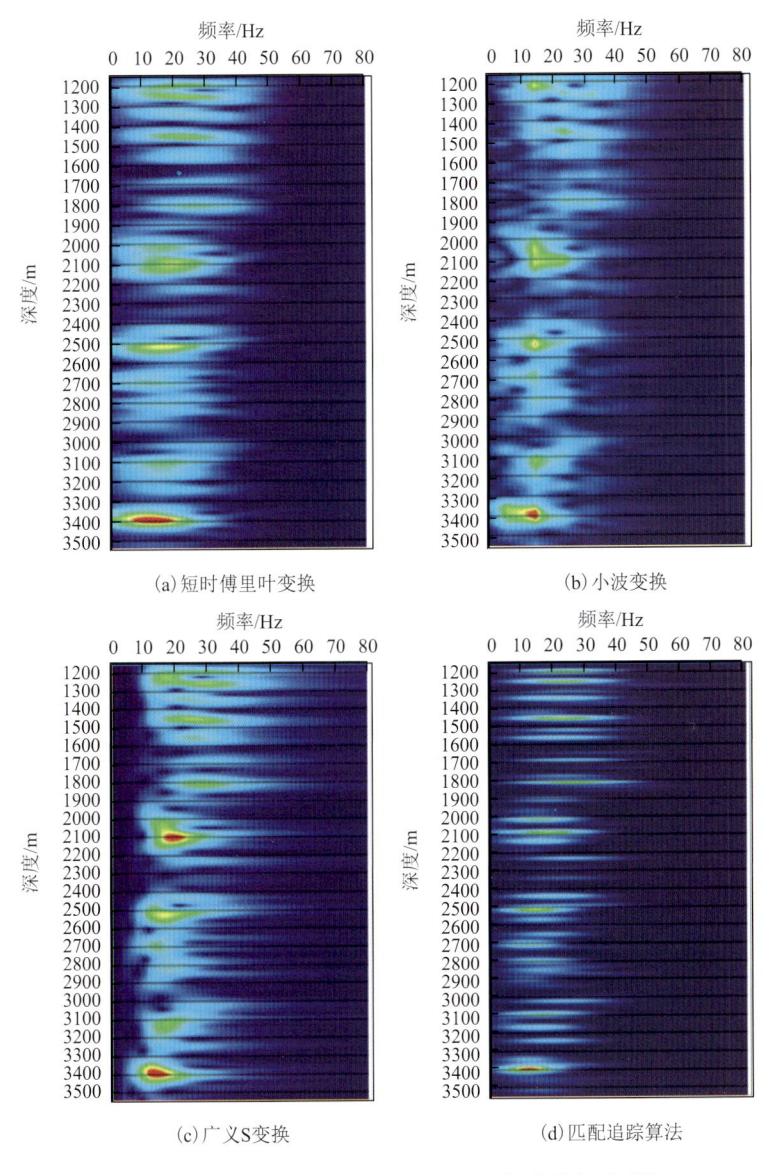

(a) 短时傅里叶变换

(b) 小波变换

(c) 广义S变换

(d) 匹配追踪算法

图 8.2 过羊深 1 井井旁地震道不同时频分析方法对比

考虑到匹配追踪算法具有更好的时间分辨率和频率分辨率，工区应用匹配追踪时频分析方法，对过羊深 1 井、彭州 1 井和鸭深 1 井井旁地震道气层进行分析，三口井气层所对应的时间约为 2542ms、2634ms 和 2866ms，同时，分别在每口井气层的上、下部非气层段选取两点，从图 8.3 中可以看出，在气层的上、下部非气层段主频相对较高，而在气层位置处，频率具有明显的高频衰减和低频增加的现象。

(a) 羊深1井

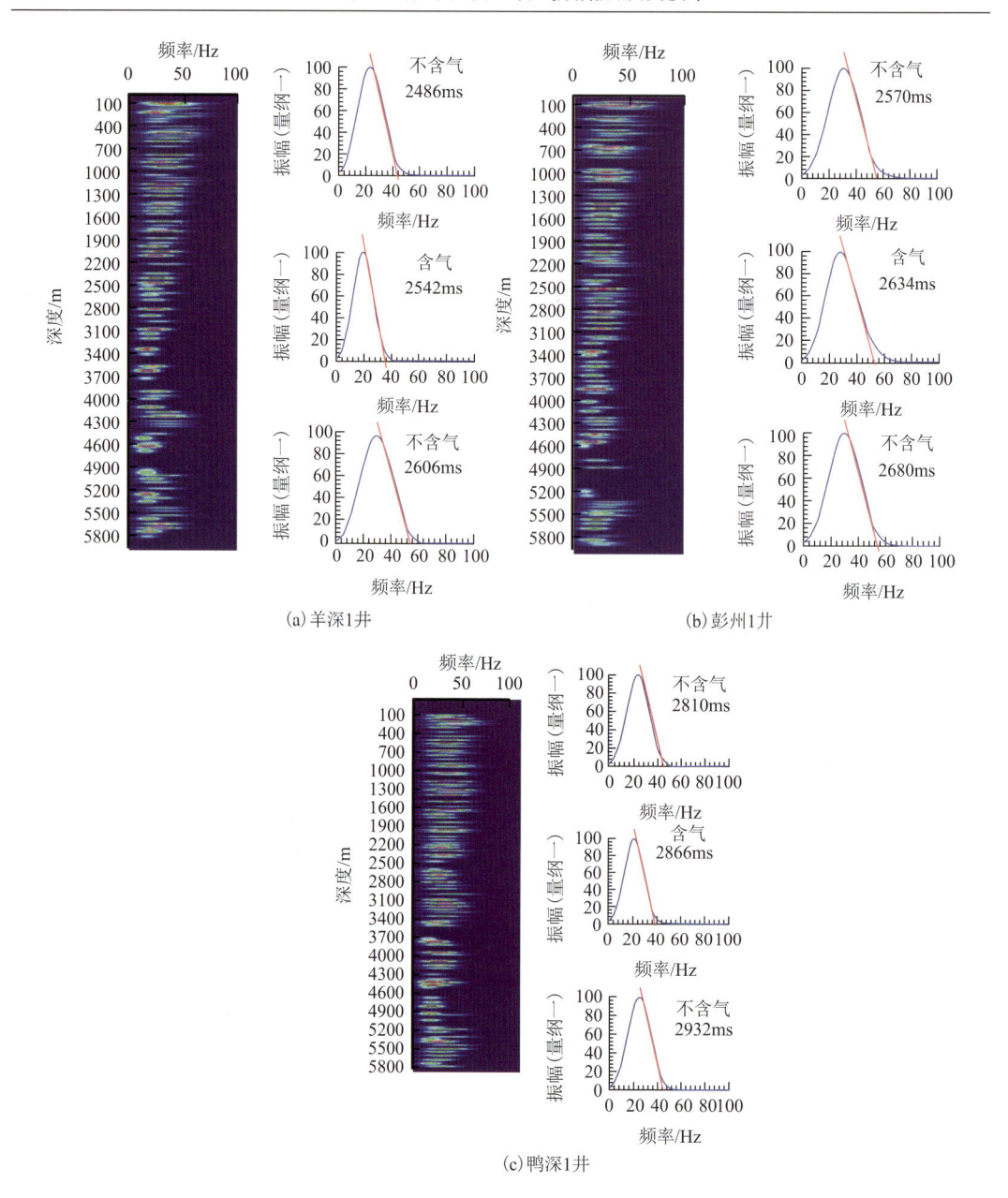

(b) 彭州1井

(c) 鸭深1井

图 8.3　过三口井时频分析结果

对金马—鸭子河工区开展叠后含气性检测，由结果可知，低频增加的吸收属性(计算频谱图的低频端增加面积)和高频衰减的烃类直接检测属性(计算频谱图的高频端梯度)可较好地表征该区含气性特征，与井上吻合程度较好。在下储层段设置合理的时窗，提取该区的平面属性，得到了雷四上亚段下储层叠后高频衰减梯度属性平面图(图 8.4)。该结果与工区内彭州 1 井和鸭深 1 井的钻井情况较吻合，含气性丰度较高的区域主要集中在金马—鸭子河背斜部位，而在断裂破碎带的位置，含气性指示较低。

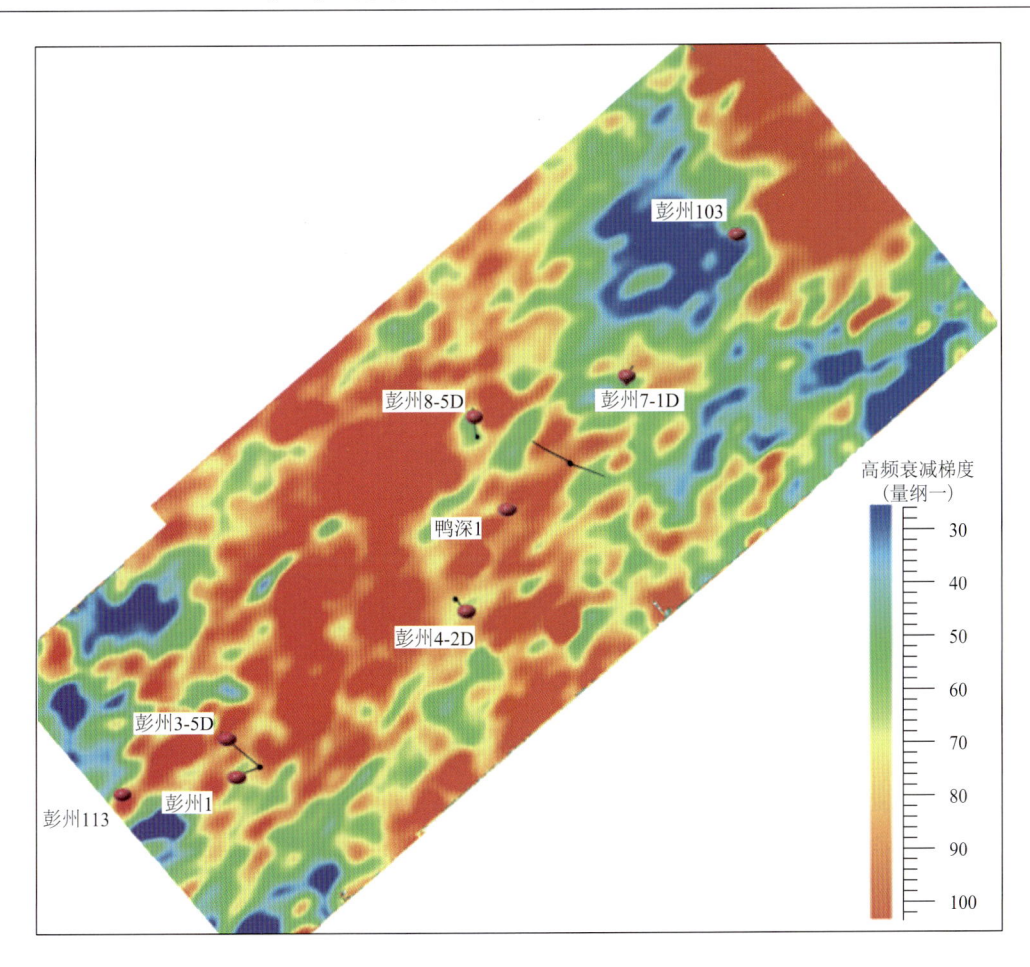

图 8.4 雷四上亚段下储层叠后高频衰减梯度属性平面图

8.2 叠前含气性检测技术

8.2.1 AVO 属性含气性检测技术

AVO 技术是通过分析叠前地震振幅随炮检距的变化特征，建立储层含流体性质与 AVO 特征的关系，并应用 AVO 属性对储层的含流体性质进行检测。在实际应用中，通过分析储层界面上的反射波振幅随炮检距的变化规律，计算反射波振幅随其入射角的变化参数，估算界面上的 AVO 属性参数，进一步推断储层的岩性和含油气性质。AVO 技术直接利用 CRP 道集资料进行分析，充分利用了所有入射角的丰富原始信息，而各种利用叠后资料进行解释的方法都忽视和丢掉了包含在原始道集里的很有价值的信息。因此，AVO 技术对储层含流体性质的预测要比叠后属性更为可靠。

1. 方法原理

Zoeppritz 方程描述了振幅系数如何通过一组复杂的非线性关系将弹性分界面两侧介

质的密度、纵波速度和横波速度与反射系数相关联。这种关联与入射角的变化以及介质弹性参数密切相关，不同岩性和流体参数的组合会导致振幅系数在不同入射角下呈现不同的变化特征。此外，振幅系数随炮检距的变化也蕴含了有关岩性和流体参数的信息。许多学者后来对该方程进行了简化处理。其中，应用最广泛的简化形式是Aki-Richards公式：

$$R(\theta) = \frac{\sec^2\theta}{2}\frac{\Delta V_P}{V_P} + \frac{1}{2}\left(1 - 4\frac{V_S^2}{V_P^2}\sin^2\theta\right)\frac{\Delta\rho}{\rho} - 4\frac{V_S^2}{V_P^2}\sin^2\theta\frac{\Delta V_S}{V_S} \tag{8.4}$$

该近似方程说明了纵波反射系数 $R(\theta)$ 除了与密度、纵波速度有关之外，还与入射角、横波速度有关，表明非零炮检距地震道反射系数包含了横波信息，利用AVO属性，可以联系上转换横波SV波，也就是说，AVO数据可以作为一个SV波数据的替换数据，有助于提高油气检测的准确度，这也从根本上解释了AVO技术对流体识别的有效性。

对于Aki-Richards公式的进一步简化，威金斯(Wiggins)提出了一种形式上更为浅显，但是与Aki-Richards公式等价的计算公式，将Aki-Richards公式按纵波速度、横波速度及密度三项替换为三个反射系数项，即

$$R(\theta) = A + B\sin^2\theta + C\tan^2\theta\sin^2\theta \tag{8.5}$$

式中，$A = \frac{1}{2}\left(\frac{\Delta V_P}{V_P} + \frac{\Delta\rho}{\rho}\right)$，$B = \frac{1}{2}\frac{\Delta V_P}{V_P} - 4\left(\frac{V_S}{V_P}\right)^2\frac{\Delta V_S}{V_S} - 2\left(\frac{V_S}{V_P}\right)^2\frac{\Delta\rho}{\rho}$，$C = \frac{1}{2}\frac{\Delta V_P}{V_P}$。这里，第一项 A 为线性项，表明零炮检距反射系数只与密度和纵波速度相关；第二项 B 为梯度项，代表非零炮检距时振幅变化特征，该项与纵波速度、横波速度和密度相关；第三项 C 为曲率项，仅与纵波速度相关，在入射角小于30°时对于振幅的影响很微弱。

鉴于方程包含 V_P、V_S 和 ρ，Shuey(1985)提出了包含泊松比 σ 的近似公式，可简化为

$$R(\theta) = P + G\sin^2\theta \tag{8.6}$$

式中，当 θ=0 时，$P = R_0$ 为真正法线(垂直)入射的反射系数，称为AVO的截距：

$$P = R(0) = \frac{\rho_2 V_{P2} - \rho_1 V_{P1}}{\rho_2 V_{P2} + \rho_1 V_{P1}} \tag{8.7}$$

式中，V_{P1} 为上覆地层纵波速度；ρ_1 为上覆地层密度；V_{P2} 为下覆地层纵波速度；ρ_2 为下覆地层密度；而 G 与岩石纵波速度、横波速度和密度有关，且泊松比差 $\Delta\sigma$ 越大，振幅随入射角变化也越大，称为AVO的梯度。简化式表明，在两种弹性介质水平反射界面上产生的纵波反射系数 $R(\theta)$ 与 $\sin^2\theta$ 呈线性关系。

综上所述，AVO属性分析是为了更合理地提取隐藏在地震信息中的流体参数的重要途径，可以利用截距 P、梯度 G 属性，以及由 P 和 G 线性组合得到的各种不同的AVO属性，定性分析储层含流体特征。

伪泊松比($P + G$ 或 $aP + bG$)属性：当纵横波速度比为 2∶1，并且上下波阻抗差较小时，对速度比值的微分可以近似地表示为

$$d\left(\frac{V_P}{V_S}\right) = \left(\frac{dV_P}{V_P}\right)\cdot\left(\frac{V_P}{V_S}\right) - \left(\frac{dV_S}{V_S}\right)\cdot\left(\frac{V_P}{V_S}\right) = 2\left(\frac{dV_P}{V_P} - \frac{dV_S}{V_S}\right) = 4\left(C_{P_0} - C_{S_0}\right) \tag{8.8}$$

进而有

$$d\left(\frac{V_P}{V_S}\right) = 4(C_{P_0} - C_{S_0}) = 2(P+G) \quad (8.9)$$

且有

$$\frac{V_P}{V_S} = \sqrt{\frac{2(1-\sigma)}{1-2\sigma}} \quad (8.10)$$

由此可见，P+G 属性与纵横波速度比密切相关，而速度比值的变化反映了泊松比值的变化，因此把截距和梯度相加所得到的属性，称为伪泊松比属性。当伪泊松比值大于 0 时，表明纵横波速度比增加，泊松比变大，而当伪泊松比值小于 0 时，表明纵横波速度比减小，泊松比变小，指示油气区域。

2. 技术流程

AVO 属性分析具体技术应用流程如下(图 8.5)。
(1)基于 CRP 道集，进行速度分析，获取角度道集。
(2)井旁道分析：分析目的层段储层的 AVO 特征与 P、G 属性特征，开展属性交会分析。
(3)基于角道集上拾取的振幅值拟合回归曲线。
(4)获取各时间样点处 P、G 属性值。
(5)开展 P、G 属性相关组合属性计算。

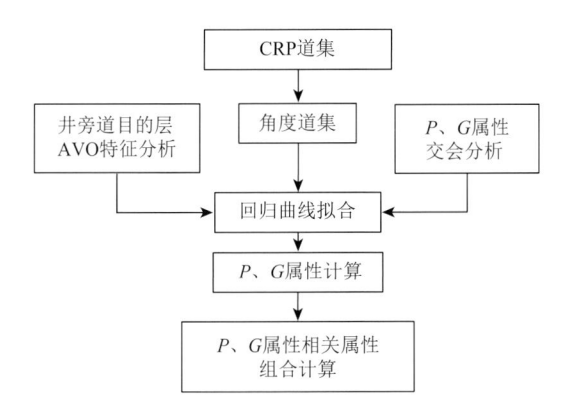

图 8.5 AVO 流体检测技术流程示意图

3. 应用效果

在对 CRP 道集优化处理的基础上，对道集进行 AVO 属性分析，计算 P+G 属性(即伪泊松比)，对于含气性较好的储层，P+G 表现为较大的负异常值。从过鸭深 1 井伪泊松比属性剖面(图 8.6)可见，雷四上亚段储层明显为负异常特征，与实钻井完全吻合，因此，本区储层 P+G 属性对储层含气性较敏感，可以用来识别含气层，但纵向分辨率较低，难以准确区分上、下储层的含气情况。

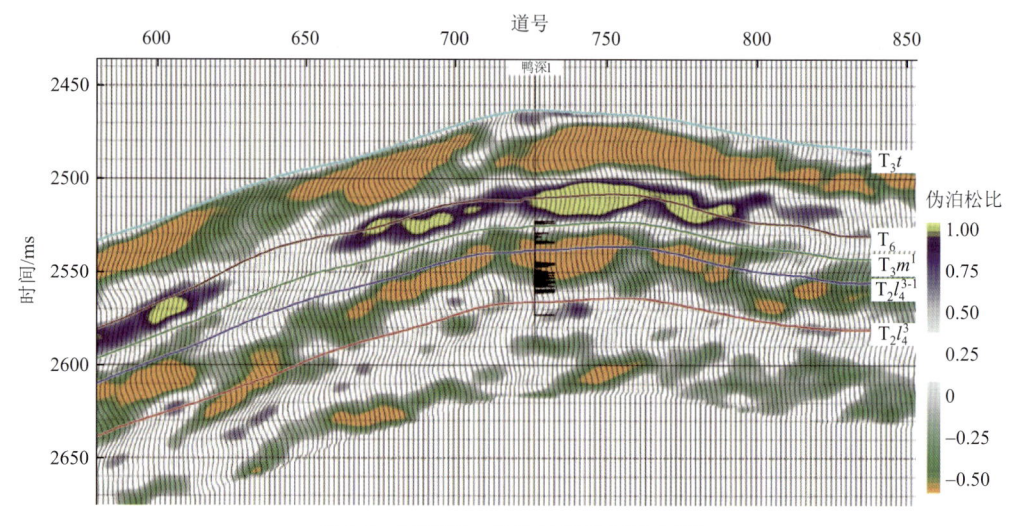

图 8.6　过鸭深 1 井伪泊松比属性剖面

提取雷四上亚段 AVO 伪泊松比属性，获得含气性平面预测结果（图 8.7），显示出鸭深 1 井区所在的构造高部位气层连片分布，是最有利的目标区。

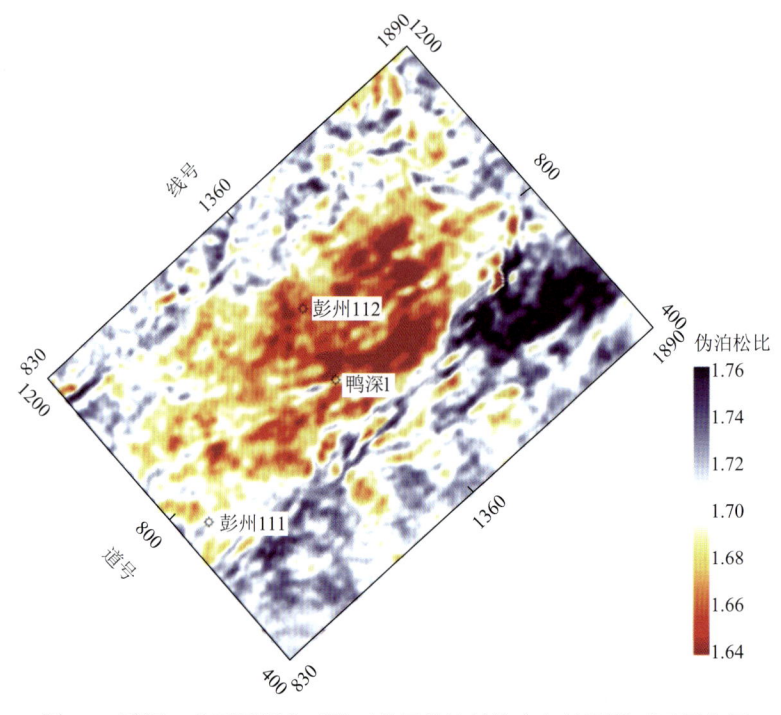

图 8.7　鸭深 1 井区雷四上亚段下储层伪泊松比含气性预测平面展布图

8.2.2　基于机器学习的泊松比直接反演技术

饱水、饱气两种状态下的岩石物理实验表明，川西超深潮坪相白云岩储层流体较为敏感的参数是：泊松比、纵横波速度比、$\lambda\rho$ 等，对于同一岩石含不同流体，泊松比相对于纵波速度、横波速度、密度等参数具有更明显的差异。利用机器学习算法，通过地震数据和测井插值模型数据进行训练学习，提高泊松比属性反演的分辨率。基于机器学习的泊松比直接反演技术在本区储层含气性检测实践中有较好的应用效果。

1. 方法原理

泊松比可以通过纵波速度和横波速度的比值来确定。在油气地震勘探中，通常应用叠前地震反演方法来获得泊松比，但泊松比、拉梅系数等其他弹性参数一般只能由叠前反演获得的纵波速度、横波速度和密度间接计算转换得到，从而产生了参数转换的累积误差。

为得到更准确的弹性参数，减小计算误差的累积效应，许多学者对 Zoeppritz 方程进行简化近似，进而提出一种包含泊松比参数项的新的弹性阻抗方程，可直接反演得到泊松比参数，提高了泊松比反演精度。

下式是可用于直接反演泊松比的 AVO 近似表达式：

$$R(\theta) = \alpha_E(\theta)\frac{\Delta E}{E} + \alpha_\sigma(\theta)\frac{\Delta \sigma}{\sigma} + \alpha_\rho(\theta)\frac{\Delta \rho}{\rho} \tag{8.11}$$

式中，

$$\alpha_E(\theta) = \frac{1}{4}\sec^2\theta - 2\gamma\sin^2\theta$$

$$\alpha_\sigma(\theta) = 2\gamma\sin^2\theta\frac{2\gamma-1}{4\gamma-3} + \frac{1}{4}\sec^2\theta\frac{(2\gamma-3)(2\gamma-1)^2}{\gamma(4\gamma-3)}$$

$$\alpha_\rho(\theta) = \frac{1}{2} - \frac{1}{4}\sec^2\theta$$

式中，$R(\theta)$ 为反射系数；E、σ、ρ 分别为杨氏模量、泊松比和密度；γ 为纵横波速度比的平方；θ 为入射角。式(8.11)为泊松比的直接反演提供了可能，对比常规 AVO 反演间接计算得到泊松比的方法，该公式具有更高的精度和更好的稳定性。

将式(8.11)作为目标函数进行输入，采用与 6.3 节相同的机器学习算法(SVM+KNN)，获得高分辨率泊松比属性数据体。

2. 技术流程

泊松比直接反演技术的具体实现流程如下(图 8.8)。
(1) 基于 Zoeppritz 方程推导泊松比 AVO 近似公式。
(2) 利用叠前 CRP 道集数据获取部分叠加角度数据。
(3) 利用部分叠加角度数据，获取不同角度的弹性阻抗计算结果，过程中涉及不同角度地震子波提取、弹性阻抗低频模型构建。
(4) 利用不同角度弹性阻抗计算结果，结合包含泊松比的弹性阻抗公式，获取泊松比的直接反演结果。

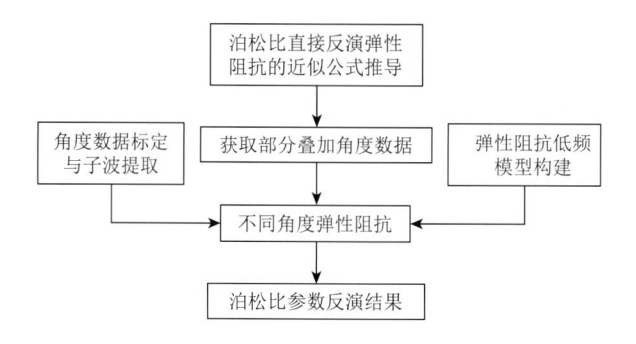

图 8.8 泊松比直接反演技术流程示意图

3. 应用效果

在川西气田建产区应用效果分析表明：泊松比直接反演结果，在储层内部能较好反映储层的含气性，其反映的气水关系与构造有良好的匹配性。

从泊松比反演结果剖面看(图 8.9)，构造圈闭内鸭深 1 井、彭州 6-4D 井、彭州 8-5D 井等井试气效果好，日产气 $49.5×10^4$~$60.12×10^4\text{m}^3$，不产水，低泊松比异常非常突出；而构造翼部井如彭州 7-1D 井、彭州 4-2D 井，试气效果也较好，日产气 $47.19×10^4\text{m}^3$、$47.02×10^4\text{m}^3$，但其底部已明显见水，在泊松比反演剖面上具有相对较低泊松比特征；而彭州 103 井处于构造低部位，日产气 $12.65×10^4\text{m}^3$，以产水为主，在泊松比反演剖面上明显表现为高泊松比异常。

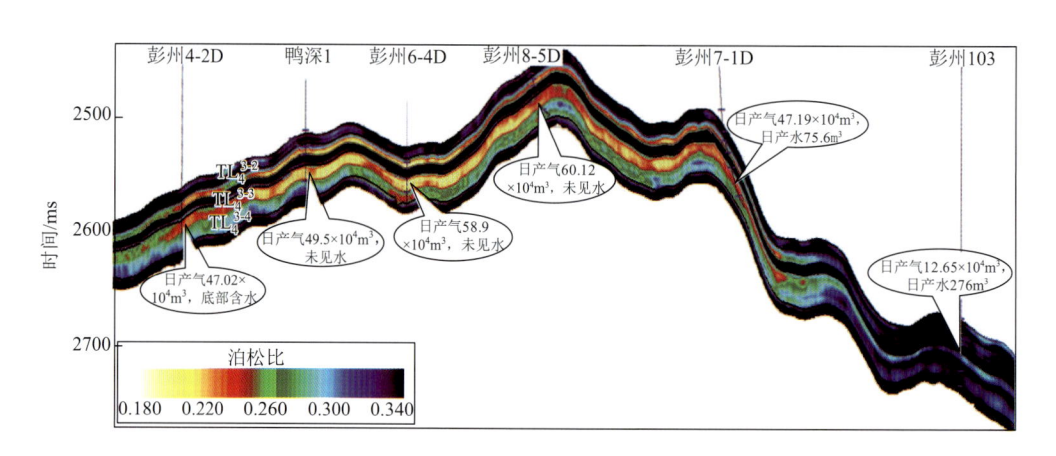

图 8.9 过彭州 4-2D 井—鸭深 1 井—彭州 6-4D 井—彭州 8-5D 井—彭州 7-1D 井—彭州 103 井泊松比机器学习高分辨反演剖面

从泊松比属性平面特征(图 8.10)看，TL_4^{3-3} 储层含气性主要受构造控制，低泊松比异常基本布满整个圈闭，与构造圈闭有较好的匹配关系，高产井(鸭深 1 井、彭州 6-4D 井、彭州 8-5D 井)低泊松比异常突出，反映含气性好，含气异常面积约 79.2km^2，含气 POIS 值域范围一般为 0.17~0.26，高于 0.26 则含水可能性较大。

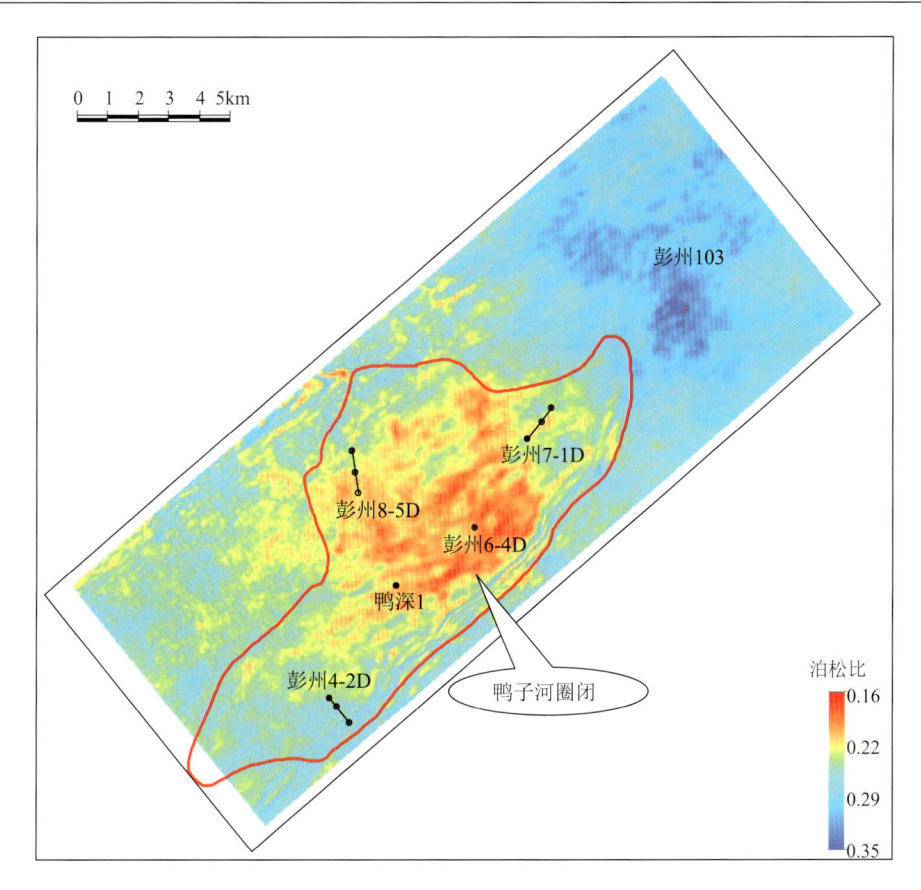

图 8.10　川西气田鸭子河圈闭建产区 TL$_4^{3-3}$ 储层含气性平面图

8.2.3　基于稀疏层的泊松阻抗直接反演技术

前文岩石物理实验表明，泊松阻抗与储层含气性有较好的相关性，可以较好区分气水，是一种敏感度较高的流体识别属性。当前泊松阻抗属性多采用间接反演方式获取，存在预测精度低和分辨率不足等问题。本节提出了基于稀疏层的泊松阻抗直接反演技术，通过对 Zoeppritz 方程进行简化和变量替代，并将弹性参数反演和稀疏层反演算法相结合，以获得高精度的泊松阻抗属性。

1. 方法原理

泊松阻抗具有泊松比和密度两种属性的特点，定义为纵波阻抗与横波阻抗的函数(Quakenbush et al., 2006)，可表示为

$$\mathrm{PI} = \rho V_\mathrm{P} - c\rho V_\mathrm{S} \tag{8.12}$$

式中，PI 为泊松阻抗属性；V_P 为背景纵波速度；V_S 为背景横波速度；ρ 为背景密度；c 为常数，决定坐标轴的旋转。

泊松阻抗直接反演技术包括两个核心技术，一是提高反演分辨率采用的技术，即基于多因子约束的基追踪叠前稀疏层反演方法，二是泊松阻抗直接反演方程的推导。具体方法原理如下。

1）基于多因子约束的基追踪叠前稀疏层反演方法原理

对于弹性各向同性介质，Aki 和 Richards（1980）提出了纵波反射系数方程，该方程是纵波反射率、横波反射率及密度反射率的函数，可以表示为以下矩阵矢量方程形式：

$$r(\theta) = C(\theta)x \tag{8.13}$$

式中，x 为表示纵波速度反射率、横波速度反射率以及密度反射率的向量；$C(\theta)$ 表示与入射角相关的矩阵，理论上其入射角应小于临界角。

同时，层状介质界面处地震数据与反射系数之间的关系可用褶积模型表示：

$$d(\theta) = Wr(\theta) + e(\theta) \tag{8.14}$$

式中，W 为从地震数据估计得到的子波；$e(\theta)$ 为与反射角度相关的随机噪声。

为了降低地震反演中的多解性问题，同时提高薄层分辨率，Zhang 和 Castagna（2011）提出了稀疏层理论，利用先验信息和频谱分解技术，提高小于调谐厚度的薄层成像分辨率，其核心思想是通过构建层反射系数序列，并对反射系数对进行奇偶分解，从而使得"层反射"的奇偶部响应的频率都是厚度的单调函数，厚度和频率峰值有一对一关系。稀疏层反演方程可以表示为

$$x = Fm \tag{8.15}$$

式中，F 为预先计算得到的大规模稀疏矩阵；m 为分别对纵波反射率、横波反射率以及密度反射率进行偶极分解得到的稀疏系数向量。

合并上述方程式，得到基于稀疏层反演的叠前同步反演方程组，表示为

$$d(\theta) = WC(\theta)Fm + e(\theta) \tag{8.16}$$

采用基于 L_1 范数的基追踪方法对上述方程进行求解，提高反演分辨能力，从而获取高分辨率的叠前地震反演结果。与其他反演方法相同，叠前基追踪反演方法解决的也是病态反演方程，同样存在不稳定和多解性的问题。另外，试验证明基追踪寻优方法对噪声数据的敏感性更强，为获得稳定的高分辨率的反演结果，必须对上述反演方法进行改进。本书提出了一种新的基于约束的基追踪叠前同步反演方法，通过在目标函数中引入具有物理意义的约束因子使得反演结果更稳定可靠。

第一种约束因子为光滑先验模型约束因子。通常情况下，可以通过测井数据以及叠前时间偏移速度模型共同构建纵波速度、横波速度以及密度的先验模型信息，定义相对背景弹性参数为

$$\zeta_j = \ln(v_j) - \ln(v_0) \tag{8.17}$$

式中，v_j 为弹性参数背景模型；j 为时间采样点。通过引入单位面积的光滑函数，建立了

相对背景弹性参数 ζ 与反演得到的弹性参数 ξ 之间的关系式：

$$\zeta_j = \sum_i g_j - \xi_i \tag{8.18}$$

同时，建立了相对背景弹性参数 ζ 与稀疏反射系数序列 $\boldsymbol{x}$ 之间的关系：

$$\zeta_i = \sum_{k=0}^{N} x_k \tag{8.19}$$

通过引入积分算子 $\boldsymbol{S}$ 以及基于钟形函数的光滑算子 $\boldsymbol{G}$，得到了第一类光滑先验模型约束因子，表示如下：

$$\boldsymbol{\zeta} = \boldsymbol{GSFm} \tag{8.20}$$

第二种约束因子为纵横波速度比约束因子。纵横波速度比在岩性和流体识别中发挥着重要的作用。将背景纵横波速度比约束因子引入反演算法中，使得反演结果具有地质意义。背景纵横波速度比的对数形式可以表示为

$$\eta_j = \ln\left(\frac{V_\mathrm{P}}{V_\mathrm{S}}\right)_j = \left[\ln(V_\mathrm{P})_j - \ln(V_\mathrm{P})_0\right] - \left[\ln(V_\mathrm{S})_j - \ln(V_\mathrm{S})_0\right] = (\zeta_j)_\mathrm{P} - (\zeta_j)_\mathrm{S} \tag{8.21}$$

上述背景纵横波速度比的对数形式可以表示为矩阵向量方程：

$$\boldsymbol{\eta} = \boldsymbol{DGSFm} \tag{8.22}$$

综上所述，最终目标函数可以表示为

$$\Psi(m) = \|\boldsymbol{d} - \boldsymbol{WCFm}\|_2 + \lambda\|\boldsymbol{\zeta} - \boldsymbol{GSFm}\|_2 + \mu\|\boldsymbol{\eta} - \boldsymbol{GSFm}\|_2 + \gamma\|\boldsymbol{m}\|_1 \tag{8.23}$$

2) 泊松阻抗直接反演方法原理

在 AVO 分析和常规的确定性叠前弹性反演过程中，一般是首先建立背景模型，然后用简化方程求解背景模型的变量，拟合观测数据，获得反演近似解。常用的简化方程反演目标主要是纵、横波速度和密度，或者纵、横波阻抗和密度。为了能直接反演泊松阻抗，避免间接求解的传递误差，对 Zoeppritz 方程进行简化和变量替代，推导的反射系数为纵波速度、泊松阻抗和密度变化率的简化方程，具体如下：

$$R_\mathrm{pp}(\theta) = A(\theta)\frac{\Delta V_\mathrm{P}}{V_\mathrm{P}} + B(\theta)\frac{\Delta \mathrm{PI}}{\mathrm{PI}} + C(\theta)\frac{\Delta \rho}{\rho} + D(\theta)\Psi^2\left(\frac{\Delta V_\mathrm{P}}{V_\mathrm{P}}, \frac{\Delta \mathrm{PI}}{\mathrm{PI}}, \frac{\Delta \rho}{\rho}\right) \tag{8.24}$$

其中，背景模型参数为

$$A(\theta) = \frac{1}{2}\sec^2\theta - \frac{4}{c}\left(\frac{V_\mathrm{S}}{V_\mathrm{P}}\right)\sin^2\theta, \quad B(\theta) = \left[\frac{4}{c}\left(\frac{V_\mathrm{S}}{V_\mathrm{P}}\right) - 4\left(\frac{V_\mathrm{S}}{V_\mathrm{P}}\right)^2\right]\sin^2\theta$$

$$C(\theta)=\frac{1}{2}-\frac{4}{c}\left(\frac{V_{\mathrm{S}}}{V_{\mathrm{P}}}\right)\sin^{2}\theta+2\left(\frac{V_{\mathrm{S}}}{V_{\mathrm{P}}}\right)^{2}\sin^{2}\theta,\ D(\theta)=\frac{V_{\mathrm{S}}}{V_{\mathrm{P}}}\cos\theta\sin^{2}\theta$$

$$\Psi=\left[1-\frac{1}{2}\frac{\Delta\rho}{\rho}\right]\left[\frac{2}{c}\frac{\Delta V_{\mathrm{P}}}{V_{\mathrm{P}}}-\left(\frac{2}{c}-2\frac{V_{\mathrm{S}}}{V_{\mathrm{P}}}\right)\frac{\Delta\mathrm{PI}}{\mathrm{PI}}+\left(\frac{2}{c}-\frac{V_{\mathrm{S}}}{V_{\mathrm{P}}}\right)\frac{\Delta\rho}{\rho}\right]$$

式中，V_P 为背景纵波速度；V_S 为背景横波速度；ρ 为背景密度；θ 为反射角；Δ 表示变化量；c 为常数。

上述泊松阻抗直接反演方程可以写成矩阵向量方程式：

$$d=Wf(\boldsymbol{m}_0)+WF\Delta\boldsymbol{m}+e \tag{8.25}$$

采用高斯牛顿方法对上式进行 L_2 范数最小平方反演方法求解，其中的非线性弗雷谢（Fréchet）微商表示为

$$F=\frac{\partial d}{\partial \boldsymbol{m}}=\begin{bmatrix} A_1+2\boldsymbol{\Psi}^\mathrm{T}\boldsymbol{D}_1\boldsymbol{\Psi}_\alpha & B_1+2\boldsymbol{\Psi}^\mathrm{T}\boldsymbol{D}_1\boldsymbol{\Psi}_\mathrm{PI} & C_1+2\boldsymbol{\Psi}^\mathrm{T}\boldsymbol{D}_1\boldsymbol{\Psi}_\rho \\ A_2+2\boldsymbol{\Psi}^\mathrm{T}\boldsymbol{D}_2\boldsymbol{\Psi}_\alpha & B_2+2\boldsymbol{\Psi}^\mathrm{T}\boldsymbol{D}_2\boldsymbol{\Psi}_\mathrm{PI} & C_2+2\boldsymbol{\Psi}^\mathrm{T}\boldsymbol{D}_2\boldsymbol{\Psi}_\rho \\ \vdots & \vdots & \vdots \\ A_M+2\boldsymbol{\Psi}^\mathrm{T}\boldsymbol{D}_M\boldsymbol{\Psi}_\alpha & B_M+2\boldsymbol{\Psi}^\mathrm{T}\boldsymbol{D}_M\boldsymbol{\Psi}_\mathrm{PI} & C_M+2\boldsymbol{\Psi}^\mathrm{T}\boldsymbol{D}_M\boldsymbol{\Psi}_\rho \end{bmatrix} \tag{8.26}$$

其目标函数可以表示为

$$J(\boldsymbol{m})=\left[d-Wf(\boldsymbol{m}_0)-WF\Delta\boldsymbol{m}\right]^\mathrm{T}C_e^{-1}\left[d-Wf(\boldsymbol{m}_0)-WF\Delta\boldsymbol{m}\right]+\boldsymbol{m}^\mathrm{T}C_M^{-1}\boldsymbol{m} \tag{8.27}$$

2. 技术流程

泊松阻抗直接反演算法是以多因子约束的高分辨率稀疏层模型（L_1 范数）作为输入参数，应用层位约束的叠前最小二乘反演（L_2 范数）算法获取高精度弹性参数反演结果（图 8.11）。这种混合模数域（L_1+L_2）高精度叠前地震反演框架的优势在于，L_1 范数反演提高反演分辨能力的同时通过 L_2 范数反演进一步提高了流体敏感参数预测的精度。其实现流程包括如下步骤。

(1)利用前文得到的岩石物理分析结果，确定要反演的目标层系的弹性参数。
(2)利用测井和地震数据提取子波。
(3)建立低频模型。
(4)开展地震数据反演处理，计算与实际地震数据道集的匹配度，不断迭代计算逼近两者的相关性，在误差满足一定条件后，完成反演计算。

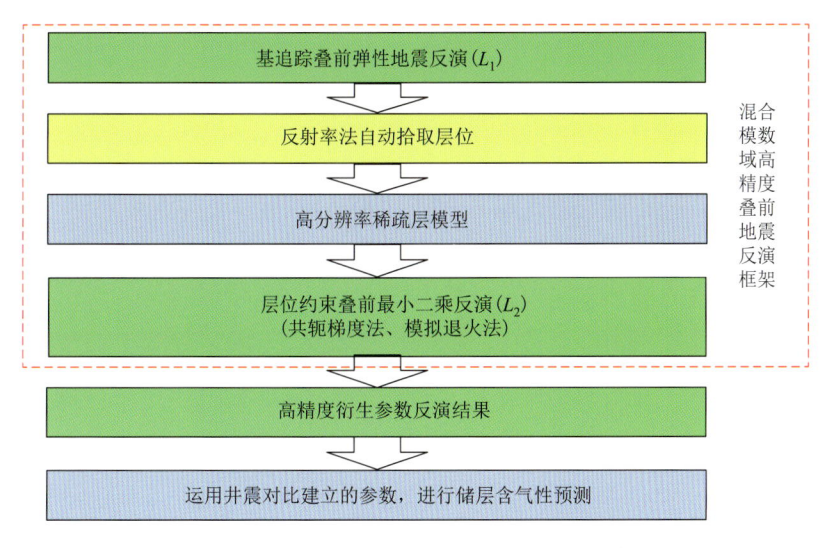

图 8.11 泊松阻抗直接反演含气性预测框架

3. 应用效果

图 8.12 为利用基于稀疏层的泊松阻抗直接反演技术得到的高分辨率泊松阻抗反演剖面。其中，红黄色代表低泊松阻抗异常，蓝绿色代表高泊松阻抗异常。预测结果显示，川西气田鸭子河构造工业气井彭州 4-2D 井、鸭深 1 井、彭州 6-4D 井及彭州 8-5D 井等井目的层都具有低泊松阻抗异常特征，构造边部产水井彭州 103 井异常特征相对较差，与实钻井测试结果吻合较好（图 8.13）。同时，从 TL_4^{3-3} 小层泊松阻抗平面展布特征也可以看出，鸭子河地区有利含气异常连片分布，含气边界清楚，泊松阻抗低值异常区域与构造高部位密切相关，与实钻揭示的气水边界线基本吻合（图 8.14）。综上所述，该方法具有纵向分辨能力高、预测精度高等优点。

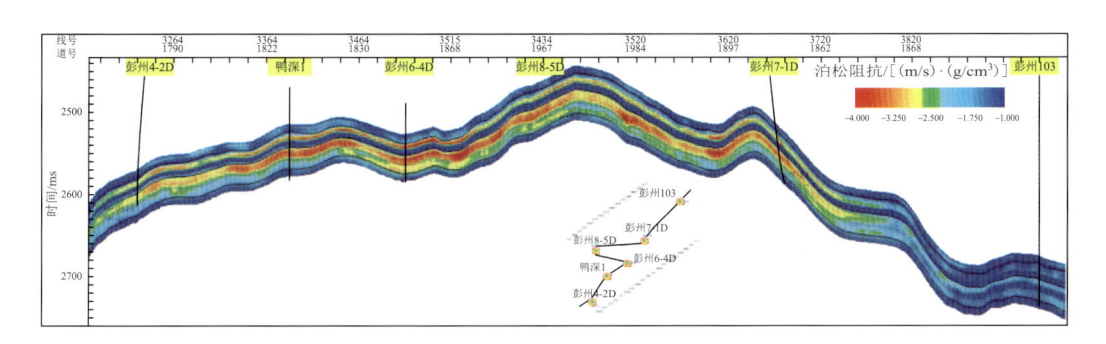

图 8.12 高分辨率泊松阻抗（C=1.42）二维联井剖面直接反演结果

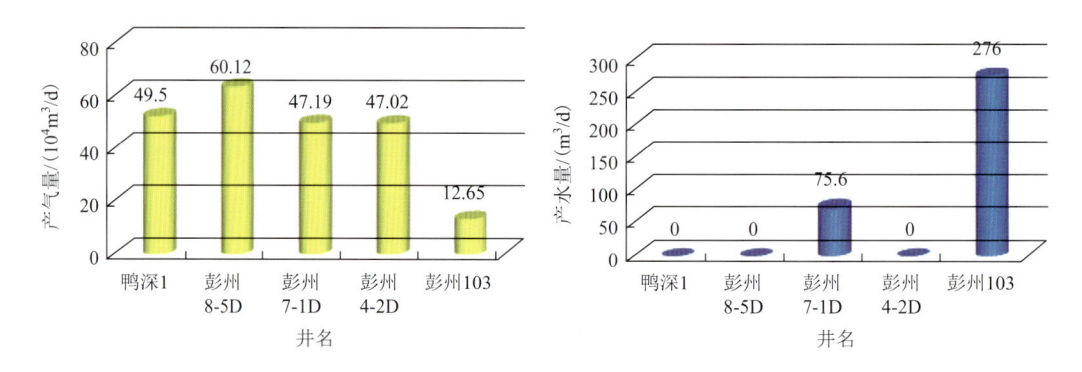

图 8.13 川西气田鸭子河圈闭雷四上亚段钻井测试日产气量与日产水量直方图

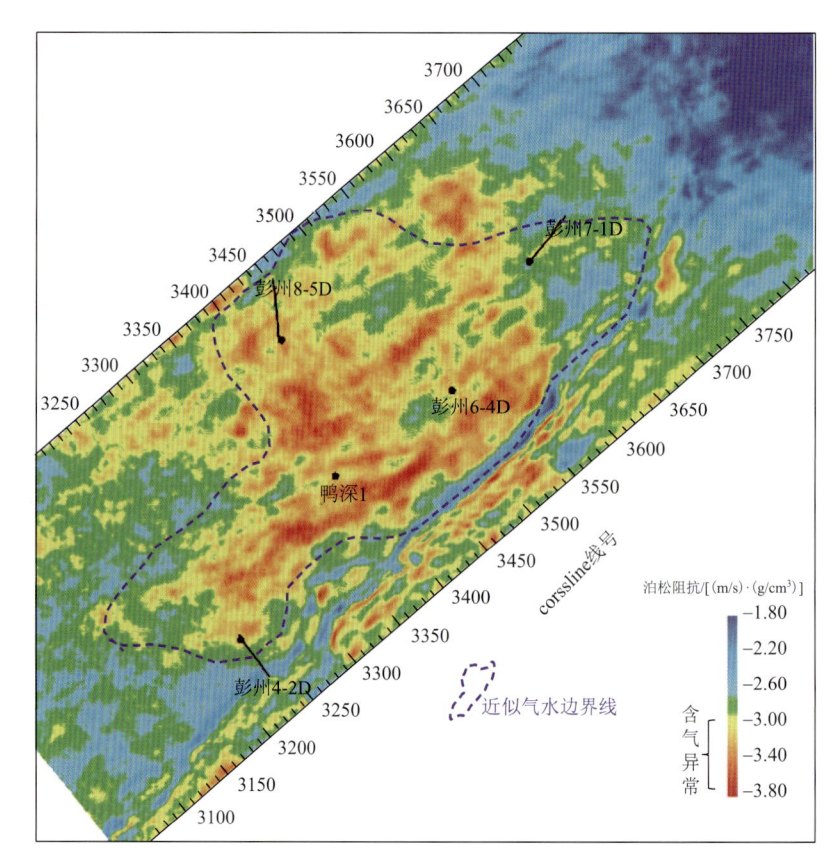

图 8.14 川西气田鸭子河圈闭雷四上亚段 TL_4^{3-3} 小层泊松阻抗平面图

第9章 超深薄互层潮坪相白云岩储层预测技术体系及应用效果

9.1 超深薄互层潮坪相白云岩储层预测技术体系

川西气田雷口坡组气藏位于龙门山前隐伏构造带,主要受构造与储层双重控制,地质条件具有"三复杂"(复杂地表、复杂构造、复杂储层)特征,其中储层埋深大,受潮坪相高频旋回沉积控制,岩性变化频繁,单层厚度薄,纵向多层叠置,呈"五花肉"状分布,构型复杂,横向物性差异明显,受储层非均质性和裂缝影响,气井产能差异大。"十三五"以来,针对复杂构造精确成像、强非均质性薄互储层精细预测、不同尺度裂缝刻画及含气性检测四大关键技术难题,从基础资料处理、岩石物理分析、辨识机理研究入手,创新驱动,自主研发及技术引进相结合,不断迭代升级完善,突破多项技术瓶颈,形成了20余项关键技术,配套集成了四项核心技术系列,建立了适合川西气田超深薄互层潮坪相白云岩储层预测技术体系,如图9.1所示。

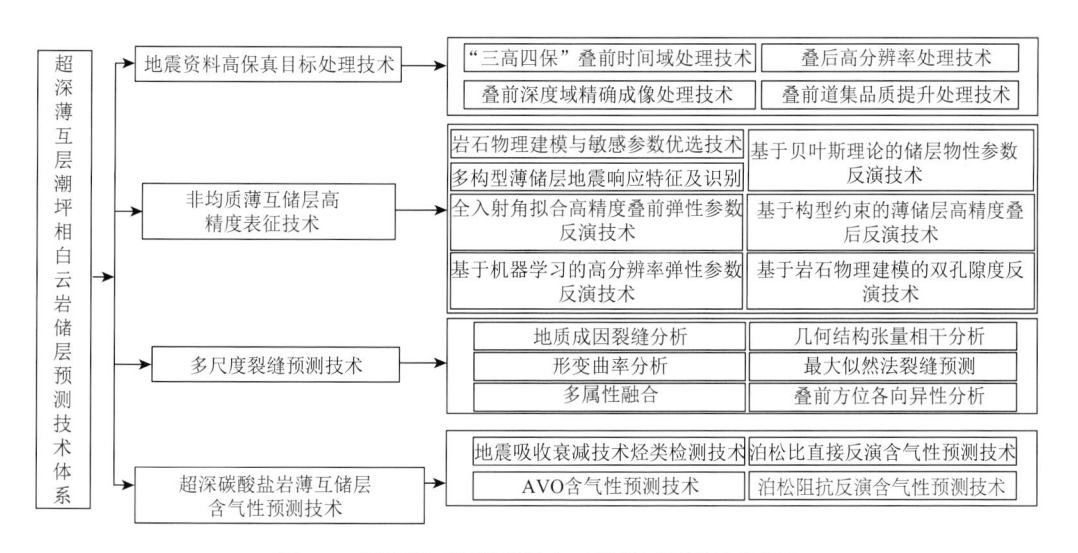

图9.1 超深薄互层潮坪相白云岩储层预测技术体系

地震资料高保真目标处理技术:采用时深双域成像、基于谐波准则恢复弱势信号的拓频处理、全方位道集优化处理等技术,实现了高信噪比、高分辨率、高保真度、保频、保幅、保AVO、保方位各向异性特征及精确成像。

非均质薄互储层高精度表征技术:采用拟原位岩石物理建模分析技术,明确了储层、流体敏感弹性参数及定量解释模板;基于多构型薄储层地震地质模型构建、模型正演及辨识机理分析，明确了"三型两构"薄互储层响应特征及识别能力；采用先开展波形分析再高分辨率反演、先叠后反演再叠前反演、先构型后物性再孔隙类型逐步递进的储层表征思路，应用基于波形分类的储层构型预测、基于构型约束的薄互储层高精度叠后反演、全入射角拟合高精度叠前弹性参数反演、基于机器学习的高分辨率弹性参数反演、基于贝叶斯理论的储层物性参数反演、基于岩石物理建模的双孔隙度反演等技术，预测厚度、孔隙度、基质及裂缝孔隙度占比等储层参数。

多尺度裂缝预测技术：通过裂缝地质规律研究，开展基于断裂及褶皱变形等地质成因的裂缝预测，在倾角导向滤波和分频处理基础上，利用相干、曲率、最大似然及熵等多属性融合预测大中尺度裂缝，利用叠前方位各向异性技术预测小尺度裂缝，地质-地球物理一体化落实了裂缝空间展布特征。

超深碳酸盐岩薄互储层含气性检测技术：形成了以基于匹配追踪时频分析的吸收衰减、AVO属性分析、基于机器学习的泊松比直接反演及基于稀疏层的泊松阻抗直接反演等技术为核心的含气性检测技术，明确了有利含气区分布。

通过技术体系的构建及应用，落实了川西气田储层及富集高产带分布，为川西超深层潮坪相碳酸盐岩气藏高效勘探开发提供了重要技术保障。

9.2 勘探增储及开发建产应用效果

(1) 取得重要的油气成果，钻井成功率及高产率大幅度提高。

形成的储层预测技术系列突破了超深层碳酸盐岩薄互储层预测技术瓶颈，大大提高了储层预测精度，累计实施钻井23口，测试无阻流量$0 \sim 325.47 \times 10^4 \mathrm{m}^3/\mathrm{d}$，钻井成功率由50%提高至92%(表9.1)，单井平均无阻流量由$131 \times 10^4 \mathrm{m}^3/\mathrm{d}$提高至$208 \times 10^4 \mathrm{m}^3/\mathrm{d}$。

通过深度域精准成像，落实地层产状和储层展布，支撑多口超深层长水平段水平井成功实施，其中，下储层水平井彭州5-1D井测试无阻流量最高，该井完钻井深8208m，水平段长度1843m，储层段长度1823m，储层钻遇率99.4%，经10级滑套分流酸压，采用系统测试，在油压30.87MPa下，获天然气产量$95.25 \times 10^4 \mathrm{m}^3/\mathrm{d}$，计算无阻流量$325.47 \times 10^4 \mathrm{m}^3/\mathrm{d}$；投产后，在油压$35 \sim 40$MPa下，稳定产量$55 \times 10^4 \sim 60 \times 10^4 \mathrm{m}^3/\mathrm{d}$，达到方案设计指标。

首次实施的上储层段薄储层专层水平井彭州4-4D井测试获高产，在纵向8m的微晶白云岩地层钻遇油气显示1033m，储层段长近800m，储层钻遇率达83%，该井在油压31.86MPa下，获天然气产量$57.62 \times 10^4 \mathrm{m}^3/\mathrm{d}$，计算无阻流量$150 \times 10^4 \mathrm{m}^3/\mathrm{d}$。

表9.1 川西气田钻井统计表

年份	阶段	井名(井型)	水平段长度/m	测试产量/($10^4 \mathrm{m}^3/\mathrm{d}$)	成功率/%
2010～2014年	勘探阶段	彭州1、鸭深1、羊深1、彭州103、彭州113、彭州115(均为直井)	—	0～121.05	50
2014～2018年	评价阶段	彭州3-5D(大斜度井)，彭州4-2D、彭州7-1D、彭州8-5D(均为水平井)	212.06～1126.31	37.67～60.12	75

续表

年份	阶段	井名(井型)	水平段长度/m	测试产量/(10^4m^3/d)	成功率/%
2018年至今	开发阶段	彭州3-4D(大斜度井),彭州4-4D、彭州4-5D、彭州5-1D、彭州5-2D、彭州5-3D、彭州5-4D、彭州6-1D、彭州6-2D、彭州6-3D、彭州6-4D、彭州6-5D、彭州6-6D(均为水平井)	486.00~1893.00(平均1214.04)	50.19~115.95	92

(2) 支撑了川西海相首个千亿立方米规模储量的提交。

自2009年川科1井实现川西海相重大勘探发现以来,经过15年的勘探实践,形成的储层预测方法及技术有力支撑了川西雷口坡组气藏的高效勘探,先后发现了多个规模优质储量,奠定了川西大气区产能建设的坚实基础。川西地区雷四上亚段潮坪相白云岩勘探成果丰硕。2023年底川西气田累计提交探明储量$1140.11×10^8$m^3,是继普光气田、元坝气田之后,中国石化在四川盆地发现的第三个海相大气田,也是川西龙门山前隐伏构造带发现的第一个千亿立方米大气田,开辟了新建产目标区。

截至2023年底,新场、马井雷四气藏,累计提交控制储量$767.59×10^8$m^3。

(3) 支撑川西气田高效开发,新建产能$20×10^8$m^3/a。

依靠地球物理等配套技术,以提高单井产量和经济效益为核心,启动实施川西气田$20×10^8$m^{3}的年产能建设方案,方案将雷口坡组气藏雷四段上、下储层作为一套开发层系,部署井场6个,总井数20口,采用不规则井网,井距1.7~2.0km;采用丛式井组,以下储层为主,兼顾上储层分层合采,设计长水平段水平井,提高储量控制程度及单井产能,实现"少井高产"。水平段长1.4~1.9km,水平井合理产量$40×10^4$~$60×10^4$m^3/d,新建产能$20×10^8$m^3/a。

2021~2022年实施6口长水平段水平井,平均水平段长度1538.03m,测试平均无阻流量$208×10^4$m^3/d,较前期大斜度开发井提高40%。2024年1月,川西气田投产4个平台16口井,单井产量达到开发方案设计指标。

(4) 成功实施甩开勘探,钻遇优质储层,外围勘探开发成效显著,展示了川西潮坪相碳酸盐岩气藏极大的勘探潜力,坚定了在川西深层寻找大气田的信心,掀起了川西深层新一轮碳酸盐岩气藏勘探热潮。

川西气田勘探开发建设的同时,持续开展斜坡带的勘探。为探索斜坡带雷口坡组气藏的含气性,2016年在广汉斜坡带马井鼻状构造实施的马井1井揭示白云岩储层超50m,完钻后在雷口坡组四段射孔酸压测试,获天然气产量$68.16×10^4$m^3/d,计算无阻流量$143.38×10^4$m^3/d,实现了斜坡带雷口坡组气藏油气重大发现,发现了马井雷口坡组四段气藏,提交控制地质储量$115.57×10^8$m^3。2022年1月,在同井场实施的马井1-1H井亦测试获高产,该井场两口井已于2022年12月投产。

2020年8月在绵阳斜坡带实施了风险井——永兴1井,完钻后在雷四上亚段进行APR射孔酸压测试,获天然气产量$11.11×10^4$m^3/d,取得了川西斜坡带构造-地层圈闭油气勘探的重大突破,发现了永兴雷口坡组四段气藏,为下步实现斜坡带更大突破指明了方向。

新场构造雷四气藏提交控制储量 $652.02×10^8m^3$，2020～2023 年开展勘探开发一体化评价及建产，在构造南北两翼实施滚动扩边勘探井新深 105、新深 106，测试日无阻流量均超过百万立方米。在新深 102D 平台实施开发井 2 口，钻井成功率 100%，其中水平井新深 102D 井储层钻遇率 87.3%，累计钻遇气层 417m，在油压 40.9MPa 下，测试产气 $70.95×10^4m^3/d$，计算无阻流量 $273×10^4m^3/d$，是前期同井场大斜度开发井的 2.5 倍以上，平台新建产能 $1.65×10^8m^3/a$，超过原开发方案设计的指标，实现了效益开发。

川西雷口坡组天然气资源潜力巨大，预测川西拗陷斜坡带发育多个构造-地层圈闭、岩性圈闭，油气资源量 $1600×10^8m^3$，勘探前景广阔，是天然气勘探开发、增储上产的重要层系。

参 考 文 献

蔡杰雄，2018. 高斯束偏移与高斯束层析反演速度建模[J]. 石油物探，57(2)：262-273.
蔡希玲，闫忠，崔全章，等，2004. 砂泥岩薄互层分辨率的理论分析[J]. 石油物探，43(3)：4，229-234.
畅永刚，黄丹，2012. 基于奇异值分解的地震属性优化分析技术研究[J]. 特种油气藏，19(4)：42-45，153.
陈枫，王彦春，王海泉，等，2012. 利用蒙特卡罗方法的剩余静校正及其应用[J]. 物探与化探，36(4)：628-632.
陈怀震，印兴耀，张金强，等，2014. 基于方位各向异性弹性阻抗的裂缝岩石物理参数反演方法研究[J]. 地球物理学报，57(10)：3431-3441.
陈亮亮，2020. 基于地震多属性融合技术的砂体预测应用研究[D]. 成都：成都理工大学.
陈颙，黄庭芳，刘恩儒，2009. 岩石物理学[M]. 合肥：中国科学技术大学出版社.
陈昱林，曾焱，吴亚军，等，2018. 川西雷口坡组气藏储层类型及孔隙结构特征[J]. 断块油气田，25(3)：284-289.
陈昭国，2011. 川西地区海相碳酸盐岩储层预测研究[D]. 成都：成都理工大学.
陈遵德，朱广生，1997. 地震储层预测方法研究进展[J]. 地球物理学进展，12(4)：76-84.
程冰洁，徐天吉，李曙光，2012. 频变AVO含气性识别技术研究与应用[J]. 地球物理学报，55(2)：608-613.
程建远，李宁，侯世宁，等，2009. 黄土塬区地震勘探技术发展现状综述[J]. 中国煤炭地质，21(12)：72-76.
程玖兵，马在田，陶正喜，等，2006. 山前带复杂构造成像方法研究[J]. 石油地球物理勘探，41(5)：487，525-529，614.
邓康龄，2007. 龙门山构造带印支期构造递进变形与变形时序[J]. 石油与天然气地质，28(4)：485-490.
董良国，黄超，迟本鑫，等，2015. 基于地震数据子集的波形反演思路、方法与应用[J]. 地球物理学报，58(10)：3735-3745.
董世泰，张研，2019. 成熟探区物探技术发展方向：以中石油成熟探区为例[J]. 石油物探，58(2)：155-161，186.
段文胜，李飞，王彦春，等，2013. 面向宽方位地震处理的炮检距向量片技术[J]. 石油地球物理勘探，48(2)：157，206-213，332.
范佃胜，柳成志，张景军，等，2012. 辽河断陷齐3-17-5块莲花油层储层"四性"关系研究[J]. 价值工程，31(3)：36-37.
方翔，尚希涛，王潇，2015. YD油田碳酸盐岩储层测井评价方法[J]. 石油钻探技术，34(3)：29-34.
冯心远，刘伟明，等，2021. 地表一致性稳健反褶积及在保幅处理中的应用[C]//中国石油学会石油物探专业委员会. 中国石油学会2021年物探技术研讨会论文集. 成都：《中国学术期刊(光盘版)》电子杂志社.
傅淑芳，朱仁益，1998. 地球物理反演问题[M]. 北京：地震出版社.
高恒逸，邓美洲，李勇，等，2018. 川西彭州地区中三叠统雷口坡组四段储层特征及成岩作用[J]. 海相油气地质，23(1)：37-46.
高静怀，汪玲玲，赵伟，2009. 基于反射地震记录变子波模型提高地震记录分辨率[J]. 地球物理学报，52(5)：1289-1300.
韩文功，印兴耀，王兴谋，等，2006. 地震技术新进展(上)[M]. 东营：中国石油大学出版社.

韩长城，林承焰，任丽华，等，2017. 地震波形指示反演在东营凹陷王家岗地区沙四上亚段滩坝砂的应用[J]. 中国石油大学学报(自然科学版)，41(2)：60-69.

贺振华，黄捍东，胡光岷，等，1999. 地下介质横向变化的地震多尺度边缘检测技术[J]. 物探化探计算技术，21(4)：289-294.

胡英，张妍，陈立康，等，2006. 速度建模的影响因素与技术对策[J]. 石油物探，45(5)：17，503-507.

胡勇，韩立国，许卓，等，2017. 基于精确震源函数的解调包络多尺度全波形反演[J]. 地球物理学报，60(3)：1088-1105.

胡勇，韩立国，于江龙，等，2018. 基于自适应非稳态相位校正的时频域多尺度全波形反演[J]. 地球物理学报，61(7)：2969-2988.

黄光南，刘洋，Tryggvason A，等，2013. 变网格间距速度层析成像方法[J]. 石油地球物理勘探，48(3)：379-389.

黄捍东，罗群，付艳，等，2007. 地震相控非线性随机反演研究与应用[J]. 石油地球物理勘探，42(6)：608，694-698，733.

黄梅红，李月，2016. 基于方向可控滤波的地震勘探随机噪声压制[J]. 地球物理学报，59(5)：1815-1823.

蒋波，2020. 地震资料重处理的方法技术[J]. 石油物探，59(4)：551-563.

金凤鸣，吕健飞，孙朝辉，等，2014. 低品质老地震资料的重新处理方法与应用[J]. 中国石油勘探，19(1)：42-49.

克里斯蒂亚尼尼，沙维-泰勒，2004. 支持向量机导论[M]. 李国正，王猛，曾华军，译. 北京：电子工业出版社.

孔祥礼，宋建华，2006. 新疆MXZ油田储层有效厚度划分标准[J]. 测井技术，30(2)：154-157，194.

雷振东，陈海峰，姜传金，等，2015. 低频阴影检测技术在碳酸盐岩储层预测中的应用[J]. 大庆石油地质与开发，34(6)：123-126.

李博，2019. OVT域地震数据规则化技术及应用[J]. 石油物探，58(1)：53-62.

李博，刘志成，李小爱，等，2019. 基于复数域波场分解的保幅逆时偏移成像方法[J]. 石油物探，58(2)：237-244.

李宏涛，胡向阳，史云清，等，2017. 四川盆地川西坳陷龙门山前雷口坡组四段气藏层序划分及储层发育控制因素[J]. 石油与天然气地质，38(4)：753-763.

李辉，王华忠，张兵，2015. 层析反演中的正则化方法研究[J]. 石油物探，54(5)：569-581.

李景叶，陈小宏. 2008. 基于地震资料的储层流体识别[J]. 石油学报，29(2)：235-238.

李婧，郭康良，景欢，等，2013. 鄂尔多斯盆地长6储层典型试井曲线解释方法研究[J]. 长江大学学报(自然科学版)，10(8)：92-94.

李凌，谭秀成，周素彦，等，2012. 四川盆地雷口坡组层序岩相古地理[J]. 西南石油大学学报(自然科学版)，34(4)：13-22.

李勇，邓美洲，李国蓉，等，2021. 川西龙门山前带雷口坡组四段古表生期大气水溶蚀作用对储集层的影响[J]. 石油实验地质，43(1)：56-63.

李勇，段永明，赵爽，等，2017. 川西坳陷彭州地区雷四上亚段白云岩形成机理[J]. 沉积与特提斯地质，37(3)：13-21.

李志勇，张家树，蔡涵鹏，等，2017. 基于Hampel三截尾函数的储层弹性和物性参数同步反演[J]. 石油物探，56(2)：261-272.

李智武，刘树根，陈洪德，等，2011. 川西坳陷复合-联合构造及其对油气的控制[J]. 石油勘探与开发，38(5)：538-551.

刘道理，李坤，杨登锋，等，2020. 基于频变AVO反演的深层储层含气性识别方法[J]. 天然气工业，40(1)：48-54.

刘定进, 刘志成, 蒋波, 2016. 面向复杂山前带的深度域地震成像处理研究[J]. 石油物探, 55(1): 49-59.
刘宏杰, 毛海波, 杨晓海, 等, 2019. 基于三维各向异性拉普拉斯滤波的随机噪声压制方法及应用[J]. 石油地球物理勘探, 54(3): 484, 522-528.
刘俊州, 孙赞东, 刘正涛, 等, 2015. 叠前同时反演在碳酸盐岩储层流体识别中的应用: 以塔河油田 6 区和 7 区为例[J]. 岩性油气藏, 27(1): 102-107.
刘力辉, 杨晓, 丁燕, 等, 2013. 基于岩性预测的CRP道集优化处理[J]. 石油物探, 52(5): 442, 482-488.
刘毛利, 冯志鹏, 蔡永良, 等, 2014. 有效储层物性下限方法的研究现状和发展方向[J]. 四川地质学报, 34(1): 9-13.
刘倩, 印兴耀, 李超, 2016. 基于逆建模理论的储层特征定量预测方法[J]. 地球物理学报, 59(9): 3491-3502.
刘爽, 2012. 体曲率属性在地层非均质性检测中的应用[J]. 中国石油和化工标准与质量, 32(8): 17-18.
刘喜武, 刘志远, 宁俊瑞, 等, 2015. 基于全方位地下局部角度域成像的页岩气储层各向异性预测[J]. 地球物理学进展, 30(2): 853-857.
刘喜武, 年静波, 刘洪, 2006. 基于广义S变换的地震波能量衰减分析[J]. 勘探地球物理进展, 29(1): 9, 20-24.
刘喜武, 年静波, 吴海波, 2005. 几种地震波阻抗反演方法的比较分析与综合应用[J]. 世界地质, 24(3): 270-275.
刘小民, 邬达理, 梁硕博, 等, 2017. 潜水波胖射线走时层析速度反演及其在深度偏移速度建模中的应用[J]. 石油物探, 56(5): 718-726.
刘玉金, 李振春, 吴丹, 等, 2014. 井约束非稳态相位校正方法[J]. 地球物理学报, 57(1): 310-319.
隆轲, 李蓉, 王琼仙, 等, 2018. 川西坳陷雷四3亚段沉积微相特征及对储层的影响[J]. 地球科学前沿, 8(3): 538-545.
罗斌, 邓虎成, 黄婷婷, 等, 2017. 泾河地区中生界致密油藏天然裂缝发育主控因素及模式[J]. 成都理工大学学报(自然科学版), 44(1): 57-66.
罗飞, 王华忠, 冯波, 等, 2019. 透射波旅行时Beam层析成像方法[J]. 石油物探, 58(3): 356-370.
罗小明, 凌云, 牛滨华, 等, 2005. 井地联合提取VTI介质各向异性参数[J]. 地学前缘, 12(4): 576-580.
马灵伟, 2014. 塔中顺南地区缝洞型储层地震响应特征及识别模式研究[M]. 武汉: 中国地质大学.
马灵伟, 顾汉明, 李宗杰, 等, 2015. 正演模拟碳酸盐岩缝洞型储层反射特征[J]. 石油地球物理勘探, 50(2): 4, 290-297.
马灵伟, 顾汉明, 赵迎月, 等, 2013. 应用随机介质正演模拟刻画深水区台缘礁碳酸盐岩储层[J]. 石油地球物理勘探, 48(4): 502, 583-590, 676.
马沃可, 木克基, 德沃金, 2008. 岩石物理手册: 孔隙介质中地震分析工具[M]. 徐海滨, 戴建春, 译. 合肥: 中国科学技术大学出版社.
马中高, 管路平, 贺振华, 等, 2003. 利用模型正演优选地震属性进行储层预测[J]. 石油学报, 24(6): 35-39.
毛严, 2018. 储层裂缝发育期次研究方法与进展[J]. 化工管理, (27): 39-40.
闵小刚, 顾汉明, 朱定, 2006. 塔河油田孔洞模型的波动方程正演模拟[J]. 勘探地球物理进展, 29(3): 4-5, 187-191.
宁忠华, 贺振华, 黄德济, 2006. 基于地震资料的高灵敏度流体识别因子[J]. 石油物探, 45(3): 15, 239-241.
裴正林, 牟永光, 2004. 地震波传播数值模拟[J]. 地球物理学进展, 19(4): 933-941.
乔占峰, 沈安江, 郑剑锋, 等, 2015. 基于数字露头模型的碳酸盐岩储集层三维地质建模[J]. 石油勘探与开发, 42(3): 328-337.
尚新民, 2014. 地震资料处理保幅性评价方法综述与探讨[J]. 石油物探, 53(2): 188-195.

施泽进, 胡修权, 王长城, 2011. 川东南地区茅口组地震相分析[J]. 成都理工大学学报(自然科学版), 38(2): 113-120.

石玉江, 张小莉, 申贻博, 等, 2010. 鄂尔多斯盆地东南部长6储层岩电关系特征[J]. 地球物理学进展, 25(5): 1716-1722.

史燕红, 2009. 基于Gassmann方程的流体替换[D]. 成都: 成都理工大学.

宋晓波, 王琼仙, 隆轲, 等, 2013. 川西地区中三叠统雷口坡组古岩溶储层特征及发育主控因素[J]. 海相油气地质, 18(2): 8-14.

孙苗苗, 李振春, 曲英铭, 等, 2019. 基于曲波域稀疏约束的OVT域地震数据去噪方法研究[J]. 石油物探, 58(2): 208-218.

唐永杰, 宋桂桥, 刘少勇, 等, 2018. 基于波长平滑算子的逆时偏移回转波假象去除方法[J]. 石油地球物理勘探, 53(1): 6-7, 80-86.

田晓红, 2018. 关于地震吸收衰减预测含油气性的思考[J]. 大庆石油地质与开发, 37(4): 157-160.

万天丰, 朱鸿, 2007. 古生代与三叠纪中国各陆块在全球古大陆再造中的位置与运动学特征[J]. 现代地质, 21(1): 1-13.

王保才, 刘军, 马灵伟, 等, 2014. 塔中顺南地区奥陶系缝洞型储层地震响应特征正演模拟分析[J]. 石油物探, 53(3): 344-350, 359.

王炳章, 2001. 地震岩石物理学基本准则[J]. 石油物探译丛, (4): 1-20.

王德利, 2002. 单斜介质弹性波场的数值模拟与Thomsen参数反演方法研究[D]. 长春: 吉林大学.

王东, 张海澜, 王秀明, 2006. 部分饱和孔隙岩石中声波传播数值研究[J]. 地球物理学报, 49(2): 524-532.

王福, 王华忠, 2019. 地震数据高维统计滤波方法[J]. 石油物探, 58(3): 335-345.

王华忠, 郭颂, 周阳, 2019. "两宽一高"地震数据下的宽带波阻抗建模技术[J]. 石油物探, 58(1): 1-8.

王立歆, 林伯香, 2019. 复杂近地表探区静校正量的地表一致性融合技术[J]. 石油物探, 58(1): 34-42.

王琼仙, 宋晓波, 王东, 等, 2017. 川西龙门山前雷口坡组四段储层特征及形成机理[J]. 石油实验地质, 39(4): 491-497.

王童奎, 李莹, 李君, 等, 2012. 叠前叠后流体检测技术在南堡凹陷潜山中的应用研究[J]. 地球物理学进展, 27(6): 2492-2498.

王伟, 陈双廷, 王宝彬, 等, 2017. 五维规则化技术研究与应用[J]. 石油地球物理勘探, 52(S1): 6, 28-33.

王文楷, 许国明, 宋晓波, 等, 2017. 四川盆地雷口坡组膏盐岩成因及其油气地质意义[J]. 成都理工大学学报(自然科学版), 44(6): 697-707.

王新新, 董瑞霞, 田浩男, 等, 2018. 地震多属性分析技术在鹿场三维区的应用[J]. 石油地球物理勘探, 53(S1): 15, 208-213.

王允霞, 施尚明, 尚小峰, 2012. 北小湖油田八道湾组储层四性关系研究[J]. 科学技术与工程, 12(30): 8016-8021.

王振宇, 杨勤勇, 李振春, 等, 2014. 近地表速度建模研究现状及发展趋势[J]. 地球科学进展, 29(10): 1138-1148.

魏丹, 刘小梅, 秦瑞宝, 等, 2014. 以岩性识别为核心的碳酸盐岩储层测井评价技术及其应用: 以中东M油田为例[J]. 中国海上油气田, 26(2): 24-29.

邬达理, 2011. 谱整形提高分辨率处理技术及应用效果分析[J]. 石油物探, 50(1): 18, 33-37.

吴丹, 龚仁彬, 王从镔, 等, 2019. 最小二乘叠前时间偏移在地震数据规则化中的应用[J]. 石油地球物理勘探, 54(1): 6, 36-44.

吴国忱, 王华忠, 2005. 波场模拟中的数值频散分析与校正策略[J]. 地球物理学进展, 20(1): 58-65.

夏宇, 邓虎成, 王园园, 等, 2021. 川西坳陷彭州地区雷口坡组天然裂缝发育特征与形成期次[J]. 海相油气地质, 26(1): 81-89.

肖开华，李宏涛，段永明，等，2019. 四川盆地川西气田雷口坡组气藏储层特征及其主控因素[J]. 天然气工业，39（6）：34-44.

谢冰，周肖，唐雪萍，等，2011. 四川盆地龙岗地区礁滩型储层有效性评价[J]. 天然气工业，31（7）：28-31，104.

熊孟进，2011. 鲁克沁油田玉东区块储层四性关系研究[J]. 石油天然气学报，33（5）：180-184.

熊晓军，2007. 单程波动方程地震数值模拟新方法研究[D]. 成都：成都理工大学.

熊艳梅，徐春梅，邬达理，等，2017. 非刚性匹配技术在地震资料一致性处理中的应用[J]. 地球物理学进展，32（1）：306-310.

许国明，宋晓波，王琼仙，2012. 川西坳陷中段三叠系雷口坡组—马鞍塘组油气地质条件及有利勘探目标分析[J]. 海相油气地质，17（2）：14-19.

许效松，刘宝珺，牟传龙，等，2004. 中国中西部海相盆地分析与油气资源[M]. 北京：地质出版社.

薛雅娟，曹俊兴，2016. 聚合经验模态分解和小波变换相结合的地震信号衰减分析[J]. 石油地球物理勘探，51（6）：1148-1155，1050-1051.

严哲，顾汉明，蔡成国，等，2011. 利用方向约束蚁群算法识别断层[J]. 石油地球物理勘探，46（4）：497，614-620，667.

杨建礼，常新伟，2015. 提高非气藏"亮点"和非"亮点"气藏弹性预测识别精度的方法[C]//中国科学技术协会学会，广东省人民政府. 第十七届中国科协年会：分9南海深水油气勘探开发技术研讨会论文集. 广州：中国科学技术协会学会学术部.

杨绍国，周熙襄，1994. 多波多层 AVO 数据反演[J]. 石油地球物理勘探，29（6）：695-705，800.

杨威，贺振华，陈学华，2011. 三维体曲率属性在断层识别中的应用[J]. 地球物理学进展，26（1）：110-115.

杨文采，1997. 地球物理反演的理论与方法[M]. 北京：地质出版社.

杨晓，王真理，喻岳钰，2010. 裂缝型储层地震检测方法综述[J]. 地球物理学进展，25（5）：1785-1794.

杨志芳，曹宏，2009. 地震岩石物理研究进展[J]. 地球物理学进展，24（3）：893-899.

姚晓龙，张永升，齐鹏，等，2020. 面向复杂山前带的平滑地表 TTI 各向异性速度建模[J]. 石油物探，59（4）：539-550.

姚姚，奚先，2004. 区域多尺度随机介质模型及其波场分析[J]. 石油物探，43（1）：1-7，100.

叶泰然，马灵伟，张虹，等，2020. 川西彭州地区雷口坡组潮坪相薄储层辨识机理研究[J]. 石油物探，59（3）：409-421.

叶月明，李振春，仝兆岐，等，2008. 双复杂介质条件下频率空间域有限差分法保幅偏移[J]. 地球物理学报，51（5）：1511-1519.

易远元，李健雄，刘振彪，2013. 特殊地质体的速度恢复技术[J]. 石油地球物理勘探，48（2）：158，239-245，332.

殷八斤，曾灏，杨在岩，1995. AVO 技术的理论与实践[M]. 北京：石油工业出版社.

印兴耀，高京华，宗兆云，2014. 基于离心窗倾角扫描的曲率属性提取[J]. 地球物理学报，57（10）：3411-3421.

于敏捷，刘洋，张晶玉，2015. 叠前地震属性提取及含气性预测[C]//中国地球物理学会，全国岩石学与地球动力学研讨会组委会，中国地质学会构造地质学与地球动力学专业委员会，等. 2015中国地球科学联合学术年会论文集（十四）：专题40油气田与煤田地球物理勘探. 北京：中国和平音像电子出版社

袁刚，王西文，雍运动，等，2016. 宽方位数据的炮检距向量片域处理及偏移道集校平方法[J]. 石油物探，55（1）：84-90.

袁静，李春堂，杨学君，等，2016. 东营凹陷盐家地区沙四段砂砾岩储层裂缝发育特征[J]. 中南大学学报（自然科学版），47（5）：1649-1659.

张繁昌，刘汉卿，钮学民，等，2014. 褶积神经网络高分辨率地震反演[J]. 石油地球物理勘探，49(6)：5-6，1165-1169.

张理慧，王汉钧，赵亮，等，2019. 多地震属性体实时融合三维可视化技术[J]. 物探化探计算技术，41(3)：426-432.

张龙海，周灿灿，刘国强，等，2006. 孔隙结构对低孔低渗储集层电性及测井解释评价的影响[J]. 石油勘探与开发，33(6)：671-676.

张钋，汪道柳，徐昇，等，2018. 井震深度差约束条件下的TTI介质速度建模方法[J]. 石油物探，57(4)：570-575.

张岩，段永明，邓美洲，等，2022. 川西雷口坡组储层孔隙结构特征及开发应用[J]. 石油地质与工程，36(4)：55-61.

张艳，张春雷，成育红，等，2018. 基于机器学习的多地震属性沉积相分析[J]. 特种油气藏，25(3)：13-17.

赵高攀，2012. 苏北盆地海安凹陷泰州组油层识别方法研究[J]. 石油实验地质，34(5)：554-558.

赵良孝，陈明江，2015. 论储层评价中的五性关系[J]. 天然气工业，35(1)：53-60.

赵永强，申辉林，张园园，等，2011. 泌阳凹陷栗园浅层砂砾岩稠油储层四性关系研究[J]. 地球物理学进展，26(2)：588-595.

郑晓东，1991. Zoeppritz方程的近似及其应用[J]. 石油地球物理勘探，26(2)：129-144，266.

周凌方，钱一雄，宋晓波，等，2020. 四川盆地西部彭州气田中三叠统雷口坡组四段上亚段白云岩孔隙表征、分布及成因[J]. 石油与天然气地质，41(1)：177-188.

周巍，郭全仕，刘旭跃，等，2014. Thomsen参数对VTI介质克希霍夫叠前深度偏移的影响[J]. 地球物理学进展，29(6)：2866-2873.

周文，邓虎成，赵国良，等，2009. 阿曼Daleel油田下白垩统Shuaiba组上段走滑正断裂带裂缝分布定量评价[J]. 矿物岩石，29(4)：53-59.

周志华，2016. 机器学习[M]. 北京：清华大学出版社.

庄岩，2019. 页岩气"甜点"评价及地震预测[J]. 西安文理学院学报(自然科学版)，22(2)：92-98.

Aki K，Richards P G，1980. Quantitative seismology[M]. 2nd ed. San Francisco：W.H. Freeman.

Al-Dossary S，Marfurt K J，2006. 3D volumetric multispectral estimates of reflector curvature and rotation[J]. Geophysics，71(5)：P41-P51.

Alebouyeh M，Chehrazi A，2018. Application of extended elastic impedance (EEI) inversion to reservoir from non-reservoir discrimination of Ghar reservoir in one Iranian oil field within Persian Gulf[J]. Journal of Geophysics and Engineering，15(4)：1204-1213.

Avseth P，Mukerji T，Mavko G，2005. Quantitative seismic interpretation[M]. Cambridge：Cambridge University Press.

Bachrach R，2006. Joint estimation of porosity and saturation using stochastic rock-physics modeling[J]. Geophysics，71(5)：O53-O63.

Back S，Höcker C，Brundiers M，et al.，2006. Three-dimensional-seismic coherency signature of Niger Delta growth faults：Integrating sedimentology and tectonics[J]. Basin Research，18(3)：323-337.

Backus G E，1962. Long-wave elastic anisotropy produced by horizontal layering[J]. Journal of Geophysical Research，67(11)：4427-4440.

Backus G E，Gilbert J F，1967. Numerical applications of a formalism for geophysical inverse problems[J]. Geophysical Journal International，13(1-3)：247-276.

Baechle G T，Colpaert A，Eberli G P，et al.，2007. Modeling velocity in carbonates using a dual porosity DEM model[J/OL]. SEG Technical Program Expanded Abstracts. https://doi.org/10.1190/1.2792799.

Bahorich M，Farmer S，1995. 3-D seismic discontinuity for faults and stratigraphic features：The coherence cube[J]. The Leading Edge, 14(10): 1053-1058.

Bayuk I O, Ammerman M, Chesnokov E M, 2007. Elastic moduli of anisotropic clay[J]. Geophysics, 72(5): D107-D117.

Bergbauer S, Mukerji T, Hennings P, 2003. Improving curvature analyses of deformed horizons using scale-dependent filtering techniques[J]. AAPG bulletin, 87(8): 1255-1272.

Berryman J G, 1980, Long-wavelength propagation in composite elastic media II. Ellipsoidal inclusions[J]. The Journal of the Acoustical Society of America, 68(6): 1820-1831.

Berryman J G, 1992. Single-scattering approximations for coefficients in Biot's equations of poroelasticity[J]. Journal of the Acoustical Society of America, 91(2): 551-571.

Biot M A, 1956. Theory of propagation of elastic waves in a fluid saturated porous solid. I. Low frequency range and II. Higher-frequency range[J/OL]. The Journal of the Acoustical Society of America, 28(2). https://doi.org/10.1121/1.1908241.

Blangy J P D, 1992. Integrated seismic lithologic interpretation: The petrophysical basis[R]. Palo Alto: Stanford University.

Boateng C D, Fu L Y, Yu W, et al., 2017. Porosity inversion by Caianiello neural networks with Levenberg-Marquardt optimization[J]. Interpretation, 5(3): SL33-SL42.

Bortfeld R, 1961. Approximations to the reflection and transmission coefficients of plane longitudinal and transverse waves[J]. Geophysical Prospecting, 9(4): 485-502.

Brandt H, 1955. A study of the speed of sound in porous granular media[J]. Journal of Applied Mechanics, 22(4): 479-486.

Bravo L, Aldana M, 2010. Volume curvature attributes to identify subtle faults and fractures in carbonate reservoirs: Cimarrona Formation, Middle Magdalena Valley Basin, Colombia[J/OL]. SEG Technical Program Expanded Abstracts. https://doi.org/10.1190/1.3513293.

Brown R J S, Korringa J, 1975. On the dependence of the elastic properties of a porous rock on the compressibility of the pore fluid[J]. Geophysics, 40(4): 608-616.

Budiansky B, 1965. On the elastic moduli of some heterogeneous materials[J]. Journal of the Mechanics and Physics of Solids, 13(4): 223-227.

Buland A, Kolbjørnsen O, Hauge R et al., 2008. Bayesian lithology and fluid prediction from seismic prestack data[J]. Geophysics, 73(3): C13-C21.

Burberry C M, Peppers M H, 2017. Fracture characterization in tight carbonates: An example from the Ozark Plateau, Arkansas[J]. AAPG Bulletin, 101(10): 1675-1696.

Castagna J P, Batzle M L, Kan T K, 1993. Rock physics—The link between rock properties and AVO response[M]//Castagna J P, Backus M. Offset-dependent reflectivity—Theory and practice of AVO analysis. Tulsa: Society of Exploration Geophysicists.

Chi X G, Han D H, 2009. Lithology and fluid differentiation using a rock physics template[J]. The Leading Edge, 28(1): 60-65.

Chopra S, 2001. Integrating coherence cube imaging and seismic inversion[J]. The Leading Edge, 20(4): 354-362.

Chopra S, Marfurt K J, 2007. Curvature attribute applications to 3D surface seismic data[J]. The Leading Edge, 26(4): 404-414.

Chopra S, Marfurt K J, 2010. Integration of coherence and volumetric curvature images[J]. The Leading Edge, 29(9): 1092-1107.

Chopra S, Misra S, Marfurt K J, 2011. Coherence and curvature attributes on preconditioned seismic data[J]. The Leading Edge, 30(4): 386-393.

Cleary M P, 1980. Comprehensive design formulae for hydraulic fracturing[C]. The SPE Annual Technical Conference and Exhibition, Dallas, Texas, USA.

Connolly P, 1999. Elastic impedance[J]. The Leading Edge, 18(4): 438-452.

Cooke D A, Schneider W A, 1983. Generalized linear inversion of reflection seismic data[J]. Geophysics, 48(6): 665-676.

Daubechies I, Lu J F, Wu H T, 2011. Synchrosqueezed wavelet transforms: An empirical mode decomposition-like tool[J]. Applied and Computational Harmonic Analysis, 30(2): 243-261.

Debeye H W J, Van Riel P, 1990. L_p-Norm Deconvolution[J]. Geophysical Prospecting, 38(4): 381-403.

Digby P J, 1981. The effective elastic moduli of porous granular rocks[J]. Journal of Applied Mechanics, 48(4): 803-808.

Downton J E, Russell H, 2011. Azimuthal Fourier coefficients: A simple method to estimate fracture parameters[J/OL]. SEG Technical Program Expanded Abstracts. https://doi.org/10.1190/1.3627753.

Dubrule O, Thibaut M, Lamy P, et al., 1998. Geostatistical reservoir characterization constrained by 3D seismic data[J]. Petroleum Geoscience, 4(2): 121-128.

Eidsvik J, Avseth P, Omre H et al., 2004. Stochastic reservoir characterization using prestack seismic data[J]. Geophysics, 69(4): 978-993.

Gardner G H F, Gardner L W, Gregory A R, 1974. Formation velocity and density-The diagnostic basics for stratigraphic traps[J]. Geophysics, 39(6): 770-780.

Gary M, Tapan M, Jack D, 1998. The rock physics handbook[M]. Cambridge: Cambridge University Press.

Gersztenkorn A, Sharp J, Marfurt K, 1999. Delineation of tectonic features offshore Trinidad using 3-D seismic coherence[J]. The Leading Edge, 18(9): 1000-1008.

Grana D, Rossa E D, 2010. Probabilistic petrophysical- properties estimation integrating statistical rock physics with seismic inversion[J]. Geophysics, 75(3): O21-O37.

Gray D, 2002. Elastic inversion for Lamé parameters[J/OL]. SEG Technical Program Expanded Abstracts. https://doi.org/10.1190/1.1817128.

Greenberg M L, Castagna J P, 1992. Shear-wave velocity estimation in porous rocks: Theoretical formulation, preliminary verification and applications[J]. Geophysical Prospecting, 40(2): 195-209.

Gregory A R, 1976. Fluid saturation effects on dynamic elastic properties of sedimentary rocks[J]. Geophysics, 41(5): 895-921.

Guo H, Lewis S, Marfurt K J, 2008. Mapping multiple attributes to three- and four- component color models—A tutorial[J]. Geophysics, 73(3): W7-W19.

Haas A, Dubrule O, 1994. Geostatistical inversion—A sequential method of stochastic reservoir modelling constrained by seismic data[J/OL]. First Break, 12(11). https://doi.org/10.3997/1365-2397.1994034.

Hale D, 2013. Methods to compute fault images, extract fault surfaces, and estimate fault throws from 3D seismic images[J]. Geophysics, 78(2): O33-O43.

Hamilton E L, 1979. V_p/V_s and Poisson's ratios in marine sediments and rocks[J]. The Journal of the Acoustical Society of America, 66: 1093-1101.

Han D H, Nur A, Morgan D, 1986. Effects of porosity and clay content on wave velocities in sandstones[J]. Geophysics, 51(11): 2093-2107.

Hanshaw B B, Back W, 1979. Major geochemical processes in the evolution of carbonate—Aquifer systems[J]. Journal of Hydrology, 43(1-4): 287-312.

Hart B, Chen M A, 2004. Understanding seismic attributes through forward modeling[J]. The Leading Edge, 23(9): 834-841.

Hashin Z, Shtrikman S, 1963. A variational approach to the theory of the elastic behaviour of multiphase materials[J]. Journal of the Mechanics and Physics of Solids, 11(2): 127-140.

Kaarsberg E A, 1959. Introductory studies of natural and artificial argillaceous aggregates by sound propagation and X-ray diffraction methods[J]. The Journal of Geology, 67(4): 447-472.

Kabir N, Crider R, Xia G Y, 2005. Can hydrocarbon saturation be estimated using density contrast parameter?[J/OL]. SEG Technical Program Expanded Abstracts. https://doi.org/10.1190/1.2144302.

Keys R G, Xu S Y, 2002. An approximation for the Xu-White velocity model[J]. Geophysics, 67(5): 1406-1414.

Klein P, Richard L, James H, 2008. 3D curvature attributes: A new approach for seismic interpretation[J]. First Break, 26(4): 105-112.

Knobloch C, 1982. Pitfalls and merits of interpreting color displays of geophysical data[J/OL]. SEG Technical Program Expanded Abstracts. https://doi.org/10.1190/1.1826838.

Kuster G T, Toksöz M N, 1974. Velocity and attenuation of seismic waves in two-phase media[J]. Geophysics, 39(5): 587-606.

Lin I C, Marfurt K J, Johnson O, 2003. Mapping 3D multi-attribute data into HLS color space—Applications to Vinton dome, LA[J/OL]. SEG Technical Program Expanded Abstracts. https://doi.org/10.1190/1.1817642.

Lin S C, Mura T, 1973. Elastic fields of inclusions in anisotropic media (Ⅱ)[J]. Physica Status Solidi(A), 15(1): 281-285.

Lindseth R O, 1979. Synthetic sonic logs—A process for stratigraphic interpretation[J]. Geophysics, 44(1): 3-26.

Liu J L, Marfurt K J, 2007. Multicolor display of spectral attributes[J]. The Leading Edge, 26(3): 268-271.

Liu Y G, 1998. Acoustic properties of reservoir fluids[D]. Palo Alto: Stanford University.

Lorensen W E, Cline H E, 1987. Marching cubes: A high resolution 3D surface construction algorithm[J]. ACM SIGGRAPH Computer Graphics, 21(4): 163-169.

Ma X Q, 2002. Simultaneous inversion of prestack seismic data for rock properties using simulated annealing[J]. Geophysics, 67(6): 1877-1885.

Mallat S G, 1989. A Theory for multiresolution signal decomposition: the wavelet representation[J]. IEEE Transactions on Pattern Analysis and Machine Intelligence, 11(7): 674-693.

Mallick S, 1993. A simple approximation to the P-wave reflection coefficient and its implication in the inversion of amplitude variation with offset data[J]. Geophysics, 58(4): 544-552.

Marfurt K J, Kirlin R L, Farmer S L, et al., 1998. 3-D seismic attributes using a semblance-based coherency algorithm[J].Geophysics, 63(4): 1150-1165.

Mazumdar P, 2007. Poisson dampening factor[J]. The Leading Edge, 26(7): 850-852.

Morozov I B, 2010. Exact elastic P/SV impedance[J]. Geophysics, 75(2), C7-C13.

Moyano B, Jensen E H, Johansen T A, 2011. Improved quantitative calibration of rock physics models[J]. Petroleum Geoscience, 17(4): 345-354.

Mukerji T, Avseth P, Mavko G, et al., 2001. Statistical rock physics: Combining rock physics, information theory, and geostatistics to reduce uncertainty in seismic reservoir characterization[J]. The Leading Edge, 20(3): 313-319.

Mukerji T, Jørstad A, Avseth P, et al., 2001. Mapping lithofacies and pore-fluid probabilities in a North Sea reservoir: Seismic inversions and statistical rock physics[J]. Geophysics, 66(4): 988-1001.

Mukerji T, Singleton S, Schneider M, et al., 2006. Monte Carlo AVO analysis for lithofacies classification[J/OL]. SEG Technical Program Expanded Abstracts. https://doi.org/10.1190/1.2369869.

Norris A N, Sheng P, Callegari A J, 1985. Effective-medium theories for two-phase dielectric media[J]. Journal of Applied Physics, 57(6): 1990-1996.

Ostrander W J, 1984. Plane-wave reflection coefficients for gas sands at nonnormal angles of incidence[J]. Geophysics, 49(10): 1637-1648.

Pedersen B, Alva-Jørgensen P, Raffing R, et al., 2011. Fractures and alcohol abuse - patient opinion of alcohol intervention[J]. The Open Orthopaedics Journal, 5: 7-12.

Pickett G R, 1963. Acoustic character logs and their applications in formation evaluation[J]. Journal of Petroleum Technology, 15(6): 659-667.

Platt J, 1998. Sequential minimal optimization: A fast algorithm for training support vector machines[R]. Redmond: Microsoft.

Quakenbush M, Shang B, Tuttle C, 2006. Poisson impedance[J]. The Leading Edge, 25(2): 128-138.

Randen T, Monsen E, Signer C, et al., 2000. Three-dimensional texture attributes for seismic data analysis[J/OL]. SEG Technical Program Expanded Abstracts. https://doi.org/10.1190/1.1816155.

Richard J L, 1994. Detection of zones of abnormal strains in structures using Gaussian curvature analysis[J]. AAPG Bulletin, 78(12): 1811-1819.

Roberts A, 2001. Curvature attributes and their application to 3D interpreted horizons[J]. First Break, 19(2): 85-100.

Rüger A, 1998. Variation of P-wave reflectivity with offset and azimuth in anisotropic media[J]. Geophysics 63(3): 935-947.

Russell S D, Akbar M, Vissapragada B, et al., 2002. Rock types and permeability prediction from dipmeter and image logs: Shuaiba reservoir (Aptian), Abu Dhabi[J]. AAPG Bulletin, 86(10): 1709-1732.

Saenger E H, Gold N, Shapiro S A, 2000. Modeling the propagation of elastic waves using a modified finite-difference grid[J]. Wave Motion, 31(1): 77-92.

Schoenberg M, 1980. Elastic wave behavior across linear slip interfaces[J]. The Journal of the Acoustical Society of America, 68(5): 1516-1521.

Schoenberg M, Helbig K, 1997. Orthorhombic media: Modeling elastic wave behavior in a vertically fractured earth[J]. Geophysics, 62(6): 1954-1974.

Schoenberg M, Sayers C M, 1995. Seismic anisotropy of fractured rock[J]. Geophysics, 60(1): 204-211.

Scotese C R, 2004. A continental drift flipbook[J]. The Journal of Geology, 112(6): 729-741.

Sharma R, Prasad M, Surve G, et al., 2006. On the applicability of Gassmann model in carbonates[J/OL]. SEG Technical Program Expanded Abstracts. https://doi.org/10.1190/1.2369889.

Shuey R T, 1985. A simplification of the Zoeppritz equations[J]. Geophysics, 50(4): 609-614.

Singh S, Parkash B, Awasthi A K, 2009. Origin of Red Color of the Lower Siwalik Palaeosols: A Micromorphological Approach[J]. Journal of Mountain Science, 6(2): 147-154.

Smith G C, Gidlow P M, 1987. Weighted stacking for rock property estimation and detection of GAS[J]. Geophysical Prospecting, 35(9): 993-1014.

Tsvankin I, Larner K, Gaiser J, et al., 2009. Seismic anisotropy—Introduction[J]. Geophysics, 74(5): WB1-WB2.

Virieux J, 1984. SH-wave propagation in heterogeneous media: Velocity-stress finite-difference method[J]. Geophysics, 49(11): 1933-1942.

Voight W, 1928. Lehrbuch der Kristallphysik[M]. Leipzig: Teubner.

Wang D, Zheng X D, Cheng J B, et al., 2008. Amplitude-preserving plane-wave prestack time migration for

AVO analysis[J]. Applied Geophysics, 5(3): 212-218.

Wang Y H, 2006, Inverse Q-filter for seismic resolution enhancement[J]. Geophysics, 71(3): V51-V60.

Widess M B, 1973. How thin is a thin bed?[J]. Geophysice, 38(6): 1176-1180.

Whitcombe D N, Connolly P A, Reagan R L, et al., 2002. Extended elastic impedance for fluid and lithology prediction [J]. Geophysics, 67(1): 63-67.

Wood A W, 1955. A textbook of sound[M]. New York: The MacMillan Co.

Wyllie M R J, Gregory A R, Gardner L W, 1956. Elastic wave velocities in hetero geneous and porous media[J]. Geophysics, 21(1): 41-70.

Xu S Y, Payne M A, 2009. Modeling elastic properties in carbonate rocks[J]. The Leading Edge, 28(1): 66-74.

Xu S Y, White R E, 1995. A new velocity model for clay-sand mixtures[J]. Geophysical Prospecting, 43(1): 91-118.

Xu S Y, White R E, 1996. A physical model for shear-wave velocity prediction[J]. Geophysical Prospecting, 44(4): 687-717.

Yang J L, Xie L F, Chang X W, et al., 2013. The prediction of Jurassic gas-sand with low water saturation using seismic-derived density property—A case study from Sichuan Basin[C]//Beijing 2009 International Geophysical Conference and Exposition, Beijing, China.

Yang J L, Xie L F, Chang X W, et al., 2013. The prediction of Jurassic gas-sand with low water saturation using seismic-derived density property—A case study from Sichuan Basin[J/OL]. SEG Technical Program Expanded Abstracts. https://doi.org/10.1190/segam2013-0627.1.

Zargari H, Poordad S, Kharrat R, 2013. Porosity and permeability prediction based on computational intelligences as artificial neural networks(ANNs) and adaptive neuro-fuzzy inference systems(ANFIS) in southern carbonate reservoir of Iran[J]. Petroleum Science and Technology, 31(10): 1066-1077.

Zhang R, Castagna J, 2011. Seismic sparse-layer reflectivity inversion using basis pursuit decomposition[J]. Geophysics, 76(6): R147-R158.

Zhang Z M, Stewart R, 2008. Petrophysical models for the seismic velocity of cracked media[J/OL]. CSEG Recorder, 33(10). https://csegrecorder.com/articles/view/petrophysical-models-for-the-seismic-velocity-of-cracked-media.

Zimmerman R W, 1991. Elastic moduli of a solid containing spherical inclusions[J]. Mechanics of Materials, 12(1): 17-24.

Zong Z Y, Yin X Y, Wu G C, 2012. Elastic impedance variation with angle inversion for elastic parameters[J]. Journal of Geophysics and Engineering, 9(3): 247-260.